U0187854

培文·艺术史

ARCHITECTURE
INSIDE + OUT

透视建筑

50 ICONIC BUILDINGS IN DETAIL

全球50个经典作品剖析

[美] 约翰·茹科夫斯基（John Zukowsky） [英] 罗比·波利（Robbie Polley） 著　　何如 译

北京大学出版社
PEKING UNIVERSITY PRESS

目录

艺术与教育建筑 112

居住建筑 180

宗教建筑 234

导言

文字作者

约翰·茹科夫斯基

乍一看这本书的目录，你也许会疑惑是否有必要写这样一本关于世界最著名的地标建筑的书。对于这 50 座伟大的建筑，如帕特农神庙、古罗马斗兽场、圣索菲亚大教堂与沙特尔大教堂，还有什么可说的吗？诚然，这本书中收录了类似的许多国际公认的、世界级的重要建筑，在联合国教科文组织的《世界遗产名录》中也享有一席之地，但同时书中也收录了一些年代更近的建筑，它们独特的外观以及设计手法或许会使它们在未来也成为国际性地标建筑。这本书中的全部建筑都可以称为杰出的艺术作品，亦即大师之作。它们值得更仔细的阅读，就像所有伟大的艺术品一样，重新审视常常会发现之前未察觉的某些新的东西。它们昭示着其创造者所取得的非凡成就，以及各自建造时期的社会环境所秉持的价值观。

这本书试图为所选建筑的建造历程提供一些历史及社会文化背景。收录案例中有些应是你意料之中的，另一些则可能令你感到惊讶。如果你最喜欢的建筑没有入选，我们为此感到抱歉，只能说选出 50 个世界著名的里程碑式建筑，这个任务本身就不可能达至圆满。我们的团队在选择过程中也经历了非常多的争论，这对此类评述性书籍来说也许是无法避免的。不过无论选择的过程与方式如何，这些有特色的建筑最终通过一种视觉化的阐释方式——由杰出的建筑插画家罗比·波利以剖视速写呈现出来。他迷人的作品为你提供了对这些建筑物的图像化感知，是从建筑学的分析角度进行的建筑渲染。波利的画作同时也提醒你，建筑往往开始于一个概念，并且这些概念通常是绘制于纸上的。这种情况至少开始于中世纪，甚至可能更早。现存最早的建筑图纸可能是圣加尔修道院（约 817—823）平面图，绘制于 5 片缝合的羊皮纸上，收藏在瑞士圣加尔修道院图书馆中。还有 500 余幅 13—16 世纪以羊皮纸绘制的中世纪建筑图纸在欧洲的各个档案馆中幸存下来，其中不少收藏于维也纳美术学院。

从图纸到建筑的过程有一个既定流程。某个灵光乍现而绘制在餐巾纸上的草图最后可能会发展为展示给业主的更为可行的透视效果图，然后再被用于项目的营销。如果项目可以向前推进，设计会进一步调整推进，更详细的、带比例的工程图纸、建筑材料建议与清单均被编制出来，使建筑的建造成为可能。后者往往包括我们口中所称的施工详图，由承包商发起制作，包含更进一步的细节。如今这一开始于概念的过程可能由设计者在笔记本电脑上落实为三维空间模型，运用超过 70 个绘图软件中的某一个。当项目得到建造许可，这些数据文件会采用原初的或另外的软件进行深化拓展，生成建造所需的相关文件。除此之外，BIM（建筑信息模型）程序被用于配合设计、建造甚至维护计划，成为真正的无纸化形式。无论是通过昔日的铅笔或钢笔在纸上绘图或是电脑程序，建筑终究是开始于一个结构与空间的概念——通过设计过程及文件得以实现，无论是电子或纸质形式。

建筑建成之后，有时还会有记录性的图绘被创作出来。其中包括个人的旅行速写，它们看起来与最初的概念草图颇为类似。也可能包括一些建成效果图，类似于 19 世纪出版物中的那种，作为对建成建筑的宣传。更重要的是，这其中还包括一些作为珍贵历史文献的、平实的测绘图纸，它们将来可能被用作修复或者重建该建筑的依据，尤其当该建筑的工程图纸已经遗失的时候。本书采用的插图主要是罗比·波利对这些世界性地标建筑的记录性图绘。这些图绘类似旅行速写，是罗比对于建筑的独特阐释方式；而其价值绝不仅限于此，它们还是分析性的，其中的剖切透视图与剖面图揭示了建筑物中的空间关系与结构关系。令人震撼的彩色照片，以及按照时间顺序对重要历史元素和少为人知的细节的讨论，进一步丰富了对这些空间的了解。

本书按照主题划分章节。有些时候你也许会认为某一条目应该收入另外的章节，这也许没错。不过希望你同样理解，这些建筑与其他许多建筑一样，具有多种使用功能。事实上，随着时间的变化，建筑的功能常常也发生改变。神庙与教堂除了应有的宗教用途之外，往往也负担了其他城市功能。宗教建筑有时也会随着时代的变化服务于多种信仰。本书的章节架构试图将这些建筑均衡地归入 5 种类目：公共建筑、纪念性建筑、艺术与教育建筑、居住建筑及宗教建筑。

第一个章节的公共建筑选入了从古至今的案例。其中包括一座原本按照兵营来布局的宫殿，后来被纳入城市建筑群；还展示了体育综合体、城市中心的摩天大楼、立法机构建筑，以及机场建筑与交通综合体。第二个章节的纪念性建筑也选择了从古代到 20 世纪广为人知的作品。其中有一座神庙、两座陵寝建筑、一组宫殿建筑群、一座私家庄园，以及一座小型天文台。下一个章节的艺术与教育建筑则重点选择了 19 世纪至今的文化建筑，其中包括视觉与表演艺术建筑，以及承载了历史事件的建筑。然而总的来说，这一章最主要的是博物馆；这些建筑记录了人类的抗争与成就，如今成为人类历史的世俗神殿。第四个章节的居住建筑关注的是住所，这是建筑最原始的功能，然而它们的形式已经远远超出了最基本的空间需求。入选案例从 15 世纪的救济住房到建造跨度超越 5 个世纪的、壮观的私人宅邸，再到极具创造力的高层建筑。最后一个章节是关于宗教建筑，着重选择了过去 1500 年间建造的教堂、清真寺以及神庙建筑。其中最有趣的是一些建筑在不同的历史条件下为不同的宗教信仰服务。它们展示出宗教的强大力量，以及信徒们不惜耗费几十年甚至更久的时间，只为了以有形的方式表达他们的信仰。

这部书的独特之处显然在于，它以图像化的阐释方式，将你带到建筑立面与装饰的背后，了解这些世界上最重要的建筑物是如何建造的。以文字和视觉两种方式来描述每幢建筑，使你感觉仿佛在与建筑师们共处，能更深入地了解其设计背后的思想与专业技术。这本书记录了 2000 多年来的人类建筑成就——在未来的世纪中，观者依然会为这些成就感到震撼，而未来的建筑师们也会不断为世界最伟大建筑的名录增加新的内容。

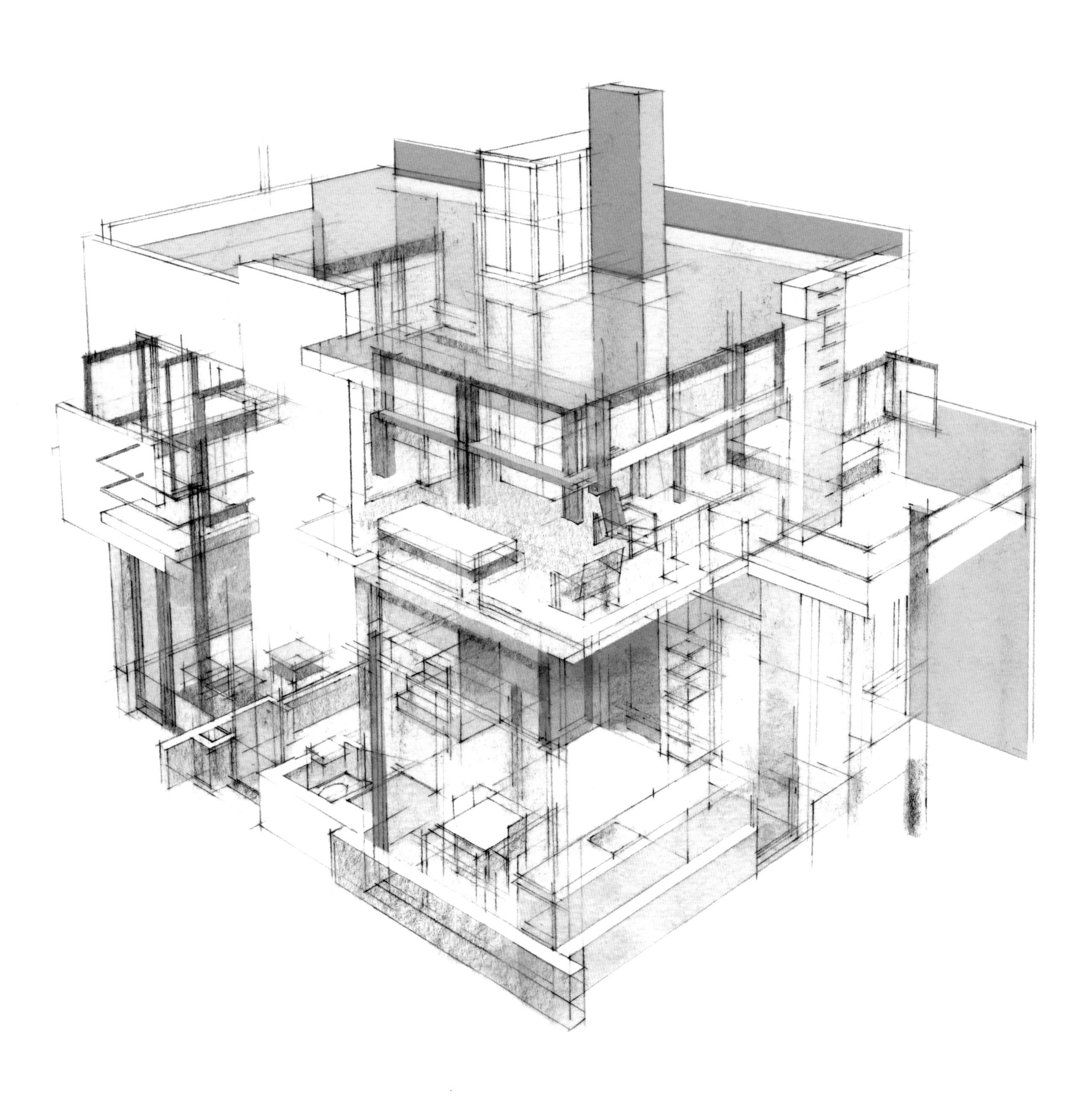

插画作者

罗比·波利

我对于描绘建筑的热情，从在伦敦生活的早期就已显现出来，彼时我正开始对伦敦西区剧院的立面进行“外光派”式的写生。对于一名热爱绘画的平面设计师，它们那华丽的石材雕刻与炫目的霓虹灯牌有难以抗拒的吸引力。我确信，在度过童年的 1960 年代，给男孩的连环画中细致分解的摩天大楼、远洋邮轮和喷气式飞机，对我早期迷上科技图像影响颇大。无论是什么点燃了最初的火花，我热爱描绘建筑。

描绘或者速写任何物体都会使你集中注意力，努力观察，因此可以更好地了解对象。画一座房子从某种角度来说与画一盘梨子或一把木头椅子并没有什么区别，尽管一开始对象的复杂程度仿佛完全无法掌控。然而经过分析，看似繁复的设计就能被简化为一系列视觉理念。通过绘画来研究一座建筑，目的是更加靠近原本的建筑学的真相。通过上述过程，也可以更深地了解建筑师最初的设想。

我的建筑画通常是脑海中视角的具象化。每个人都会通过高度个人化的方式感知空间，然而在试图了解一座建筑的时候，使用想象中的视角是唯一能够真正进入建筑内部的方式，尤其在采用平面图与照片作为参考的时候。我们对这种互动的感知与表达会在素描中反映出来。尽管受到建筑形式的严格限制，素描的风格依然可以是不受约束的，可以从一系列技法与比例中进行选择，加以不同程度的细节。每个人对于一个特定的建筑空间都有不同的反应，进行视觉化表达的方式也各不相同。

我有一种理论，即绘制一个不存在的物体会使你摆脱绘画风格的限制。在依据想象中的视角进行绘画的时候，我们不必试图再现面前的一切，因而得到解放。我们可以自由地表达想象中的画面，这种无拘无束的感觉很重要。画作本身成为对象，绘画使脑海中的形象得以呈现。

在这种情形下，我常常发现雕塑家的画作比完成的实体雕塑本身更有趣。它们更加直观、更加自然，因而更具启发性，更引人入胜，甚至可能更加诚实——相较于那些坚硬的、缺乏生命的青铜或者石材雕像。

我的工作流程通常是通过一系列速写来建立一个画面，然后将它们微调成为最终的画作。我喜欢根据插图本身的特殊性选择不同的纸张，不过通常开始于一幅用计算机绘制的基本图像，该图像基于平面图或者剖面图。这个基本图像可能是透视图或呈角度投影的轴测图。我通过灯箱在这个基本图像上面叠画，绘制出可以使建筑易于理解的各种三维元素。

我十分推崇“制图术”，尽管这是一个非常传统的术语，并且常常用于贬低看似僵硬呆板的画作。它将绘画描述为一种技术而不是艺术。不过绘画是可以做到在精确的同时依然具有表现力的：精确本身也是一种表现形式。绘画本身如此自由，何必故步自封？毕竟规则（尤其是那些僵化的规则）就是用来打破的。

对每个建筑空间的视觉化需要采用最适合它自身结构的方式。有些建筑具有必须强调的重要特征，例如穹顶或者令人惊叹的音乐厅空间。简单的去掉屋顶的绘画可以应用于这些案例，特别是那些单层建筑。不过你依然需要选择合适的视角或投影方式，才能在最好地呈现出建筑整体的同时凸显这些关键特征。否则，多层建筑将如何表达？

有些建筑几乎无法通过单一视角来阐释。越将建筑进行分解，越难捕捉最初（有时是简单的）的概念。因此最好的分解视图应将那些建筑进行简化，仅仅深入表现那些使原初设计更为清晰的建筑空间。

在绘制建筑画的时候，还需要仔细思考舍弃哪些东西。我发现最好的视觉化一座建筑的方式是将它看作一个木制模型，可以被切开的那种。用直线或曲线小心地切开，建筑的内部结构就显露了出来。如果切得太多，你会只剩下一堆没有支撑的墙面和虚假结构。

最后，图画本身必须足够有表现力，可以独立欣赏。它不仅是对建筑的精确阐释，同时也给人带来审美的愉悦。一幅具有表现力的画作可以揭示出纯技术性的建筑插图所遗漏的东西。

尽管计算机如今被广泛地应用在建筑设计与表现当中，一幅好的手绘图具有数码图像无法仿造的东西。作为观者，我们对绘画的反应与对机械化的、写实的计算机渲染图不同。我们不只是在看建筑，也在看绘画的表现形式与画家的解读方式。电脑生成的图像则不这么人性化，可能它过于写实了。

在这本书的插图中，我特地选择了铅笔，它无疑是最纯粹的痕迹创作工具。它也是我在绘制原始草图时的第一选择。尽管我会用计算机制图进行辅助工作，但是没有什么比纸和铅笔更能使我找到感觉。铅笔会戏谑地或跳跃着划过纸张粗糙的表面，留下具有丰富变化的石墨的痕迹。思考哪一种线的质感最适合表现古老石材的边界或是现代的玻璃栏杆，是一件有趣的事情。铅笔可以描绘一切事物，并且显示独特的个性。

所有的艺术家都有自己偏爱的铅笔。我最喜欢的是黑翼602，显然是杰克·凯鲁亚克用的那一种。尽管他的小说家与诗人的身份相对于艺术家的身份更广为人知，凯鲁亚克的确会画速写，而且尤为欣赏铅笔油润、漆黑的质感。选择什么时候该徒手画线，什么时候该用尺子或三角板画直的边线，这很关键。不过将一条“快”的铅笔线与一条“慢”的相结合，会形成非常棒的效果。每一幅画都需要多样的调子。

不过，一幅画最重要的也许是决定比例。在一张太小的纸上绘制一座大型建筑，会导致信息严重受限，必定只能概览整体空间，许多需要被感知的品质会丧失，建筑的细节与材料无法表达。

在前计算机时代，建筑师绘制的平面图常常是非常漂亮的。尤其是弗兰克·劳埃德·赖特的水彩平面图或者克里斯托弗·雷恩华丽的钢笔画。一种机械化的、工程性的、按照逻辑构成的形式可以通过富有人情味与质感的手绘图来表达，我从中发现了一种美。这样的绘画作品优雅地提醒观者，每一座准备伫立百年的建筑必须开始于一根简单的手绘线条。

在为这本书绘制的插图中，我试图将复杂的建筑与很难被完全理解的三维建筑概念表达得更加人性化。我希望能够通过创作具有质感、技术上真实并且引人入胜的画作达到这一目的，最重要的是，希望这些画作能给人带来视觉上的愉悦。

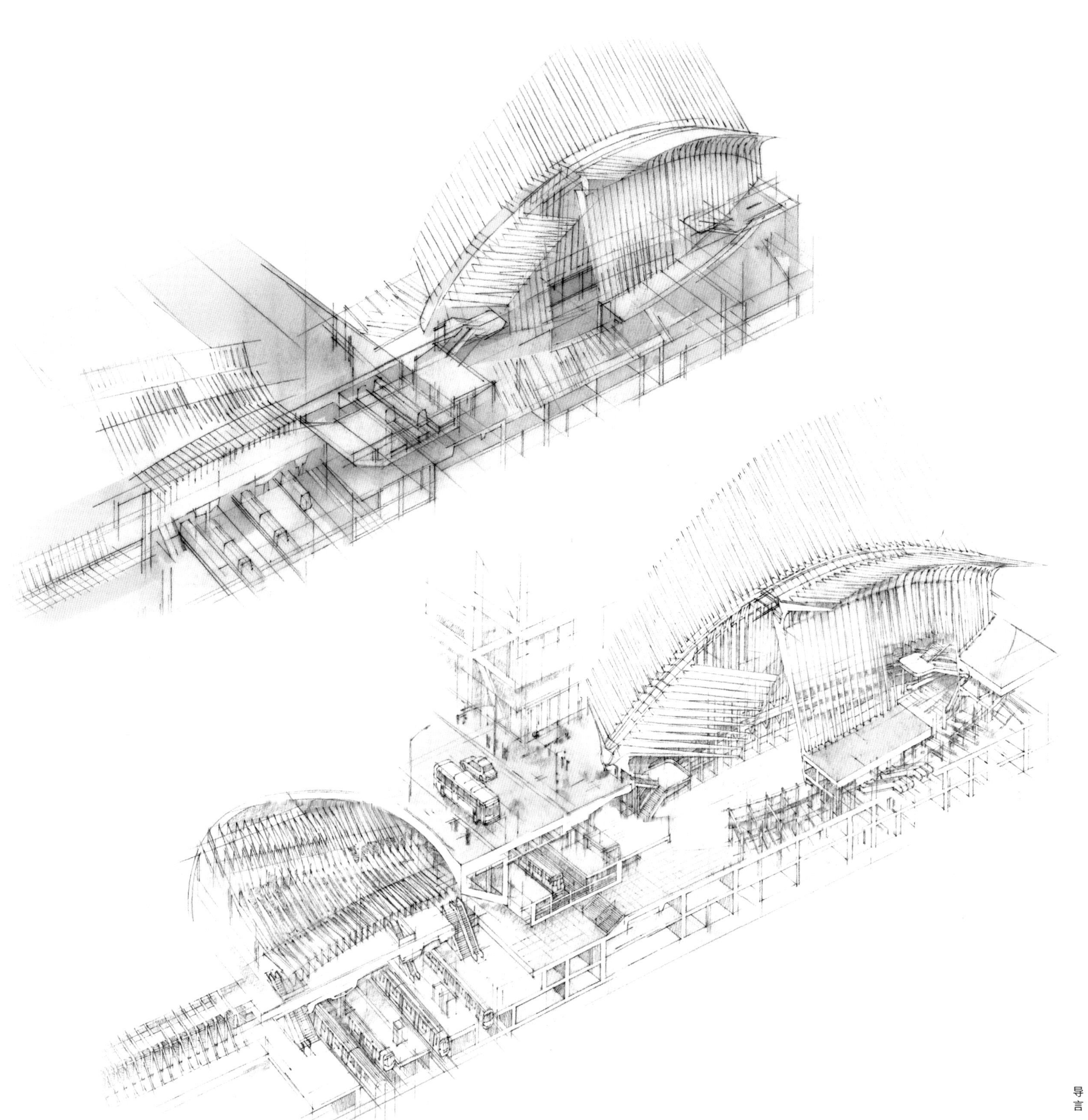

公共建筑

当人们看到“公共”一词与建筑相联系的时候，他们往往立刻想到市政建筑，即政府建的构筑物。它们通常以公共税收作为建造资金的来源，并为市民提供必要的服务，其中可能包括邮局、警察局、消防站、垃圾处理设施、交通建筑、市政厅，以及各类立法机构建筑、政府办公楼、法院等其他建筑类型。这些建筑中最为宏大的可能是立法机构建筑，其使用者是由公众选出的代表组成的立法团体。这些团体因袭自中世纪的地方或国家的议会，有时会被分为两个或多个议院。两院制体系是在英格兰发展起来的，从 13 世纪到 18 世纪，逐步成为许多国会制度的原型。从多种角度来讲，英格兰的两院制议会都是如今世界范围内此类民主议会的始祖，并且以由查尔斯·巴里（Charles Barry，1795—1860）和奥古斯都·普金（Augustus Pugin，1812—1852）设计的英国议会大厦——威斯敏斯特宫（Palace of Westminster，1840—1870）作为其代表形象，它以哥特复兴风格来向英国议会的建立致敬。英国议会的历史可追溯到 13 世纪，以及 1215 年《大宪章》（Magna Carta）的签署，该宪章保障贵族免受王室随意审判，拥有基本的自由。其他立法议会建筑同样壮观，虽然建筑风格各有不同。本章所选择的建筑建成时间横跨了 6 个世纪，案例分别来自孟加拉国、德国、印度、意大利与美国。

在这 5 个案例中，有 4 个都与古典主义的中心式布局或多或少相关，通常都带有穹顶。很长一段时间以来，建筑师们都将勒·柯布西耶（Le Corbusier，1887—1965）建于印度昌迪加尔的政府议会建筑群（1952—1961）和路易斯·康（Louis Kahn，1901—1974）建造于孟加拉国达卡的议会建筑群（1962—1982）视为 20 世纪世界最伟大的建筑朝圣地之一。柏林国会大厦（Reichstag，1884—1894）最近加入了这个圣地俱乐部，由于诺曼·福斯特（Norman Foster，1935— ）为它加建了一座壮观的钢与玻璃的穹顶（1999）。位于华盛顿特区的美国国会大厦（Capitol Building，1792—1891）在两个世纪中不断改建，或许因此它并不算是同一类型的政府设计。同时它被国际上普遍认为是美国的象征以及重要的旅游景点，从而弱化了它本身的政府建筑功能，影响力也超出前述 20 世纪的 3 座地标建筑。所有建造于 19—20 世纪的 4 个案例本质上都着重于政府的立法功能。在第 5 个案例威尼斯总督府（Doge's Palace，1340—1614 及其后）中，它的大会议室（Grand Council Chamber）同样服务于立法职能，不过这是个多功能的政府建筑，还包括了公爵的居住区域，在超过 3 个世纪的扩建中还增加了司法与监狱空间。

本章还包括了国际著名的娱乐与交通建筑。娱乐建筑的案例选择横跨了千年，从古至今——从古罗马斗兽场（Colosseum，约 72—80）到伦敦水上运动中心（London Aquatics Centre，2012）。它们均为运动与娱乐场地，服务于所属的市民团体。古罗马斗兽场的阶梯状座位可容纳上万名观众，从古代起便是大型体育设施的典范。伦敦水上运动中心尽管规模较小，然而采用了临时看台来容纳奥林匹克运动会的观众人潮，运动会结束后临时看台被移走，建筑继续作为社区娱乐中心服务周边人群。

交通建筑案例为两个位于美国的建筑，一个是建于半个世纪之前的现代主义经典作品：杜勒斯国际机场（Dulles International Airport，1958—1962）；另一个是备受瞩目的新建筑：纽约世贸中心交通枢纽（World Trade Center Transit Hub，2004—2016）。早在计算机辅助设计程序远远还未出现的年代里，埃罗·沙里宁（Eero Saarinen，1910—1961）便为杜勒斯机场设计了俯冲的曲线外形，同时它还被认为是第一座专门为 1960 年代的新式喷气动力大型客机设计的机场。其选址位于农田与开

威尼斯总督府（见第 28 页）

敞林地当中，使飞机引擎的噪音远离华盛顿特区市区。由圣地亚哥·卡拉特拉瓦（Santiago Calatrava，1951—　）设计的世贸中心交通枢纽就像一只巨大的鸽子从地面升起——作为和平的象征。这个项目用宽敞的商业大厅联结了郊区列车与地铁系统，是该区域重建的一部分——发生在 2001 年 9 月 11 日的恐怖袭击摧毁了周边的建筑。在过去超过 50 年的时间里，杜勒斯机场给它所在的城市远郊地区的发展带来了巨大的影响，一系列建设计划得以实施，地铁系统得以扩建，将机场与城市相连。与此类似的是，世贸中心交通枢纽的建造是为了缓解随着周边高层商业楼宇的兴建而增加的通勤压力。

这些交通建筑案例与周边地区经济增长的密切联系甚至对之发挥的催化作用，使我们联想到本章的另外两个案例，它们也与城市发展密不可分：位于克罗地亚斯普利特的戴克里先宫（Palace of Diocletian，约 295—305）和纽约的克莱斯勒大厦（Chrysler Building，1929—1930）。前者是帝王的退隐离宫，后者是世界上最著名的、装饰艺术风格的商业摩天楼之一。戴克里先宫最初的布局呈直线型，带有交叉轴线，因袭自罗马兵营的布局。它的建造地原名阿斯帕拉托斯（Aspálathos），是一处公元前 2 世纪或公元前 3 世纪的希腊殖民地，随着宫殿的修建，其 9000 名左右的居住者将此地逐渐建成拜占庭式与威尼斯式的城市。第一次世界大战期间，这里又变成了奥地利哈布斯堡式的城市。如今斯普利特大约有 17 万人口，约有 34 万居民在周边城市区域内生活。

克莱斯勒大厦位于纽约曼哈顿中心，为第 42 街上的几个地块之一，一些类似的高层商业建筑就建于周边。其中有几座比较重要，如细节同样丰富的查宁大楼（Chanin Building，1929），由欧文·查宁（Irwin Chanin，1891—1988）和斯隆与罗伯逊建筑事务所（Sloan and Robertson）设计建造；带有令人震惊的拱顶的鲍厄里储蓄银行［Bowery Savings Bank，1921—1933，如今为奇普里亚尼餐厅（Cipriani's）］，由约克与索耶建筑事务所（York and Sawyer）设计建造；曾经为科莫多尔酒店（Commodore Hotel，1920），如今的君悦酒店（Grand Hyatt），由沃伦与韦特莫尔建筑事务所（Warren and Wetmore）设计建造。君悦酒店曾在 1980 年由特士吉（Der Scutt）为唐纳德·J. 特朗普（Donald J. Trump）改建，是这位房地产大亨的第一个大型项目。与这些建筑一样，克莱斯勒大厦受益于里德与斯坦姆建筑事务所（Reed and Stem）设计的纽约中央车站（Grand Central Station，1913）的选址，以及此后将公园大街改造为林荫大道的计划。1930 年代的大萧条之后以及第二次世界大战后，附近的高层建筑迅猛增长，尤其是公园大街北部。由于中央车站这座交通枢纽，第 42 街上的空地也被高层建筑填满。如今中央车站为附近的高层建筑带来超过 75 万的每日通勤人流，当然也使深受喜爱的克莱斯勒大厦成为此处大量步行者的公共生活的重要部分。

世贸中心交通枢纽（见第 70 页）

古罗马斗兽场

所在地	意大利罗马	**建筑风格**	罗马古典主义（Roman Classicism）
建筑师	佚名	**建造时间**	约 72—80 年

在诸多有重要历史意义的废墟当中，古罗马斗兽场毫无疑问是最能唤起公众关于罗马帝国的想象的建筑物之一。它是此类竞技场中最大的一个，由韦斯巴芗皇帝（Emperor Vespasian）下令建造，在约 72—80 年提图斯皇帝（Emperor Titus）在位期间完成，建筑总长 189 米，宽 156 米，高 48 米。它由砖和混凝土建造，表面装饰以罗马洞石。作为一座圆形竞技场——它的主竞技场若是灌满水，可以用来模拟海战——这座建筑物在后来的图密善皇帝（Emperor Domitian）执政期间经历了几次改建，扩建至其座位数最多可以容纳超过 8 万名观众。

斗兽场的选址是韦斯巴芗定的，这里曾经是尼禄皇帝（Emperor Nero）的私人别墅与园林的一部分，建于 64 年罗马大火之后。70 年古罗马人洗劫了耶路撒冷圣殿，所获战利品与 10 万名犹太奴隶充当了建造斗兽场的资金与劳力。在罗马帝国时代，斗兽场被用于观看角斗、野生动物表演及古典戏剧演出。这使它成为大型市民娱乐中心，就像今天用来举办体育赛事和摇滚音乐会的露天运动场。成语"面包与竞技"（bread and circuses）在这座建筑建成后的几十年间被创造出来，"竞技"指代此处举行的流行娱乐活动，"面包"则指代帝国时代当权者给群众发放免费谷物以争取支持的传统。不过这座建筑最初的名称是弗莱文圆形剧场（Amphitheatrum Flavium），更广为人知的 Colosseum 一词从中世纪才开始应用，它也许源自附近发现的尼禄雕像，据说其原型是罗德岛巨像（Colossus of Rhodes）。

5—6 世纪的时候，罗马经历了几次洗劫与自然灾害，这座建筑依然在使用当中，不过已经是部分沦为废墟了。中世纪时期它被当成墓地，或是作为工场、商店、堡垒、修道院等，1349 年的大地震终于将它的命运中止为一片瓦砾，或者更确切地说，一座采石场。16—19 世纪期间，罗马教廷希望将它重新付诸使用，多次游说未果。

尽管古罗马斗兽场后来曾短暂地用于斗牛表演，它得以幸存的部分原因却可能是教皇追认它为基督教徒曾经殉难的圣地。无论怎样，19 世纪时教皇的确帮助推动了这座建筑的结构维护，也促进了 20 世纪的几次国家出资的维修计划，包括在本尼托·墨索里尼（Benito Mussolini）当政期间。2013—2016 年也进行过一轮维修与保护。由于它的规模与历史，古罗马斗兽场至今仍是罗马最重要的景点之一，每年大约吸引 400 万名游客。它巨大的结构成为类似尺度的体育场地的参照典范，影响了诸多后世设计，从约翰与唐纳德·帕金森建筑事务所（John and Donald Parkinson）设计建造的洛杉矶纪念体育馆（Los Angeles Memorial Coliseum，1923）到沃纳·马奇（Werner March，1894—1976）设计的柏林奥林匹克运动场（Olympic Stadium in Berlin，1936），再到劳埃德与莫尔加建筑事务所（Lloyd and Morga）设计的休斯敦阿斯托洛体育场（Houston's Astrodome，1965）。

历史绘画

《角斗士》(*Gladiator*，2000) 这样的故事片拍摄了体育竞技如何在古罗马斗兽场中进行，类似的，历史绘画也会展现重要的人物与事件。法国艺术家让-莱昂·热罗姆(Jean-Léon Gerome)的《角斗士》(*Pollice Verso*，1872) 为 19 世纪的观众描绘了类似的壮观场面。这一画作的名称原意为“翻转拇指”或“拇指向下”，据说位于下层座位的皇家与贵族观众以此动作决定失败的竞技者的命运，此画使这个传说广泛流传开来。

左图　古罗马斗兽场下层设置通道并在其上方铺设地板，用于容纳野兽和角斗士，以服务于经常举行的残暴的竞技奇观。上部座位层可能曾设有环形的、被称为 velarium 的织物遮阳篷。

上图　拱形结构使得台阶式的内部空间呈现出规则的建筑外观。外观采用的洞石来自距离罗马 20 千米的蒂沃利。据说为了运输石材到罗马，曾经专门铺设了一条道路。

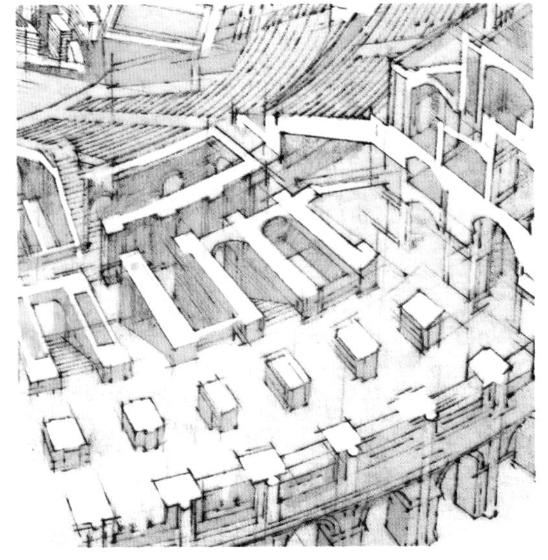

设计

像所有运动场一样，圆形是首选的形式。约 8.7 万名观众从超过 76 个入口进入斗兽场内部。阶梯状的座位按照等级分区，从表面覆盖了大理石并带有轻便坐垫的元老院座位，到长凳席位层，再到仅在顶部提供给奴隶与妇女的站立空间。

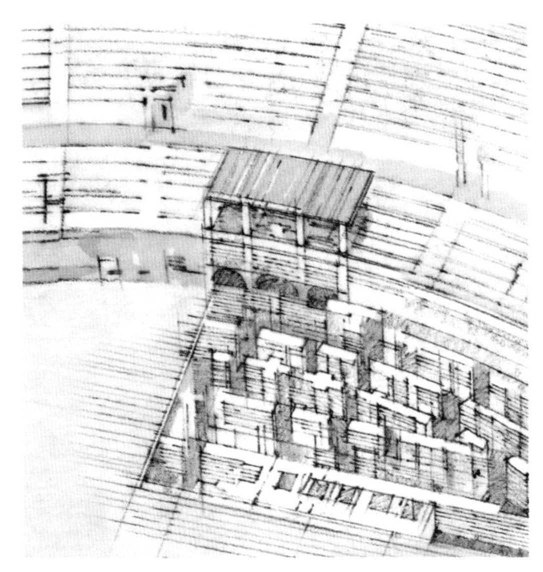

皇帝包厢

皇帝包厢是古罗马皇帝的座位所在，附近是贵族与保民官的 VIP 席位。场地中的角斗士可以清晰地看到拇指向上或是向下的手势。手指向下究竟意味着生还是死依然需要进一步研究证实。

竞技场入口大门

竞技舞台下方的地下迷宫连通到多个入口大门，参与这一致命娱乐活动的选手会在此处亮相。死亡之门提醒人们罗马帝国时期的娱乐是何等野蛮。

洞石

除却拱廊、主承重结构与地面采用了洞石，建筑大部分是以砖、火成岩和混凝土建成的。古罗马混凝土比当代混凝土更具耐久性，后者的主要成分是 19 世纪研发的波特兰水泥。

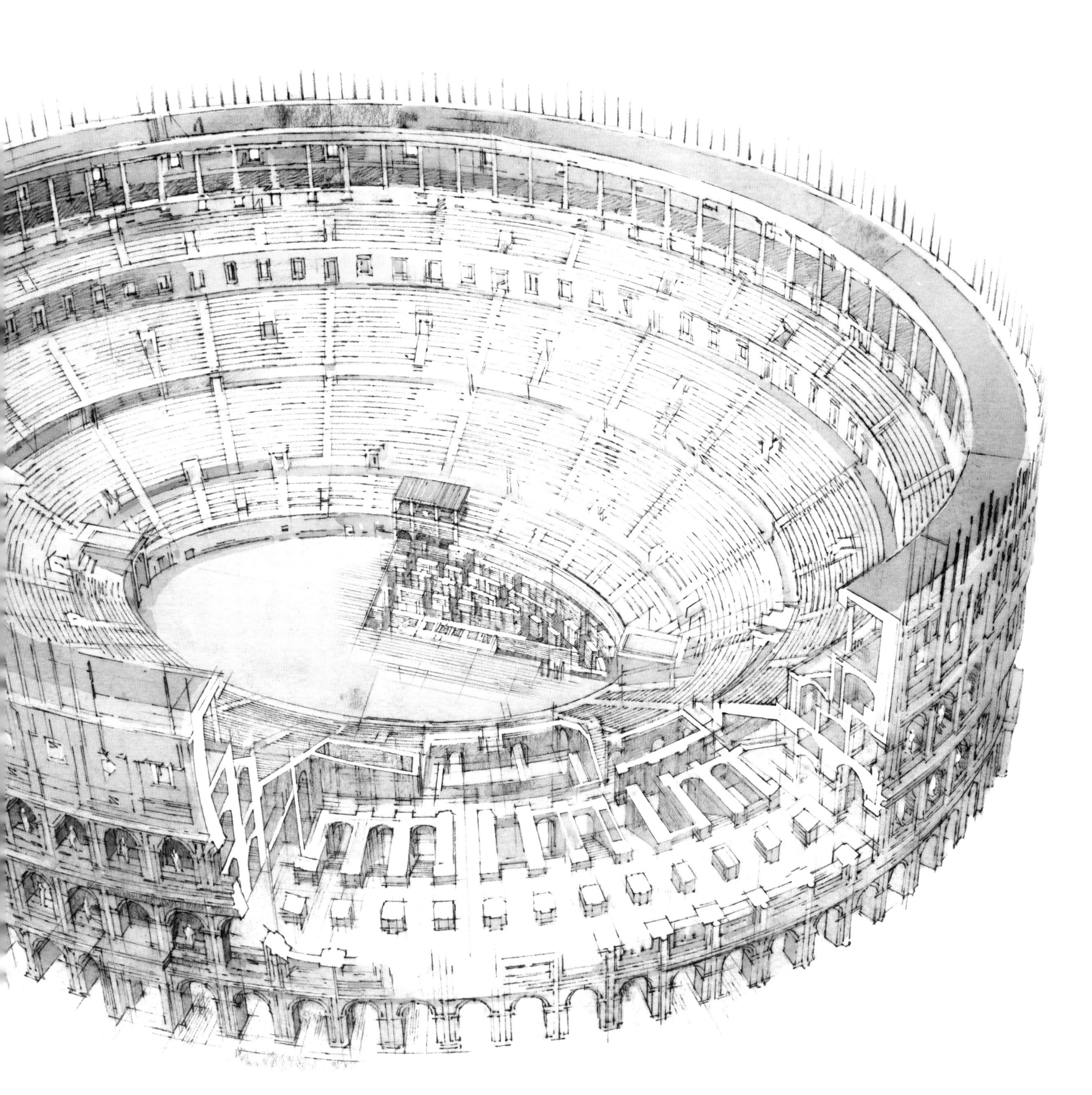

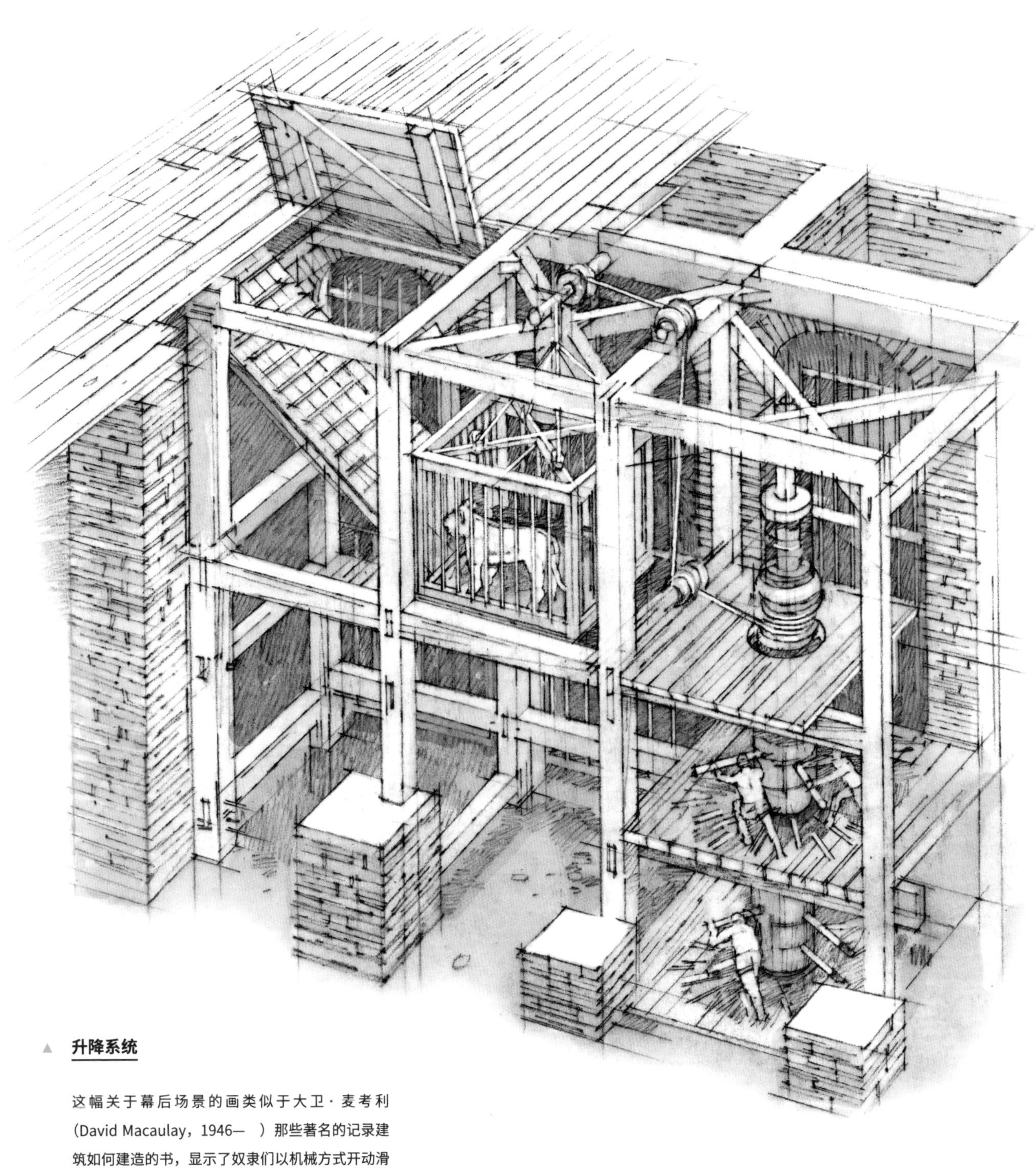

▲ **升降系统**

这幅关于幕后场景的画类似于大卫·麦考利（David Macaulay，1946— ）那些著名的记录建筑如何建造的书，显示了奴隶们以机械方式开动滑车，将狮子从地下两层的 32 个兽栏中抬升到竞技场地当中。

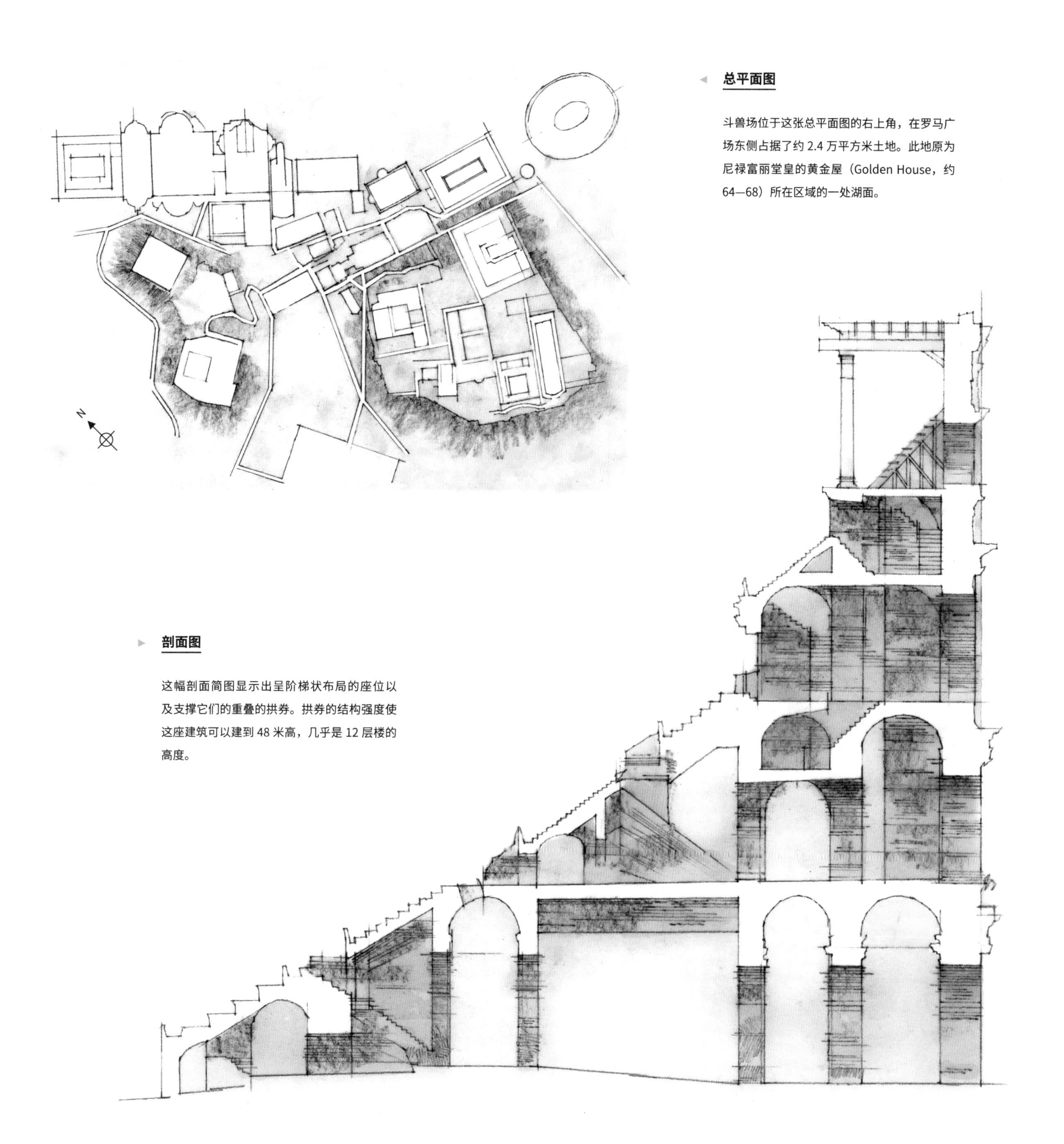

总平面图

斗兽场位于这张总平面图的右上角，在罗马广场东侧占据了约 2.4 万平方米土地。此地原为尼禄富丽堂皇的黄金屋（Golden House，约 64—68）所在区域的一处湖面。

剖面图

这幅剖面简图显示出呈阶梯状布局的座位以及支撑它们的重叠的拱券。拱券的结构强度使这座建筑可以建到 48 米高，几乎是 12 层楼的高度。

戴克里先宫

所在地	克罗地亚斯普利特
建筑师	佚名
建筑风格	晚期罗马古典主义
建造时间	约 295—305 年

古罗马皇帝常常会建造精美的宫殿，不过很少能够保留至今。提比略（Tiberius）将他的宫殿建造在卡布里岛上。哈德良（Hadrian）于 2 世纪最初的几十年中在蒂沃利建造宫殿，在超过 1 平方千米的范围内留下了超过 30 座建筑。2006 年，考古学家发现位于罗马东南方向拉齐奥省的废墟可能正是记载失落已久的安东尼・庇护（Antoninus Pius）的马尼亚别墅（Villa Magna）。这些壮观的皇家行宫可作为戴克里先宫的修建背景。盖尤斯・奥勒留・瓦莱利乌斯・戴克里先（Gaius Aurelius Valerius Diocletianus，或称为 Diocletian），似乎出生于如今克罗地亚的斯普利特附近，他在此地的宫殿约建于 295—305 年。戴克里先出生于一个贫苦的家庭，在军队任职期间不断升迁，最后在 283 年成为皇家卫队的指挥官。

历史学家暗示戴克里先可能与皇帝卡鲁斯（Carus）与努梅里安（Numerian）的死亡有关，这两位皇帝先后死于 283 年和 284 年。在此之后他成为事实上的皇帝，285 年，他击败了与努梅里安有关联的竞争对手，正式成为皇帝。其后戴克里先在多瑙河地带及更远的东方继续他的军事征伐，在 290 年甚至到达了叙利亚。他任命马克西米安（Maximian）为罗马的奥古斯都，作为一名地位略低的共治帝负责管理帝国西部。293 年，戴克里先做了个激进的决定，将帝国分为 4 个部分，推行四帝共治制，增加了两位地位较低的皇帝，君士坦提乌斯（Constantius）与伽列里乌斯（Galerius）。后来，他还进一步将帝国分为 13 个省，以降低地方管理者叛乱的可能性。通过重新实施强制性兵役，他使罗马军队的人数增长至超过 50 万人。其统治最受争议之处在于有计划地进行宗教迫害，尤其是 297—304 年对基督徒的迫害。他的大部分生涯在军队中度过，其野心也滋生于此，所以毫不意外，建造于他家乡斯普利特的宫殿既设计成退位之后的离宫，同时也是帝国的指挥部。

这座宫殿如今被斯普利特城所包围。它最初的布局参照了古罗马兵营的布置，即一种矩形或正方形的堡垒，内部设有交叉轴线连接四方城门。它事实上是一座带有城墙的城市，朝向陆地的三个方向上的城墙上设有三座精美的主城门，另有一个简单并且规模较小的城门向南朝向亚德里亚海。宫殿规模约为160×190米。大部分皇家别墅位于宫殿南部，包括居住与宗教空间。摄影与绘画中经常出现这座宫殿的列柱围廊，这一建筑细部来源于戴克里先长期在帝国东部生活的经历，它被用在通往帝国行政区的纪念性通道上，也被应用于戴克里先墓（如今是建于7世纪的圣多努米斯大教堂，对页图片及下方复原图中均能看到）和一座矩形神庙（如今是洗礼堂）。宫殿北部容纳了守卫部队、住宅以及相关附属空间。戴克里先宫当初的居住人口大约有9000人。

建筑大部分以砖和石灰石建造，局部覆盖了大理石，这些大理石是从隔着亚得里亚海与斯普利特相对的布拉克岛上开采来的。随着罗马帝国解体为西罗马与拜占庭帝国，这座宫殿逐渐陷入了年久失修的状态，围绕着它的被称为斯普利特或斯帕拉特罗的城市后来被不同的国王与国家统治。宫殿废墟基本上一直处于未开发状态，直到英国建筑师罗伯特·亚当（Robert Adam，1728—1792）出版了《位于达尔马提亚的斯帕拉特罗的戴克里先宫殿废墟》（*The Ruins of the Palace of the Emperor Diocletian at Spalatro in Dalmatia*，1764）。这座宫殿的列柱围廊中纤细的柱子、柯林斯柱头与拱券，对亚当自己在18世纪晚期的作品产生了不小的影响。

右图　这幅鸟瞰复原图可以与对页的斯普利特航拍图进行对比。标准的罗马兵营式布局在这张复原图中清晰可见。

下图　中心广场或皇帝寝宫主入口的列柱围廊，是这座曾经的宫殿中最具识别性的地点。

哈德良宫殿

哈德良皇帝在提布尔、如今的蒂沃利建造了他的乡间离宫。哈德良亲自完成了大部分设计，其中包括30多座建筑，基于他在帝国范围内游历所见过的各种风格建造。这当中的塞拉皮雍洞穴（Serapeum grotto）与坎诺帕斯水池（Canopus pool）是受到了位于埃及城市坎诺帕斯的供奉塞拉皮斯（Serapis）的希腊式神庙的影响。希腊风格的水上剧场座落在湖中央，此外还有带有穹顶的罗马式浴场。4世纪的史书《罗马皇帝传》（*Historia Augusta*）这样描述这座离宫：“建造得不可思议”，“以最具盛名的地方和区域命名”。

1 戴克里先墓

戴克里先墓位于围廊以东。有部分研究者认为此建筑最早为朱庇特神庙。现有的建筑可追溯至约 305 年，主要以大理石和石灰岩建造，内部建有斑岩柱子。戴克里先的斑岩石棺已无遗存。这座建筑曾被用作供奉圣母马利亚的教堂，7 世纪早期又献给了圣多米尼斯大教堂（Cathedral of St. Domnius），成为后者的一部分。圣多米尼斯在 304 年殉难，死于戴克里先对包括基督教在内的宗教的迫害。这位圣人的遗骨依然供奉在教堂内。相邻的高大钟塔建造于 1100 年，在 1908 年的修复工作中，原有的罗马风格的雕像被清除掉了。

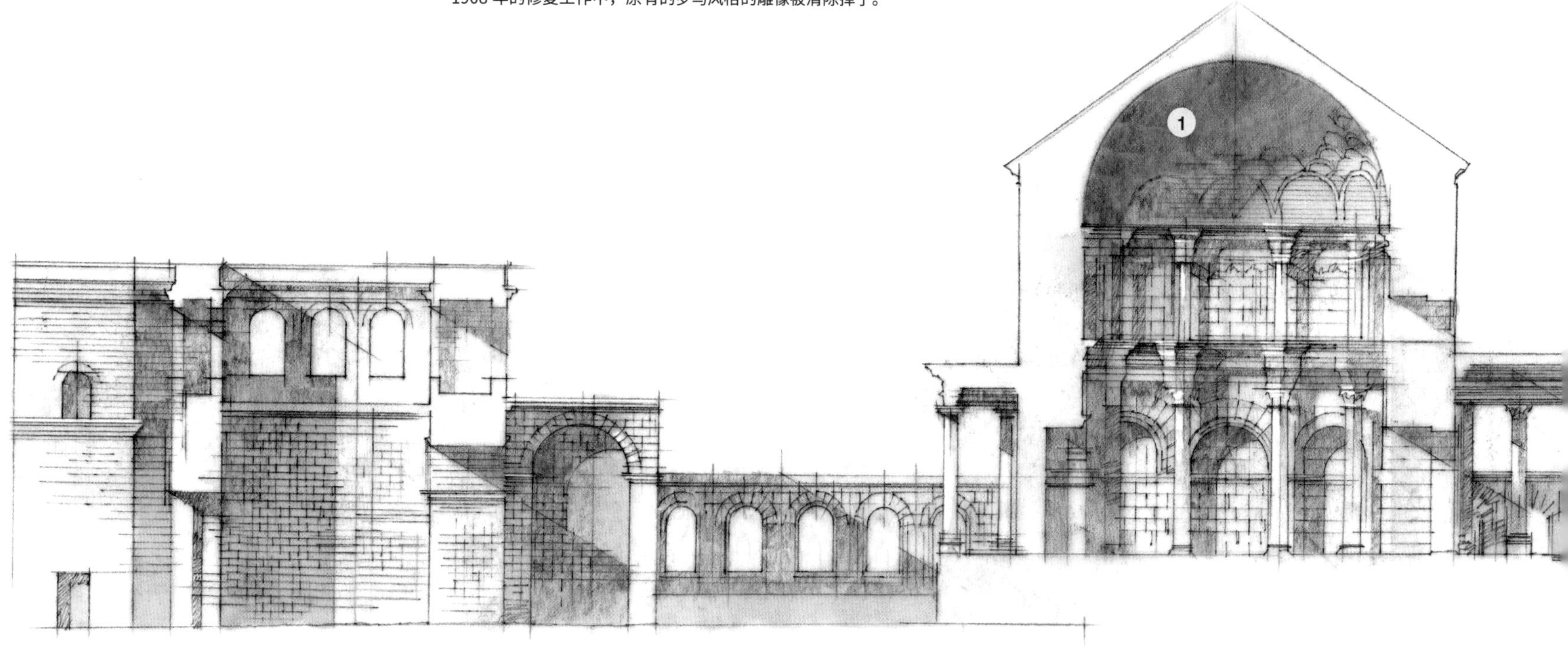

2 宫殿前厅

位于画面中央的宫殿前厅（vestibulum）带有拱形的门楣和埃及风格的花岗岩柱子，屋顶是穹顶还是金字塔状尚不能确定。山形墙（pediment）顶部似乎应该有个古罗马皇家四马双轮战车的雕塑。这里是通往戴克里先私人区域的入口，其底部有个拱形入口通往地下室层。带有拱券的入口门廊形式据说来源于叙利亚，这种形式后来出现在意大利风格主义建筑师塞巴斯蒂亚诺·塞利奥（Sebastiano Serlio，1475—约 1564）的图绘中，并且在 16 世纪到 19 世纪早期的帕拉第奥式（Palladian）窗上反复出现。

3 矩形神庙

位于西端的矩形神庙一般称为朱庇特神庙，但也有研究者认为应是供奉医药之神阿斯克勒庇俄斯（Aescalapius）的。附近曾经还有两个更小的神庙，似乎供奉了维纳斯与西布莉（Cybele），她们分别是爱神和罗马的庇护女神。这座矩形神庙是罗马帝国时期最后建造的一批神庙之一。从剖面上可以看出在它的内殿（cella）前有入口柱廊（portico）。随着人们皈依基督教，这座神庙变成了教堂的洗礼堂，内殿中央设置了一个石质洗礼池，而地下室则用来供奉圣托马斯（St. Thomas）。

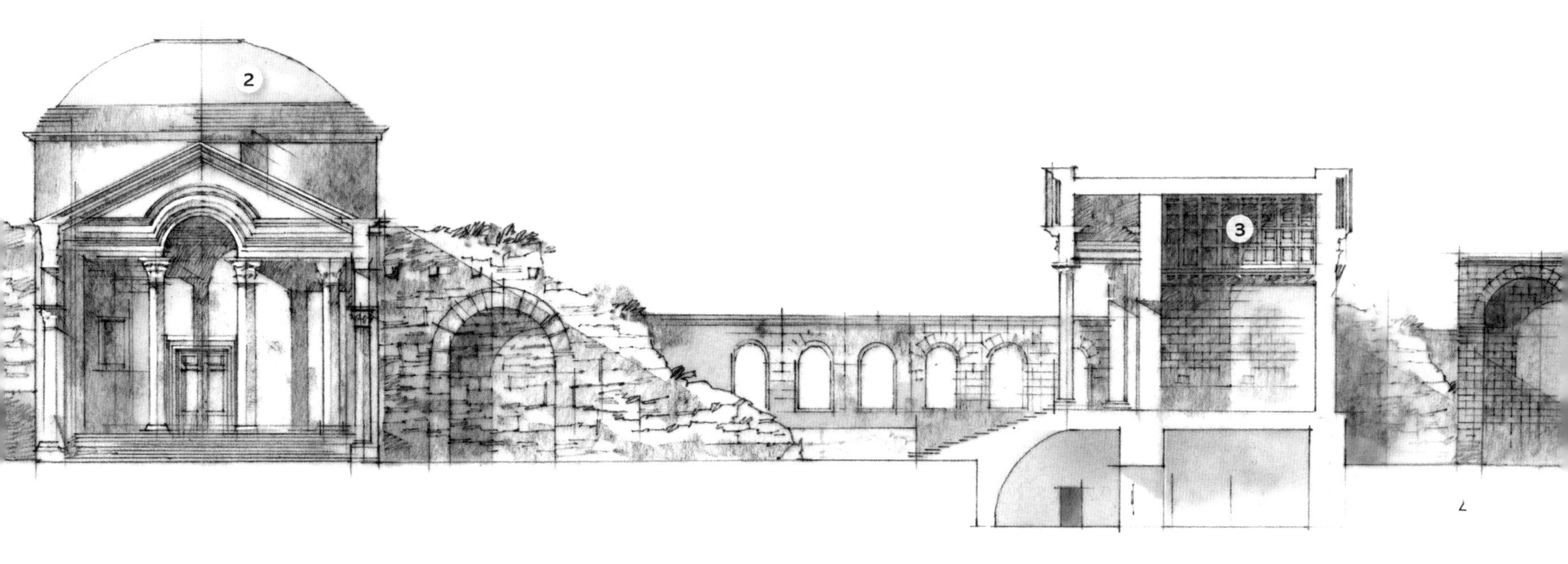

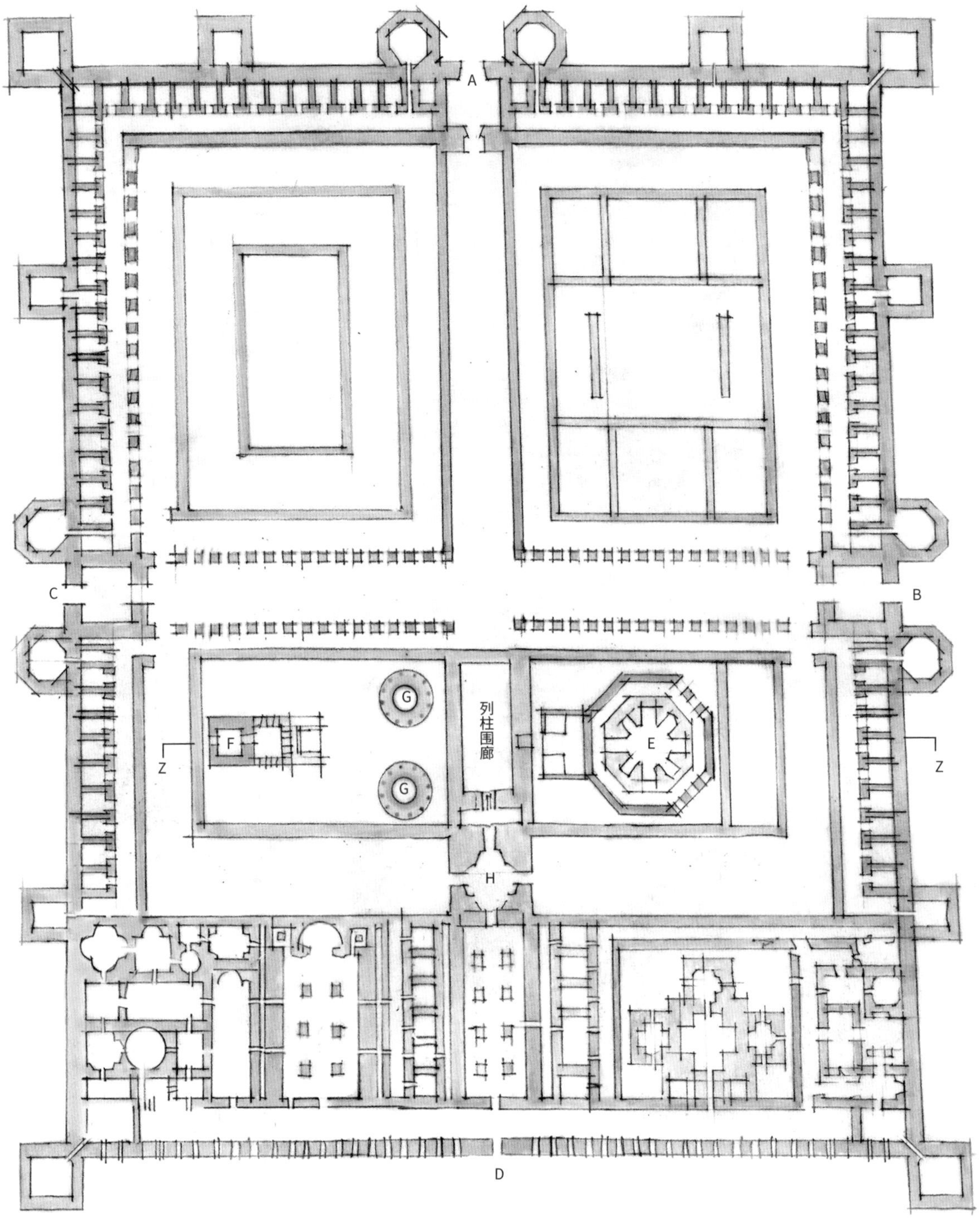

总平面图：昔日与现在

可相互对照的这两幅总平面图展现出这座宫殿最初的布局（左图）和如今的遗迹（对页），它们被各个时期改造的建筑所包围。剖切号（Z）标志了剖切位置与方向（前一页）。

图例

A 金门
B 银门
C 铁门
D 带有朝向大海的小门的南向城墙
E 戴克里先墓
F 矩形神庙
G 小圆形神庙
H 前厅

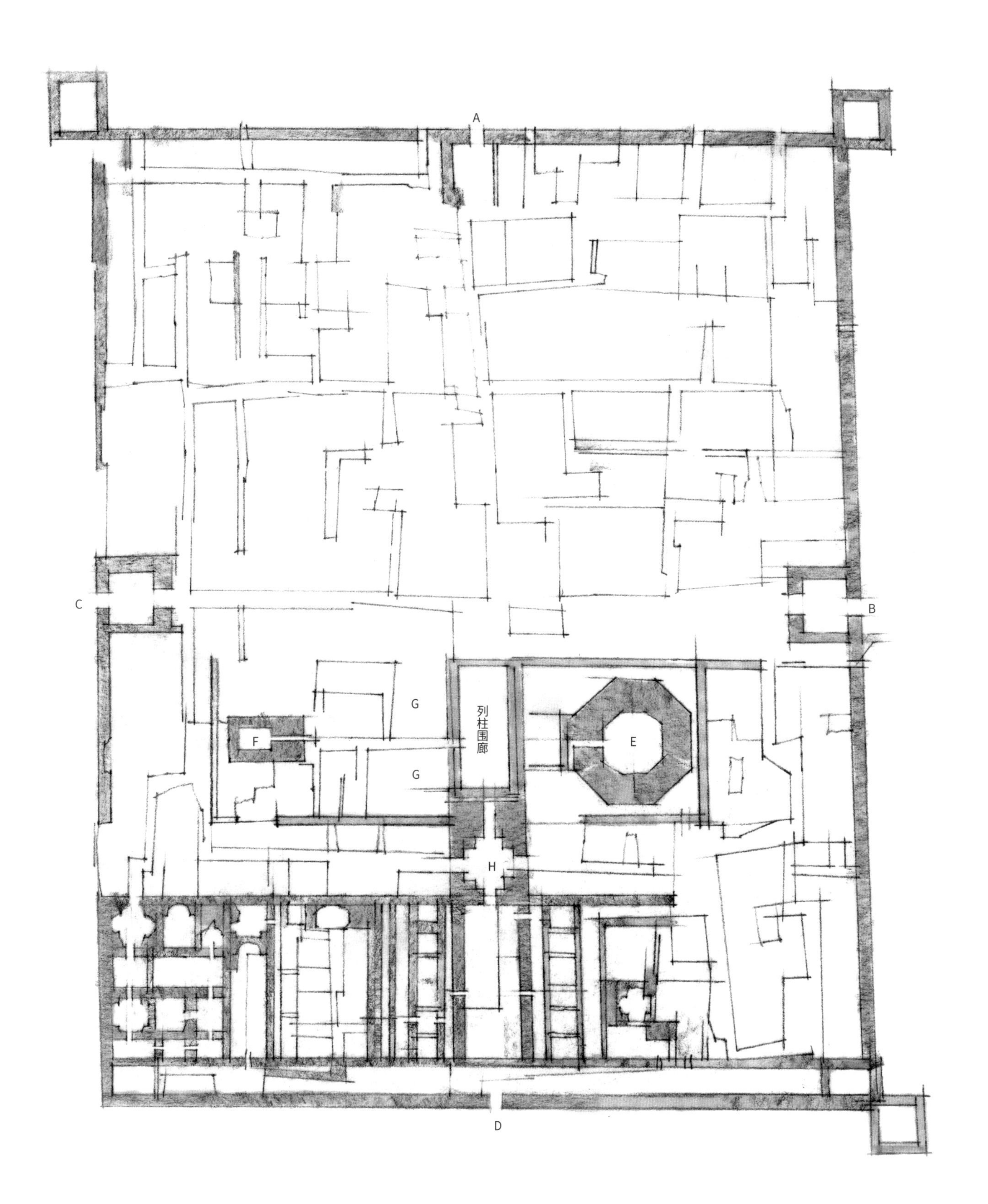
A
B
C
D
E
F
G
G
H
列柱围廊

威尼斯总督府

所在地	意大利威尼斯
建筑师	彼得罗·巴塞焦（Pietro Baseggio）、菲利波·卡伦达里奥（Filippo Calendario）等
建筑风格	威尼斯哥特式（Venetian Gothic）
建造时间	1340—1614 年，后世仍有加建

佛罗伦萨与银行世家美第奇家族是文艺复兴时期意大利城邦的权力、影响力与艺术创造力的代表。而威尼斯，则号称可与这个传奇般的金融与艺术之都相匹敌。威尼斯共和国是拜占庭帝国的分支，它的执政官以及执政官首领——总督是由选举而来。这个城市在中世纪及文艺复兴时期具有强大的海军及海上贸易实力。领土越过亚得里亚海、爱奥尼海与地中海延伸到塞浦路斯，局部与奥斯曼土耳其帝国接壤。相对于其他意大利城市，威尼斯在很多方面是通往东方的主要门户。

考虑到这样的背景，以及这个看似漂浮在海上的城市严重缺乏可建造场地，紧邻着圣马可大教堂的总督府就变成了一个集居住、行政、立法、审判与惩戒的多功能建筑群。事实上，它的庭院北侧与大教堂的墙面相连，成为教会与国家的力量结合的例证。基地内有部分早期的居住建筑遗存，可追溯至 12 世纪，不过现今这座色彩丰富的砖石建筑群建于 14—16 世纪。它朝向运河的南立面始建于 1340 年，由彼得罗·巴塞焦（？—约 1354）和菲利波·卡伦达里奥（1315—1355）领导设计，西边朝向圣马可小广场（Piazzetta）的立面则是在 1424 年之后建成的。精致的主入口即纸门（Porta della Carta）嵌于圣马可大教堂与宫殿之间，建造于 1442 年，由建筑师乔瓦尼·博恩（Giovanni Bon，1355—1443）与他的儿子巴尔托洛梅奥（Bartolomeo，约1400—1464）设计。其上雕刻了总督弗朗西斯科·福斯卡里（Francesco Foscari）的画像和威尼斯狮子以及代表公正、慈悲、谨慎、刚毅、克制等美德的雕塑，总之一切可能出现在大教堂立面上的主题。此外，在1536年后，投票大厅（Sala della Scrutinio）加建了一个独特的阳台，位于西立面的拱廊之上。在1574年与1577年的火灾之后，拱廊经过修复，19世纪时又修复一次。威尼斯哥特式拱廊的全景在19世纪启发了许多当时的哥特复兴作品，并随着约翰·拉斯金（John Ruskin）的文章而广为人知，如《威尼斯之石》（*The Stones of Venice*，1851—1853）

从1480年代后期到16世纪中叶，著名的哥特式拱廊背后的建筑不断扩张，包括了运河边及东部的总督府以及政府办公空间，大部分扩建是由安东尼奥·里佐（Antonio Rizzo，1430—1499）设计。在这些加建中，里佐设计的位于庭院内部的巨人台阶（Staircase of Giants，约1485—1491）是最重要的，通常被用于举行国家庆典。这座宫殿建筑群的室内空间装饰极为精美，并且随着时代变迁不断更改设计，其中包括了丁托列托（Tintoretto）与保罗·委罗内塞（Paolo Veronese）的真迹。这些室内空间中最著名的是由安德烈亚·帕拉第奥（Andrea Palladio，1508—1580）设计的大会议室（Grand Council Chamber），据说是当时欧洲最大的房间之一，长53米，宽25米。当政府机构进一步扩张，1614年之后，原建筑群东侧运河对岸建造起一座新建筑，容纳了地方监狱和法官办公空间，以及连接两岸建筑的叹息桥（Bridge of Sighs）。从1923年起，这组建筑群被改为博物馆。

上左图　内庭院以及位于底层中央的巨人台阶。台阶顶部有两座巨大的雕像，雕刻了战神马尔斯与海神尼普顿，由意大利雕刻家和建筑师雅各布·桑索维诺（Jacopo Sansovino，1486—1570）在1567年雕刻。

上右图　参议院议事厅（Senate Chamber）的屋顶。这是宫殿中的几个装饰大厅之一。16世纪的威尼斯艺术家丁托列托负责绘制这座宫殿的室内绘画，其中包括了世界上最大的油画之一《天堂》（*Il Paradiso*）。

威尼斯哥特式

由皮特·B. 怀特（Peter B. Wight，1838—1925）设计的位于纽约的国家设计学院（National Academy of Design，1865，现无存）是19世纪最早借鉴了威尼斯哥特式拼砖图案的建筑。怀特的设计据说是因为看到了附近由雅各布·雷伊·莫尔德（Jacob Wrey Mould）设计的意大利罗马风的万灵教堂（All Souls Church，1855）中类似的石工。万灵教堂因此得到了一个外号“圣斑马教堂”。怀特的建筑则交替采用了灰色与白色的大理石材。这座学院建筑在第23街（如今的公园大道南）的改造中幸存下来，直到1900年，后来学院将建筑出售，不久便被拆除。

图例
A 巨人台阶
B 叹息桥
C 亚当与夏娃雕像
D 麦杆桥
E 纸门
F 参议院中庭
G 水井
H 菲利波·卡伦达里奥的《醉酒的诺亚》（*Drunkenness of Noah*）

庭院

这座宫殿的庭院北部与圣马可大教堂紧邻。画面右上方是巨人阶梯。有一道门从教堂中厅通往宫殿庭院，证明了教会与世俗势力的密切关联。

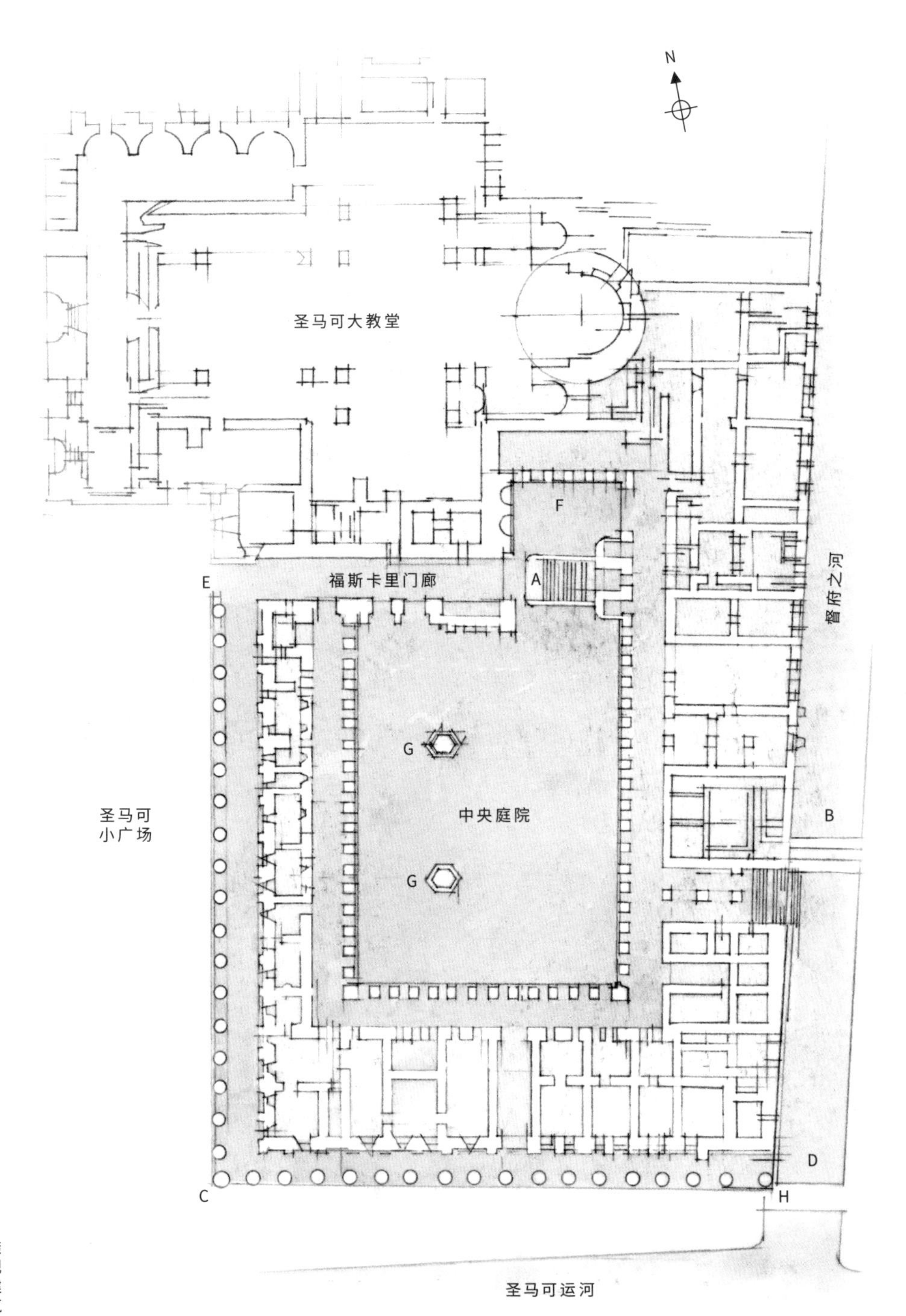

总平面图

这张平面图显示出宫殿与运河及圣马可大教堂的相对位置。靠近小广场的柱廊西南角柱头上的亚当与夏娃雕像（C）可能是卡伦达里奥的作品，它被认为是 14 世纪意大利雕塑的代表作之一。位于东南角相对位置的是醉酒的诺亚与其儿子们的雕塑（H），每个人的表情姿态各自不同。

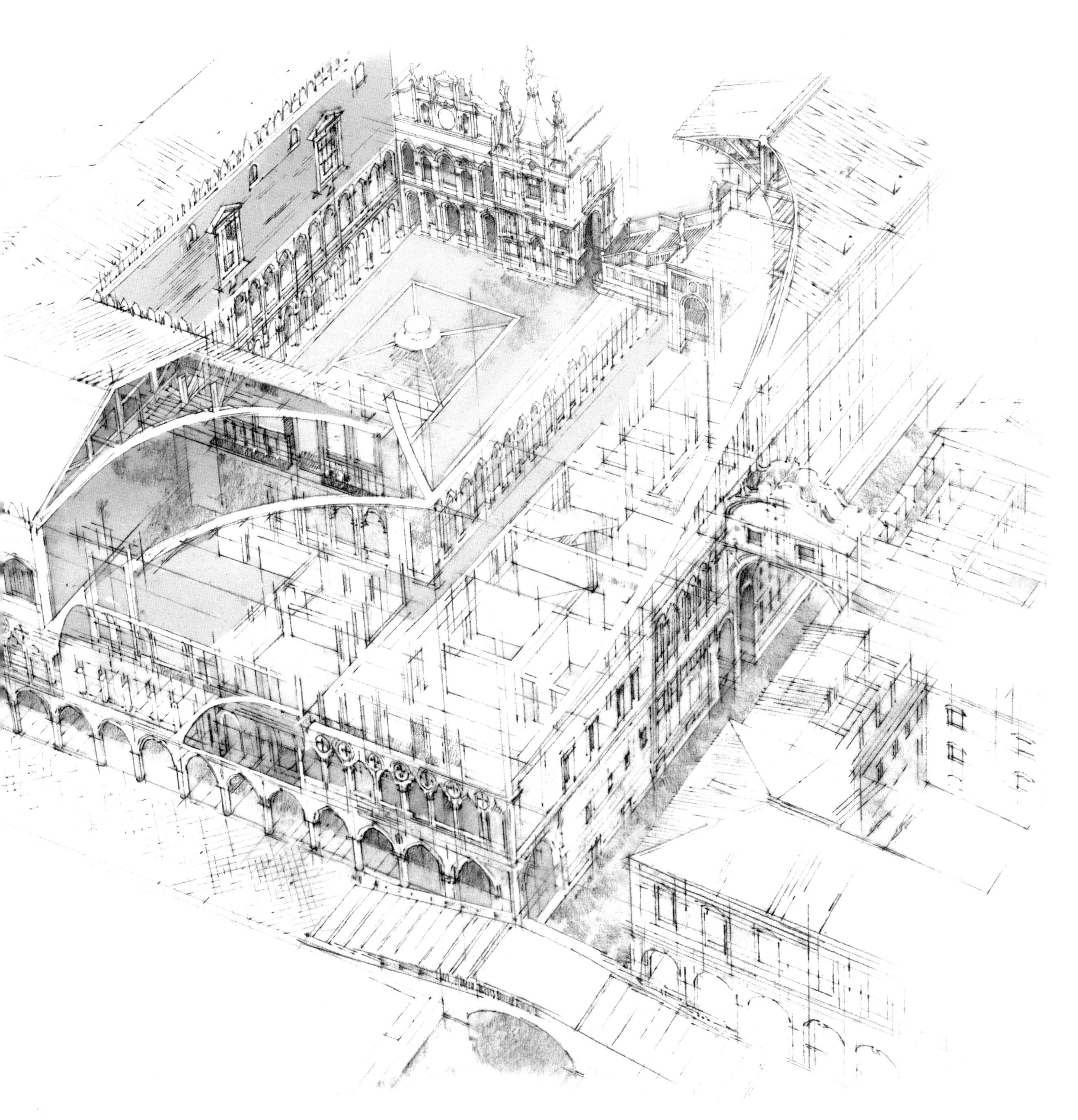

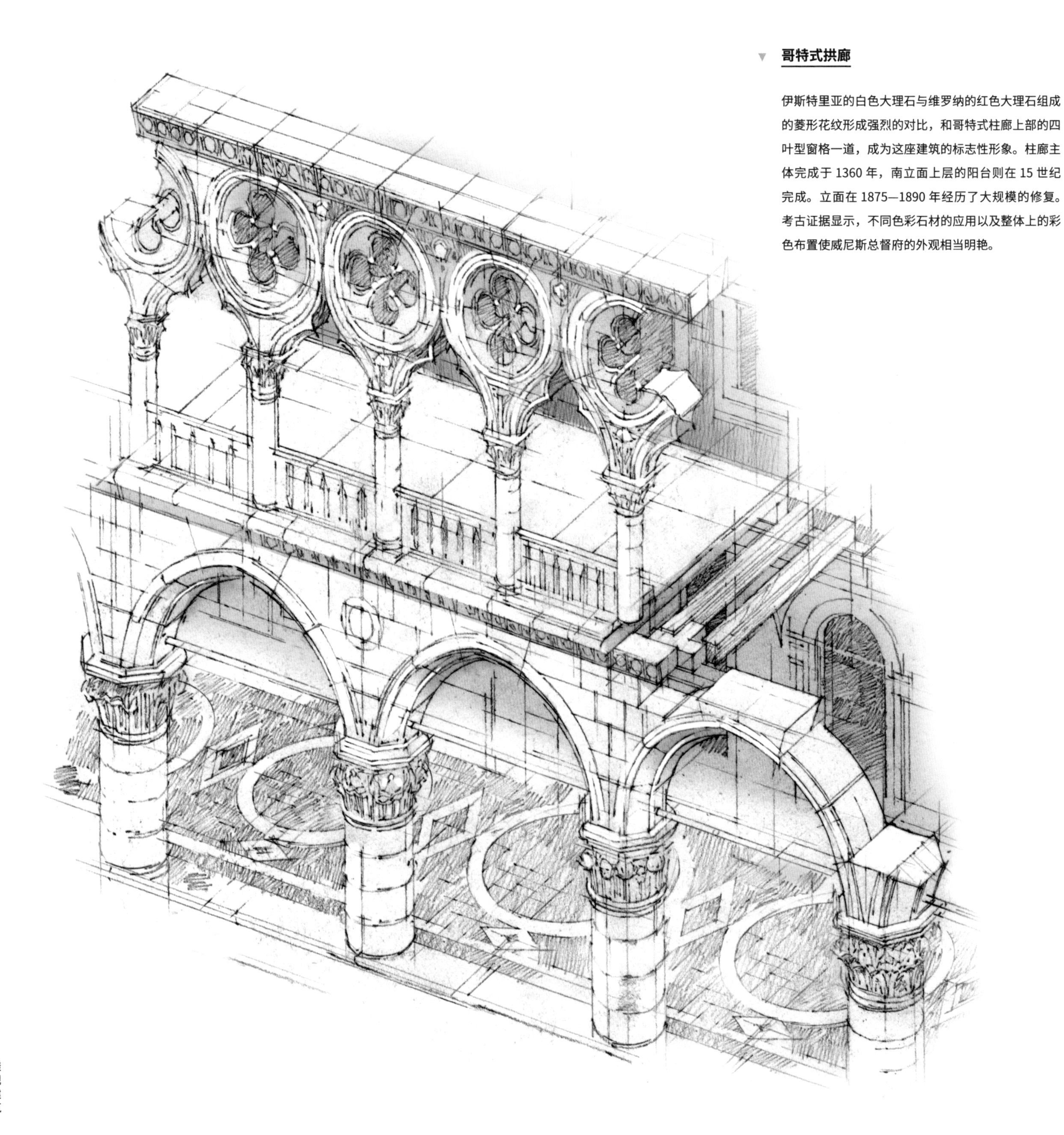

哥特式拱廊

伊斯特里亚的白色大理石与维罗纳的红色大理石组成的菱形花纹形成强烈的对比，和哥特式柱廊上部的四叶型窗格一道，成为这座建筑的标志性形象。柱廊主体完成于 1360 年，南立面上层的阳台则在 15 世纪完成。立面在 1875—1890 年经历了大规模的修复。考古证据显示，不同色彩石材的应用以及整体上的彩色布置使威尼斯总督府的外观相当明艳。

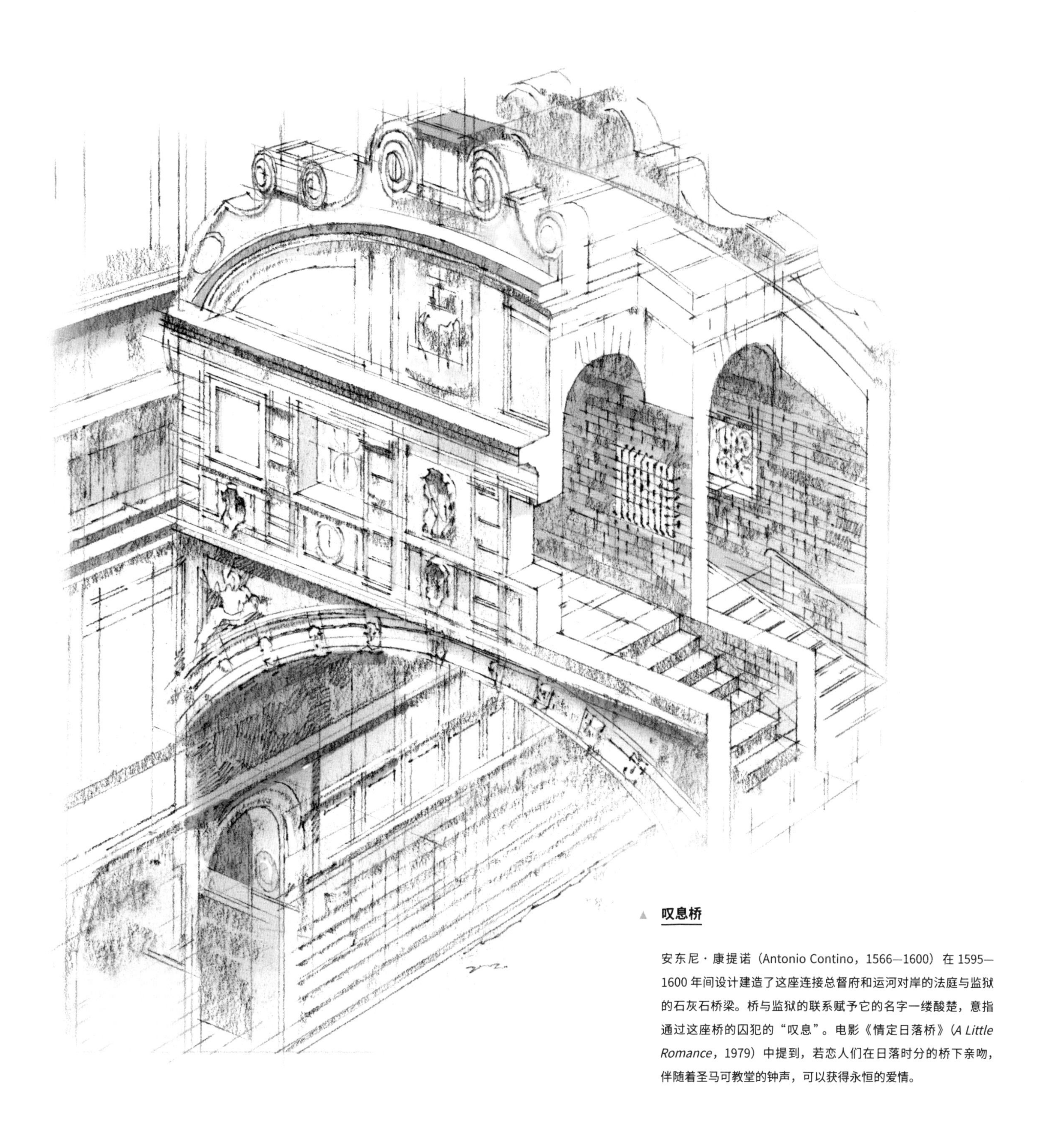

▲ **叹息桥**

安东尼·康提诺（Antonio Contino，1566—1600）在 1595—1600 年间设计建造了这座连接总督府和运河对岸的法庭与监狱的石灰石桥梁。桥与监狱的联系赋予它的名字一缕酸楚，意指通过这座桥的囚犯的“叹息”。电影《情定日落桥》（*A Little Romance*，1979）中提到，若恋人们在日落时分的桥下亲吻，伴随着圣马可教堂的钟声，可以获得永恒的爱情。

美国国会大厦

所在地	美国华盛顿特区
建筑师	威廉·桑顿（William Thornton）、托马斯·尤斯蒂克·沃尔特（Thomas Ustick Walter）等
建筑风格	古典复兴（Classical Revival）
建造时间	1792—1891，其后仍有加建

2017 年 1 月 20 日，唐纳德·J. 特朗普在国会大厦的台阶上宣誓成为美国第 45 任总统。这一仪式自从 1833 年美国总统安德鲁·杰克逊（Andrew Jackson）就职以来一直在这座建筑的内部或外围举行，仅有一次例外。尽管 2016 年大选的争议直到 2017 年余波仍在，这座主要以大理石和砂岩建造的国会大厦一直是美国民主的有形象征。这一象征意义可追溯至 1792—1793 年为它的建造所举行的设计竞赛，获胜者是英国流亡建筑师威廉·桑顿（1759—1828）。他的设计结合了法国卢浮宫（见第 162 页）的部分元素与罗马万神庙（Roman Patheon）的中央穹顶。这座建筑位于首都城市规划的中心，该规划出自法裔的皮埃尔·夏尔·拉昂方（Pierre Charles L'Enfant，1754—1825）之手。而国会大厦最初的建造者是雇佣工人和当地种植园中的奴隶。

桑顿的设计最初由艾蒂安·叙尔皮斯·阿莱（Étienne Sulpice Hallet，1755—1825）和詹姆斯·霍本（James Hoban，约 1762—1831）实施，后者作为总统官邸——白宫（White House，1792—1800）的建筑师而闻名。在美国第二次独立战争（1812—1815）期间，英国军队于 1814 年 8 月 24 日在这座城市里纵火，白宫和部分完成的国会大厦遭到严重损毁。负责此前的设计调整以及此后的修复和重建工作的建筑师中，包括 19 世纪早期美国最重要的建筑师之一、英裔建筑师本杰明·亨利·拉特罗布（Benjamin Henry Latrobe，1764—1820）。他对这座建筑的贡献包括圆形大厅南侧带有半圆穹隆的国家雕像大厅。声名卓著的波士顿建筑师查尔斯·布尔芬奇（Charles Bulfinch，1763—1844）后来接替拉特罗布成为国会大厦的主建筑师，在1824年建成了圆形大厅与他自己设计的临时木制穹隆，将分设两翼用于立法的工作区连接起来，完成了最初的建筑设想。

到了1840年代，由于国家的扩张，这座建筑当时的内部空间显得局促了。此外，临时的穹顶也需要一个更具耐久性的方案。华盛顿纪念碑（Washington Monument，1848—1888）的建筑师罗伯特·米尔斯（Robert Mills，1781—1855）向国会提出建议，促使议员们举办相关的设计竞赛，最终获胜者是来自费城的托马斯·尤斯蒂克·沃尔特（1804—1887）。他采用大理石建造更大的新翼部的方案在1851年获得通过，且一座铸铁结构的穹隆从1855年开始建造，1866年完成，其部分原型是位于巴黎的先贤祠（Pantheon，1758—1790）。沃尔特在设计使建筑总高达到87.8米的穹隆时还考虑到要安置雕塑家托马斯·克劳福德（Thomas Crawford）所做的5.9米高的自由女神像。穹顶结构的建造由于美国内战（1861—1865）的爆发而拖延了一年。沃尔特的设计工作室由美国内政部监督，负责人是美国军方土木工程师蒙哥马利·C. 梅格思上校（Captain Montgomery C. Meigs），他组织了后勤工作，设计了安装穹顶铸铁构架的组织流程，并且雇佣艺术家来完成雕刻与装饰工作。

穹顶（2016年修复过）结构与扩建后的立法机关建筑（参议院位于北翼，众议院位于南翼）基本保留至今。国会大厦占地超过1.6万平方米，立面总长度约229米。带有宽阔台阶的平台是在1884—1891年加建的，用以连接景观广场，它们的设计者是弗雷德里克·劳·奥姆斯特德（Frederick Law Olmsted，1822—1903）。平台将此建筑与华盛顿纪念碑和其后的林肯纪念堂（Lincoln Memorial，1922）从视觉上联系起来，是1902年的麦克米伦规划（McMillan Plan）的一部分，这个规划创造了一条东西延伸的巨型景观轴线。除了这些总体改造，国会大厦的用地在1930—1960年代还扩展到将附近的参议院与众议院办公楼容纳进来，议员及相关工作人员可以通过地铁到达各建筑，此外还连接了其他建筑诸如美国国会图书馆（Library of Congress，1897—1980）和新的游客中心（Visitor Center，2009）

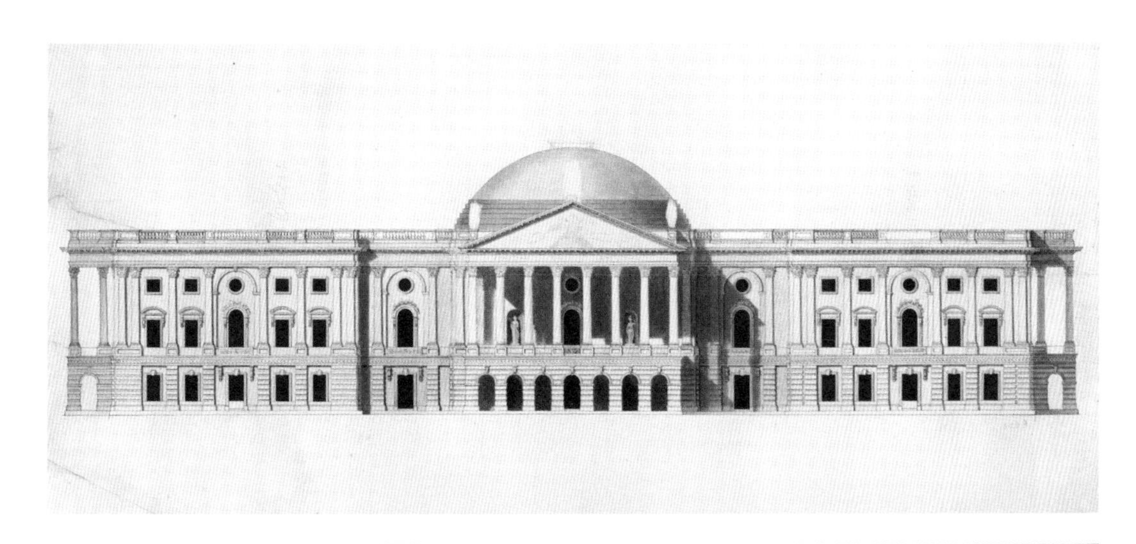

上图　这幅现存于美国国会图书馆的水彩立面图（约1796）记录了桑顿为国会大厦所做设计的原貌，该设计曾得到乔治·华盛顿总统的表彰。

右图　沃特尔的穹顶。照片中可见由康斯坦丁诺·布鲁米迪（Constantino Brumidi）在1865年绘制的湿壁画，它描述了华盛顿的神化。华盛顿和自由女神与胜利女神一起升上天堂，此外还有13位女神象征最初的13州，以及代表科学、海事、经济、机械与农业的人像。

国会大厦的建筑师

托马斯·尤斯蒂克·沃尔特是费城石匠的儿子，十几岁时曾在希腊复兴派建筑师威廉·斯特里克兰（William Strickland，1788—1854）的工作室做学徒，1830年开始独立执业。沃尔特的作品同样是古典主义的，如宾夕法尼亚州西切斯特的第一长老会教堂（First Presbyterian Church，1832）和切斯特乡村银行（Bank of Chester County，1836），以及费城的吉拉德学院（Girard College，1833—1848）。1851年，他成为国会大厦的主建筑师，工作到1865年退休。

自由女神像

克劳福德所雕刻的这座青铜像在 1863 年被安置于穹隆顶部的鼓座上。它高 5.9 米，重 6804 千克。雕像将国会大厦的高度提升至 87.8 米，从东方广场拔地而起。这座女性雕像穿着托加袍，戴着装饰了天使头像与羽毛的头盔，右手放在入鞘的剑上，左手拿着月桂胜利花环和盾牌。雕像头部和肩膀设置了顶部镀白金的青铜刺，保护雕像不受雷击。整座雕塑在克拉克 · 米尔斯（Clark Mills）位于附近的铸造厂中浇筑完成。

穹顶结构

支撑国会大厦穹顶的砂岩鼓座带有文艺复兴式古典细节。穹顶内部为工业时代的铸铁结构，带有表面粉刷为白色的藻井装饰。仅穹顶本身便使用了 4,041,145 千克铸铁。它是世界上最早采用此类结构的建筑之一，同时期类似风格的建筑还有俄罗斯圣彼得堡的圣以撒大教堂（St. Isaac’s Cathedral，1858）。沃尔特的铸铁结构曾在 2015—2016 年修复过。

圆形大厅

这个圆形空间直径为 29.3 米，于 1818—1824 年建成，原型是罗马万神殿。14.6 米高的曲线形砂岩墙面雕刻了多立克式壁柱和橄榄枝花环，形成 8 个壁龛，壁龛内绘有记录重要历史事件的绘画。圆形地板上方的穹顶湿壁画作者为布鲁米迪，他也同时在圆形大厅底部的饰带上绘制了壁画。围绕圆形大厅的雕像为历任总统及其他美国名人。

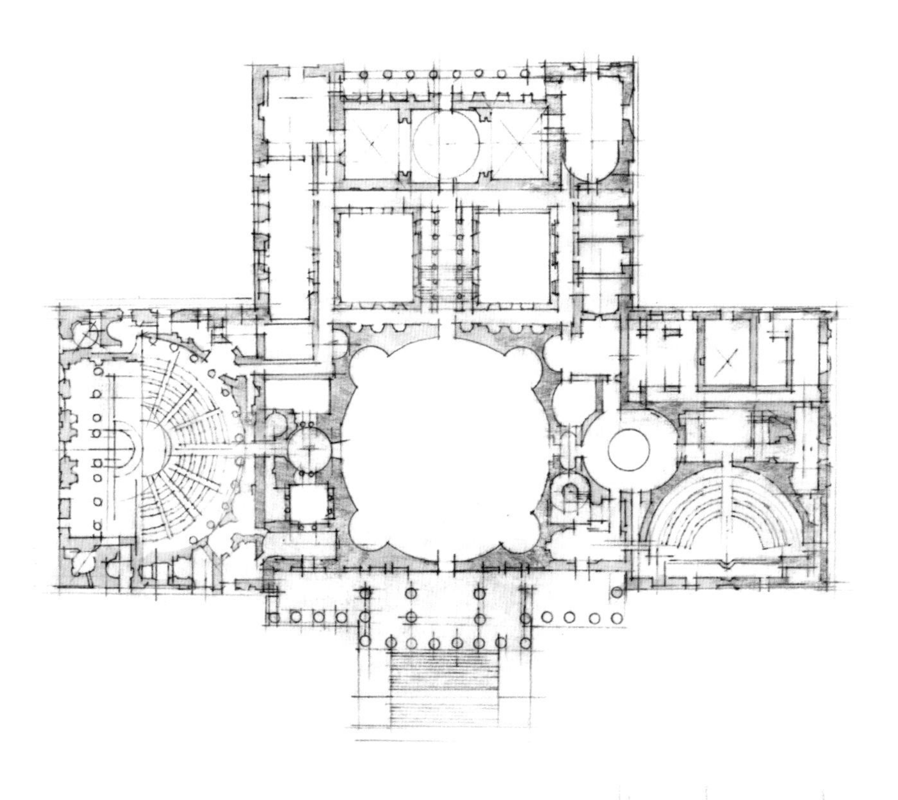

扩建前后平面图

尽管国会大厦拥有 1824 年建成的最初设计的空间，随着美国国土的扩张，参议院和众议院需要容纳更多的议员，因此沃尔特受委托对这座建筑进行大规模扩建。扩建后的建筑占地面积超过 229×106.5 米，建筑面积约为 16,258 平方米，约有 540 个房间。若换算为今天的货币价值，整座建筑造价约 1.33 亿美元。

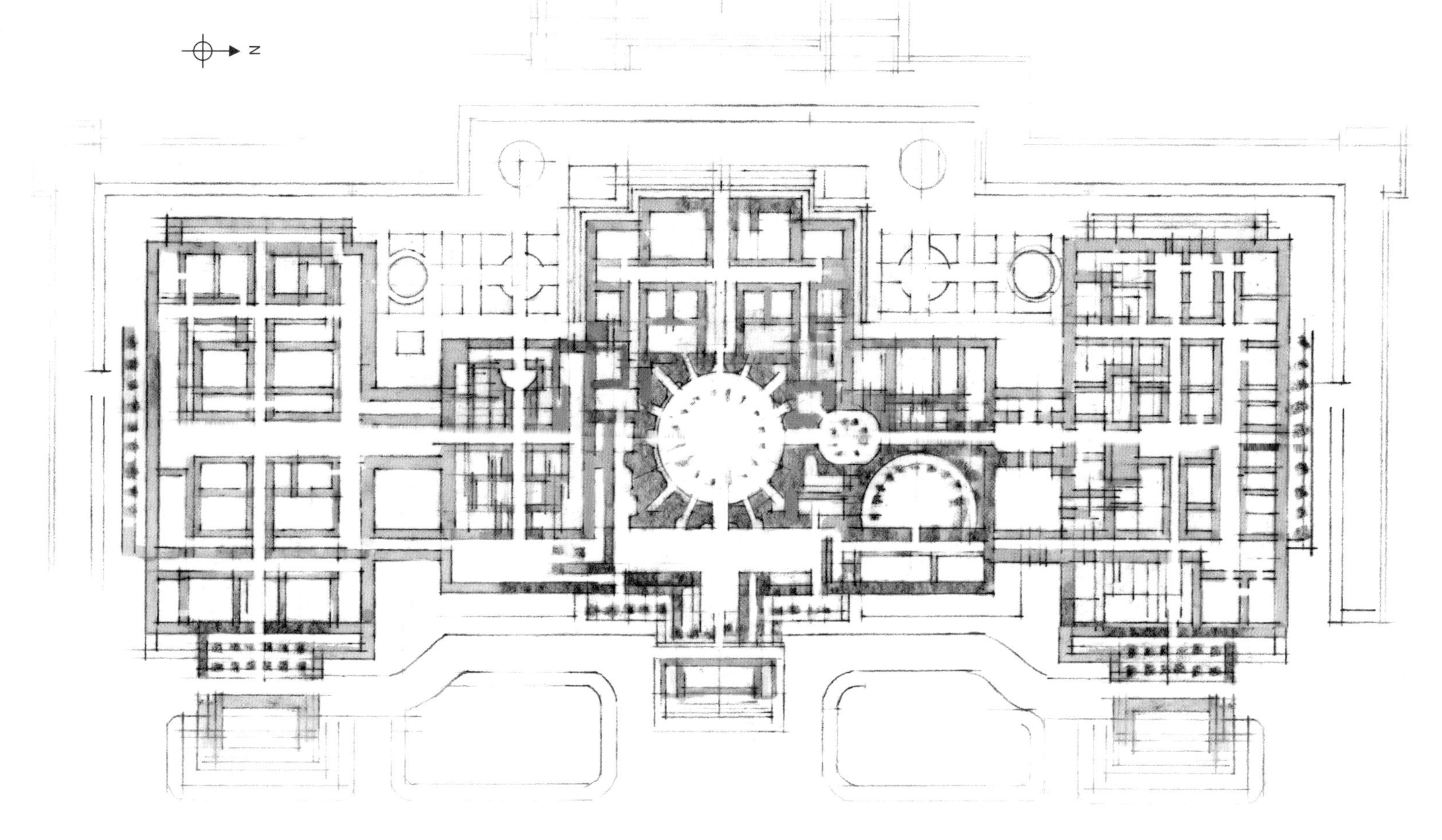

克莱斯勒大厦

所在地	美国纽约州纽约
建筑师	威廉·范·阿伦（William Van Alen）
建筑风格	装饰艺术风格（Art Deco）
建造时间	1929—1930 年

依据美国建筑师协会在 2007 年的民意调查，克莱斯勒大厦位列美国人最喜爱的十座建筑之一。这并不令人惊讶。如果你询问游客或是纽约居民，他们会表示赞同，甚至可能将它位列前二或前三名。即便著名的建筑师勒·柯布西耶也将它称之为“石材与钢的强劲爵士”。克莱斯勒大厦的设计师是威廉·范·阿伦（1883—1954），作为一名纽约本土建筑师，他毕业于普瑞特艺术学院（Pratt Institute），1908 年又获得奖学金前往巴黎国立美术学院（École nationale supérieure des Beaux-Arts）学习。他在 1910 年回国之后与哈罗德·克雷格·塞弗伦斯（Harold Craig Severance，1879—1914）组成建筑事务所，共同设计建造了诸如百老汇大街 1107 号大楼（1915）与第五大道 724 号大楼（1923）等建筑。1920 年代中期，这两位合伙人彼此竞争，塞弗伦斯设计了诸多摩天大楼，例如华尔街 40 号（1929—1930）与麦迪逊大街 400 号（1929），而范·阿伦则主要设计一些小型建筑，例如第五大道 604 号的蔡尔兹餐厅（Childs，1924，后经历大幅改建）和麦迪逊大街 558 号的德尔曼鞋店（Delman，1927，现无存）。不过当范·阿伦获得这座高 246 米的摩天大楼的委托时，他的幸运星升起了——汽车工业领导者沃尔特·P. 克莱斯勒（Walter P. Chrysler）拿到了这块地的租约与设计权，他要求重新设计这座大楼的顶冠部分。

建筑的建造周期为 18 个月，此间与曼哈顿其他建筑展开高度竞赛。通过将上部巨大的不锈钢散热器盖与引擎盖标志和镀不锈钢的装饰艺术风格冠顶极力拉伸，范·阿伦与克莱斯勒让这座主体为砖钢结构的建筑保住了最高的位置。将 38 米高的不锈钢尖顶计入之后，克莱斯勒大厦总高达到 319 米。于 1930 年建成后，它是当时世界上最高的建筑，也是第一座超过了 305 米的建筑。

下图　建筑的大堂与电梯采用了富有异国情调的灰色和胡桃色组合，垂直立面上装饰了摩洛哥大理石，地面采用锡耶纳洞石，天花板壁画由爱德华·特朗布尔（Edward Trumbull）绘制。常青建筑艺术公司（Evergreene Architectural Arts）与拜耶·布林德·贝尔建筑事务所（Beyer Blinder Belle Architects）在 2001 年修复了该空间。

帝国大厦

由施里夫、兰布与哈蒙公司（Shreve, Lamb and Harmon）设计的帝国大厦（1931）以381米的高度击败了克莱斯勒大厦成为当时世界上最高的建筑。电影《金刚》（*King Kong*，1933）的最后场景使它很快名声大噪。它作为世界最高建筑的记录保持了 40 多年，后来被世贸中心北塔（1972）以 417 米的高度超越，然后是 443 米高的芝加哥希尔斯大厦（Sears Tower，1974）。如今希尔斯大厦（现名韦莱大厦）和帝国大厦都已经距离世界纪录保持者很远了。

除此之外，这座建筑独特的设计外形与其业主自身的炫目形象相得益彰。克莱斯勒本人通过函授课程自学了机械工程。于 1911 年成为通用汽车旗下别克公司的管理者，开始了他的汽车事业，并在此后十年间通过股票交易变成了百万富翁。1925 年他收购了麦克斯韦尔汽车公司，这是他创建自己新的克莱斯勒公司的基础。1928 年，他被选为《时代周刊》年度人物，同时投资了世界最高的办公楼，到达了财富与声望的顶峰。该年度他的公司总销售额达到 315,304,817 美元，年销售 360,399 辆汽车与卡车，利润 30,991,795 美元。他的奢侈铺张甚至超过了范·阿伦，这在他的建筑中可见一斑。

这是首例在全部办公空间设置空调的建筑。公共空间例如大厅的地面采用锡耶纳洞石，墙面为摩洛哥大理石，电梯中包裹了拼嵌木材。克莱斯勒汽车陈列在边上的展示室中。另一处公共空间位于大厦 71 层，被装饰为带有行星雕塑的夜空。位于 66—68 层的高级云端俱乐部（Cloud Club）中包括了英式酒吧、理发室、健身房和据说全城最奢华的盥洗室。在这个俱乐部中还有一间只属于克莱斯勒的私人餐厅，装饰了表现汽车工人的浮雕壁画。他的都铎式办公室和跃层公寓位于 56 层，被戏称为“五点钟女孩”的舞女和年轻女演员常常在工作时间之后来喝鸡尾酒。

克莱斯勒家族在 1953 年出售了这幢建筑，其后几次易主，又历经修复。当范·阿伦赢得了这个代表作的设计竞赛之后，曾在 1931 年的布扎艺术舞会（Beaux-Arts Ball）上穿过克莱斯勒大厦造型的服装。不过他的盛名并未持续很久。他成功起诉克莱斯勒并获得了亏欠的设计费，但再未能完成另一座可以与这件作品媲美的大楼。

顶部楼层

从此剖面图中可以看出，最高的可使用空间位于 71 层。这里曾是天文观测台，天花板上悬吊着行星的雕塑，效果再现于图中。下面一层是电梯机房，再往下则是位于 66—68 层的云端俱乐部，可招待 300 名会员。这里还包括克莱斯勒的私人餐厅。在这幅画面之外的低楼层中有克莱斯勒的公司办公室和私人公寓。这些特意装饰的空间现在已经看不到了，在 1970 年代已重新装修。

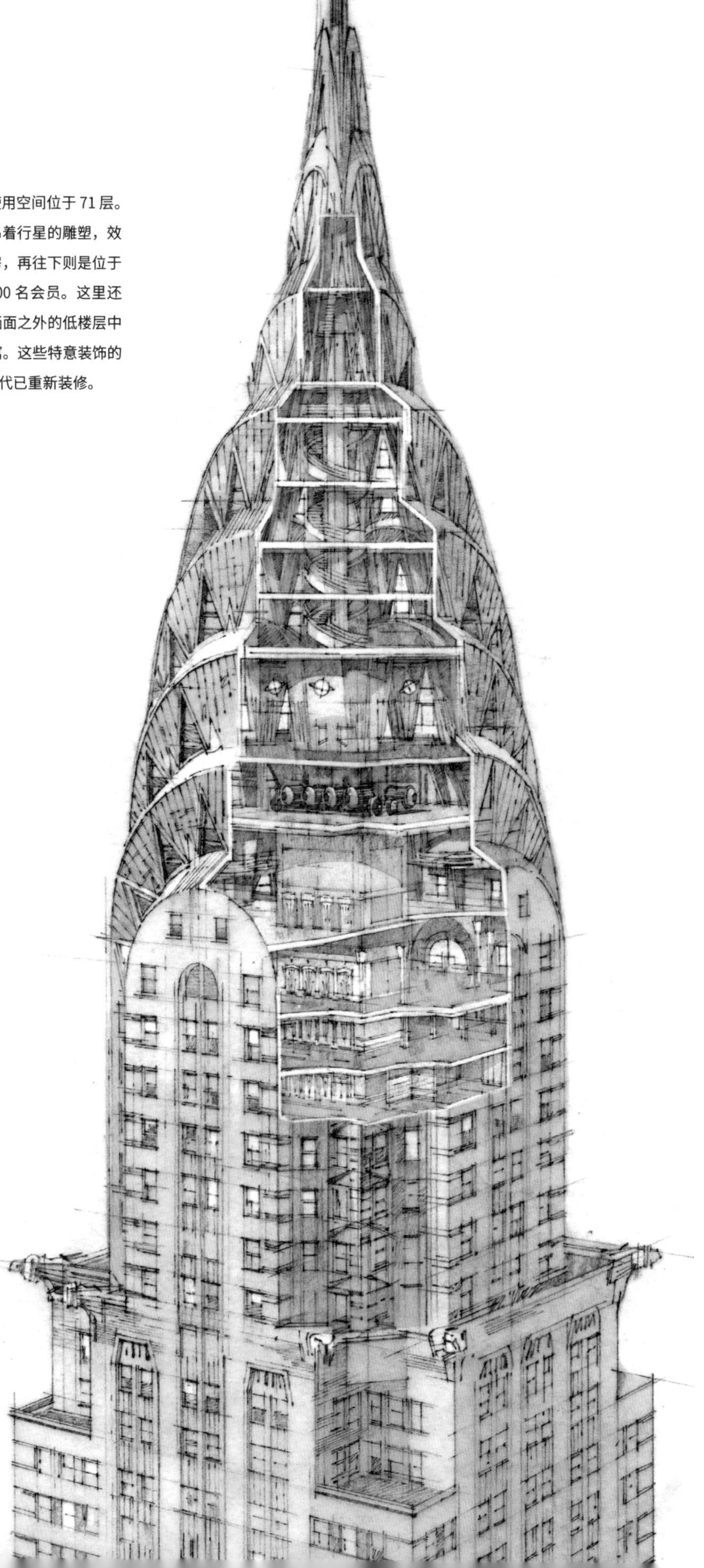

钢结构外观

范·阿伦想要一个水晶般的屋顶，不过克莱斯勒作为汽车工业企业家，希望屋顶是金属的。结构框架采用了钢材，尤其是德国克虏伯（Krupp）公司注册生产的尼罗斯塔（Nirosta）不锈钢，它的名称来源于德文“不锈钢”的简称。大部分外立面上的装饰细部饰面及尖塔上富有动感的端部都采用了这种钢材。钢材所选择的型号通常被称为 18-8 不锈钢，因为其成分中包括 18% 的铬与 8% 的镍。装饰性的钢结构构塔看似从建筑的砖结构主体上直接升起来，像一艘 1930 年代的宇宙飞船。三角形的窗制造了独特的建筑剪影，也为上部楼层的使用者带来了框景效果。

135

滴水兽

独特的不锈钢滴水兽是用锚钉固定的钢板制成的，和尖顶一样，看似从钢结构外包裹的砖立面上有机地生长出来。克莱斯勒的实验室研究了多种金属建筑材料，选择18-8 不锈钢是因为它既坚固又易于制作各类细节。此处这些风格化的鹰形滴水兽也被用在毂盖与引擎盖上，都用不锈钢制作，成为汽车业大亨的象征。桑顿 · 托马塞蒂（Thornton Tomasetti）在 2001 年重修了尖顶与类似的装饰细节。

装饰艺术风格元素

位于第 42 街上的不锈钢入口（对页图）和大堂内部较小的门（左图）是遍布整幢建筑的装饰艺术风格的代表。这一建筑术语来自于 1925 年在巴黎举行的国际现代装饰与工业艺术博览会（International Exhibition of Modern Decorative and Industrial Arts）。法国为本土百货公司例如老佛爷百货（Galeries Lafayette）所设的展览馆带有尖角形装饰主题，与克莱斯勒大厦的装饰风格类似。这一博览会对其后 10 年的设计潮流具有非常重要的影响。

杜勒斯国际机场

所在地	美国弗吉尼亚州尚蒂伊
建筑师	埃罗·沙里宁
建筑风格	有机现代主义（Organic Modern）
建造时间	1958—1962 年

1950 年代中叶到 1960 年代早期，当喷气机时代的黎明降临到商用航空领域，各航线与机场官方迫切需要更新自己的形象并建设能够反映时代的现代化设施。通常这类机场航站楼都是直线型的玻璃与钢材建造的现代主义建筑，例如芝加哥奥黑尔机场（Chicago O'Hare）、伦敦盖特威克机场（London Gatwick）、纽约艾德威尔德机场（New York Idlewild）即后来的约翰·F. 肯尼迪国际机场（John F. Kennedy International），以及巴黎奥利机场（Paris Orly）。那个年代还有些建筑师会采用更具表现力的形式来隐喻旅行和交通。例如山崎实（Minoru Yamasaki，1912—1986）的圣路易斯兰伯特国际机场（St. Louis Lambert International Airport，1956）所采用的混凝土薄壳拱顶令人想起上一个时代的大型火车站。不过埃罗·沙里宁（1910—1961）的作品在这类建筑的道路上迈出一大步：他那生动的拱与弧线形体暗示了喷气动力时代空中交通的戏剧性。其代表作品包括为约翰·F. 肯尼迪国际机场设计的环球航空公司航站楼（TWA terminal，这个地标建筑后来被改成了旅馆），以及位于华盛顿特区之外弗吉尼亚州的杜勒斯国际机场。后者的平面布局与外在形式无疑对空中旅行产生了更大的影响。

如果说沙里宁的建筑中俯冲的混凝土曲线象征了空中交通的戏剧性，查尔斯·伊姆斯（Charles Eames，1907—1978）和蕾·伊姆斯（Ray Eames，1912—1988）夫妇则对机场的陈设与室内设计产生了巨大的影响（见第 220 页）。他们在 1960 年代早期为杜勒斯机场设计的伊姆斯机场座椅后来成为公共空间座椅的标准模式。这对夫妻的动画影片《不断延伸的机场》（*The Expanding Airport*，1958）可以在各类网站例如 YouTube 上看到，它推广了杜勒斯机场的规划，即主航站楼由摆渡车联通中场其他航站楼，使登机口可以分散分布。影片中提出的设想由与沙里宁合作建造杜勒斯机场的团队加以实现。这个团队受聘组建于1958年，包括桥梁与土木结构方面的阿曼与惠特尼公司（Ammann and Whitney），他们负责建造机场；工业与交通设施工程方面的伯恩斯与麦克唐纳公司（Burns and McDonnell），专门负责机械工程；埃勒里·赫斯特德（Ellery Husted，1901—1967）作为总体规划顾问。他们共同创造了一座喷气时代的机场，总用地面积40.47平方千米，位于弗吉尼亚州的农田中，距离华盛顿特区42千米，使引擎的噪音远离这座城市。这座机场最初占地12.14平方千米，包括航站楼、相关中场结构及三条飞机跑道，其中两条长3505米，为更大、速度更快的飞机所准备。沙里宁的航站楼最初长度为183米，其后在1997年由斯基德莫尔、奥因斯与梅里尔公司（Skidmore, Owings and Merrill）以相同的风格扩建，延伸了91米。

这座机场的正式落成典礼在1962年11月17日举行，美国总统约翰·F. 肯尼迪主持。它最初以美国国务卿约翰·福斯特·杜勒斯（John Foster Dulles）的名字命名，在1984年更名为华盛顿杜勒斯国际机场。在1962年余下的时间里，它运载了超过52,000名乘客，年客运量在1966年达到100万人次。时至今日，这座机场历经了多次对中场的加建和改造，到2015年年客运量达到2160万人次。它对机场设计的影响怎样高估都不为过，尤其是通过巴士或地下交通在主航站楼与中场各航站楼或停机坪之间运输乘客的方案。位于华盛顿远郊的选址，促进了郊区的发展，吸引了大量公司办公楼及住宅区建于临近区域。坐落于附近的主要建筑之一是2003年开放的美国国家航空航天博物馆（National Air and Space Museum）的史蒂夫·F. 乌德沃尔-哈奇中心（Steven F. Udvar-Hazy Center），总展阵面积为14,970平方米。郊区的发展也包括了地上交通基础设施的改善，与地铁服务一道一直延伸到华盛顿特区。

上左图　这些移动休息室或移动登机舱的用途是将旅客从登机口摆渡至飞机，由克莱斯勒公司和巴德公司设计制造，每一辆车可以容纳102名乘客。

上右图　乘客们从值机处穿过候机空间走到移动登机舱只需要步行最多61米。

环球航空公司航站楼

当沙里宁设计的环球航空公司航站楼于1962年在纽约的艾德威尔德机场（现在是约翰·F. 肯尼迪国际机场）投入使用后，一位出租车司机曾经说："这不只是一座建筑，马克。它是一种感觉。当你进入到它的内部，你会觉得自己在飘浮着。"这一空间有意地使旅行与令人激动的空中飞行变成一种戏剧化的、感性的体验。沙里宁希望它是"非静态的"，与"运动"相关的。这座现浇混凝土杰作比由计算机辅助设计而完成的作品提前了超过半个世纪，更加证明了它的卓越。2012年，拜耶·布林德·贝尔建筑事务所完成了对这座建筑历时10年的改造，此后它变成一座旅馆。

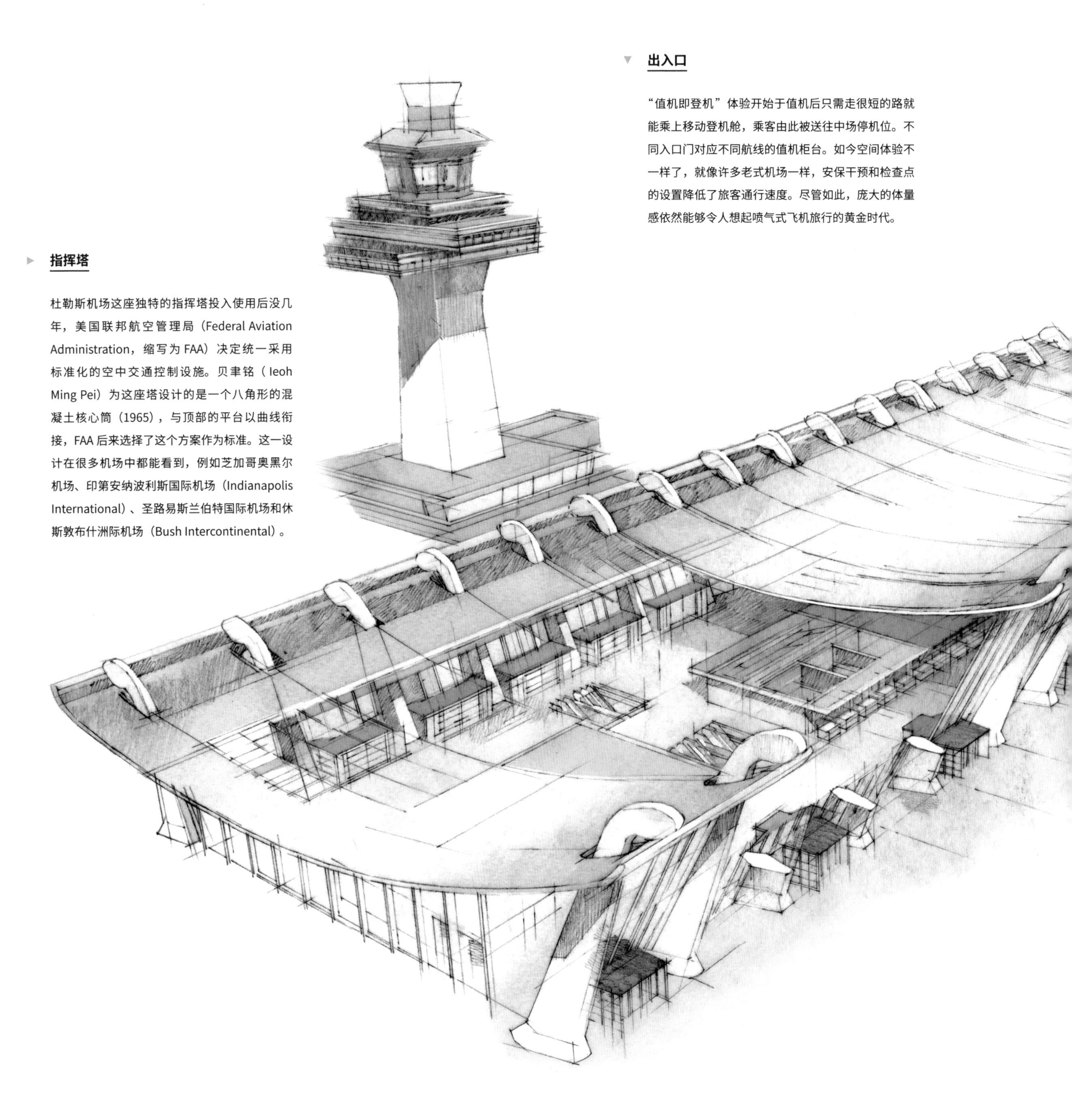

出入口

“值机即登机”体验开始于值机后只需走很短的路就能乘上移动登机舱，乘客由此被送往中场停机位。不同入口门对应不同航线的值机柜台。如今空间体验不一样了，就像许多老式机场一样，安保干预和检查点的设置降低了旅客通行速度。尽管如此，庞大的体量感依然能够令人想起喷气式飞机旅行的黄金时代。

指挥塔

杜勒斯机场这座独特的指挥塔投入使用后没几年，美国联邦航空管理局（Federal Aviation Administration，缩写为 FAA）决定统一采用标准化的空中交通控制设施。贝聿铭（Ieoh Ming Pei）为这座塔设计的是一个八角形的混凝土核心筒（1965），与顶部的平台以曲线衔接，FAA 后来选择了这个方案作为标准。这一设计在很多机场中都能看到，例如芝加哥奥黑尔机场、印第安纳波利斯国际机场（Indianapolis International）、圣路易斯兰伯特国际机场和休斯敦布什洲际机场（Bush Intercontinental）。

屋顶

屋顶的轮廓线类似于沙里宁为环球航空公司航站楼设计的曲线形坡道和步行道，向旅客传递着旅行的意象。优雅的曲线与入口立面上倾斜且带有圆角的柱子，使屋顶仿佛是织物而不是混凝土结构，悬浮在旅行者上方。沙里宁将这屋顶描述为“一张巨大的、无限延展的吊床，悬挂在混凝土树上”。

柱子

曲线形的柱子界定了入口的位置，同时也是屋顶的悬挂点，悬索结构上的钢索隐藏在混凝土外壳内部，确保结构稳定。柱子沿建筑的边缘布置，将内部空间解放出来，使这个篷子形状的建筑的内部空间看起来仿佛是俯冲或（像沙里宁所说）“翱翔”的姿态。

昌迪加尔议会大厦

所在地	印度昌迪加尔
建筑师	勒·柯布西耶
建筑风格	有机现代主义
建设时间	1952—1961 年

印度于 1947 年 8 月 15 日正式独立，但它依然是英联邦的一部分，并继续以新德里作为首都。这个国家的 28 个邦各有地区首府，昌迪加尔是哈里亚纳邦和旁遮普邦的首府，这两个邦分别使用印度语和旁遮普语。昌迪加尔是印度独立后新建的城市之一。曾参与二战（1939—1945）后华沙重建的波兰建筑师马修·诺维茨基（Matthew Nowicki，1910—1950）与美国建筑师阿尔伯特·迈耶（Albert Mayer，1897—1981）一起为这个城市做了最初的规划。迈耶曾负责过多个印度规划项目，并且得到了印度第一任总理贾瓦哈拉尔·尼赫鲁（Jawaharlal Nehru）的支持，后者曾说："让它成为一座新的城市，成为印度摆脱过去的传统获得自由的象征……呈现出印度对未来的信心。"

诺维茨基去世之后，迈耶也从他在昌迪加尔的职位上卸任。1951 年，他们的规划成为通常被称为勒·柯布西耶的夏尔-爱德华·让纳雷（Charles-Édouard Jeanneret，1887—1965）工作的起点。他在英国建筑师麦克斯韦尔·弗赖伊（Maxwell Fry，1899—1987）和弗赖伊的妻子简·B. 德鲁（Jane B. Drew，1911—1996）的协助下做出了规划方案调整，以及最终的建筑发展计划。一个由印度建筑师和规划师组成的团队加入了他们，其中包括 M.N. 夏尔马（M. N. Sharma，1923—2016）、尤莉·乔杜里（Eulie

Chowdhary，1923—1995）与阿迪蒂亚·普拉卡什（Aditya Prakash, 1923—2008）。在柯布西耶离去之后，规划及部分建筑的建造由柯布西耶的堂弟皮埃尔·让纳雷（Pierre Jeanneret，1896—1967）完成。

当 1951 年柯布西耶接到委托的时候，他正因为设计了一系列二战后的建筑而在国际上名声鹊起，如纽约联合国总部（United Nations Headquarters, 1947—1952）、马赛公寓（Unitéd'Habitation in Marseille，1947—1952）和高地圣母教堂（Notre Dame du Haut，1950—1955）。对于这座最初规划有 15 万人口的城市（如今有超过 100 万居民），柯布西耶计划将政府建筑建于昌迪加尔中心。除了议会大厦（Palace of Assembly）之外，还包括了高等法院（1951—1956），立面总长约 250 米的、庞大的、带有政府办公区的秘书处（1952—1958）与一座未建成的总督府。这三座建成建筑以素混凝土建造，现浇预应力混凝土结构表面留下了木模板的图案。议会大厦是其中最重要的建筑，位于规划平面的中央。

议会大厦设有两个议会大厅，分别容纳旁遮普与哈里亚纳的立法机构，它们是这座建筑的主体部分。两者室内空间的分野在建筑外观上清晰地表达出来，前者看似一座冷却塔，后者则带有金字塔形状的屋顶。体量更大的旁遮普议会的双曲线塔楼的薄壳外壁仅有不到 15 厘米厚。底部直径为 39 米，高 38 米，内部空间可容纳 117 名选举产生的官员。哈里亚纳立法机关人数较少，有 90 名选举出的成员。与大部分建筑表面裸露的混凝土不同，这些空间装饰以大面积珐琅壁画。其余室内空间还包括容纳垂直交通的巨大中庭以及周边的立法办公室。外立面上厚重的混凝土格构起到了遮阳板的作用，外廊上方巨大的弧形屋顶投映在前方的倒影池中，使这座建筑的外观更加突出，与更具直线感的法院和秘书处建筑形成强烈的对比。对于这座议会大厦，柯布西耶如此描述：“这座大厦的效果令人震撼，这源自以粗糙的混凝土塑成的新艺术。它是壮观且可怕的；可怕在于，视线所及没有一处是冷的。”

上图　昌迪加尔的两个议会大厅之一，这个色彩丰富的空间令建筑的灰色调混凝土生动起来。红色、黄色与浅绿色也应用在会议厅入口大门上，以柯布西耶设计的珐琅漆绘制。哈里亚纳议会大厅同样色彩丰富，装饰有勒·柯布西耶设计的巨大壁毯。

联合国大会堂

勒·柯布西耶是纽约联合国总部设计团队的成员之一。这个设计委员会还有其他十位来自不同国家的设计师与建筑师，由来自纽约的哈里森与阿布拉莫维茨事务所（Harrison and Abramowitz）的华莱士·K. 哈里森（Wallace K. Harrison，1895—1981）作为主席进行总负责。通常认为最终的整体设计归功于勒·柯布西耶与奥斯卡·尼迈耶（Oscar Niemeyer，1907—2012），哈里森则负责了建造工作。有趣的是，联合国大会堂（General Assembly，左图）从某种角度来说，是昌迪加尔议会大厅空间的概念原型。

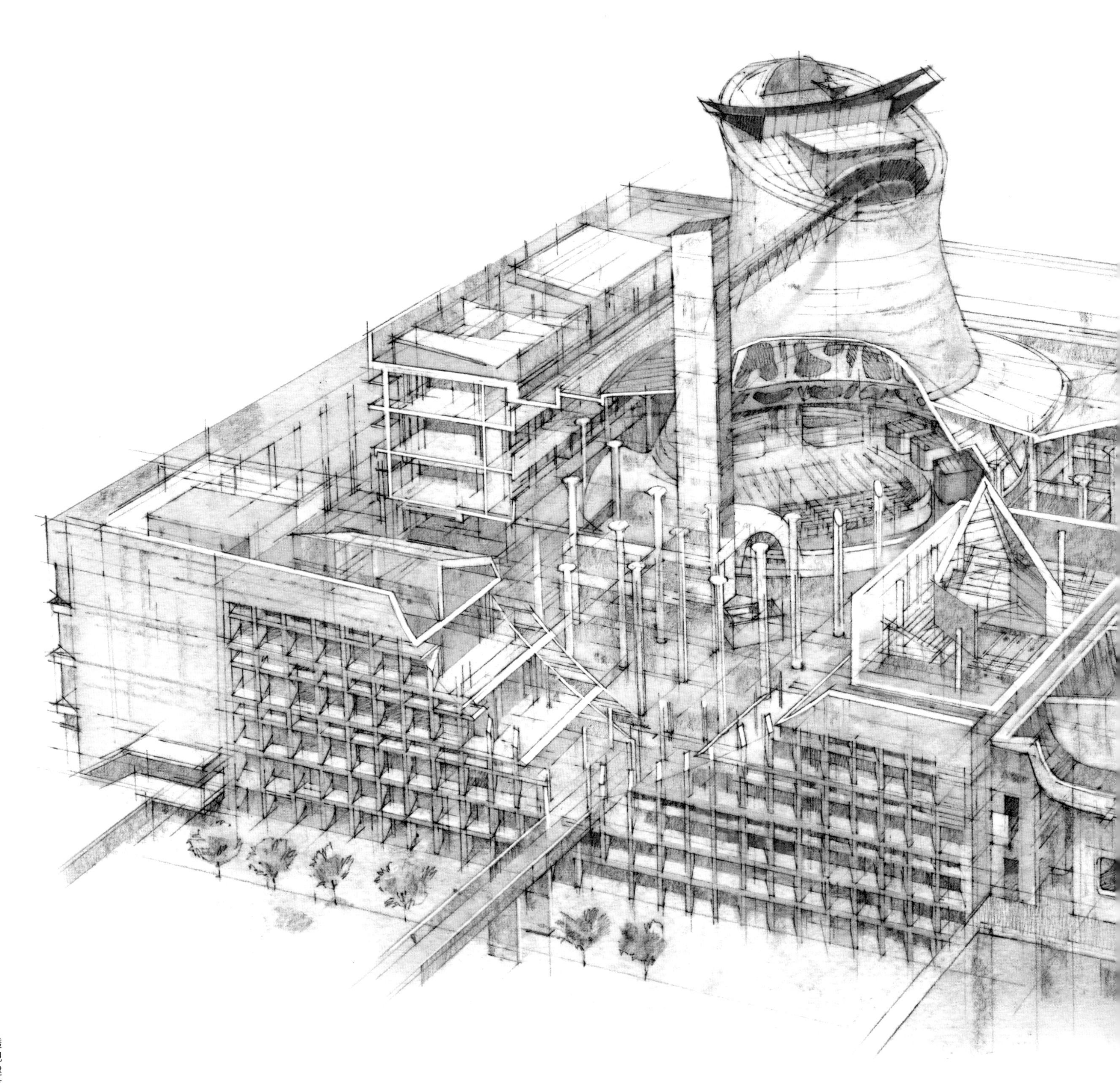

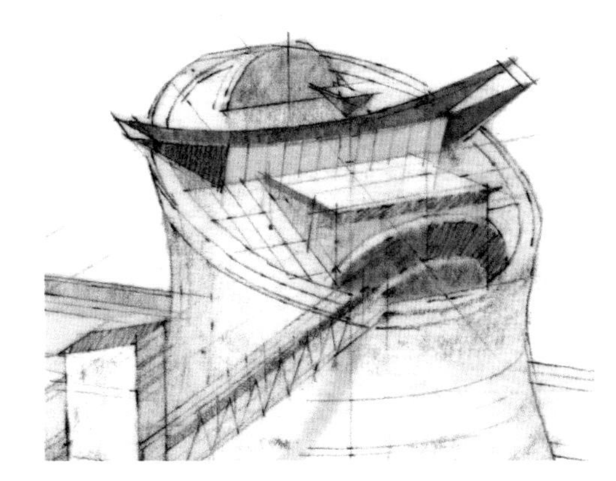

抽象雕塑

勒·柯布西耶以其建筑作品而闻名于世，但他同时也是一名雕塑家；他的 26 米高的《张开的手》(*Open Hand Monument*) 完成于 1985 年，伫立在议会大厦西北方向。他关于这座建筑的绘画包括将此雕塑安置在旁遮普议会大厅顶部的一些草图。勒·柯布西耶的雕塑作品是他对建筑的有机处理手法的延伸。

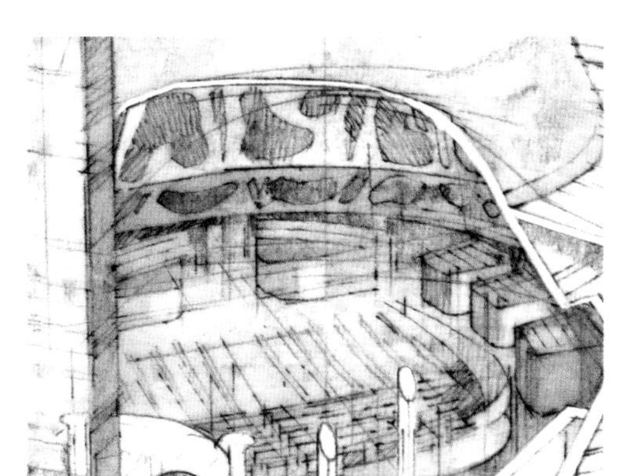

旁遮普议会大厅塔楼

从这幅旁遮普议会大厅独特的双曲线塔楼的剖面图中可以看出，议会大厅内部带有类似的曲线形装饰。勒·柯布西耶将建筑、装饰及家具作为一个整体进行构思设计，仿佛这是一个三维空间的、可体验的艺术作品。双曲线的塔楼是体验的一部分，同时形成独特的建筑外观。

立面格构

勒·柯布西耶的许多建筑立面都具有典型的很深的混凝土格构，而在这个炎热的地带，它们也可以起到遮阳的作用。沿着办公室空间设置的遮阳板为内部人员观看四周景色提供了景框。格构由贯穿整个立面的底层架空柱抬离地面，后者也是立面整体的一部分。

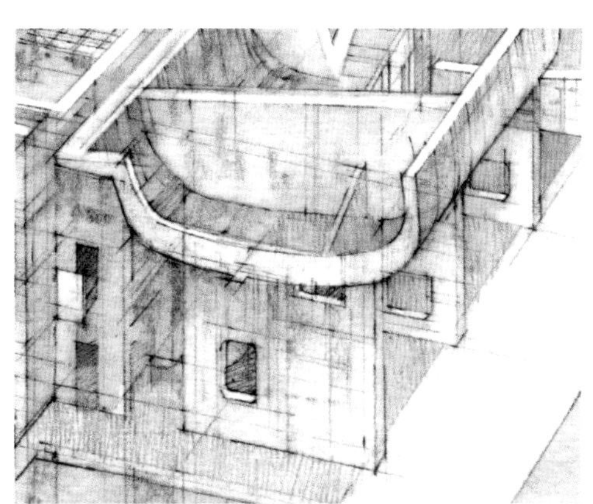

底层架空

在当代建筑中，底层架空意味着由柱墩或柱子支撑着上部结构。在这座建筑中，竖向的柱墩支撑着戏剧化的翻折屋顶，成为这座建筑另一个独特的设计元素。就像勒·柯布西耶期待的那样，底层架空(pilotis) 可以使结构表达出空间的深度延展。从平台向外看，底层架空柱墩也框出了远处外喜马拉雅山脉中的什瓦里克山。

哈里亚纳议会大厅塔楼

哈里亚纳议会大厅倾斜的不规则金字塔形形体可以从建筑外部看到，颇具识别度，并且与双曲线形的旁遮普议会大厅塔楼形成对比。带倾角的平面可以使北侧的光线进入会议厅内部。其室内布局也顺应了它自身的形状，并与旁遮普议会大厅的室内空间形成对比。立法机构所在楼层的上方还有多个分别供男性、女性听众及媒体使用的旁听席。

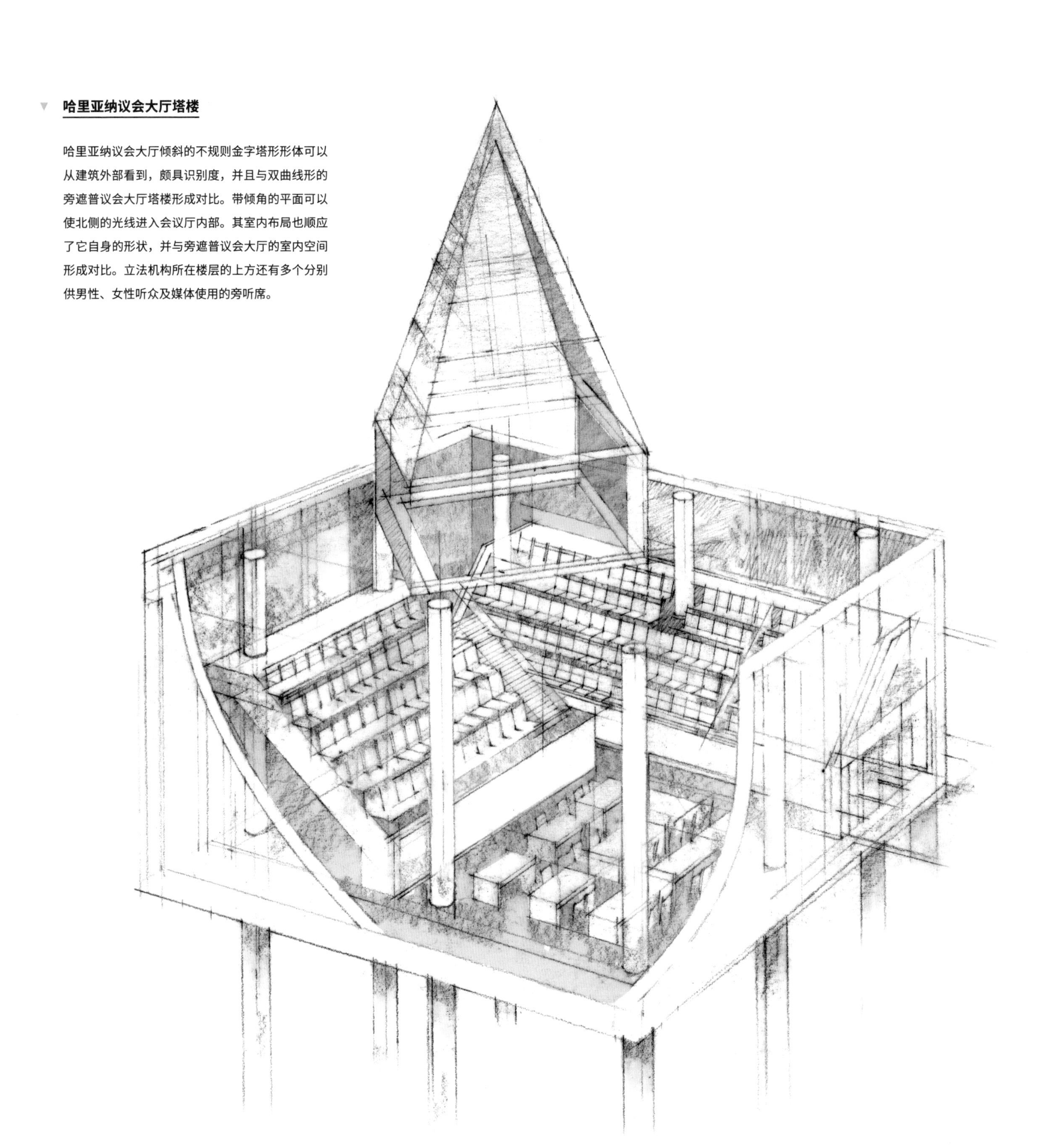

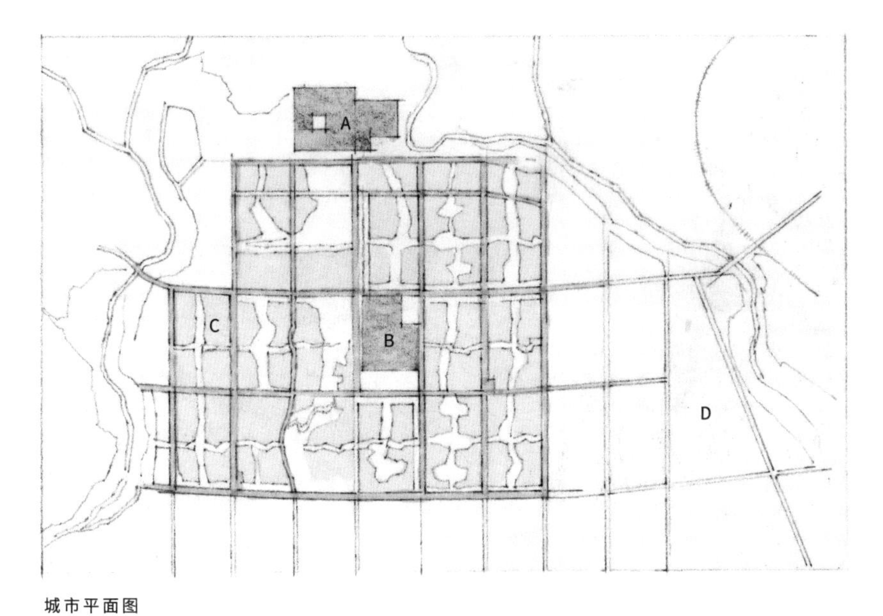

城市平面图

城市规划

尽管最初的意图只是建造一座 15 万人口的以行政功能为主的城市，昌迪加尔目前的居民超过了 100 万。规划中还预留了两个阶段的扩建，一期扩建可以容纳 50 万人，二期则包括了高密度区域，可以使总人口达到 350 万。地块为街区式布置，每个街区长宽分别为 1200 米和 800 米，居住人口 3000—20,000 人。

图例

A 行政中心
B 城市中心
C 大学区
D 工业区
E 秘书处
F 议会大厦
G 总督府（未建成）
H 法院

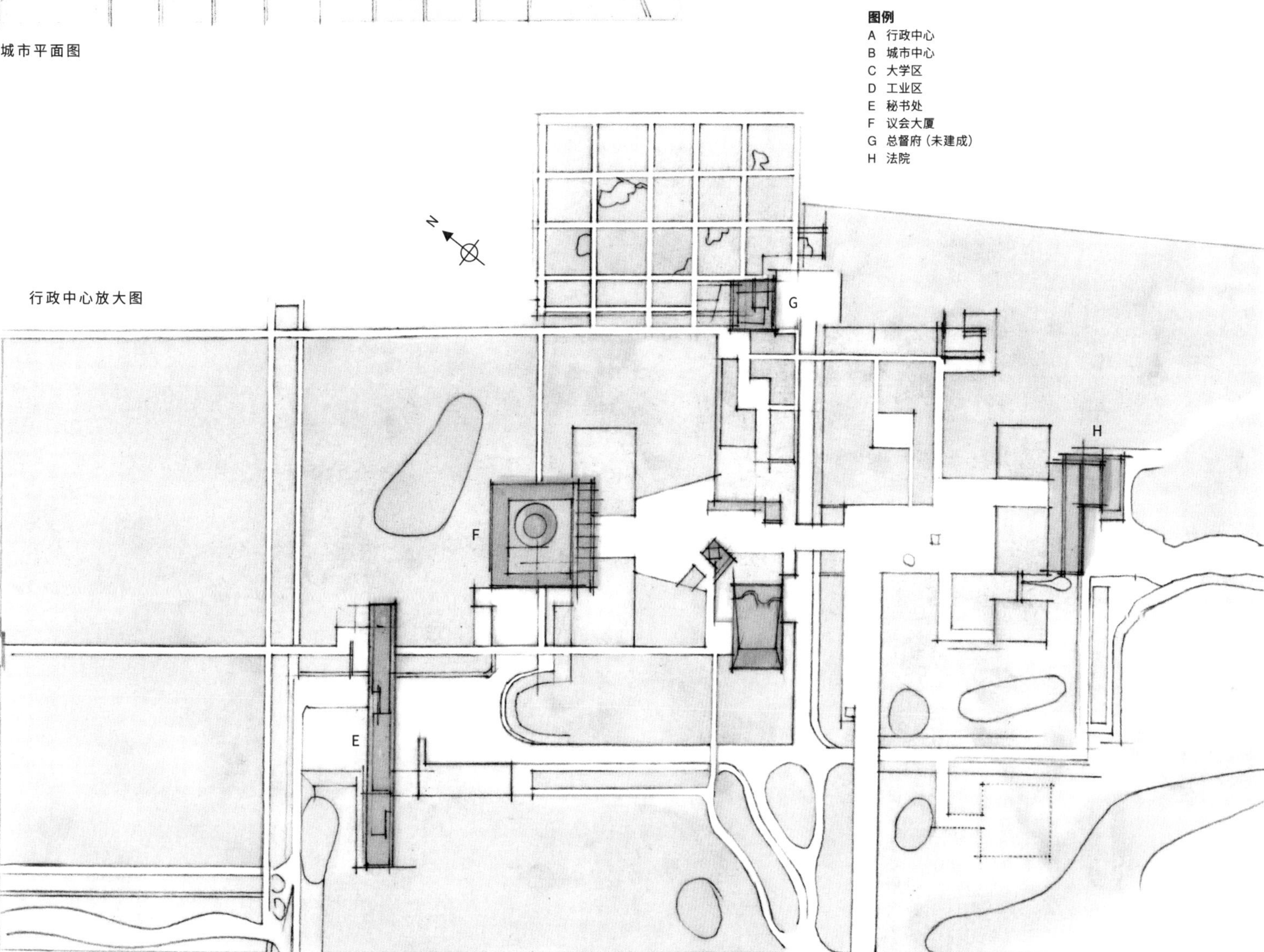

行政中心放大图

孟加拉国国民议会大厦

所在地　孟加拉国达卡
建筑师　路易斯·康
建筑风格　有机现代主义
建造时间　1962—1982 年

孟加拉国独立战争（1971）与孟加拉国（原为东巴基斯坦）在 1971 年 3 月 26 日独立建国，是规模更大的印巴战争的导火索之一。印度支持孟加拉国独立，导致巴基斯坦在 1971 年 12 月 16 日战败。作为一个新的国家，孟加拉国开始建造全新的首都建筑，国民议会大厦或国会大厦，官方称谓是 Jatiyo Sangshad Bhaban，位于达卡市。这座建筑构思于 1959—1962 年，当时这一区域还是东巴基斯坦。它的目的是建立第二个巴基斯坦议会，原议会总部位于西巴基斯坦的伊斯兰堡。孟加拉国在 1971 年建国之后，这座建筑成为国民议会大厦。

这座建筑的设计师是美国建筑师路易斯·康（1901—1974），他的入选应该归功于穆扎鲁·伊斯拉姆（Muzharul Islam，1923—2012）的努力，后者是将现代建筑设计引入该地区的主要人物。伊斯拉姆在加尔各答学习了建筑与工程学，分别于 1942 年和 1946 年取得学位。1950—1961 年，他多次赴美国和英格兰继续学习建筑。1961 年在耶鲁大学学习期间，他和康及其他建筑师如保罗·鲁道夫（Paul Rudolph，1918—1997）、斯坦利·泰格曼（Stanley Tigerman，1930—2019）成为朋友。伊斯拉姆早期的作品包括达卡大学图书馆（Dhaka University Library）、工艺美术学院（College of Arts and Crafts）以及孟加拉国国家档案馆（Bangladesh National Archives），均建于 1954—1955 年。1958—1964 年，伊斯拉姆任东巴基斯坦的高级建筑师。1962—1963 年，他邀请康在议会大厦和首都的项目上与他共同工作，他们合作直至康去世；他也为鲁道夫与泰格曼能够在孟加拉国进行建筑设计起到了重要的作用。

国民议会大厦坐落于一片类似于护城河的湖面当中，位于整个建筑群中央，总基地面积约 81 万平方米，还包括了园林、辅助建筑、住宅与停车场。这座建筑是康的代表作，在他去世后于 1982 年建成，总造价约3200万美元。建筑采用了类似于城堡的形式语言，实际上是以混凝土建造，镶嵌了大理石；中央的八角形体量总高47米。位于中央的议会大厅可容纳354个座位，周围环绕了8个方块状单元，每个高33.5米。这些单元与中央会议厅之间通过一个9层高的空间分离开来，这一空间还作为戏剧化的入口与人流通行区域。方形体量上的几何形开口控制了自然光的方向，而光，一向令康极为迷恋（见第146页）。天光从议会空间上方的帐篷状顶棚上渗透进来。最低限度的人工光源零星分布于上部空间，增强了天光所形成的视觉效果。这座建筑的纪念性尺度及中心式平面布局曾被类比于莫卧儿王朝的代表作如泰姬·玛哈尔陵（见第92页），不过它的平面以及墙面上巨大的几何形状开口在康同时期的建筑中也有出现，例如美国的菲利普·埃克塞特学院图书馆（Phillips Exeter Academy Library，1965—1972）。

建筑容纳了议员们的休息室、图书馆、会议室、办公室及一个祈祷大厅。祈祷大厅是按照独立的清真寺进行构想的，但后来被融入建筑内部。它的平面偏离于建筑轴线，以便直接朝向麦加的方向。曾有记载，康为建造这座建筑绘制了相当多的图纸。它带有角楼的外观形式关联着中世纪的城门、莫卧儿王朝建筑及建于14世纪的孟加拉苏丹们的清真寺。

左图　康在处理这座建筑中的室内空间时与对其他作品一样，采用简洁、夸张的几何形式，通过与自然光线的互动，创造丰富的空间体验。它们庞大的体量显然与人的尺度相关。墙面上的几何形孔洞使光线能够照进来，同时为朝向外部景观的视线提供了令人惊叹的框景。

下图　截至2017年，这座建筑的核心、议会大厅内曾召开10届民选议会。议员数为350人，若计入楼上VIP旁听席，最大座位数则为354座。大厅总高为36米。

索克生物研究所

康（左）与美国病毒学家乔纳斯·索克（Jonas Salk）拍摄于加利福尼亚州拉荷亚的索克生物研究所（Salk Institute for Biological Studies，1965）。这座建筑由光线塑造出的简洁几何形外观反映出这位建筑师一系列作品的共有特征，例如位于纽约罗切斯特的唯一神教派第一教堂（First Unitarian Church，1962，1969）。

整体图

这幅剖视图呈现出这座议会大厦独特的空间景观。议会大厅位于建筑中央，画面右前方的弧形空间是包含餐厅的服务区，餐厅左右两侧的矩形结构是办公室。

议会大厅

这座建筑存在的真正意义在于它的中央核心空间，由天光及少量人工光源照亮。议会由350名成员组成，其中300名为民选议员，另外50个为妇女席位，她们由各政党按在议会中的席位数任命。议员的任期为5年。

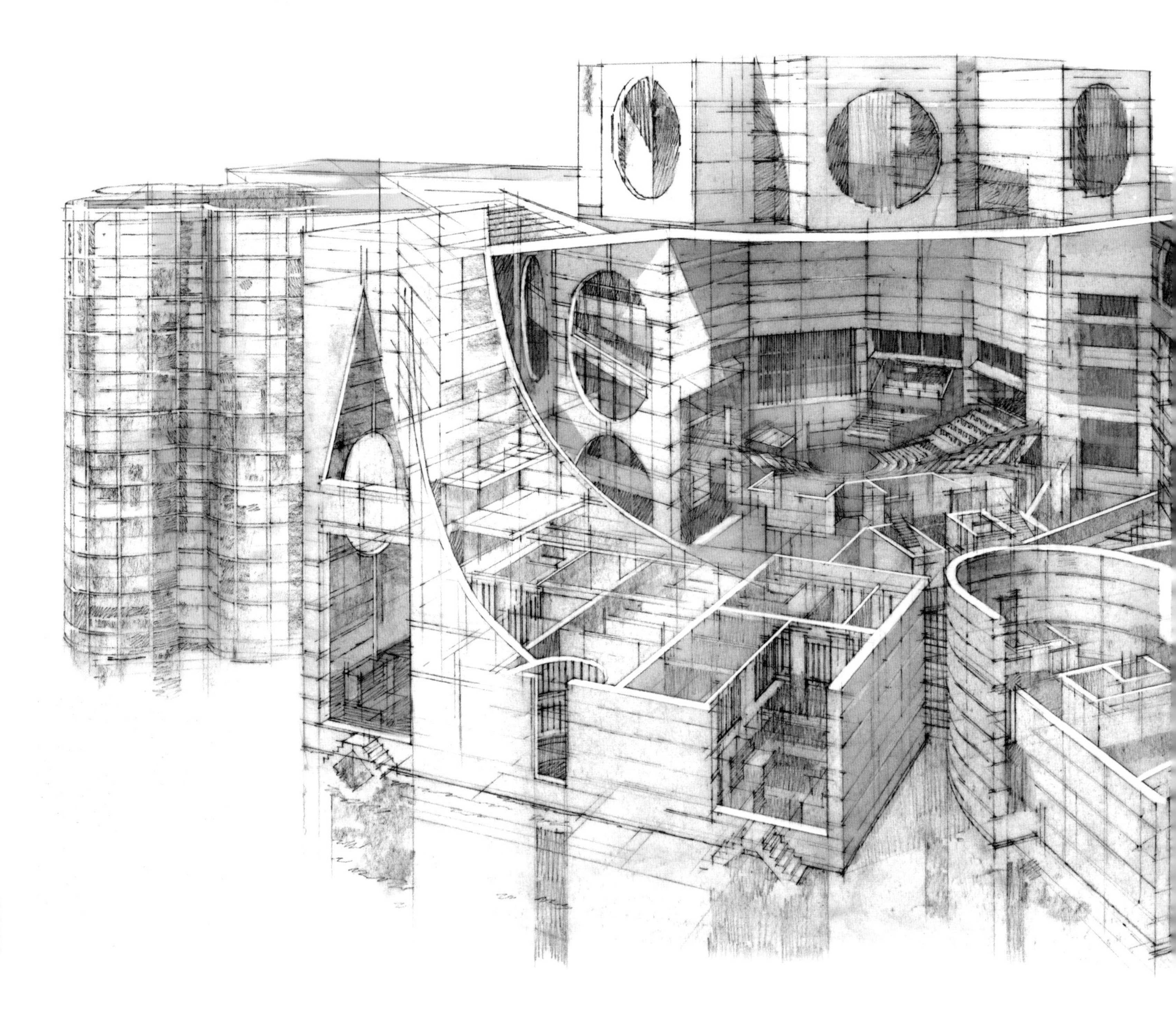

巨大的几何形

庞大的、戏剧化的开口提供了光线以调节这一结构体及环绕中央核心空间的墙面。围绕建筑中央的是办公室、休息室、楼梯等辅助空间。康的设计哲学强调“被服务”与“服务”空间的概念，即主要空间受到辅助空间的支持。

纪念性平面

在这张平面图中，入口空间位于右上角（D），角楼式的祈祷大厅和斋沐空间位于对角线方向的左下方（B），议会大厅（E）位于它们中间。环绕核心空间的矩形建筑是办公空间。中央空间由交通空间和辅助空间环绕。这一平面布局与建筑形式所具有的纪念性建筑的体量，使它被视为可与泰姬·玛哈尔陵相提并论的杰作。

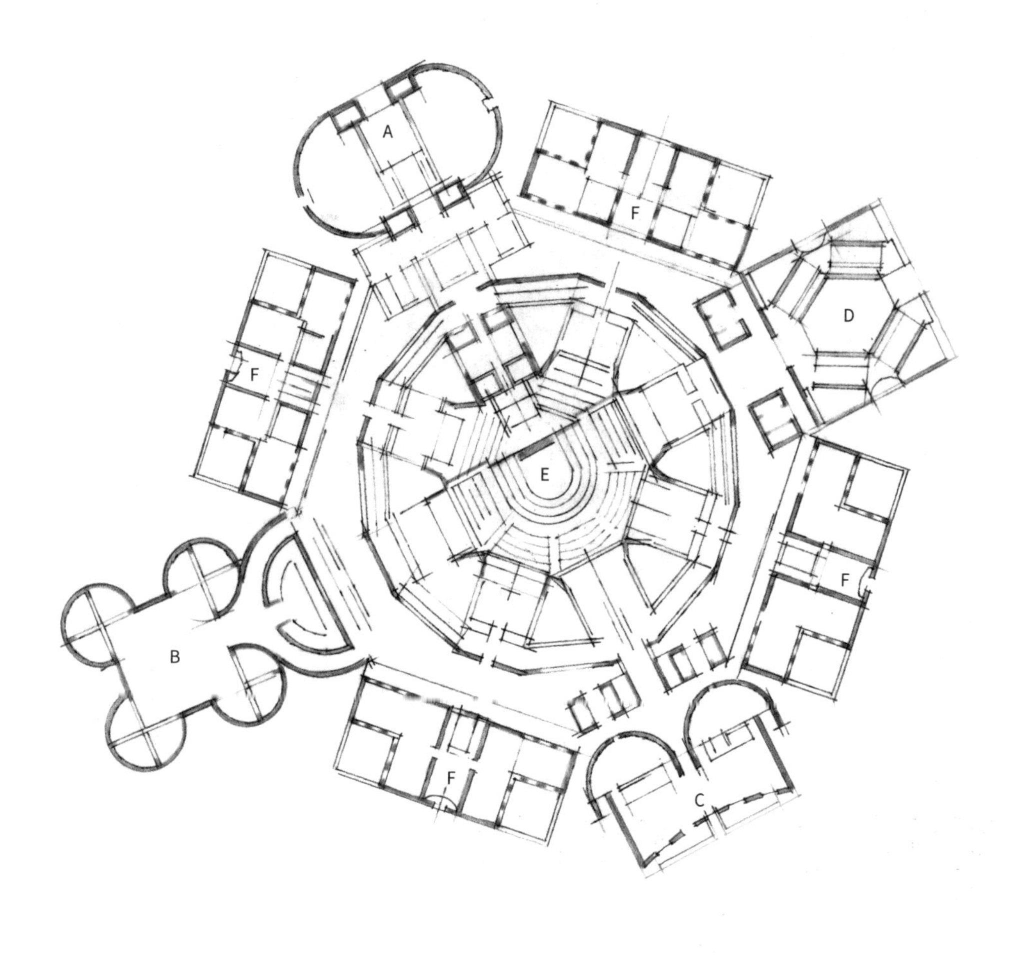

图例
A 总理休息室
B 祈祷大厅
C 餐厅与休闲区
D 入口大厅
E 议会大厅
F 办公室

德国国会大厦

所在地	德国柏林
建筑师	保罗 · 瓦洛特（Paul Wallot）、诺曼 · 福斯特
建筑风格	新文艺复兴（Renaissance Revival）、当代风格（Contemporary）
建造时间	1884—1894 年，1999 年改造并加建

奥托 · 冯 · 俾斯麦（Otto von Bismarck）在 1867 年统一了德国的各个地区，促使德意志帝国在 1871 年建国，并成为帝国的第一任宰相，于 1871—1890 年在职，而威廉一世登基为德意志皇帝。柏林，这座 1700 年代早期即为普鲁士王国首都的城市，变成了帝国的首都。那时的柏林人口在 50 万—70 万之间浮动。1871 年后，人口迅速超过 80 万，并在 1880 年代中期飙升至 130 万。这样的增速意味着需要建立新的交通系统、住宅、办公楼，尤其是商业与政府机构办公楼。

19 世纪晚期到 20 世纪早期的许多案例证明，当时的人们倾向于建造壮观的古典主义建筑，认为这才适合世界级的首都。这些建筑中包括位于赖克皮茨奇弗路 50—54 号的帝国保险公司大楼（Reichsversicherungsamt，1894），由奥古斯特 · 布塞（August Busse，1839—1996）设计；位于博物馆岛的柏林圆顶教堂（Berliner Dom，1894—1905）即柏林大教堂，由尤利乌斯 · 卡尔 · 拉什多夫（Julius Carl Raschdorff，1823—1914）与他的儿子奥托（Otto Raschdorff，1854—1915）设计；以及位于赖克皮茨奇弗路 72—76 号的帝国海军办公楼（Reichsmarineamt，1911—1914），由赖因哈特与聚森古特建筑事务所（Reinhardt and Süssenguth）设计。帝国议会大厦，或称为国会大厦（Reichstag，1884—1894），是这些庞大的古典主义建筑之一，由保罗 · 瓦洛特（1841—1912）设计，他在 1882 年的设计竞赛中取得胜利而获得设计委托。这座建筑位于国王广场（如今为共和广场），选址处原为拉钦斯基府邸（Raczyński

Palace)，政府买下了这幢建筑并且将其拆除。瓦洛特的获奖方案借鉴了费城纪念厅（Philadelphia's Memorial Hall，如今为触摸博物馆）顶部巨大且光洁的钢结构穹顶——纪念厅是为 1876 年于费尔芒特公园举办的百年纪念展而建造，设计者为德裔美国建筑师赫尔曼·J. 施瓦茨曼（Herman J. Schwarzmann，1846—1891）。当瓦洛特的这座建筑建成之后，高度达到 75 米。

一战（1914—1918）之后，这座建筑依然作为魏玛共和国（1919—1933）的国会大厦，直到阿道夫·希特勒就职为德国总理。1933 年 2 月 27 日发生火灾，纳粹指责共产党人在此纵火，然后逮捕、审判并处决了马里努斯·凡·德尔·卢贝（Marinus van der Lubbe），他是在火灾后在这座建筑中被逮捕的。这场蓄意的破坏行动给了希特勒一个契机来中止魏玛宪法中关于人权的法令，并解散了当时的议会。新组建的纳粹傀儡议会在 1933—1942 年间一直在克罗尔歌剧院（Kroll Opera House，1951 年拆除）集会。整个二战（1939—1945）期间，瓦洛特的国会大厦始终呈半废墟状态，并在同盟国的轰炸以及苏军解放柏林的过程中遭到更严重的毁坏。

冷战期间（1948—1989）德国分裂为两个国家，各自在其他地点召开国会。这座位于西柏林的原国会大厦大部分时间都空置着，伫立于 1961 年建成的臭名昭著的柏林墙附近。建筑师保罗·鲍姆加滕（Paul Baumgarten，1900—1984）修复并改建了这座建筑，使它看起来更加现代，不过始终仅限于举办礼仪活动。柏林墙于 1989 年被推倒之后，紧接着德国在 1990 年重新统一，并将首都从波恩迁往柏林。诺曼·福斯特赢得了为全新的、统一的德国整修与恢复这座建筑的设计竞赛。他对这个项目的处理方法是复原并展示原建筑的历史构件，同时建造一座新的穹顶，高 47 米。这一钢与玻璃的构筑物为这座城市与国家创造了一个标志性的形象，象征着民主政体的透明性。议会大厅为 669 座，总面积 1200 平方米。福斯特作品的一个典型特征是对环境的关注。这座新生的国会大厦借助热电共生设备提供电能，采用了以植物油制成的可再利用的生物能源，发电过程中热水被储存起来为这座建筑供热。

上左图　国会大厦的东侧大厅。福斯特将自然光作为一种建筑元素。他仔细研究过建筑周围阳光的变化，以及怎样将阳光引入室内照亮空间。

上右图　福斯特为德国国会创造了一个全新的空间。1999 年 4 月 19 日，联邦议院（Bundestag）在这里召开了新穹顶下的第一次会议。

二战废墟

在一张著名的照片中，1945 年 5 月 2 日，苏联红军将一面苏联国旗插在了国会大厦顶上。彼时正值柏林战役的尾声，这座城市与国会大厦均为一片废墟。反讽的是，苏联人将这座建筑视为纳粹德国的象征，虽然事实上是纳粹在 1933 年关闭了它。战争结束后这座建筑依然幸存，不过只剩下一副空壳了，穹顶只剩下骨架，墙壁上满是弹孔。战后联邦德国的修复工作简化了它的外观，取消了穹顶，直到 1990 年德国重新统一才给它带来复生。

福斯特的穹顶

这座穹顶高 47 米，直径超过 40 米。这幅剖视图展现了由 360 片镜面玻璃组成的光锥，整体重达 300 吨，将自然光反射到下方的联邦议院议会厅当中。联邦议院的民选议员和联邦参议院来自德国 16 个联邦州的代表一道承担立法职责。联邦议院的 630 个席位中的 502 个是直接民选的，其余的席位由各政党依据席位比例分派。

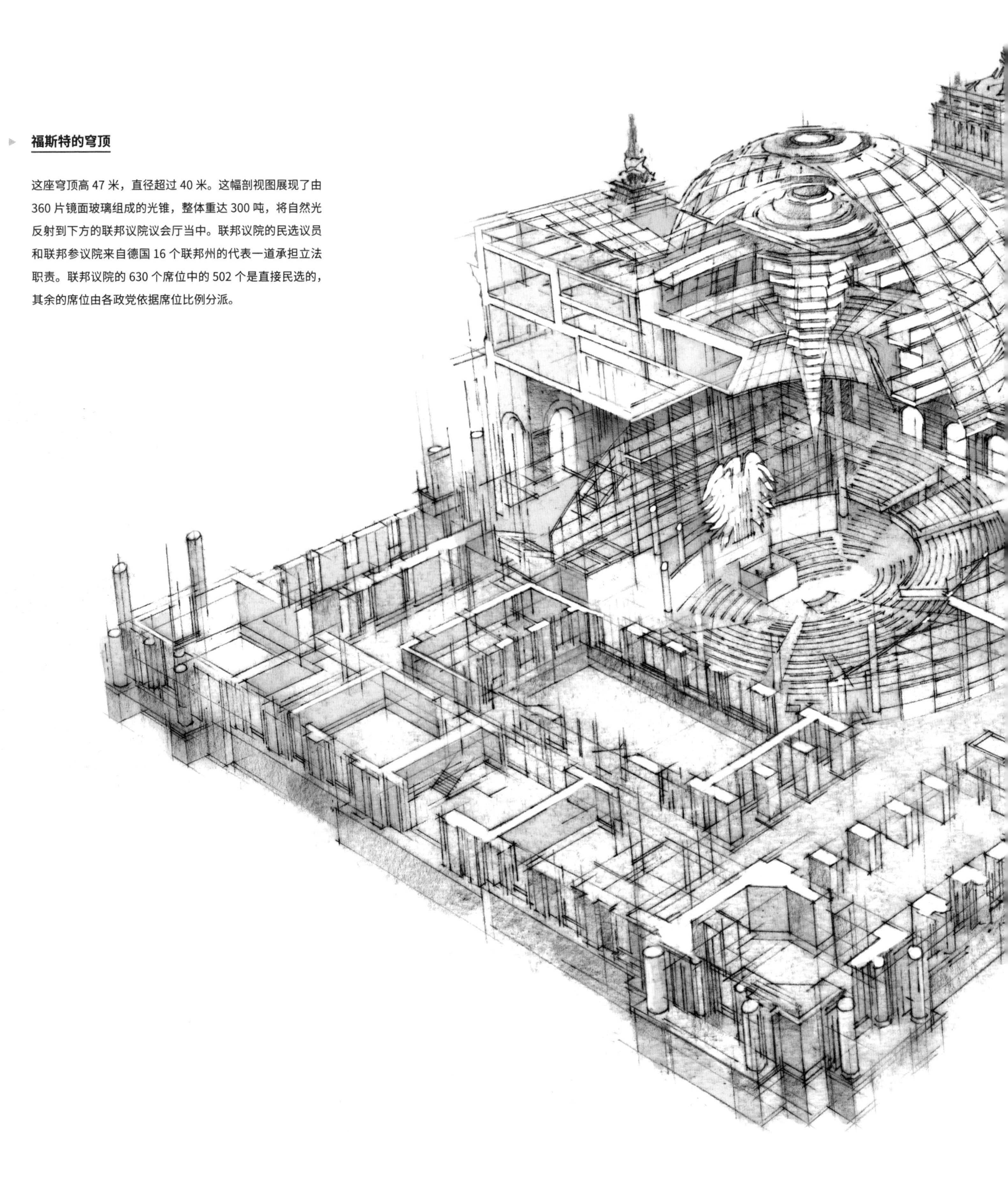

角楼

四个正方形的角楼勾勒出建筑的角部以及位于穹顶空间两侧的庭院。一座屋顶平台环绕着这些庭院，使来访者可以到达餐厅，还能够近距离观看这些塔楼和位于庭院翼部屋顶的太阳能光伏板。遗憾的是，与颇为奢华的原角楼相比，现有角楼的细节全部被简化了。原本位于建筑角楼顶部的雕塑在战争中损坏，并在 1960 年代的修复与加固中被拆除了。这座建筑、穹顶以及屋顶餐厅都向公众开放，每年会接待超过 270 万名访客。

带有山形墙的入口

古典风格的西侧柱廊在 1999 年修复。它带有一行铭文“献给德意志人民”，于 1916 年雕刻在山形墙的门楣上。山形墙上还留着弗里茨·沙费尔（Fritz Schafer）的砂岩浮雕。立面顶部的骑马雕像，即赖因霍尔德·贝加斯（Reinhold Begas）创作的《日耳曼尼亚》（*Germania*，约 1892—1893）群雕，在二战后被拆除并毁去了，不过在老照片中依然可以看到。国会大厦内部的鹰的雕塑是福斯特的重新演绎，原型为路德维希·吉斯（Ludwig Gies）在波恩的原联邦德国国会大楼中所采用的雕塑。

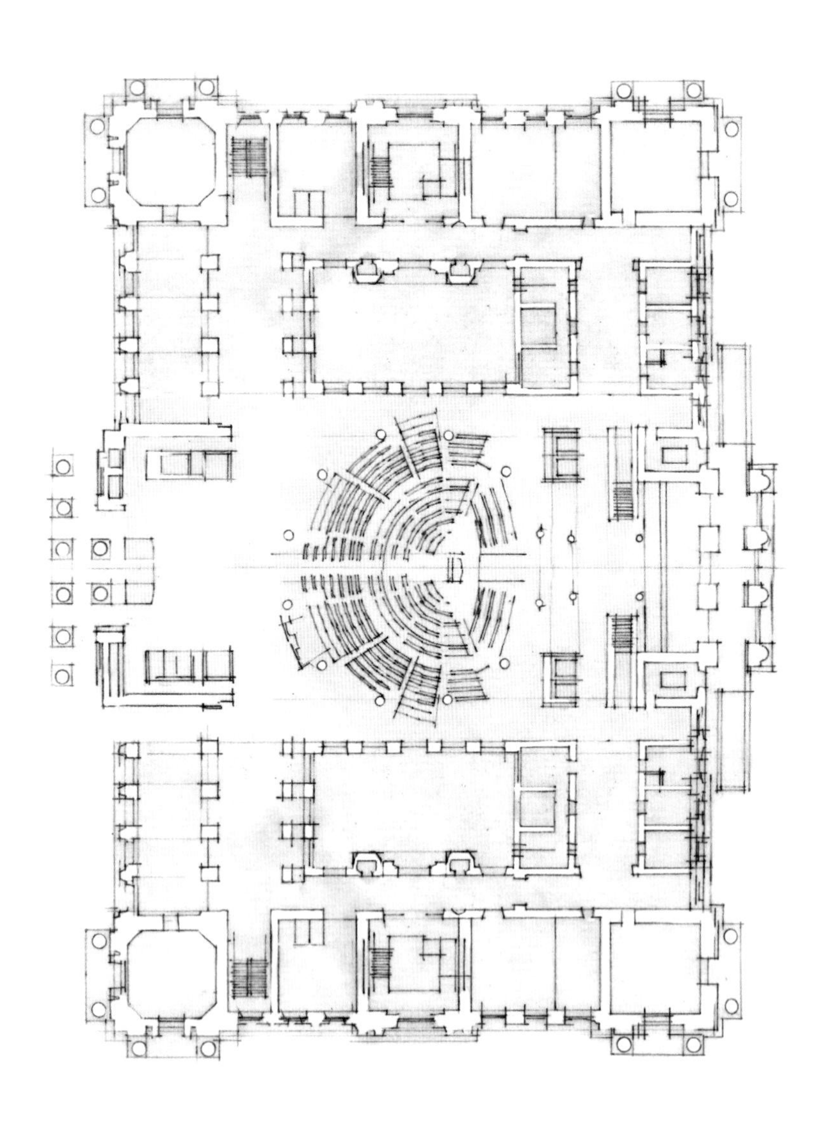

▲ **楼层平面图**

这幅平面图顶部朝向北方，宏伟的西侧柱廊朝向左侧。许多内部的矩形办公室与服务空间得到修复，而中央的会议厅，即平面图上的柱子所划出的范围，是全新的，与上部颇具动感的穹顶一样。平面图的色彩标出原有的建筑（灰色）与1999 年改造的部分（粉色），后者主要位于平面中央。

▼ **哈里亚纳议会厅塔楼**

这张剖视图切开了建筑立面，使人可以清晰地看到新建穹顶与下方联邦议会空间的关系。反射光锥给会议空间带来光线，同时为新建的穹顶增添了活力，仿佛一个玻璃的龙卷风。穹顶作为统一后德国的民主的象征，在夜晚看起来就像一座令人惊叹的灯塔。

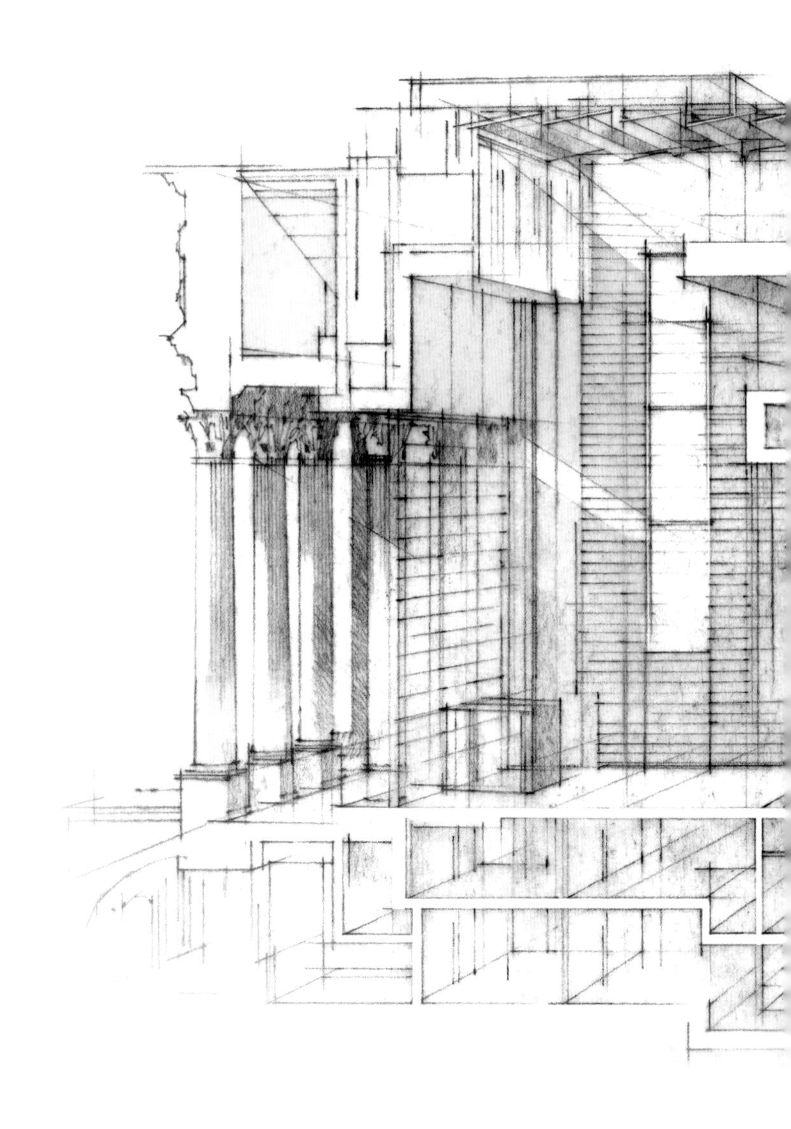

悬浮步道

玻璃覆盖的穹顶内部的螺旋形步道给来访者们带来一种旅行般的体验，他们慢慢攀升时能够 360 度地俯瞰整个柏林。它也象征了德国在这座建筑建成后超过一个世纪的时间里，所走过的从帝国专制到民主政府，到法西斯独裁，再回到民主政府的漫长历程。穹顶对公众免费开放，不过需要提前在联邦议院网站预约。

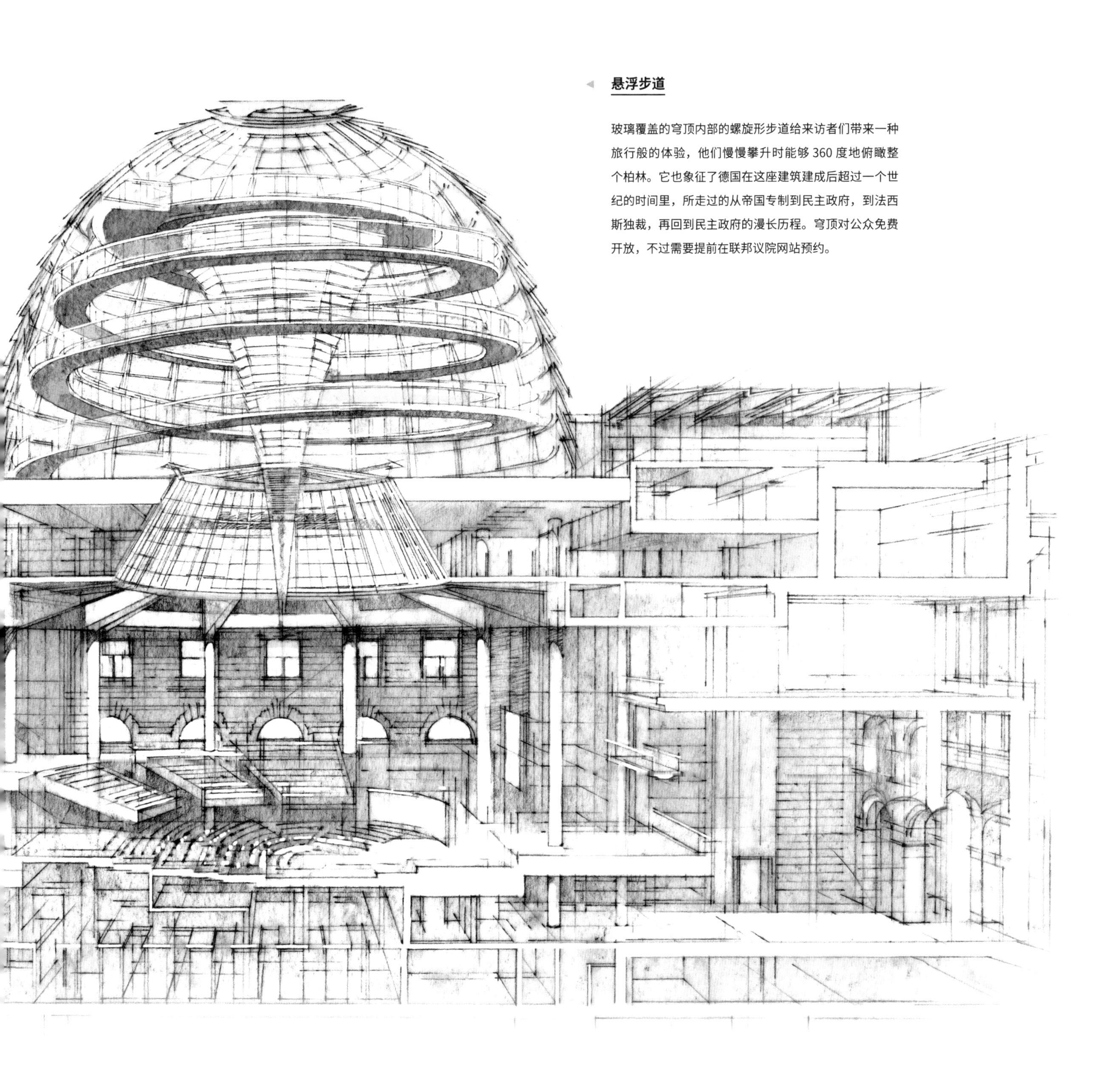

伦敦水上运动中心

所在地	英国伦敦
建筑师	扎哈·哈迪德（Zaha Hadid）
建筑风格	当代有机建筑（Contemporary Organic）
建造时间	2008—2012 年

奥林匹克运动会如同世界博览会，给了许多国家和城市以发展旅游业的理由，同时促进了包括交通、居住、体育设施等基础建设的发展。2012 年的伦敦奥林匹克运动会也不例外。有超过 900 万人加入这场盛会，他们的相关消费促进了这座城市的经济繁荣。从建设成果的角度来讲，75% 的项目花费被用于伦敦东部的复兴。政府为伊丽莎白女王奥林匹克公园投资了 3 亿英镑，不仅仅应用于体育设施建设，还包括了住宅、学校及医疗设施建造。伦敦交通局投资了 65 亿英镑用于基础设施改造。奥运村（东村）被改造成为 2800 个居住单元，同时这一地区还规划了额外的 1.1 万套住宅，其中超过 1/3 被规定为经济型住宅。作为这个超大规模的项目的一部分，为奥运会所建的伦敦水上运动中心被当作社区文娱设施继续使用。这一游泳场馆的设计者是世界上最著名的建筑师之一——扎哈·哈迪德（1950—2016）。

2004 年，哈迪德成为第一位获得著名的普利兹克建筑奖的女建筑师；2015 年，她又成为第一个获得英国皇家建筑师协会金奖的女性。她出生于伊拉克巴格达，1970 年代在贝鲁特美国大学（American University of Beirut）与伦敦建筑协会（Architectural Association in London）学习。1980 年代，她在伦敦开始了个人实践。她参加了 1988 年美国纽约当代艺术博物馆举行的解构主义建筑展，并且建造了德国莱茵河畔威尔城的维特拉消防站（Vitra Fire Station, 1993），这使她多方面的设计作品被世界所知。从此她的事业快速发展，从尖角的形式发展为拟生形式，将想象力与才华借助各种三维计算机软件转化为大胆的设计。其作品包括德国沃尔夫斯堡的菲诺科学中心（Phaeno Science Center，2005）、意大利罗马的国立 21 世纪艺术博物馆（MAXXI，National Museum of the 21st Century Arts，2010）、位于阿塞拜疆巴库的海达尔·阿利耶夫文化中心（Heydar Aliyev Cultural

Center，2010）。伦敦水上运动中心与其他案例一样，为她赢得了“曲线女王”的称号。

伦敦水上运动中心为2012年夏季奥林匹克运动会的游泳比赛而设计。主体建造时间为2008—2011年，总造价2.69亿英镑，比最初预算超出了1.96亿英镑。它看似漂浮的形体受到流动的水的启发，并且与伊丽莎白女王奥林匹克公园的水边环境相呼应。曲线形的屋顶——巨大水浪的意象——包裹着内部空间。起伏的屋面高46米，面积达到1040平方米。整体建筑为钢结构，结构外部包裹了条纹铝板，内部则覆盖了染成灰色的巴西硬木。

哈迪德为这座建筑设计了两个突出的钢结构临时大看台，表面覆盖PVC板，看台尺寸为43×79米，可容纳1.75万名观众。在这场国际赛事结束后，看台即被拆除了。接下来墙面用玻璃封起来，延续原有的建筑风格，座位数变成了2500个。建筑与三个游泳池和斯特拉特福德城市桥垂直。训练池长50米，与城市桥通过底座相连，跳水池与比赛池分别长25米和50米，均位于建筑内部。泳池在奥运会结束后可以被改造为社区所用，曲线形的钢筋混凝土跳水台为这个有机的室内空间增加了一种优雅的、戏剧化的构成元素。

当建筑投入使用之后，评论家赞美它为“流动的建筑体”，并给它取了个绰号“魟鱼”。不过更重要的是，如今它是社区游泳设施，使用它的儿童描述，在这屋顶下“仿佛在宇宙飞船中游泳”。

上左图　水上运动中心外部的柔和曲线沿着河岸伸展。它的形态与附近的利亚河有一种视觉上的呼应。

上右图　水上运动中心的泳池及相关设施在2012年奥运会结束后被保留下来，如今对于周围社区来说十分重要。

奥运遗产

2012年奥林匹克运动会最主要的遗产是伊丽莎白女王奥林匹克公园。这座耗资3亿英镑的公园占地面积2.5平方千米，是过去150年间欧洲新建的最大的公园。除却各类体育场馆之外，它还包括了森林、湿地、草坪与草甸。其中南公园广场的设计者是詹姆斯·科纳（James Corner），他也是纽约高线公园（High Line Park）的景观建筑师。

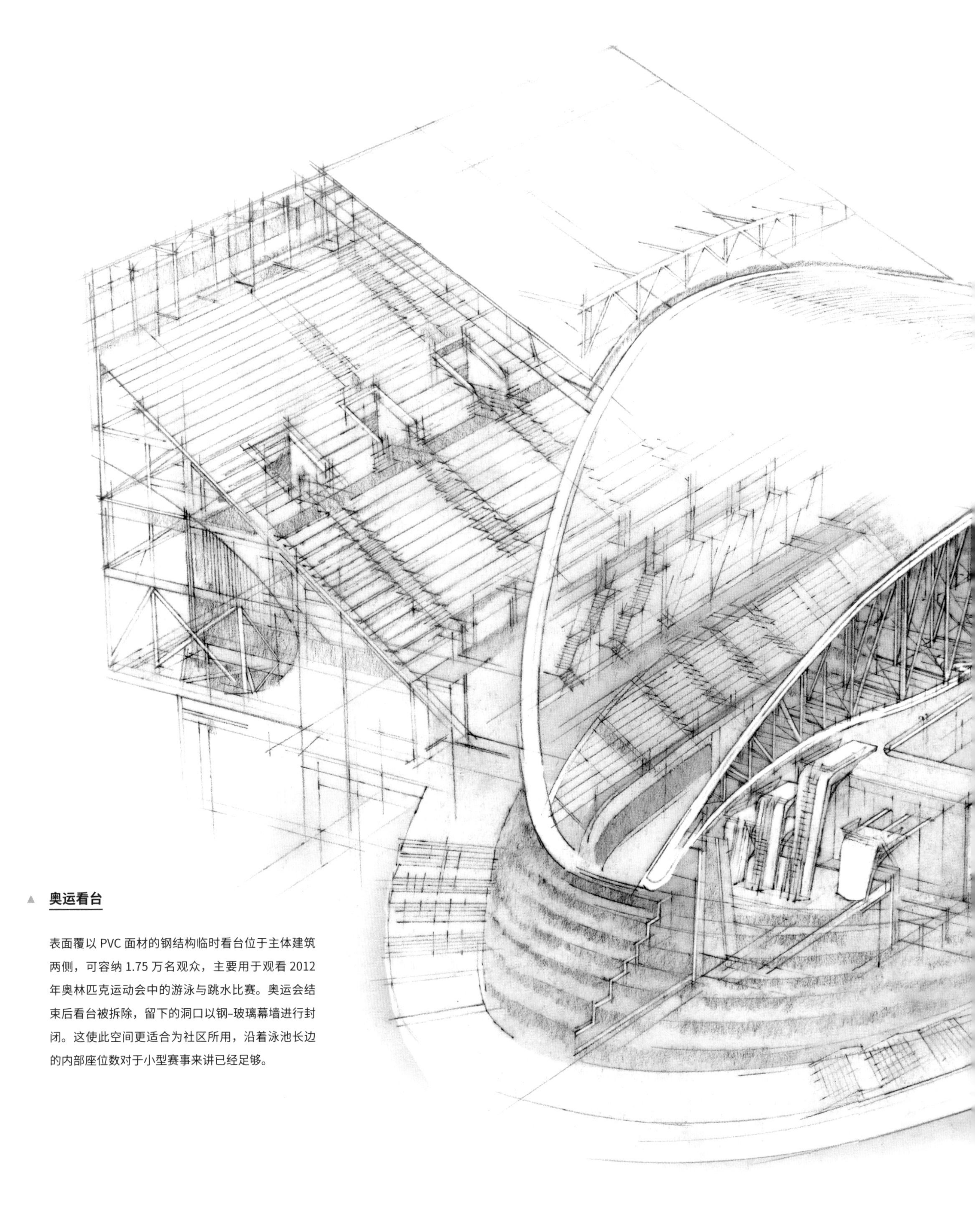

▲ **奥运看台**

表面覆以 PVC 面材的钢结构临时看台位于主体建筑两侧，可容纳 1.75 万名观众，主要用于观看 2012 年奥林匹克运动会中的游泳与跳水比赛。奥运会结束后看台被拆除，留下的洞口以钢–玻璃幕墙进行封闭。这使此空间更适合为社区所用，沿着泳池长边的内部座位数对于小型赛事来讲已经足够。

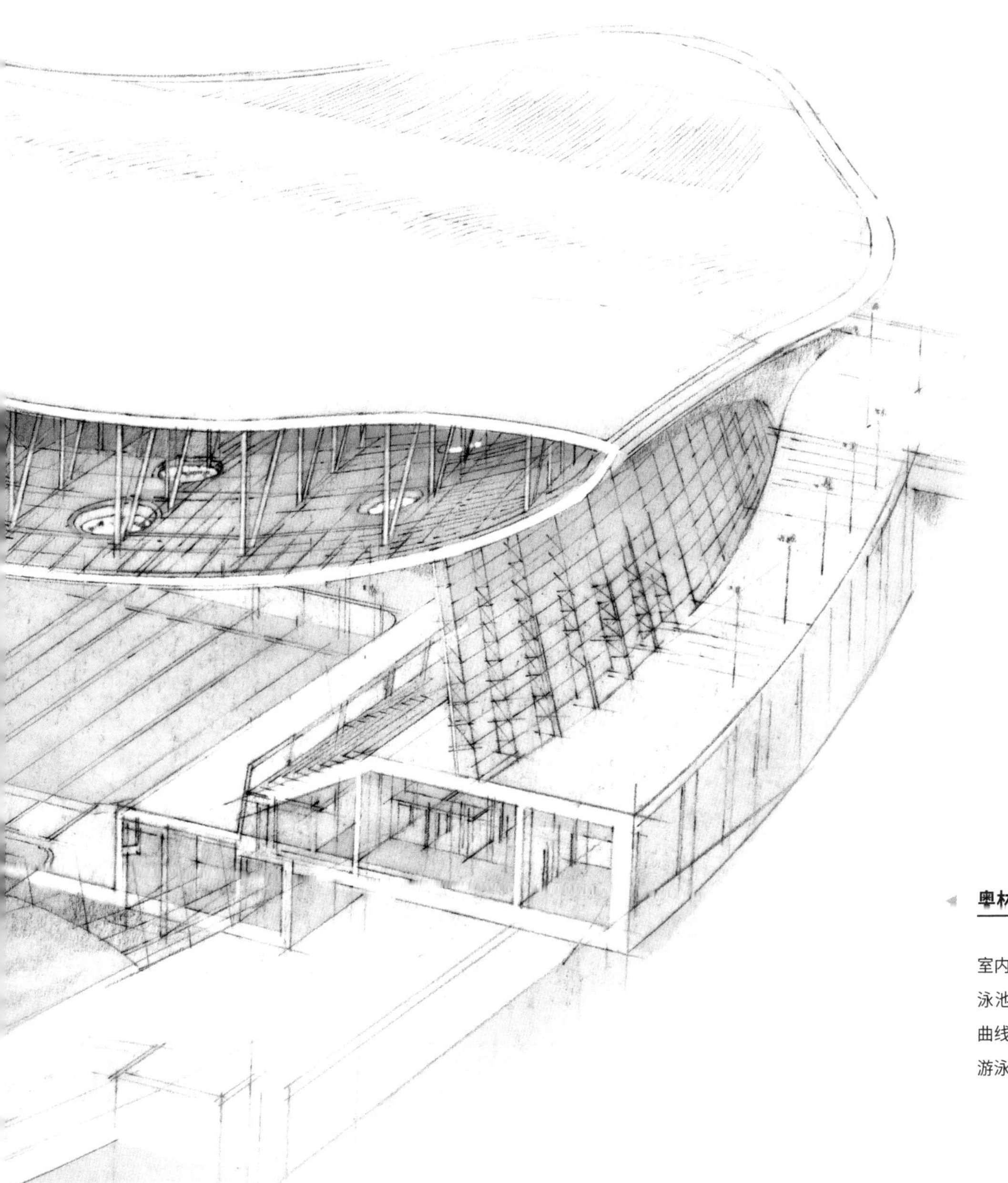

富有动感的屋面轮廓

扎哈·哈迪德的事务所与如今的许多建筑事务所一样，使用电脑软件辅助完成富有动感的设计。据说常用的软件有弗兰克·盖里（Frank Gehry，1929—　，见第168页）研发的CATIA设计软件的改进版以及其他软件如Autodesk公司的玛雅等。看似水波的屋顶轮廓线呼应了室内举行的各类水上赛事，以及附近的利亚河。它的视觉体量掩盖了其中空的结构——由表面覆盖铝板的钢结构建造。

奥林匹克泳池

室内屋顶覆盖了防潮的硬木，其波浪形对应了下方泳池中进行的运动的流动性。大游泳池长50米。曲线形混凝土跳水台为特殊赛事及社区活动（包括游泳课程和家庭娱乐）提供了足够的空间。

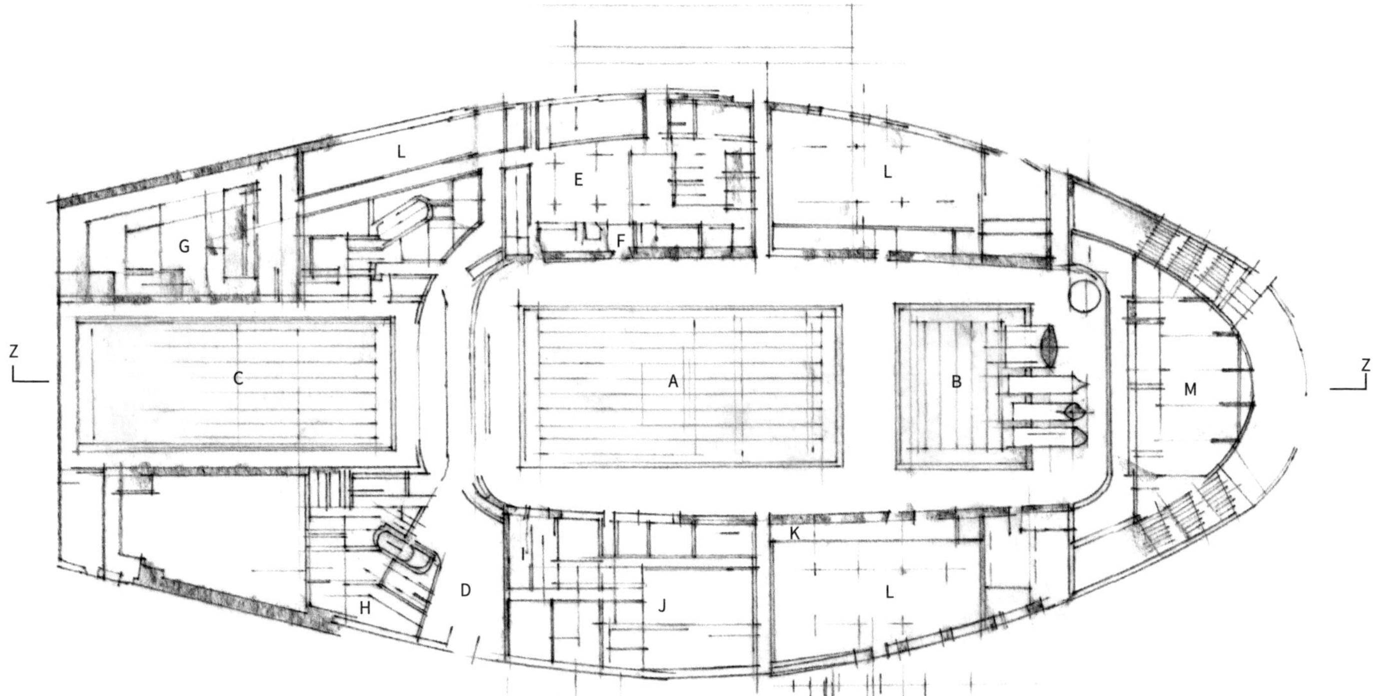

图例

A 主竞赛池
B 跳水池
C 训练池
D 入口大厅及接待厅
E 比赛更衣室
F 赛前淋浴室
G 训练区更衣室
H 托儿所
I 咖啡厅厨房
J 游泳设备区
K 计时区
L 机房
M 制冷机房

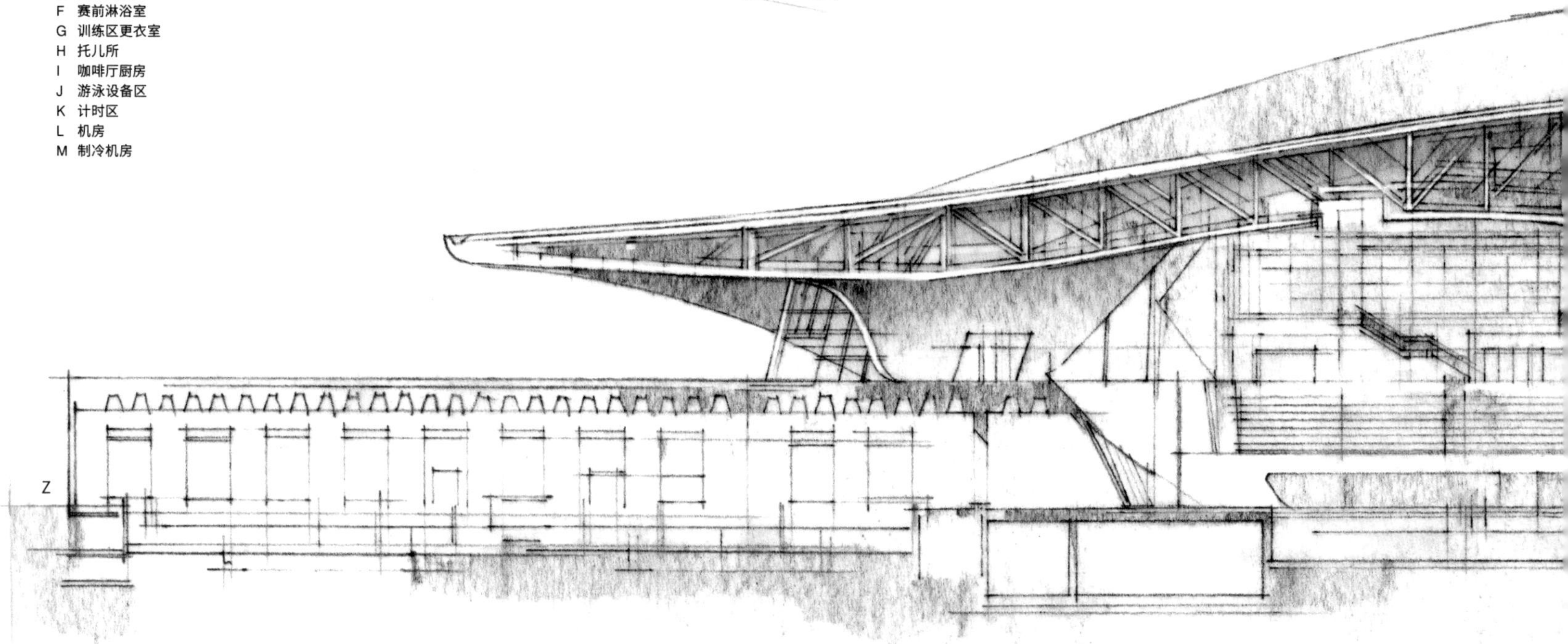

楼层平面图

总体的曲线形平面类似于科幻电影中据空气动力学设计的星际飞船的变体。内部的空间却大体上是直线型的，这对于容纳标准游泳池来说非常重要。空间形态加强了宇宙飞船的观感，如剖面图中所示。

纵向剖面图

这张剖面图（对页平面图中剖切号 Z 的位置）显示出两个 50 米长的大游泳池和小些的跳水池的不同深度。屋顶内部的钢桁架竖向贯穿了整个建筑，从西北到东南。其中较大的桁架超过 40 米长，重达 70 吨。

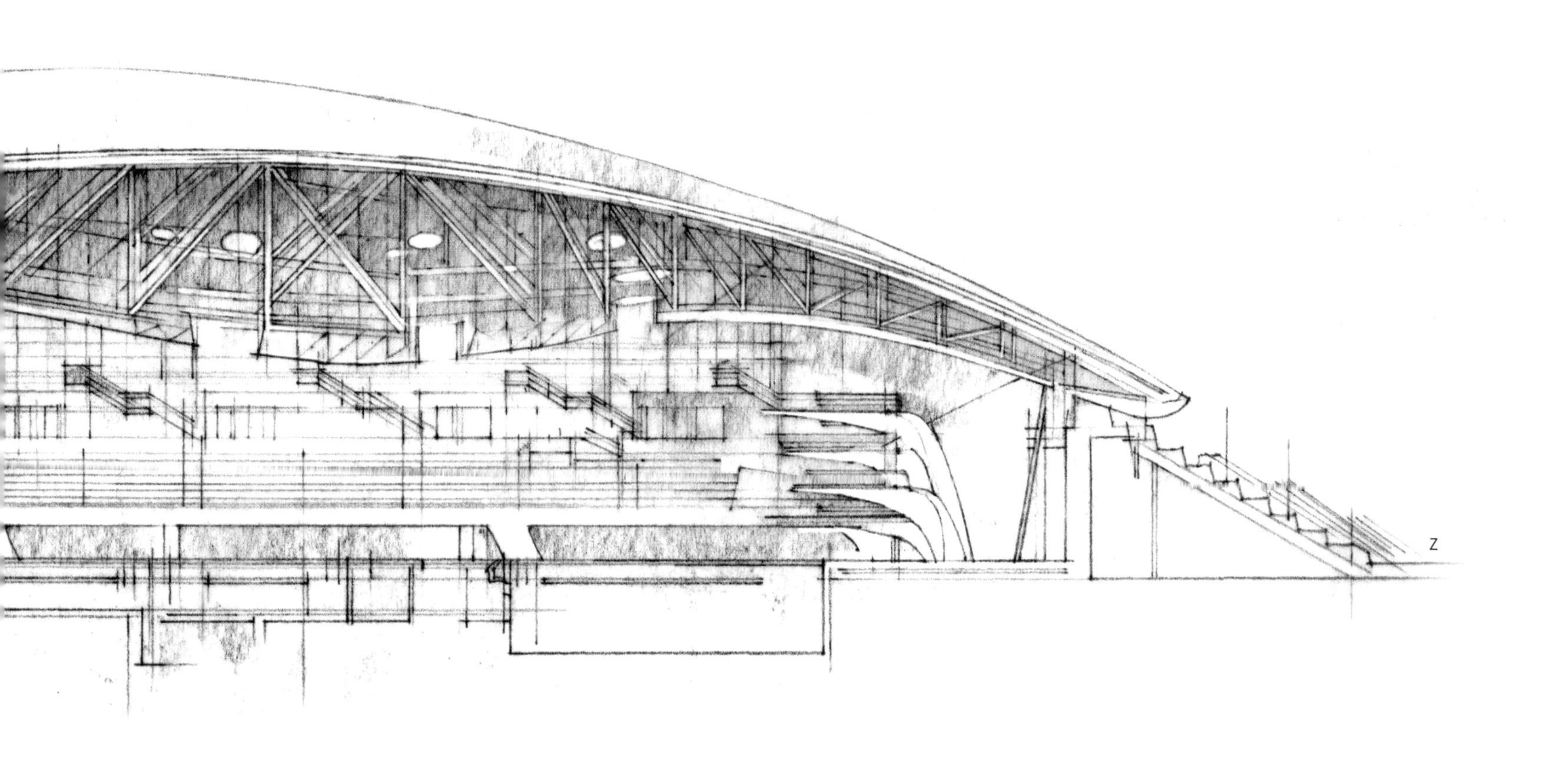

世贸中心交通枢纽

所在地	美国纽约州纽约
建筑师	圣地亚哥·卡拉特拉瓦
建筑风格	当代表现主义（Contemporary Expressionist）
建造时间	2004—2016 年

2001 年 9 月 11 日，是一个对整个世界、对美国、对山崎实（1912—1986）设计的世界贸易中心（World Trade Center，1972）所在地均造成强烈冲击的日子。两架飞机被劫持，撞向这个建筑群的两座塔楼，造成了这两座摩天大楼的坍塌，超过 2600 人丧生，伤者几千人，周边建筑也遭到了相当程度的损毁。接下来，这处位于曼哈顿下城的 5.9 万平方米归零地（Ground Zero）——世贸遗址的重建激起了各种争论，其中很大一部分聚焦于如何建造一座摩天楼以取代山崎实的双子塔。2002 年，丹尼尔·里伯斯金（Daniel Libeskind，1946— ）所领导的团队获得了国际竞赛的胜利。在那之后，以自由塔（Freedom Tower）为中心的方案变成了由里伯斯金与 SOM 建筑设计事务所（Skidmore, Owings and Merrill）的戴维·蔡尔兹（David Childs，1941— ）共同设计的世界贸易中心 1 号楼。这座 541 米的高塔经历了几次重新设计，不断增强安全性考虑，并于 2006—2014 年建成。临近地块的其他建筑包括蔡尔兹设计的世贸中心 7 号楼（2006）、槙文彦（Fumihiko Maki，1928— ）设计的世贸中心 4 号楼（2013）、迈克尔·阿拉德（Michael Arad，1969— ）和彼得·沃克（Peter Walker，1932— ）设计的位于双子塔原址的 9·11 国家纪念馆（National September 11 Memorial，2011）、斯诺赫塔建筑事务所（Snøhetta）与戴维斯-布罗迪-邦德建筑事务所（Davis Brody Bond）设计的纪念博物馆（2014），以及圣地亚哥·卡拉特拉瓦（1951— ）设计的世贸中心交通枢纽。

卡拉特拉瓦出生于西班牙，1974年毕业于瓦伦西亚理工大学建筑学专业，其后在苏黎世联邦理工学院学习土木工程，并于1979年毕业。他在苏黎世期间的职业实践主要是形式大胆、引人注目的拱桥，例如巴塞罗那的巴克·德·罗达大桥（Bac de Roda Bridge，1987）和塞维利亚的阿拉米略大桥（Puente del Alamillo，1992）。其后的作品包括交通建筑例如苏黎世施塔德尔霍芬火车站（Stadelhofen Railway Station，1990）、里斯本东站（Gare do Oriente，1998）与毕尔巴鄂国际机场（Bilbao International Airport，2000）。再晚些的作品则变得更具雕塑感与视觉动感，如密尔沃基美术馆（Milwaukee Art Museum）扩建（2001）、马尔默的旋转大厦（Turning Torso skyscraper，2005）与里约热内卢的明天博物馆（Museum of Tomorrow，2015）。这些背景资料可以帮助解读卡拉特拉瓦在2004年为连通纽约与新泽西设计的港务局跨哈德逊河捷运（Port Authority Trans-Hudson，缩写为PATH）设施。

卡拉特拉瓦的设计临近纪念花园，取代了在9·11事件中被毁的PATH捷运站（1966—1971）。地铁以及通往新泽西的PATH铁路依然存在，已经修复翻新。中央椭圆形的“天眼”（Oculus）脊部最高处比地下大厅层大理石地板高48米，比室外场地高29米，大厅层总长度约122米。在卡拉特拉瓦看来，这个钢与玻璃的拱形结构体象征着儿童放飞的鸟——和平鸽。他希望自己的建筑能取代自由塔成为这个新生地块的标志性建筑。他说：“我们希望给人们以这样的感觉——不是那座塔楼成就了此处空间，而是这座车站。”围绕着开放大厅的两层空间是一座33,909平方米的商场，而这一令人惊叹的空间也可以举办一些特殊活动以增加收入。有评论家将这个建筑比喻为一具恐龙的骸骨，并且批评它的高昂造价和维护费用。港务局在这个项目上花费了40亿美元，是原初预算的两倍，而为了保持它洁白的外观显然也所费不菲。

上左图　卡拉特拉瓦将这个中庭称为“天眼”。此处空间是一个零售商场，同时也是巨大的交通枢纽，被期待能超越以往的标志性交通建筑。

上右图　漆成白色的肋形结构看似抽象的鸟类翅膀，塑造出独特的外观与令人印象深刻的室内空间。

源于大自然的灵感

卡拉特拉瓦的建筑有时与他的雕塑类似，也基于自然界中的既有形态。他画了一幅儿童放飞鸽子的速写——鸽子作为和平的象征，与这个地块的主题很契合——来解释这座车站设计的灵感来源以及起飞的鸟的设计意象。他对自然界结构体的运动姿态的兴趣也表现在对密尔沃基艺术博物馆顶棚（左图）的设计中，其肋形结构看起来像鸟类翅膀或船帆，它是一个移动的雕塑，同时也是遮阳设施，可以随着日光移动。他曾想在这个车站中也采用类似的设计，但由于资金原因未能落实。

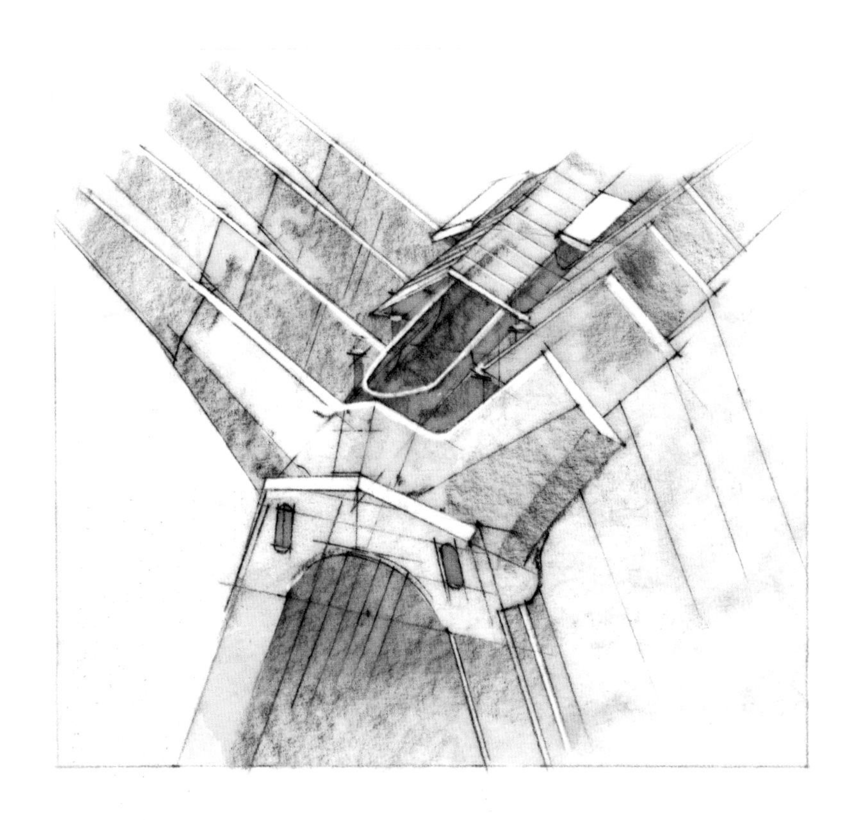

结构细节

建筑的肋形钢结构与卡拉特拉瓦的许多类似结构一样，表面漆成白色，例如里斯本东站、比利时列日的居尔曼高铁站（Guillemins TGV Railway Station，2009）与意大利雷焦艾米利亚的梅迪奥帕达纳高铁站（AV Mediopadana Railway Station，2013）。卡拉特拉瓦并不仅局限于漆面钢材，尽管这种材料在他职业生涯早期作为桥梁设计师时就经常使用。

交通系统

这个精心设计的项目的主要功能，是作为这一区域地面与地下的公共交通枢纽，尤其重要的是直接连通去新泽西郊区的 PATH 捷运列车（图中可见）。此外，其地下还可连通纽约地铁系统。

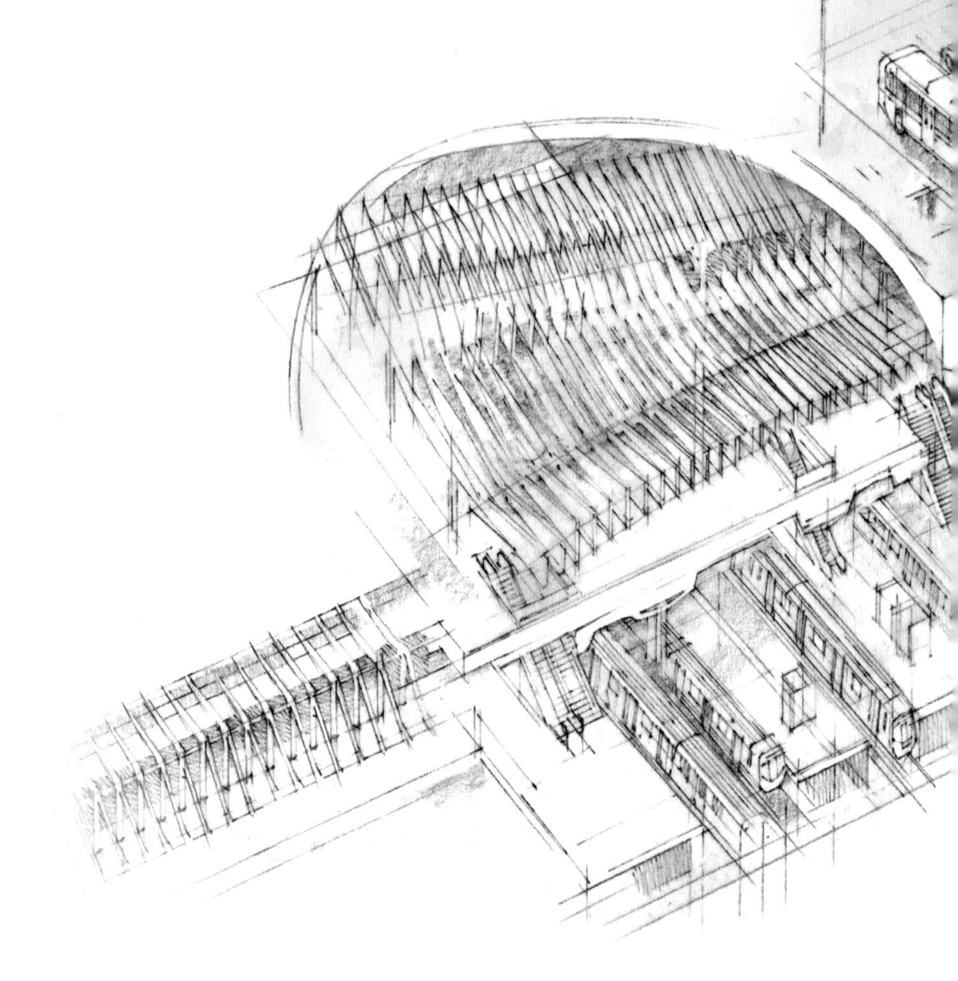

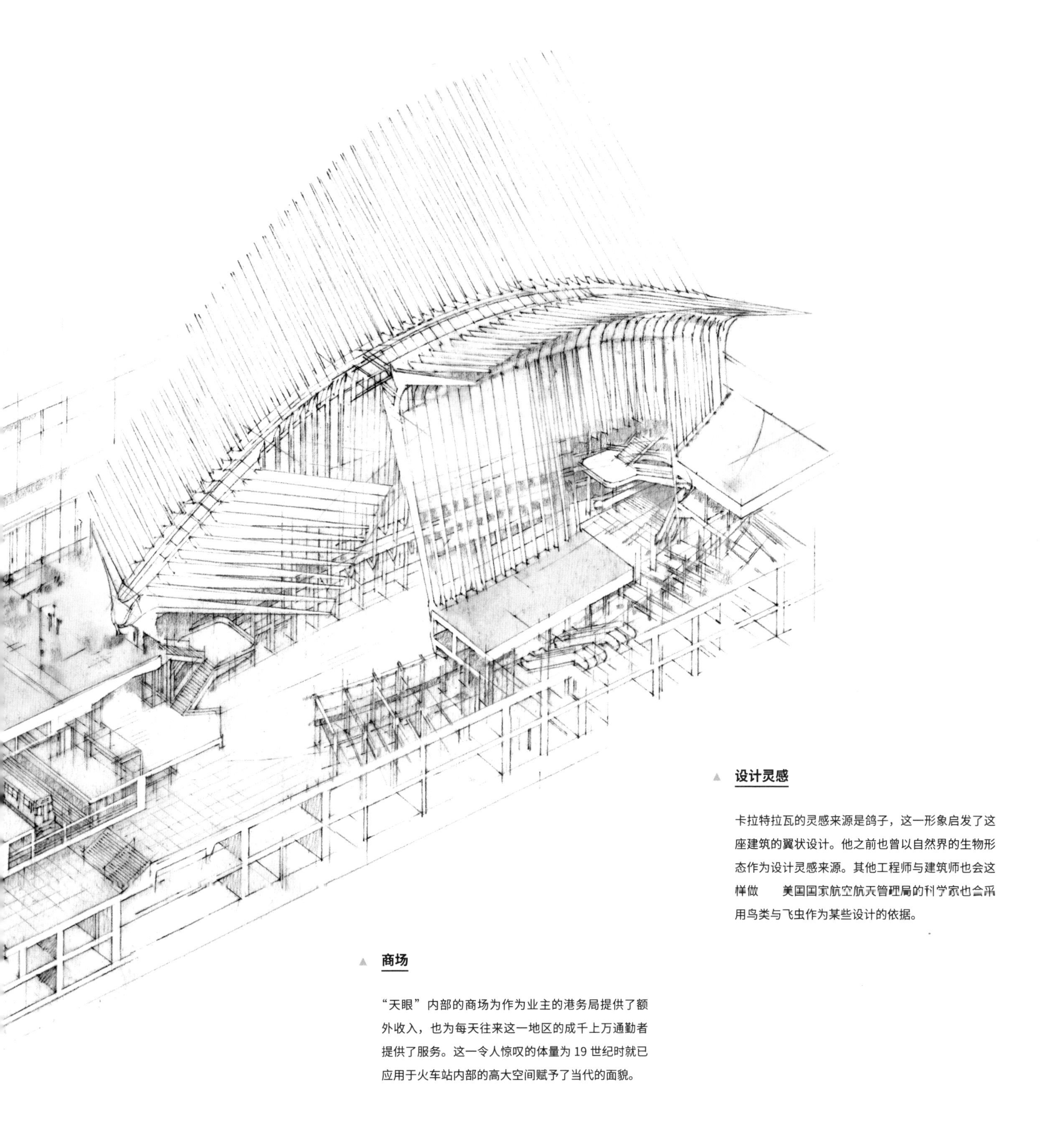

设计灵感

卡拉特拉瓦的灵感来源是鸽子，这一形象启发了这座建筑的翼状设计。他之前也曾以自然界的生物形态作为设计灵感来源。其他工程师与建筑师也会这样做　　美国国家航空航天管理局的科学家也会采用鸟类与飞虫作为某些设计的依据。

商场

“天眼”内部的商场为作为业主的港务局提供了额外收入，也为每天往来这一地区的成千上万通勤者提供了服务。这一令人惊叹的体量为 19 世纪时就已应用于火车站内部的高大空间赋予了当代的面貌。

横剖面图

基于卡拉特拉瓦的图纸，这幅素描显示出他的鸟形设计概念的深化结果，描绘了“天眼”大厅内、周边及下方的交通空间。剖面图很好地表现出这个距脊部最高处 48 米的中庭的尺度。

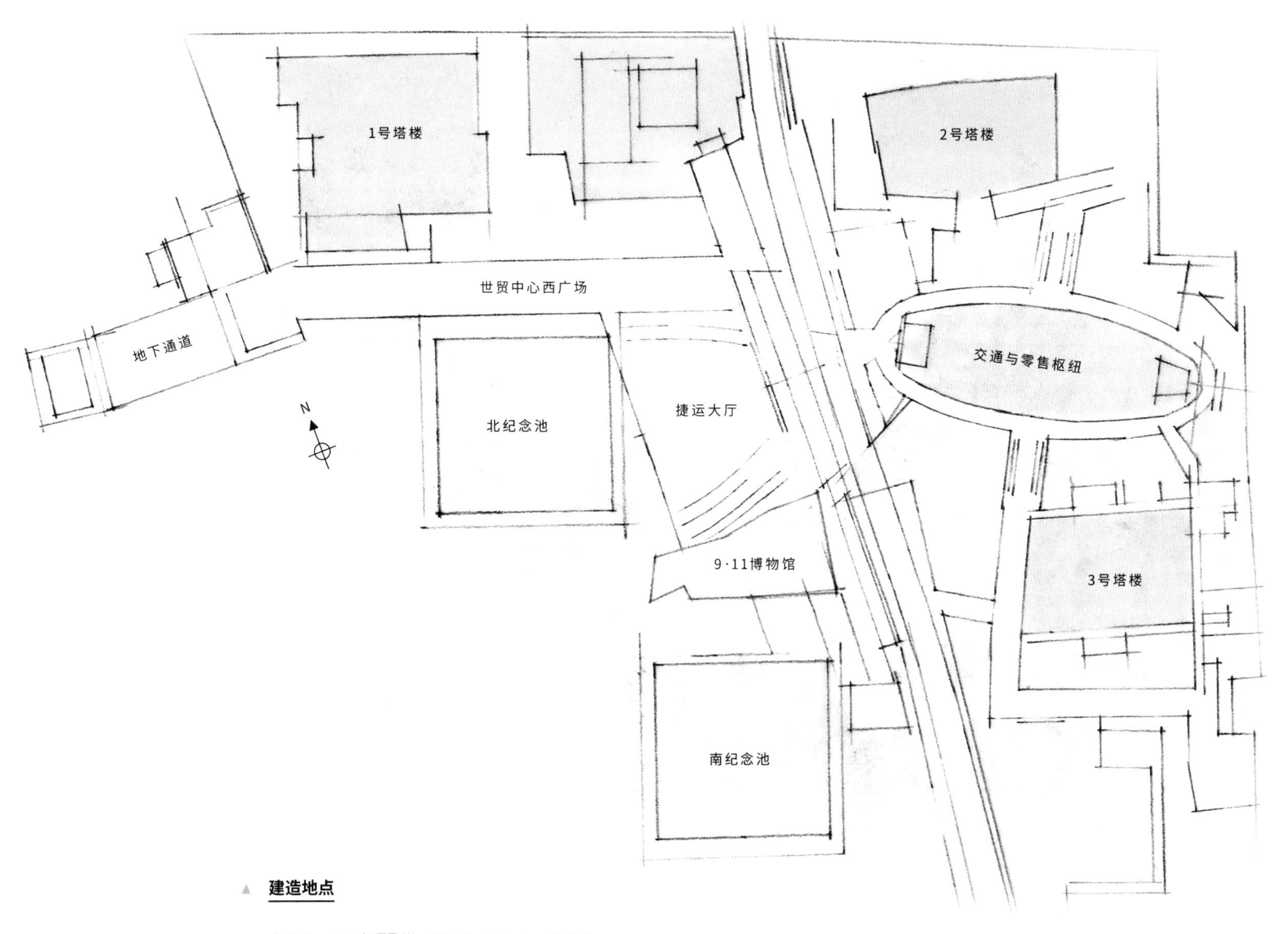

建造地点

这张总平面图上可看出，在这个5.9万平方米的基地上，"天眼"（标为交通与零售枢纽）与周边已建造或计划建造的建筑之间的关系，以及此交通枢纽连接地铁站的地下通道。9·11纪念花园的南北水池指示出被毁掉的世贸中心双子塔的基址。

纪念性建筑

当人们想起纪念性建筑，几乎会毫无例外地想起纪念重要事件或人物的构筑物与雕塑。确实，英文 monument 来自于拉丁语 monumentum，意在提醒人们记住过去的突出成就或杰出人物。如今这一词汇也意指作为某一时代象征或文化符号的建筑物，它们因此被称为历史性纪念建筑。

在欧洲，对这些建筑物进行历史性保护的努力大多开始于 19 世纪到 20 世纪早期：法国的历史建筑保护开始于 1789 年的法国大革命之后，表现在 1840 年设立了管理历史遗址的总督察长，发展出如今的历史古迹（monuments historiques）保护制度；英国在 1882 年通过了《古代遗迹保护法案》（The Ancient Monuments Protection Acts），1894 年设立了国家信托（National Trust），1908 年成立英格兰历史古迹皇家委员会（Royal Commission on the Historical Monuments of England），直至 2011 年发布《英格兰国家遗产名录》（National Heritage List for England）；德国则是最初于 1902 年与 1908 年分别在黑森州与萨克森州设立《文物保护法案》（Denkmalschulz）。这些努力最终促成了 1931 年第一届国际建筑师大会上关于历史遗迹修复的《雅典宪章》（The Athens Charter）的发布。

在美国，最初关于建筑保护的尝试是个人化的行为，如 1850 年对于纽约州纽堡的乔治·华盛顿指挥部、1858 年对维农山庄的华盛顿故居的保护。在此之后开始出现各州与国家的政府行为，如美国历史建筑调查。调查发生在大萧条期间的 1933 年，雇佣建筑师、研究者与作家来对这些建筑进行测绘、拍照及描述，并将结果收藏于美国国会图书馆。1949 年成立的国家历史保护信托（National Trust for Historic Preservation）强调了历史建筑保护的重要性。20 世纪，国际上出现了越来越多的相关政府机构、地方组织与行业学会，尤其是二战后的 1950—1960 年代，建筑业大发展对现存历史建筑的威胁成为一种世界性的普遍问题。在美国，这种威胁则推动了 1966 年《国家历史保护法案》（The National Historic Preservation Act）的通过。

对于大多数国家与城市来讲，设立地标建筑保护法案是常见的做法。联合国教科文组织于 1945 年成立。该组织与联合国一起，从 1972 年开始编制及维护《世界遗产名录》（World Heritage list）。它尤其注重监管濒危的历史遗址，同时管理一份保护基金，其来源包括联合国成员国强制缴纳的资金以及其他自愿捐赠。此名录罗列了全球范围内一千多处遗址，依据其国际上的文化或自然重要性收录。本书的 50 个建筑案例中，有 24 个被列入这一名录或位于这一名录所列的城市历史街区当中，例如科尔多瓦、伊斯坦布尔、京都与罗马。其余许多年代较久远的建筑则被列入国家或地区保护名录当中。本章节中的案例基本都在《世界遗产名录》之内，仅爱因斯坦塔（Einstein Tower，1919—1921）是例外。这个独特的当地建筑本身是作为纪念性建筑来设计的，尽管与本

吴哥窟（见第 86 页）

章其他建筑相比，它的尺度非常小。

然而，除了均被视为纪念性建筑之外，这些建筑之间还有什么联系呢？帕特农神庙（Parthenon，约前 447—前 432）、吴哥窟（Angkor Wat，约 1113—1150）与泰姬・玛哈尔陵（Taj Mahal，1632—1648）也许应该放在宗教建筑的章节里，因为它们的功能与宗教信仰有关。前两者又同样可以放在公共建筑一章中，因为它们各自所处的位置与当时的城市发展密切相关。凡尔赛庞大的皇家宫殿建筑群（1642—1770）及和它正相反的、托马斯・杰斐逊（Thomas Jefferson，1743—1826）那座尺度谦逊的名为蒙蒂塞洛（Monticello，1796—1809）的小乡村别墅可以顺理成章地列入居住建筑一章。尺度很小的爱因斯坦塔很适合归为艺术与教育建筑，因为它位于一个天体物理学研究中心之内。乍一看这些安排相当随意，尤其是这些建筑分在本章，而书中其他建筑却依据建筑类型来归类，特别是当涉及一些重要建筑场所，例如古罗马斗兽场（见第 16 页）、纽约克莱斯勒大厦（见第 38 页）与悉尼歌剧院（Sydney's Opera House，1957—1973，见第 150 页），因为它们也是世所公认的纪念性建筑。确实，本章与其他各章相比，篇幅是最短的。将本章内 6 个建筑联系在一起的共同特点是，当大多数人想到它们，不会首先想到它们的文化背景，而是它们的纪念意义——唤起人们对与此地相关的人物或事件的回忆。

吴哥窟的庙宇、泰姬・玛哈尔的陵墓与花园、凡尔赛宫（Palace of Versailles）及其园林都是由皇家建造的尺度巨大的纪念性建筑，建造者们希望以此庞大的石头造物获得同时代人的认可与后辈的怀念和纪念。除此之外，吴哥窟令人想起深藏在丛林中的异域王国，泰姬陵令人想到夫妻之间的永恒爱恋，而凡尔赛宫，则令人联想起法国大革命之前、前民主时代宫廷的奢华及阴谋。帕特农神庙及其位于山顶的雅典卫城，从古希腊时代直到今日仍是西方民主的灯塔。蒙蒂塞洛作为一位美国早期总统的住宅，令人想到优雅的英裔美国乡绅的古典品位，同时还会想到他作为英式传统中有才华的“业余绅士科学家”（gentleman amateur）所具有的奇思妙想。不过不要忘记爱因斯坦塔，它在建筑学和历史的角度均非常重要。它那富有动感的曲线形式预示了两次世界大战期间 1920—1930 年代的表现主义建筑运动，而它的名称则与那个时代最重要的科学家之一有关：物理学家阿尔伯特・爱因斯坦。联合国教科文组织的《世界遗产名录》中列入了波茨坦和柏林的宫殿与公园建筑群，当中包含了建于 1730—1916 年的 5 平方千米的多座公园与 150 座建筑，大部分是为普鲁士王室所建。也许有一天，这个小观测站会与它 20 世纪早期的科学远亲——位于附近波茨坦-巴贝尔斯堡的莱布尼茨天体物理学研究所一起，被补充进《世界遗产名录》。无论如何，这一章中的所有建筑都有资格被称为纪念性建筑，它们能够让人们想起人类历史上某些最重要的人物与历史事件。

凡尔赛宫（见第 96 页）

帕特农神庙

所在地	希腊雅典
建筑师	伊克提诺斯（Ictinus）、卡利克拉特（Callicrates）、菲狄亚斯（Phidias）
建筑风格	希腊多立克古典主义（Greek Doric Classicism），带有爱奥尼亚细节（Ionic details）
建造时间	约前 447—前 432 年

当第 7 任埃尔金伯爵托马斯·布鲁斯（Thomas Bruce）在 1801—1805 年从帕特农神庙移走部分雕塑的时候——彼时他得到了占领雅典的奥斯曼帝国的许可——他并没有想到这一行为在两个多世纪后会在希腊与英国之间引起激烈的争吵，这两个国家均对雕塑的收藏权提出了有效主张。这些被称为埃尔金大理石雕（Elgin Marbles）的雕塑自 1816 年被埃尔金勋爵出售之后，一直收藏在伦敦的大英博物馆，大约为现存帕特农神庙雕塑总数的一半。其余的雕塑如今被存放于帕特农神庙附近的卫城博物馆（Acropolis Museum）。

这些引起争夺的艺术品的重要性无须多言，没有人会质疑雅典卫城最高处的帕特农神庙与它附近的伊瑞克提翁神庙（Erechtheum，前 421—前 405）、卫城山门（Propylaeum，前 437）、雅典娜胜利神庙（Temple of Athena Nike，约前 420）一起，是世界上最重要的建筑群之一。帕特农神庙雕塑以及久已佚失的雅典娜女神巨型雕像都是艺术家菲狄亚斯的作品，帕特农神庙则是由建筑师伊克提诺斯与卡利克拉特建造。据罗马作家维特鲁威（Vitruvius）记载，卡皮昂（Karpion）也是建筑师之一。雅典娜雕塑似乎是彩色的，镶嵌了金箔与象牙，其安放处临近一方倒影池。帕特农神庙为列柱围廊式，柱廊上方饰带的排档间饰（metope）上，用雕塑描绘了各种神话中的战斗场面，

似乎也是彩色的。西侧山形墙的雕塑描绘了波塞冬与雅典娜争夺这座城市的守护神地位，东侧山形墙描绘了雅典娜的诞生。内殿四围的饰带描绘了雅典娜女神节上的游行队伍。

帕特农神庙以大理石建造，台基为石灰石，尺寸为 69.5×30.9 米。内殿分为两个部分，较大的一个正殿（naos）用于宗教仪式，较小的后室（opisthodomos）则作为藏宝室。面积约为29.8×19.2米，高 13.7 米。简单的多立克立柱环绕神庙外部四周，短边各有 8 根立柱，长边为 17 根立柱。神庙内部的立柱支撑着屋顶，并且划分出雅典娜雕像周围的空间。神庙后部藏宝室内较小的空间中有 4 根爱奥尼亚立柱。

公元前 5 世纪，在将军与政治家伯里克利（Pericles）的领导下，造就了雅典帝国，这座建筑便象征着雅典作为古希腊城邦的影响力和其海军的实力都达到了顶峰。这座神庙的选址靠近两座更早期的、较小的雅典娜神庙，其建造花费了 469 塔兰同白银，相当于 400 多艘三列桨战船的造价。而彼时雅典的舰队仅有大约 200 艘这种战船，其国库的储备资金约 6000 塔兰同白银，每年总收入约 1000 塔兰同。

尽管它所处的雅典卫城（Acropolis）位于海平面 150 米以上，在帕特农神庙建造之前与之后，雅典与它的城堡均目睹过敌人的进犯。后来的希腊化及古罗马时期，占领者们时常修复这些旧日神庙，并将他们自己的神庙加建在附近。拜占庭帝国治下的基督教时期，狄奥多西二世（Emperor Theodosius II）在 435 年颁布法令关闭所有异教神庙，其后帕特农神庙在 6 世纪时变成了供奉圣母马利亚的教堂。巨大的雅典娜神像据说后来被送往君士坦丁堡（如今的伊斯坦布尔），并在 1204 年十字军东征期间遭到损毁。雅典 1456 年遭土耳其军队围困，在两年后的 1458 年投降，此后帕特农神庙与雅典变成了奥斯曼帝国的一部分，直至 1832 年希腊独立。在这期间，帕特农神庙曾经被当作驻军处，后又改做清真寺，并在 1687 年威尼斯军队入侵时遭到严重的破坏。

希腊从 1975 年开始修复雅典卫城的帕特农神庙及相关建筑，2009 年，一座新的考古博物馆——面积约 20,996 平方米的卫城博物馆在附近落成。

右图　这幅复原图中可以看到神庙多彩的细节以及高大的处女雅典娜神像，后者久已无存。

右上图　帕特农神庙前残存的大理石柱子。这些大理石是在雅典城区东北方向 16 千米处的采石场开采的。

纳什维尔的帕特农神庙

在世界各地均有卫城神庙的复制品，1897 年为田纳西州百年纪念博览会建造的纳什维尔帕特农神庙就是其中之一。它对应了这座城市的别称“南方的雅典”，而在它内部也重建了一尊处女雅典娜的雕塑（1990），由美国艺术家阿兰 · 勒夸尔（Alan LeQuire）制作。

1 山形墙群雕

现存山形墙的山花（tympanum）群雕残片大部分收藏于大英博物馆内，其所有权至今仍处在争议中；而其余的收藏于卫城博物馆及一些欧洲机构中。它们在 1687 年威尼斯炮兵轰炸卫城时遭到破坏。这幅复原图中可以看到东立面与上部山形墙（雕像描绘了雅典娜诞生的故事），作为奉献给雅典娜女神的内殿入口。山形墙的 3 个角以花形或棕叶形顶端饰进行装饰，它们通常被称为山尖饰（acroteria）。

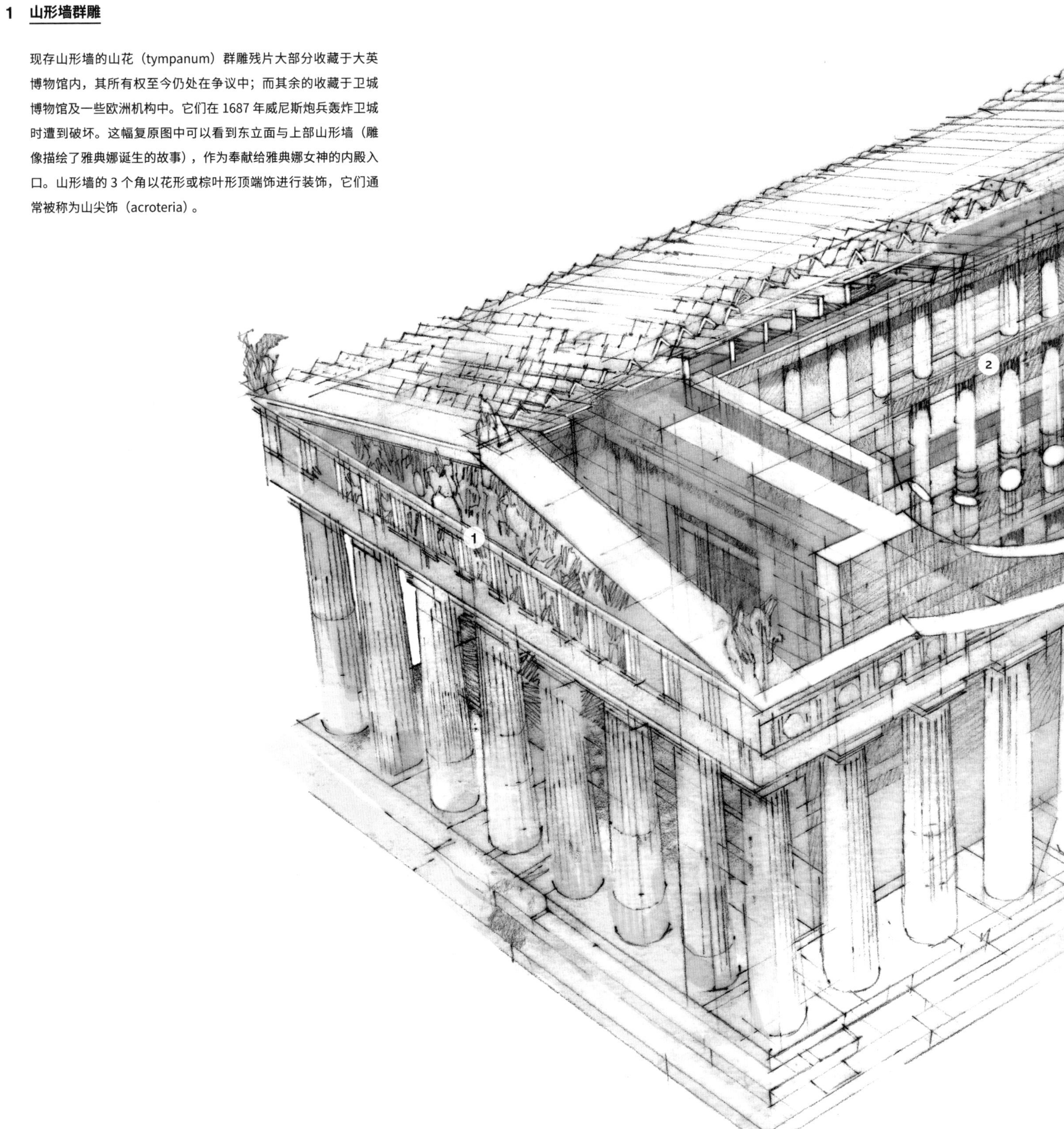

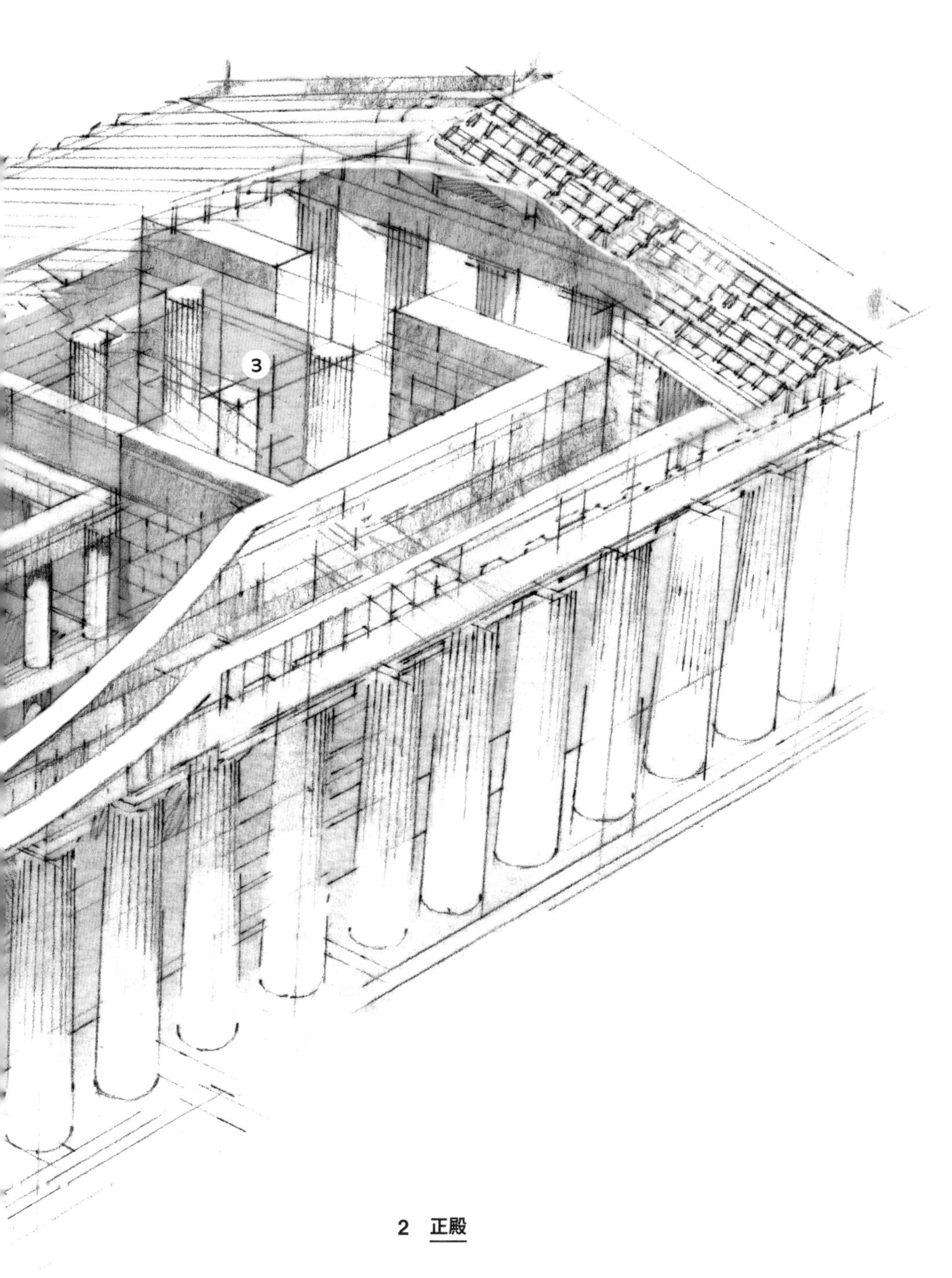

3 后室

后室（opisthodomos）直译即为“后面的房间”。从帕特农神庙背后的门廊可以通往这个西侧较小的、作为藏宝室的内殿空间。后室与前殿（pronaos）基本对应，前殿位于神庙东立面柱廊之内、内殿入口之外。藏宝室内部有四根爱奥尼亚立柱，它的涡卷形柱头比神庙中其他部分冷峻的多立克立柱显得精致许多。

2 正殿

正殿（naos）一词来自于希腊语的“居住”。此较大的内殿空间用于祭祀雅典娜，内部西侧曾供奉有这位女神的雕像，雕像前似乎曾有一个小水池。两排较小的多立克叠柱使空间看起来更大。正殿空间曾经用于呈放献给神的供品。此类中心式布局的宗教空间在晚期古罗马神庙中也存在，它们可能也包括祭司和神庙守卫居住的空间。

平面图与纵剖面图

这两张图从左到右或说从东到西看，可见正殿的祭祀空间位于左侧，藏宝室位于右侧，图上绘制出了处女雅典娜雕像本来安放的位置。帕特农神庙及其雕塑均以彭特利克大理石建造，这种石材采自于雅典东北方约 16 千米处的彭特利库斯山脉。剖面图显示出菲狄亚斯的大型雕塑带有基座，这使它的总高接近 12 米。

屋面铺设

帕特农神庙的屋顶结构采用雪松作为主梁，上部覆盖彭特利克大理石板，而不是陶瓷片。就像许多希腊神庙一样，屋顶角部带有雕成狮子头形式的排水口以清除雨水。中世纪时期类似的滴水兽雕塑即可溯源至这些奇特的古希腊狮子头像。

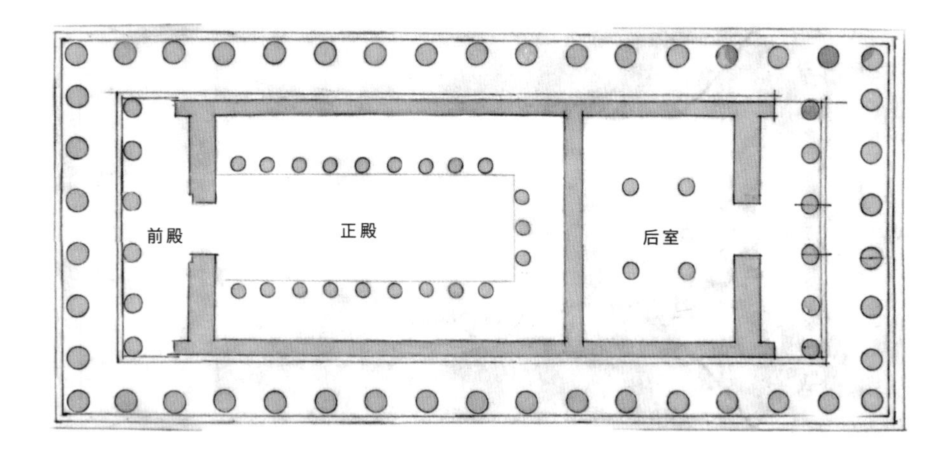

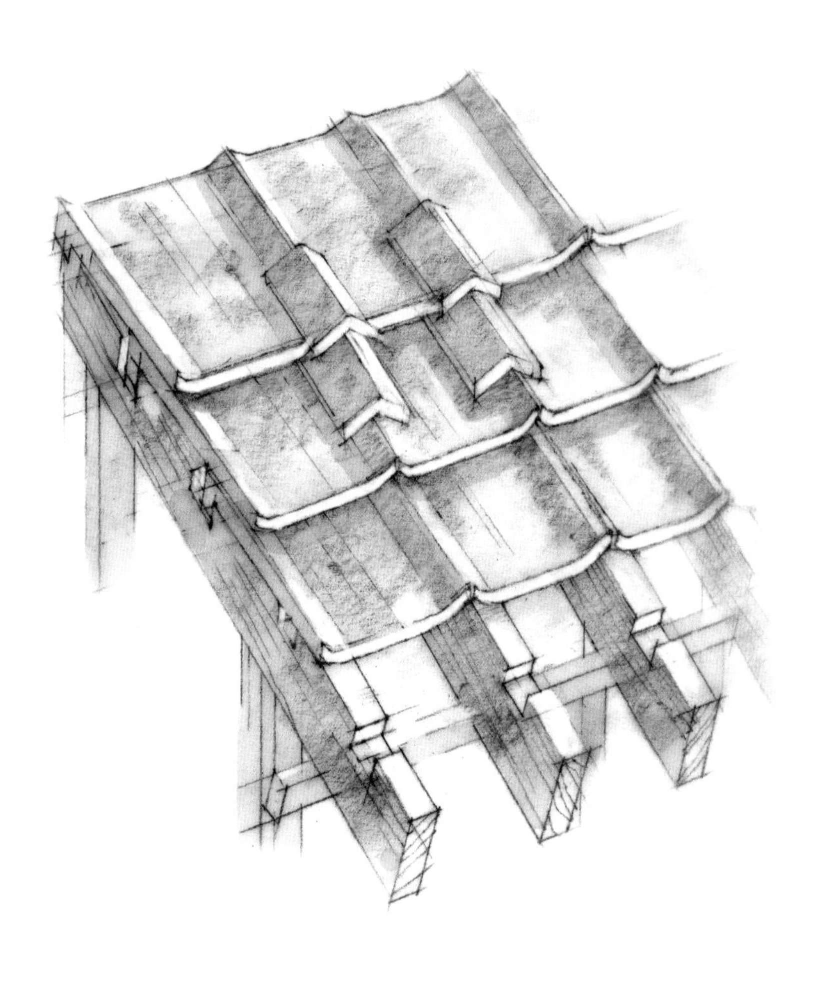

立柱

帕特农神庙中的立柱大部分是多立克式的，只有藏宝室内采用的是爱奥尼亚立柱。使用这两种立柱及另外一种精致的科林斯立柱是古希腊神庙的主要特征之一，在后来的许多古典主义建筑中都有不同的应用（见第 297 页术语表）。这些古典柱式是梁柱结构体系的一部分，垂直的立柱支撑着水平的梁。神庙外立面上巨大的多立克立柱带有收分线，即随着柱子升高，直径逐渐变小。帕特农神庙角部的立柱比其他立柱稍粗些，从各个方向强调了柱廊的边界。外立面上的每根立柱直径均超过 1.9 米，高 10.4 米。

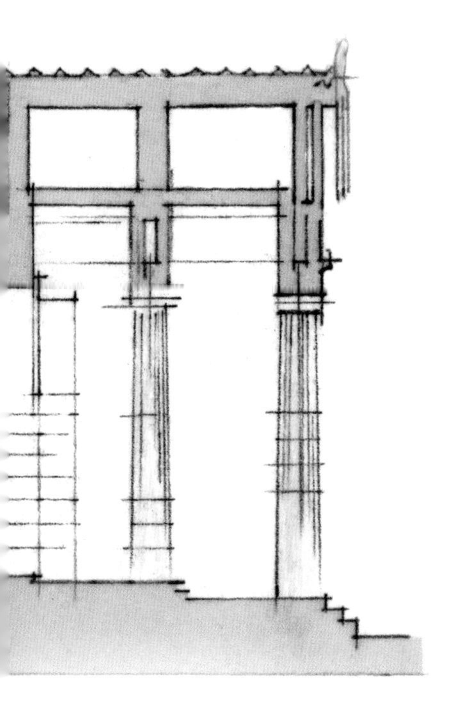

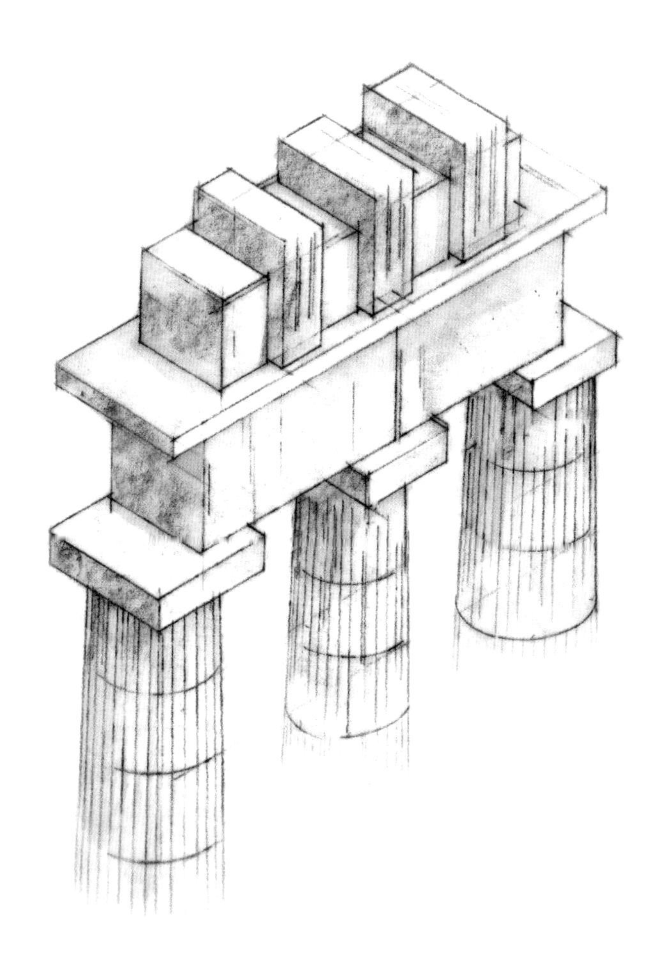

吴哥窟

所在地	柬埔寨暹粒	**建筑风格**	高棉帝国印度教风格（Khmer Imperial Hindu）
建筑师	佚名	**建造时间**	约 1113—1150 年

当吴哥窟的寺庙在 12 世纪上半叶建成的时候，它是世界上最大的宗教建筑群。占地面积 1.626 平方千米，其中心塔建在抬高的平台上，比周围地面高出 65 米。它坐落在如今柬埔寨的吴哥城中，城市居民曾有大约 70 万—100 万。从人口角度来讲，吴哥可以与古代城市如罗马相匹敌，远超过任何中世纪欧洲首府城市。

如今，位于巴黎城市中心的巴黎圣母院（1163—1345）交通便利，每年接纳超过 1300 万游客，而吴哥窟地处如此偏远的位置，每年也有 200 万参观者来访。这些历史与当下的统计数据提示我们，这个世界奇迹似乎比金字塔、宫殿与教堂更能得到学者与普通民众的认可。

吴哥窟，这座伟大的寺庙建筑群约在 1113—1150 年建造于高棉帝国的首都，建造者为国王苏耶跋摩二世（Suryavarman II），他的统治时期（1113—1150）被视为这个王国的黄金时代。这座巨大的献给印度教神祇毗湿奴的庙宇被认为是国庙以及这位国王的墓地，部分原因在于它是朝向西方即落日方向的，而不是正统的东方。它的布局象征着宇宙，五座高塔则代表传说中宇宙的中心——须弥山的山峰。塔呈莲花花苞形状，考古学家推断塔顶曾是镀金的，内外墙壁则刷成白色。建筑主体结构为砂岩干砌，外墙与底座以红土建造。整幢建筑大约使用了 500 万—1000 万块砂岩石材，开采地位于东北方向 40 千米处。石块之间以燕尾榫或方榫连接，接近于木构设计。环绕中心布置的几重围墙之间的走廊大部分饰以精致的浅浮雕，有人认为最外层墙面与第二级平台之间曾经是水面，以模拟须弥山周围的海洋。环绕着建筑群的 5000 米长约 200 米宽的护城河在雨季起到限制地下

水位升高的作用，防止寺庙内涝。

高棉帝国的各种内部争端、自然灾害、疾病、佛教的推行等，导致了吴哥城在1431年的陷落。随之而至的是这个曾经的高棉首都附近大量庙宇的倾颓。当自然界的树木慢慢吞没了这些庙宇的废墟，欧洲的访客们——传教士、探险家、旅行者与考古学家，在16世纪到20世纪早期不断前来，见识到它的恢弘尺度与建筑奇景。1907—1970年，法国远东学院率先开始了对它的加固与最初的修复工作。柬埔寨内战期间（1967—1975），吴哥窟遭到了轻微的破坏。在此之后，来自各国的力量继续对它的保护工作。如今，吴哥窟已被公认为世界建筑奇迹之一。

下左图　吴哥窟的航拍图显示出它的基地被一片开阔地及护城河所包围，后者在雨季可以收集基地内倾泻出的雨水。

下右图　塔普伦寺（Ta Prohm）由高棉君主阇耶跋摩七世（Jayavarman VII）开始建造，建造时间从12世纪晚期到13世纪早期，风格类似于巴戎寺（Bayon）。

苏耶跋摩二世

苏耶跋摩二世是第一位以浅浮雕雕刻在吴哥窟内部的高棉国王。他通过一系列军事征战扩大了高棉的领土，版图范围曾达到250万平方千米，包括了大部分现在的柬埔寨、泰国、老挝领土，以及缅甸、越南甚至印度的一部分。他将这些地区的宗教从佛教改为信奉湿婆与毗湿奴的印度教。庞大的吴哥庙宇无论在他的生前还是死后，都是其权力的集中象征。

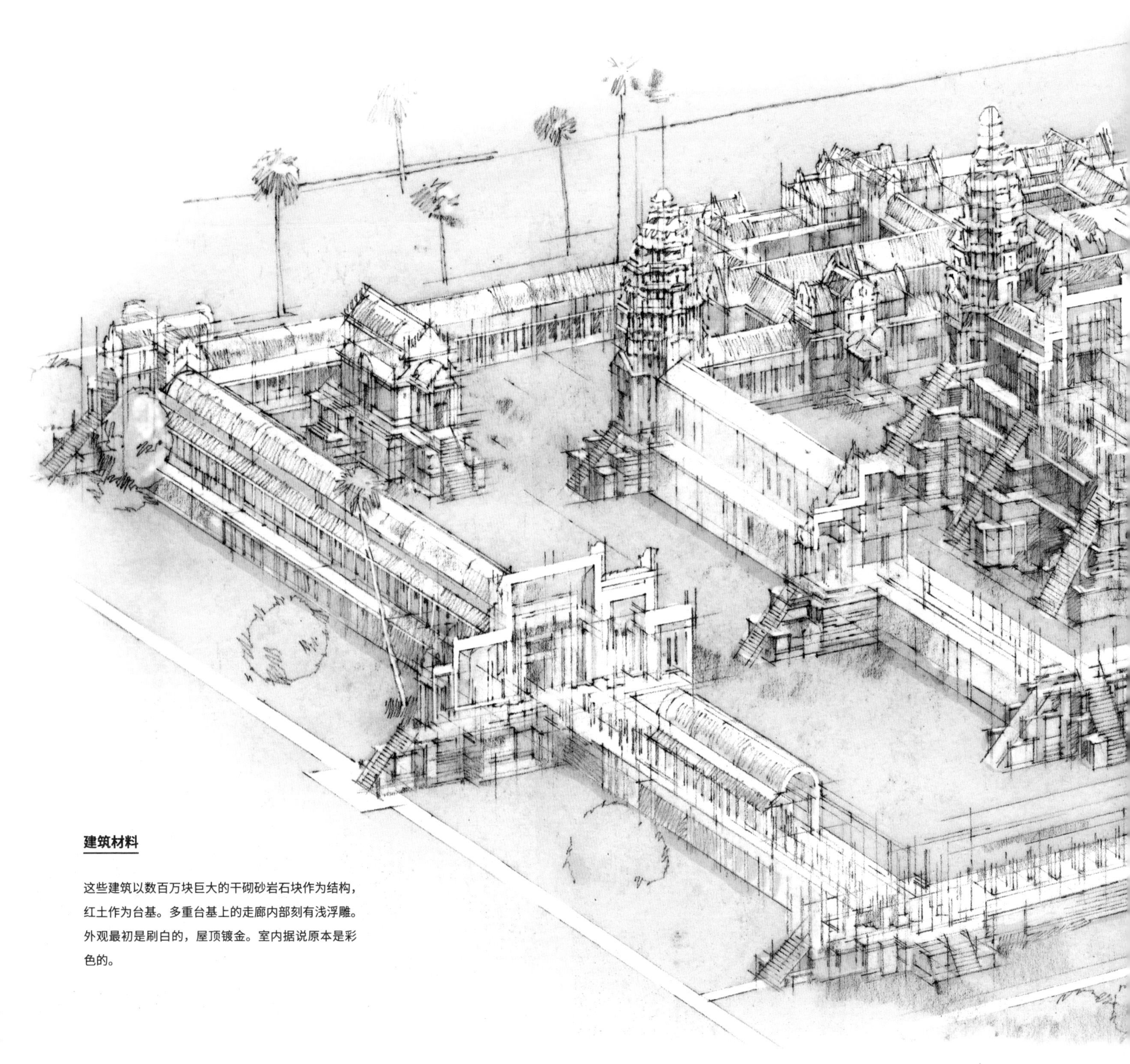

建筑材料

这些建筑以数百万块巨大的干砌砂岩石块作为结构，红土作为台基。多重台基上的走廊内部刻有浅浮雕。外观最初是刷白的，屋顶镀金。室内据说原本是彩色的。

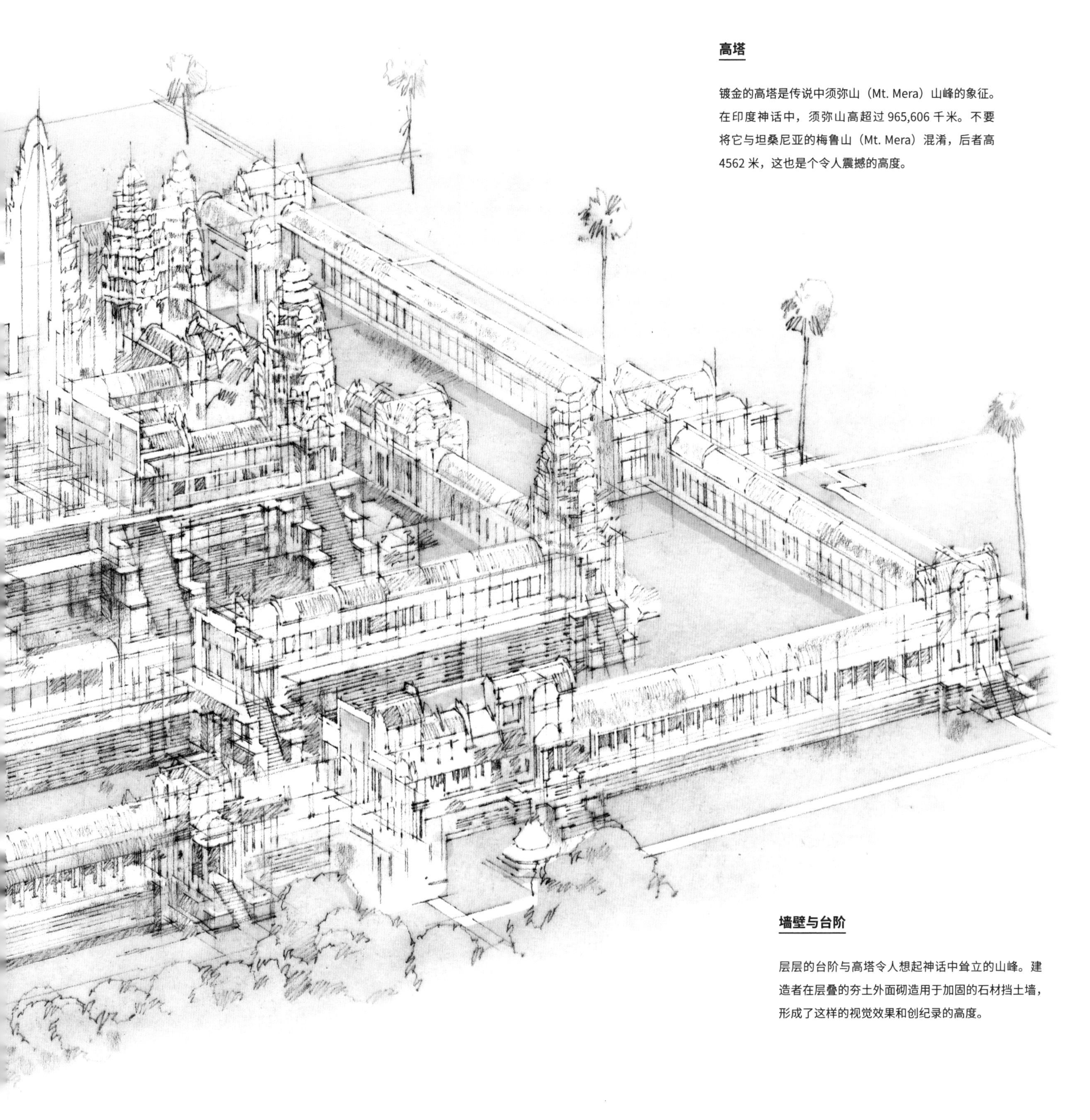

高塔

镀金的高塔是传说中须弥山（Mt. Mera）山峰的象征。在印度神话中，须弥山高超过 965,606 千米。不要将它与坦桑尼亚的梅鲁山（Mt. Mera）混淆，后者高 4562 米，这也是个令人震撼的高度。

墙壁与台阶

层层的台阶与高塔令人想起神话中耸立的山峰。建造者在层叠的夯土外面砌造用于加固的石材挡土墙，形成了这样的视觉效果和创纪录的高度。

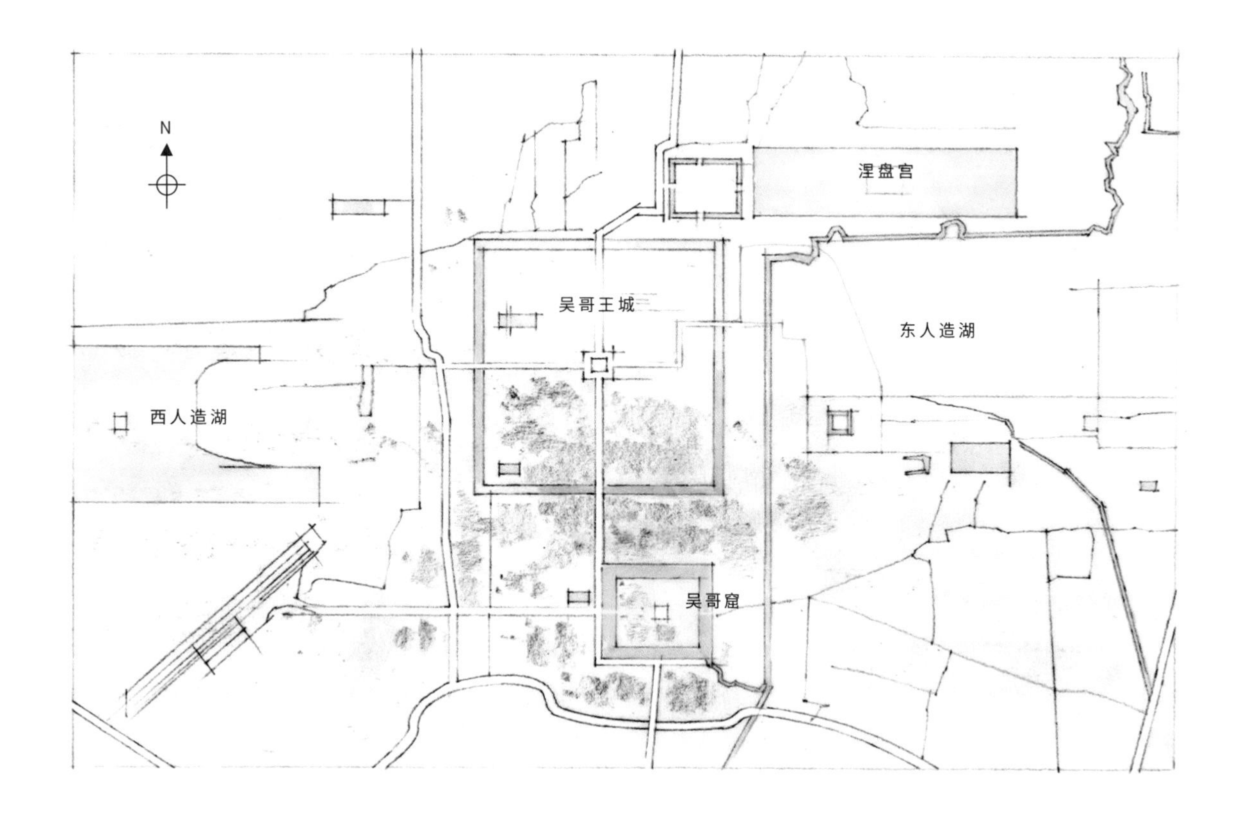

▲ **总平面图**

在这张总平面图上，吴哥王城位于画面中央。这是苏耶跋摩二世的继任者之一、阇耶跋摩七世统治的 1181—1218 年间高棉帝国的首都。阇耶跋摩七世重新将佛教作为国教，他的王城覆盖了之前高棉帝国的王城，包括苏耶跋摩二世所建造的那座。这些城市以吴哥为中心，一直存在到 1431 年帝国覆灭。图上可以看到高棉国王们建造的巨大的人造湖，也许是用于控制水位。西面的人造湖尚存，而东面的人造湖已经变成了农田。它们是吴哥的基础设施的一部分，整体占地超过 1010 平方千米。

▶ **国庙与陵庙**

据认为，吴哥窟不仅是苏耶跋摩二世的国庙，也是他的陵庙。然而中央高塔底部类似地下室的空间早已被劫掠，发掘显示出这里曾经存放黄金与水晶制品。主塔顶部的毗湿奴雕像也早已被破坏。近期的考古工作发现了遍布这个庙宇建筑群及主塔内部的几百幅绘画。

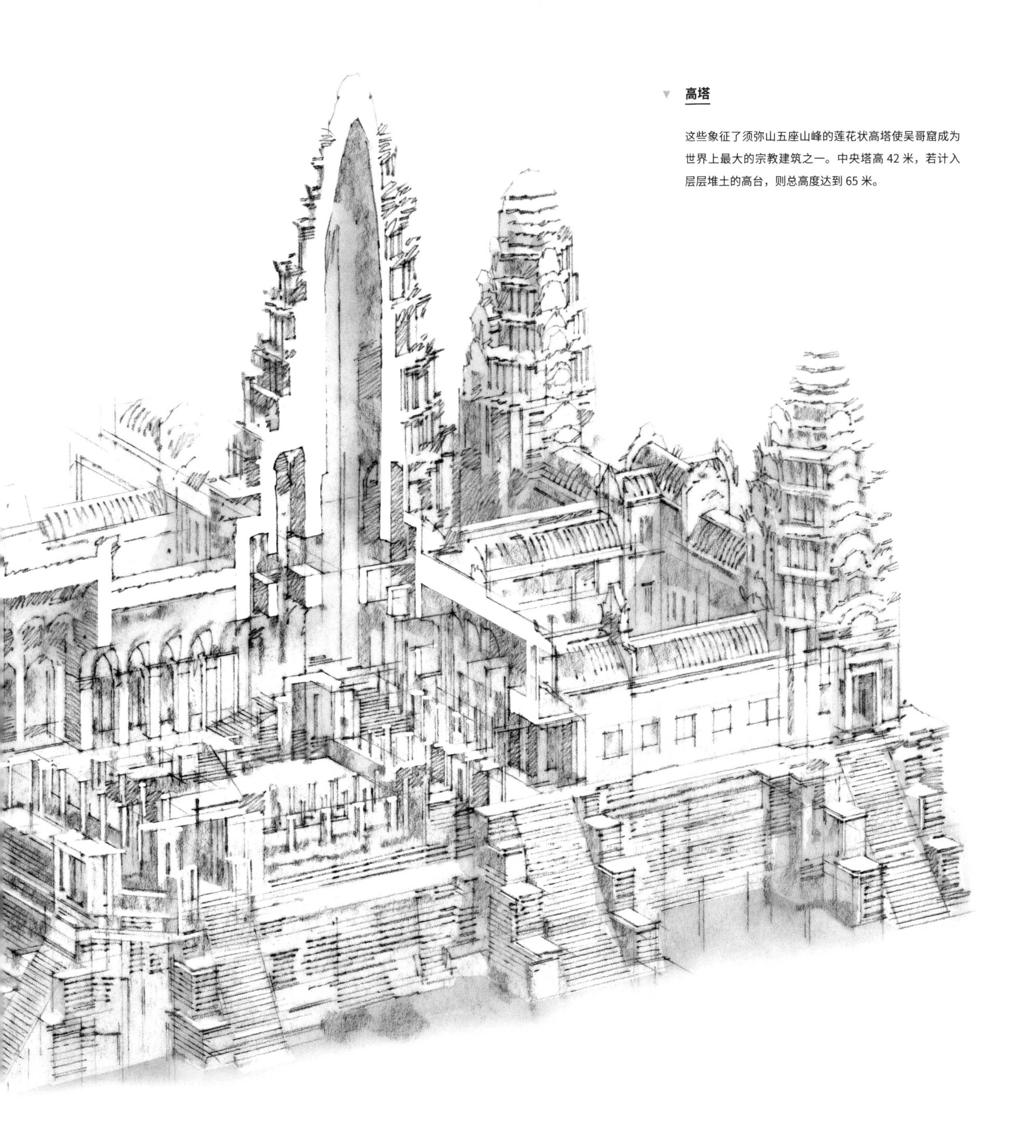

高塔

这些象征了须弥山五座山峰的莲花状高塔使吴哥窟成为世界上最大的宗教建筑之一。中央塔高 42 米，若计入层层堆土的高台，则总高度达到 65 米。

泰姬·玛哈尔陵

所在地	印度阿格拉
建筑师	乌斯塔德·艾哈迈德·拉合里（Ustad Ahmad Lahauri）、乌斯塔德·伊萨·设拉子（Ustad Isa Shirazi）等
建筑风格	印度莫卧儿王朝风格（Mughal Indian）
建造时间	1632—1648 年

当人们提起泰姬·玛哈尔陵，常常会想起威尔士王妃戴安娜坐在泰姬陵前长椅上的一张照片，摄于1992 年。或许也会想起她的儿子威廉王子和儿媳凯特王妃——剑桥公爵与公爵夫人坐在同一张长椅上的照片，他们曾于 2016 年到访。很多人会将这里与浪漫的故事联系起来，因为这座建筑是一位皇帝为他的皇后所建造的。

17 世纪时，莫卧儿皇帝沙·贾汗（Shah Jahan）为他死于产褥热的爱妻蒙塔兹·玛哈尔（Mumtaz Mahal）建造了这座宫殿般的大理石陵墓（1632—1648）。通常认为这位皇帝将印度的莫卧儿艺术与建筑带入了一个黄金时代，而泰姬·玛哈尔陵是其中的典范。不过它并不是一个独立的建筑，而是一处占地超过 17 万平方米的带有围墙的建筑群的中心建筑。这个建筑群还包括精致的大门、小型陵墓、花园和一个清真寺，位于阿格拉城墙边的亚穆纳河畔。历史学家们推断这个建筑群是呈模数化布局的。泰姬陵表面是白色的大理石，内部为砖结构，建筑台基以砖和碎石砌筑。白色大理石与围墙、大门和清真寺的红色砂岩形成对比。莫卧儿王朝的诗人们常常将这座白色的建筑比喻为白云。

建筑群中的较小的陵墓是为这位皇帝其他的妃子以及一位蒙塔兹最喜欢的仆人建造的。花园平面的四分形式源自波斯传说中的“天国花园”，并且种植了象征着生（果树）与死（柏树）的树木。泰姬·玛哈尔陵内部有一处带有多重拱券的空间，皇帝与皇后的雕刻石棺安放于此处，他们的坟墓则位于更下方的建筑最底层。建筑内外墙面装饰了大量镶嵌的抽象图案或文字，这在伊斯兰建筑中是很典型的做法。泰姬·玛哈尔陵有一座巨大的穹顶，高 44 米，带有一

个原本为金制、如今是青铜的尖顶饰。它是一个象征性徽记（tamga），或莫卧儿帝国的印章。沙·贾汗皇帝有一个建筑师团队为这个建筑群工作，具体人员无从确认。不过，有人认为乌斯塔德·艾哈迈德·拉合里（1580—1649）与乌斯塔德·伊萨·设拉子是主要负责的建筑师，还有一些人负责监督2万名建筑工人工作，例如米尔·阿卜杜勒·卡里姆（Mir Abdul Karim）和玛卡拉玛特·汗（Makramat Khan）。建筑的总造价约3200万卢比，相当于如今的8.27亿美元。

沙·贾汗皇帝的儿子废黜了他。在他死后，这位皇帝被埋葬在了心爱的妻子身边。18世纪时泰姬陵遭到了侵略者的劫掠与破坏。19世纪其状况进一步恶化，20世纪也如此，尽管英国统治时期曾进行过一些修复和保护工作。最近的损毁还包括由于污染导致的大理石褪色加剧，地下水位下降也威胁到其地基的稳定。它是联合国教科文组织认定的世界遗产，而印度政府也很明白它的历史价值和对旅游业的意义。每年大约有80万名游客前往泰姬陵，另有几百万人在其他地方看到它，诸如旅游纪念品、主题公园或赌场的仿造建筑。作为一个建于很久以前的异域纪念性建筑，流行文化强化了它的重要性。

上左图　泰姬·玛哈尔陵内外墙面上发现的镶嵌铭文与抽象的花朵图案。

上右图　穹顶下繁复的、带有拱券的八角形空间内部安置了皇帝与皇后带有装饰性雕刻的衣冠冢，而事实上他们真正的坟墓位于下方的地下室内。

印度的伊斯兰教传统

印度是个拥有诸多宗教信仰的国家，包括印度教、伊斯兰教、佛教与基督教。印度沿海的伊斯兰教传统可以追溯到7—8世纪的阿拉伯贸易路线及其后的军事行动，尤其是在巴基斯坦与阿富汗。不过很多人认为伊斯兰教在印度的影响力随着16世纪莫卧儿皇帝巴布尔（Babur）的到来而达到巅峰——他是突厥征服者帖木儿与蒙古统治者成吉思汗的后裔。莫卧儿王朝从1526年开始统治了大部分印度，直到18世纪时影响力才逐渐衰弱。

1 横剖面穹顶

泰姬·玛哈尔陵的双重穹顶端部距地面 73 米，它的形式源自 14—15 世纪的帖木儿风格穹顶。最早的此类穹顶案例包括位于乌兹别克斯坦境内撒马尔罕的帖木儿陵墓（Gure Amir，1408）。印度最早的双重穹顶可能是位于新德里洛迪花园中的希坎达尔·洛迪（Sikandar Lodi）墓（1518）。

2 宣礼塔

伊斯兰建筑形式在 1206 年后引入这一地区，其中的代表作是位于德里库特卜建筑群（1192—1220 年及其后）中 72.5 米高的库特卜塔（Qutb Minar）。泰姬·玛哈尔陵四角的四座塔在这些伊斯兰建筑中更为典型。宣礼塔（minarets）的作用是阿訇站在上面召唤信徒礼拜。最早的此类建筑似乎是建于福斯塔特（Fostat）即旧开罗的清真寺（约 658）四角带有楼梯的塔。

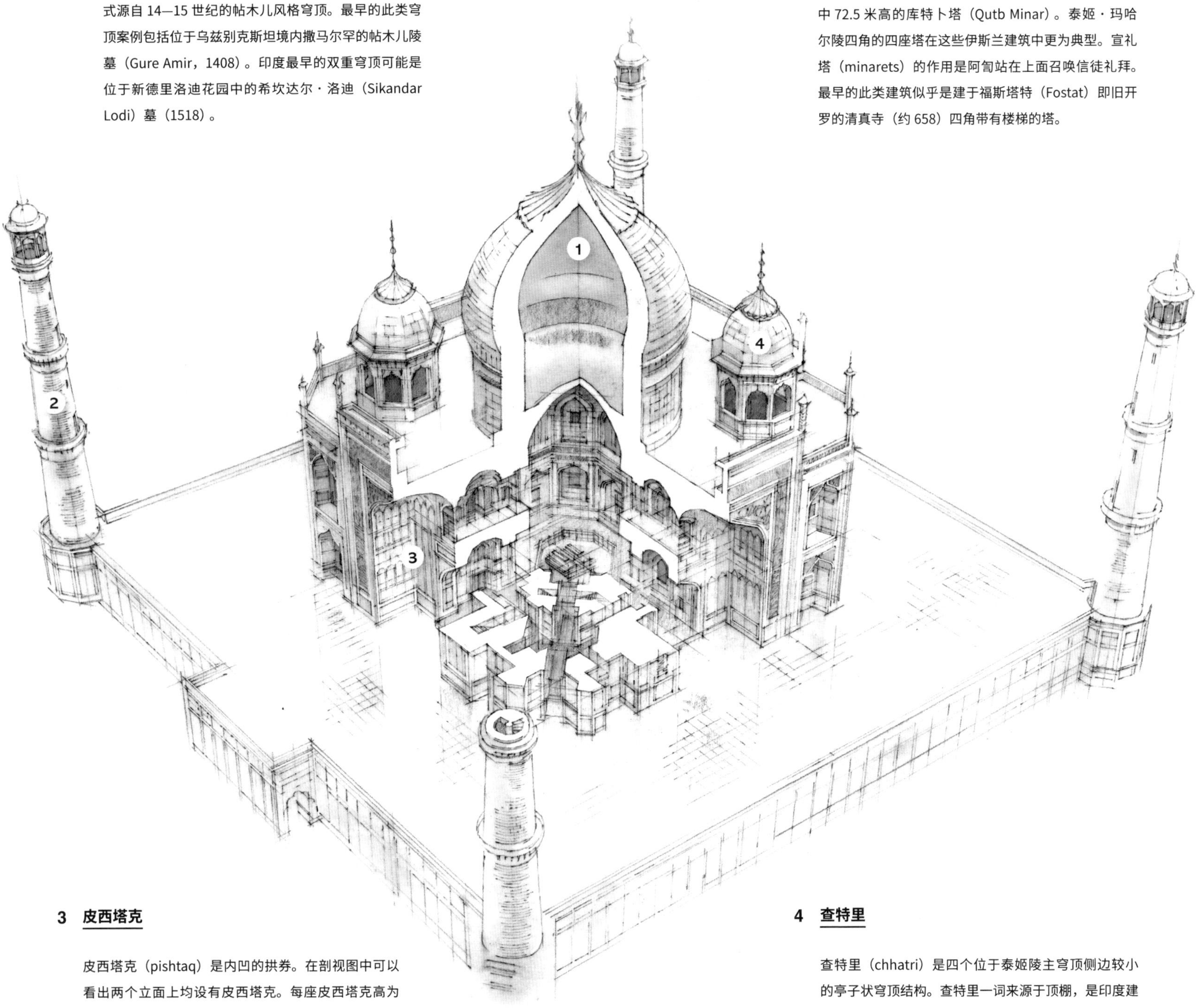

1

2

3

4

3 皮西塔克

皮西塔克（pishtaq）是内凹的拱券。在剖视图中可以看出两个立面上均设有皮西塔克。每座皮西塔克高为 33 米，墙面上带有装饰图案与铭文，大部分来自《古兰经》。据研究，主入口处的一段铭文可以英译为：“O Soul, thou art at rest. Return to the Lord at peace with Him, and He at peace with you.”

4 查特里

查特里（chhatri）是四个位于泰姬陵主穹顶侧边较小的亭子状穹顶结构。查特里一词来源于顶棚，是印度建筑中常见的形式，莫卧儿王朝时进一步采用。它最初是印度文化中一种独立的纪念性的亭子。

剖面图

皇帝与皇后的衣冠冢位于建筑的中央大厅当中，而他们本人则埋葬在下方地下室内。他们在各自的坟墓中头朝向麦加。图中还可以看到尺度庞大的双重穹顶。下方的内部穹顶防止视觉变形并有助于支撑上部穹顶，而外部的穹顶则使建筑的轮廓更为引人瞩目。

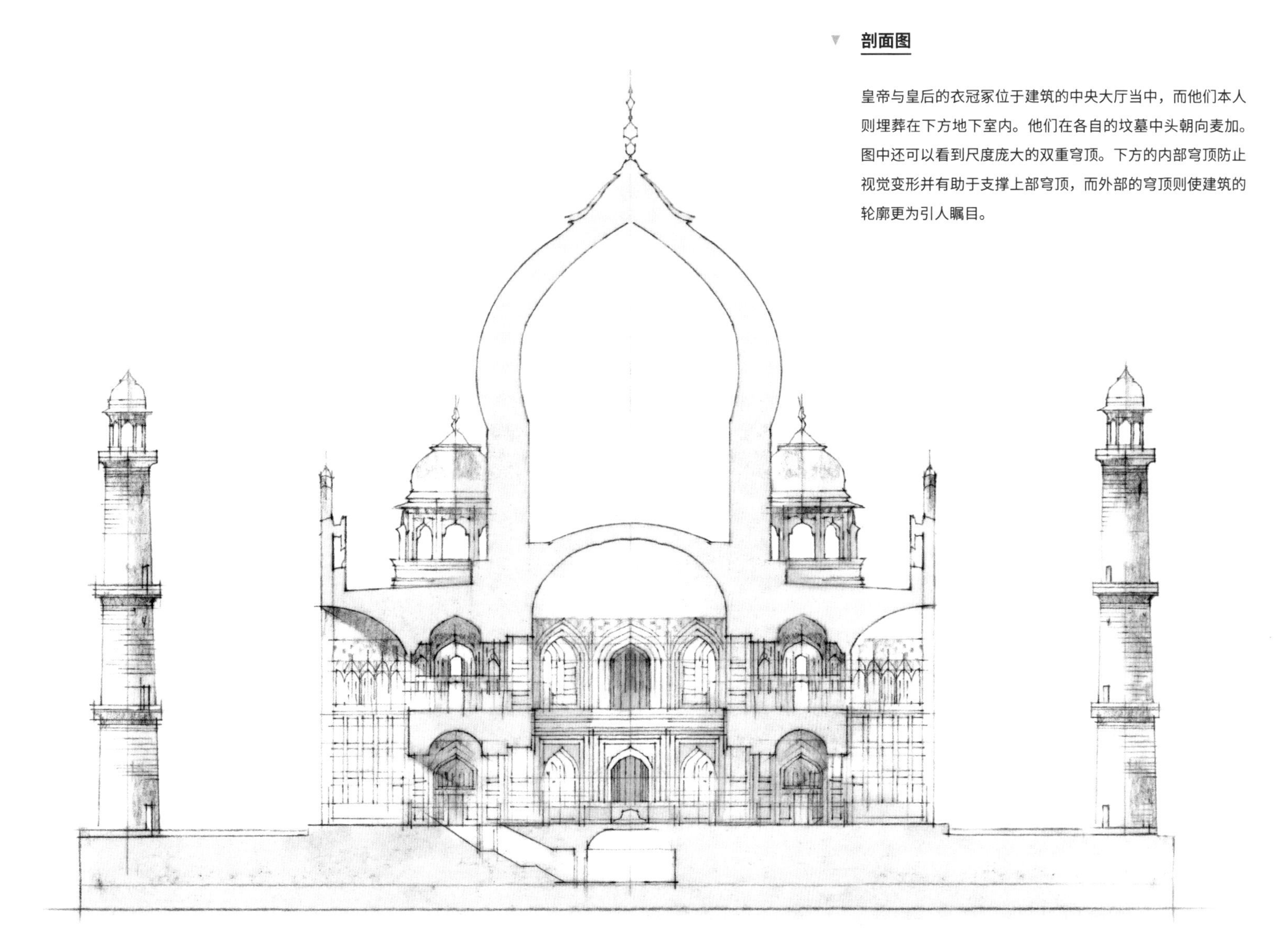

总平面图

这处占地超 17 万平方米、带有围墙的基地内部有花园，其布局源自波斯图案，此外还建有清真寺、墓地和护卫这座皇家陵墓的门楼。共有超过 2 万名工人建造泰姬·玛哈尔陵及其附属建筑。河对岸带有围墙的花园是玛塔巴（Mahtab Bagh），即皇家月光花园，是此地区的 11 座莫卧儿王朝园林中最晚建成的一个。

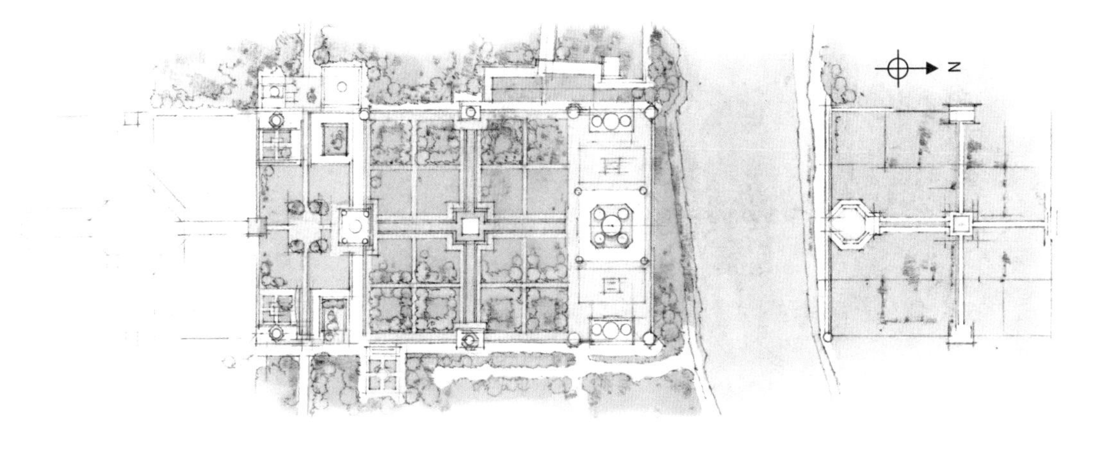

凡尔赛宫

所在地	法国凡尔赛
建筑师	路易·勒沃（Louis Le Vau）、朱尔·阿杜安-孟莎（Jules Hardouin-Mansart）等
建筑风格	法国巴洛克（French Baroque）
建造时间	1624—1770 年

人们可以从电影如《绝代艳后》(*Marie Antoinette*, 1938，2006）和电视节目如《凡尔赛宫：国王的梦想》(*Versailles: The Dream of a King*，2008）与《凡尔赛》(*Versailles*，2015）中了解到17—18 世纪时凡尔赛宫的奢华与堕落。这座巨大的、大部分以大理石建造的宫殿及其花园与园林建筑大约覆盖了 8 平方千米的土地。它们使人们想起 1789 年法国大革命之前法国宫廷的财富与辉煌。

如今的凡尔赛是个位于巴黎西南方、可以通勤到达的郊区城镇，但是在 17 世纪时，它还是一处乡野林地，国王路易十三于 1624 年在此地建造了一个用作狩猎别墅的城堡。他的儿子路易十四在 1661—1680 年间将这个狩猎别墅扩建成一座宫殿。最初的设计者是建筑师路易·勒沃，其后由继任的弗朗西斯·德奥尔巴伊（Francois d’Orbay，1634—1697）完成。艺术家夏尔·勒布伦（Charles Le Brun）负责精致的装饰方案，而园林建筑师安德烈·勒诺特雷（André Le Nôtre）负责建造庞大的园林。凡尔赛宫以原有的狩猎别墅为中心，将其扩建为 U 形带有庭院的王室居所。国王套房位于北侧，王后套房位于南侧，各自拥有一系列七个房间。建造完成之后，路易十四于 1682 年将他的宫廷从巴黎迁往凡尔赛，并且继续扩建。下一阶段的工作从 1699 年开始到 1710 年完成，主要集中于皇家礼拜堂的建造，设计师是朱

尔·阿杜安-孟莎。孟莎建造了凡尔赛宫的南北两翼以及两处皇家住宅间73米长的镜厅。他还在宫殿区域内为国王的情妇弗朗索瓦丝-阿泰纳伊斯·德·罗什舒阿尔（Françoise-Athénaïs de Rochechouart）即蒙特斯庞侯爵夫人（Marquise de Montespan）建造了大特里亚农宫（Grand Trianon，1688）。

1715年路易十四去世，年轻的国王路易十五即位，并将宫廷迁回巴黎。1722年路易十五回到凡尔赛宫，继续完成之前的建设并展开新的项目。当时上层皇室套房的翻修工作还在继续，与礼拜堂位于同一翼并形成某种体量平衡的皇家歌剧院（1770）剧场已经完成。这些工作的负责人是建筑师安格-雅克·加布里埃尔（Ange-Jacques Gabriel，1698—1782），他还在此为国王的情妇让娜·安托瓦妮特·普瓦松（Jeanne Antoinette Poisson）即蓬巴杜侯爵夫人（Marquise de Pompadour）设计了小特里亚农宫（Petit Trianon，1762—1768）。

接下来的统治者路易十六则将精力集中在园林的重新种植上，部分由园艺家与画家于贝尔·罗伯特（Hubert Robert）重新设计，同时室内也进行了局部改造。其中包括由里夏尔·米克（Richard Mique，1728—1794）设计的玛丽·安托瓦内特王后（Queen Marie Antoinette）的套房——他还设计了小特里亚农宫附近的花园。法国大革命之后，凡尔赛的宫殿被用于诸多用途，1837年改造为博物馆，其后又负担了一些政府办公职能。如今每年有750万名游客到访凡尔赛宫。

上左图　凡尔赛宫皇家礼拜堂的规模及华丽的装饰甚至可以和它的哥特式前任——巴黎圣礼拜堂（Sainte-Chapelle，1248）媲美，后者由路易九世下令建造。

上右图　皇家建筑师安格-雅克·加布里埃尔将小特里亚农宫作为新古典主义运动的宣言，这种希腊-罗马式建筑风格在18世纪时传遍整个欧洲。

镜厅

镜厅位于宫殿二层，俯瞰整个花园。房间长73米，墙面镶嵌了357块镜面玻璃。其华丽的天顶装饰包括夏尔·勒布伦约在1680年绘制的30幅壁画，描绘了路易十四一生中的成就与军功。壁柱顶端的柱头是组合式（柯林斯式与爱奥尼式的结合）的变体，被称为新法国柱式。房间内装饰有雄鸡、百合花纹饰、路易十四的皇家太阳等象征国家的图案，均由勒布伦设计。

鸟瞰图

这幅简略的鸟瞰图显示出这座宫殿辽阔的范围，覆盖了近 8.09 平方千米土地。可做参照的是，美国国会大厦（1792—1891，见第 34 页）及其花园占地仅有 0.24 平方千米，位于加利福尼亚州的最早的迪士尼乐园占地仅 0.344 平方千米。位于图中右下角的宫殿占地 6.7 万平方米，是世界上最大的宫殿建筑群之一。

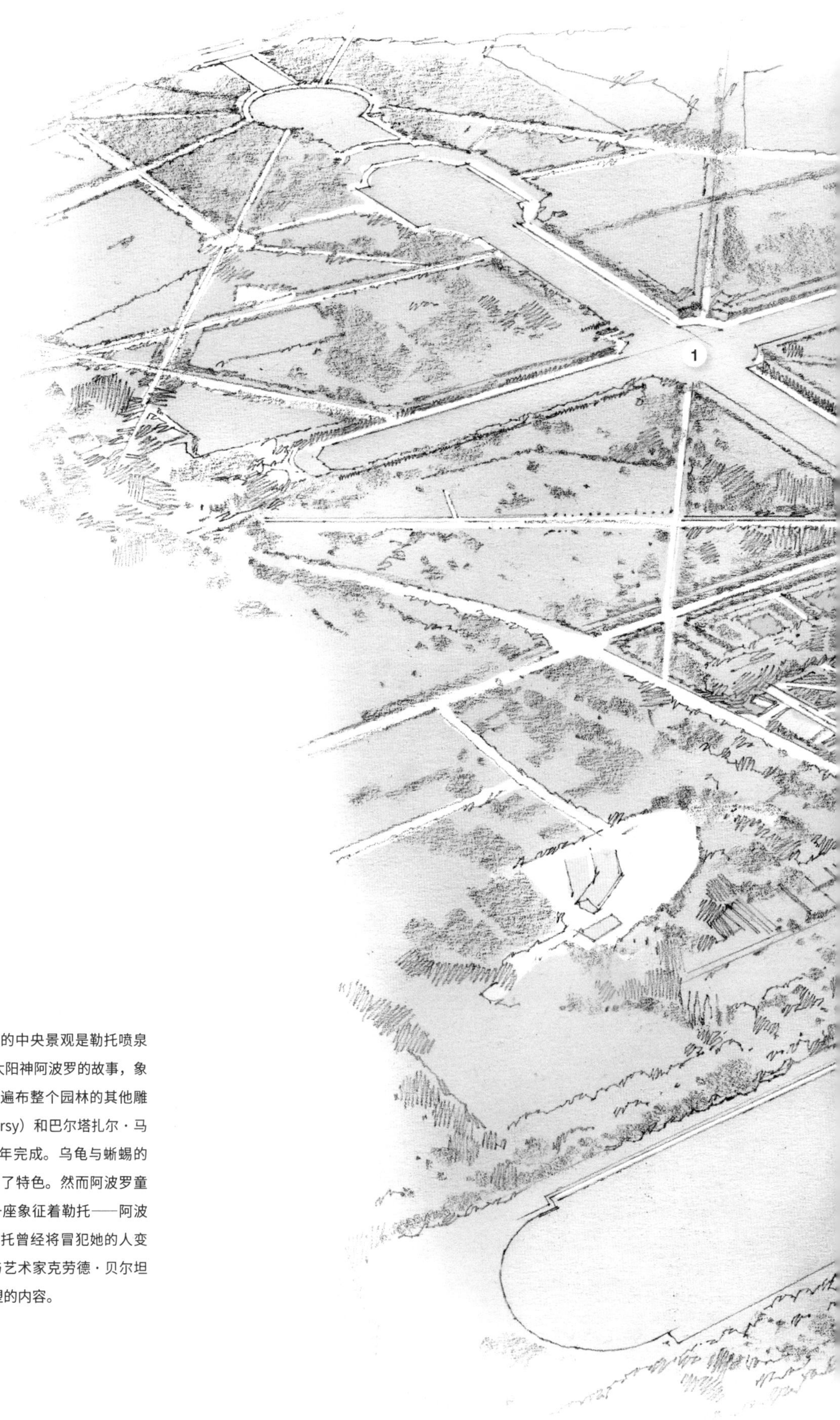

1 大运河

这座皇家园林以大量水体为特色，包括 11 座喷泉和大运河。运河主体沿着连接宫殿的东西轴线方向伸展约 1.6 千米。其宽度超过 61 米，有十字交叉的运河通往北侧的特里亚农宫。路易十四在位期间，会在运河上乘坐贡多拉。如今游客们可以驾驶停泊在西侧港湾内的小船，模仿昔日的王族。

2 勒托喷泉

宫殿西侧由勒诺特雷设计的规则式园林的中央景观是勒托喷泉（Latona Fountain）。喷泉雕塑讲述了太阳神阿波罗的故事，象征作为太阳王的路易十四。这座雕塑和遍布整个园林的其他雕塑都由加斯帕尔・马尔西（Gaspard Marsy）和巴尔塔扎尔・马尔西（Balthazar Marsy）兄弟在 1667 年完成。乌龟与蜥蜴的雕像为这个原名为青蛙喷泉的水池增加了特色。然而阿波罗童年的故事占据了主导位置。1668 年，一座象征着勒托——阿波罗与狄安娜的母亲的雕塑加入进来，勒托曾经将冒犯她的人变成青蛙以示惩罚。朱尔・阿杜安-孟莎与艺术家克劳德・贝尔坦（Claude Bertin）后来进一步修改了雕塑的内容。

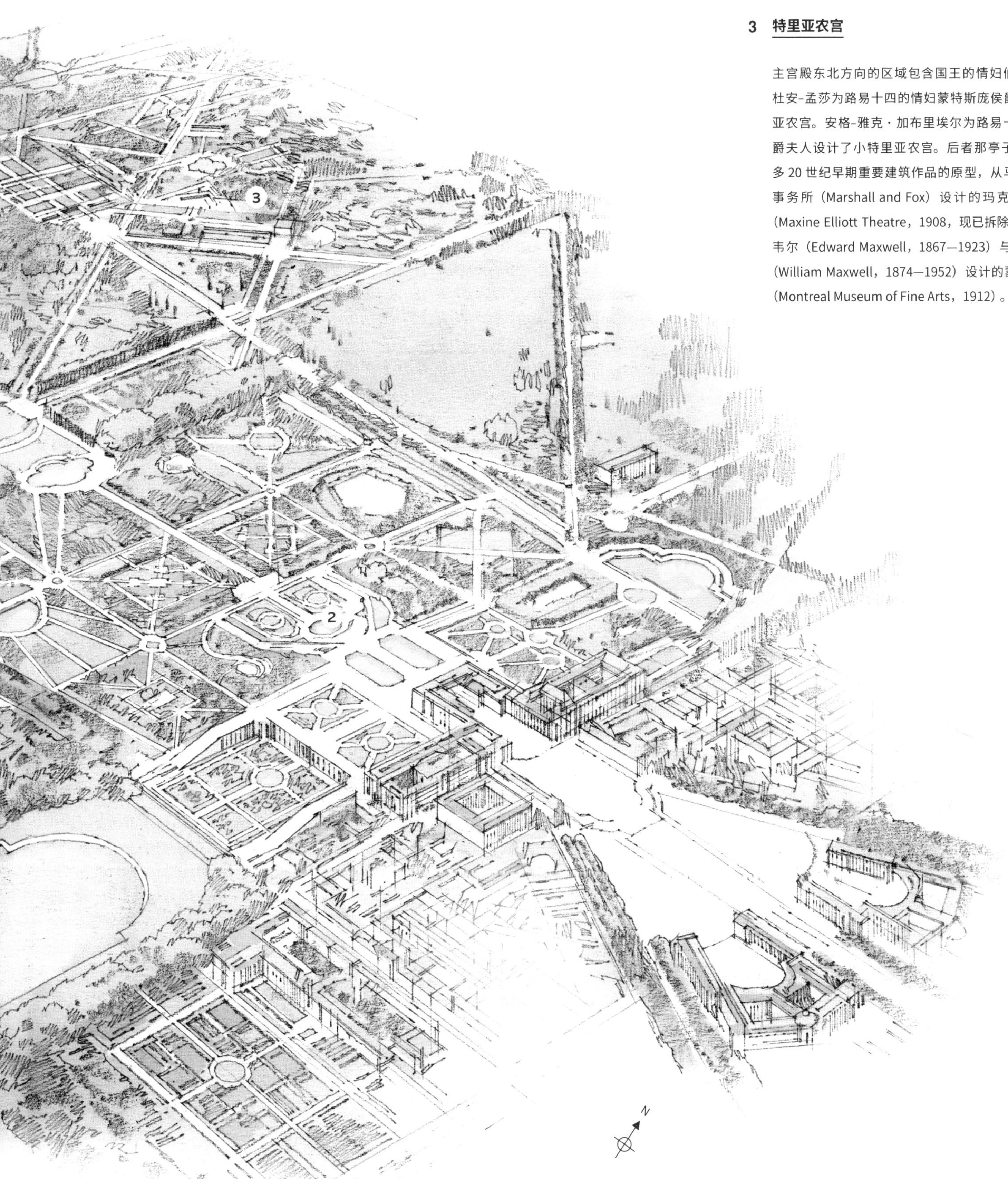

3 特里亚农宫

主宫殿东北方向的区域包含国王的情妇们的住所。朱尔·阿杜安-孟莎为路易十四的情妇蒙特斯庞侯爵夫人建造了大特里亚农宫。安格-雅克·加布里埃尔为路易十五的情妇蓬巴杜侯爵夫人设计了小特里亚农宫。后者那亭子状的建筑立面是许多20世纪早期重要建筑作品的原型，从马歇尔与福克斯建筑事务所（Marshall and Fox）设计的玛克辛·艾利奥特剧院（Maxine Elliott Theatre，1908，现已拆除）到爱德华·马克斯韦尔（Edward Maxwell，1867—1923）与威廉·马克斯韦尔（William Maxwell，1874—1952）设计的蒙特利尔艺术博物馆（Montreal Museum of Fine Arts，1912）。

平面图

这座宫殿建筑群的平面中心是位于上方的镜厅（A）与位于正中央的大理石庭院（B）。紧临着大理石庭院的是皇家庭院（C），从建筑平面的内凹部分延伸出来。国王套房（D）位于右侧，即北侧，王后套房（E）位于左侧，即南侧。右侧的曲线形空间是皇家礼拜堂（1710，F），而皇家歌剧院（1720，G）在北翼的更远端。

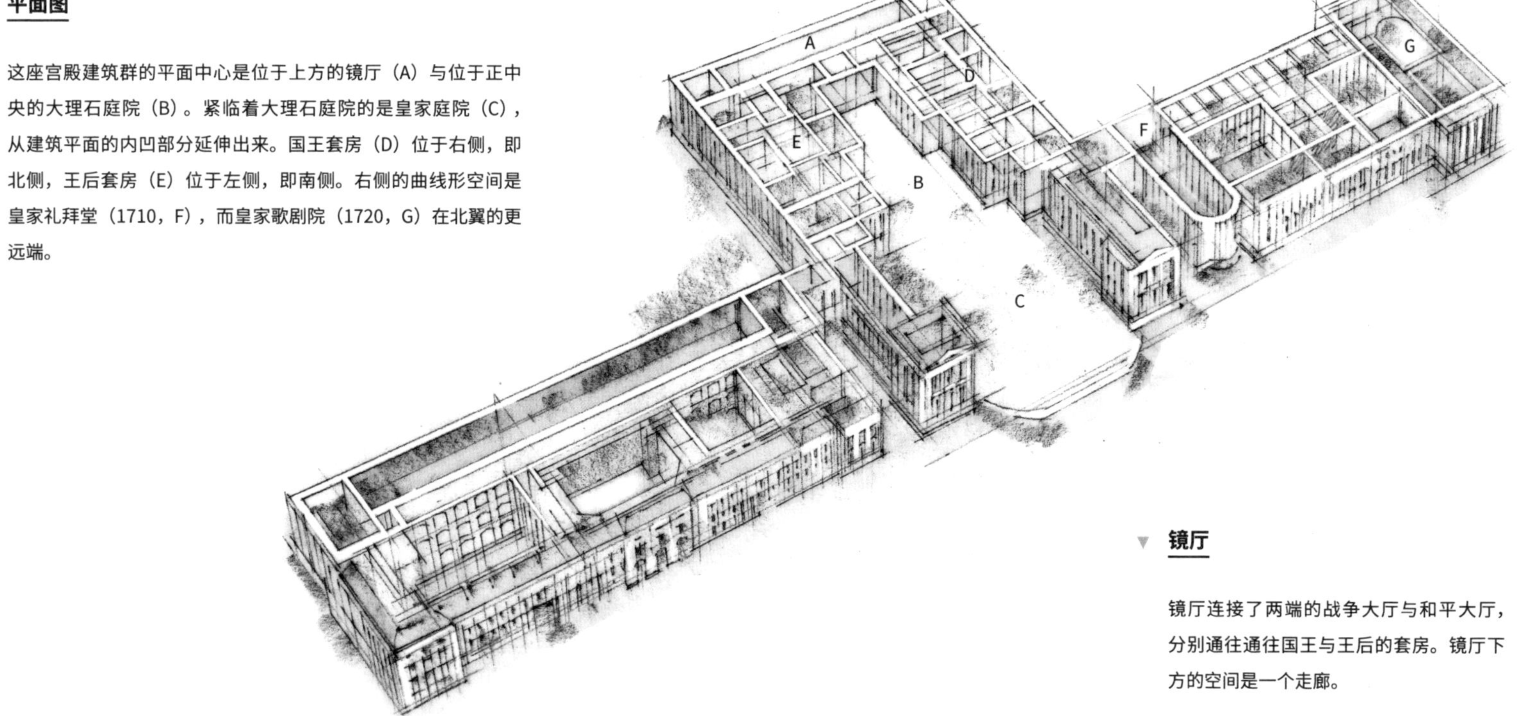

镜厅

镜厅连接了两端的战争大厅与和平大厅，分别通往通往国王与王后的套房。镜厅下方的空间是一个走廊。

▲ 王室套房

国王的私人空间位于大理石庭院北侧的二层，附近是国宾套房。1701年以来，他的私人空间还包括了餐厅与警卫室、一个会议厅、其他各类厅堂与接待室，以及内院。王后套房位于朝向大理石庭院的宫殿另一侧，与镜厅相通，房间规模与国王套房相似。

▲ 孟莎屋顶

这是一幅从宫殿东面的大理石庭院看去的立面简图，此庭院的名称来源于有大理石镶嵌图案的地面。庭院周围的建筑顶部是带有精致细节的孟莎屋顶，以巴洛克建筑师弗朗西斯·孟莎（François Mansart，1598—1666）命名。他经常采用这种由复折屋顶（gambrel）构成的四坡屋顶以获得更大的室内空间。弗朗西斯的侄孙朱尔设计了镜厅，并对这座宫殿进行了扩建。

蒙蒂塞洛

所在地	美国弗吉尼亚州夏洛茨维尔
建筑师	托马斯·杰斐逊（Thomas Jefferson）
建筑风格	新古典主义（Neoclassical）
建造时间	1796—1809 年

很少有美国总统的住宅像托马斯·杰斐逊（1743—1826）的那样获得如此之多的关注。杰斐逊生于弗吉尼亚州，毕业于威廉与玛丽学院。他是1776 年美国《独立宣言》的主要起草人，1785—1789 年担任美国驻法公使，1790—1793 年成为美国第一任国务卿，1797 年他被选为副总统，并在 1801年成为这个新国家的第三任总统。也许他对美国未来最大的贡献是在 1803 年通过“路易斯安那购地案”从法国购得该州领土。以 1500 万美元的价格，杰斐逊向南与向西扩张了约 214.4 万平方千米的领土。此交易为接下来的“天定命运论”奠定了基础，而这一理论推动了向太平洋与墨西哥湾的领土扩张。杰斐逊在 1809 年结束了两届总统任期后退休来到蒙蒂塞洛，称自己如今是“一名脱离了枷锁的囚犯”。

杰斐逊从 1768 年开始在他 20.23 平方千米的种植园中建造自己的梦幻家园。房子以当地的砖、木材和石头建造，工匠也是本地工匠，或他的奴隶。我们今天看到的主楼是在 1796—1809 年间建造的，内部有 33 个房间，总面积超过 990 平方米。住宅长 33.5米，宽 26.8 米，从地面到穹顶 圆形天窗（oculus）的距离约 13.7 米。

建筑最终的形象与杰斐逊作为公使前往法国的经历有关。他在那里接触到了法国最新的建筑思潮，以及罗马时代的遗迹，特别是尼姆的方形神殿（Maison Carrée，2—7）。位于里士满的弗吉尼亚州议会大厦（Virginia State Capitol，1788）便以这座神殿为原型，由杰斐逊与法国建筑师夏尔-路易·克莱里索

(Charles-Louis Clérisseau，1721—1820）共同设计。杰斐逊的建筑也受到了意大利建筑师安德烈亚·帕拉第奥（1508—1580，见第188页）作品的影响。杰斐逊为弗吉尼亚大学设计的圆形大厅（1822—1826）受到了帕拉第奥书中描述的罗马万神庙（118—128）的启发。为了蒙蒂塞洛，杰斐逊曾经查询了《A.帕拉第奥的建筑》（*The Architecture of A. Palladio*，1721）的英文版。在《杰斐逊的备忘书》（*Jefferson's Memorandum Books*，1767—1826）中提及了帕拉第奥以及深受其影响的英国人詹姆斯·吉布斯（James Gibbs，1682—1754）所著的《建筑之书》（*A Book of Architecture*，1728）。杰斐逊的画作表明他试图在蒙蒂塞洛建造一座帕拉第奥式的乡村别墅。事实上的确有很多人将这座住宅与威廉·肯特（William Kent，约1685—1748）设计的风格类似的伦敦奇斯威克府邸（Chiswick House，1729）相提并论。杰斐森去世后的安葬地如今是蒙蒂塞洛墓园的一部分。

除了建筑之外，杰斐逊的巧思还表现在他的若干种发明上。据记载，他发明了世界上第一把转椅、一个记录隐秘信息的密码盘、一个获奖的犁，以及一个球形日晷。在蒙蒂塞洛，他还有许多实用性的发明，诸如卧室壁橱中的服装传送带；带滑轮的升降机，可将葡萄酒从地下室送到餐厅；一个旋转的带搁架的门，可以使盘子方便地从厨房拿出来；会客室的双重门，当一扇门被打开，另一扇门会接着自动开启；还有办公室中的旋转书架等。这处建筑遗址从1923年起对公众开放。

上图　位于凹龛中的床向两个方向开放，连接杰斐逊的卧室与办公室。带有铰链的双开帘幕关闭的时候可以分开两个房间。

右图　双重推拉窗区隔出餐厅的空间，这种形式受到帕拉第奥的启发。这个房间还带有天窗，是蒙蒂塞洛的13个天窗之一。

弗吉尼亚大学

杰斐逊其他的建筑作品还包括里士满的弗吉尼亚州议会大厦和位于夏洛茨维尔的弗吉尼亚大学，后者位于蒙蒂塞洛西北方向8千米处。他的设计风格在帕拉第奥式的圆形大厅（左图）中表现得很明显，这是一个图书馆，高度及直径都是23.5米。它是这个U型校园的中心建筑；校园中均为古典主义的砖石建筑，通过柱廊相互连接。杰斐逊在1817年设计了这座建筑，并且得到了建筑师们的帮助，如威廉·桑顿与本杰明·亨利·拉特罗布，他们也是美国国会大厦（1792—1891，见第34页）的设计师。

穹顶

这座建筑的穹顶使它具有较高识别度，尤其是从西侧或花园一侧看过来时。圆顶空间的上部开设了圆窗（oculi），给柱廊上方的空间通风，且促进整幢建筑的空气流动。位于下方的空间是杰斐逊的会客室，穿过柱廊可通向花园。这个穹顶空间很少使用。建筑修复之后，它的墙面被漆成黄色与白色，地面为绿色，这是杰斐逊时代的颜色。

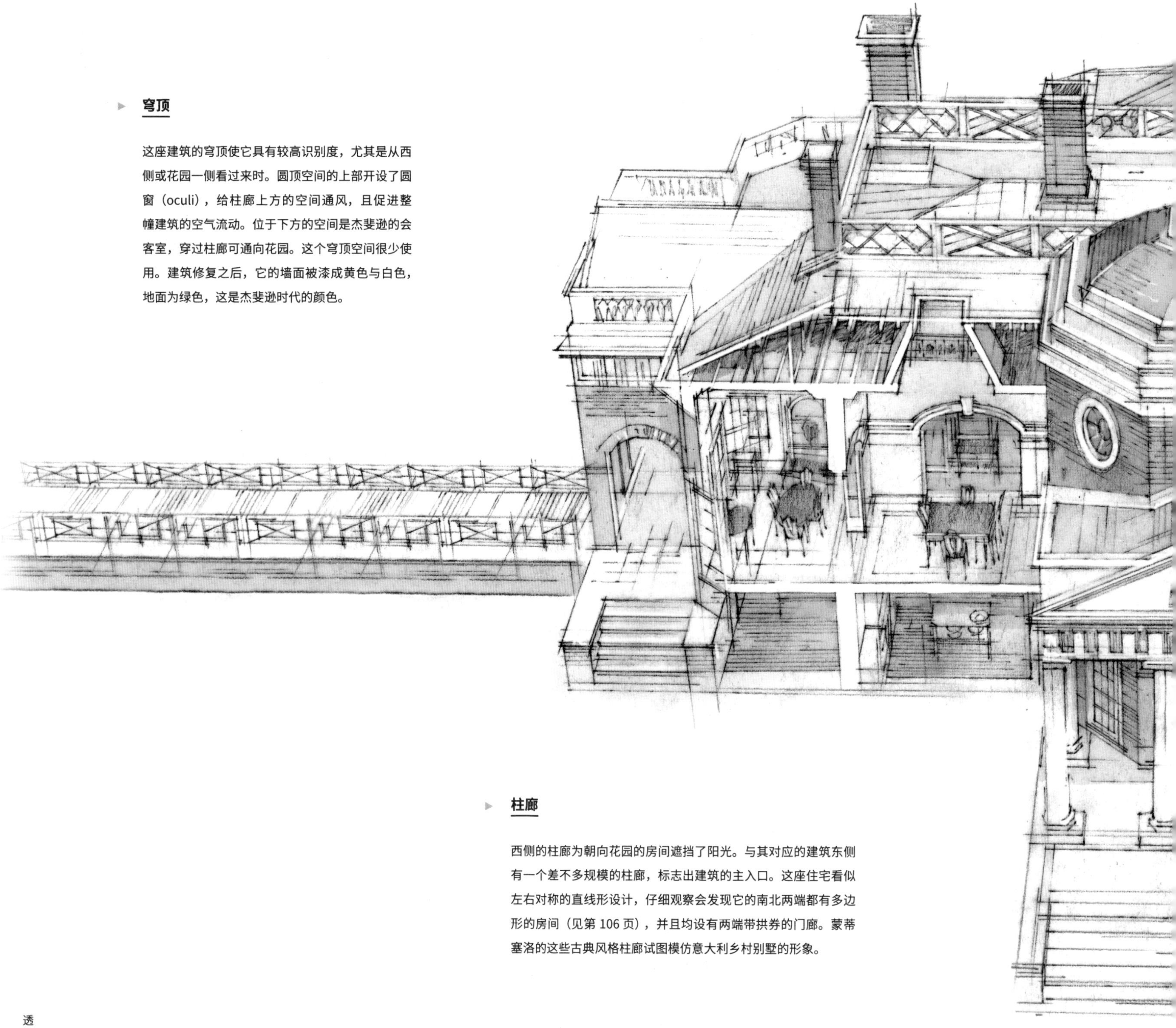

柱廊

西侧的柱廊为朝向花园的房间遮挡了阳光。与其对应的建筑东侧有一个差不多规模的柱廊，标志出建筑的主入口。这座住宅看似左右对称的直线形设计，仔细观察会发现它的南北两端都有多边形的房间（见第 106 页），并且均设有两端带拱券的门廊。蒙蒂塞洛的这些古典风格柱廊试图模仿意大利乡村别墅的形象。

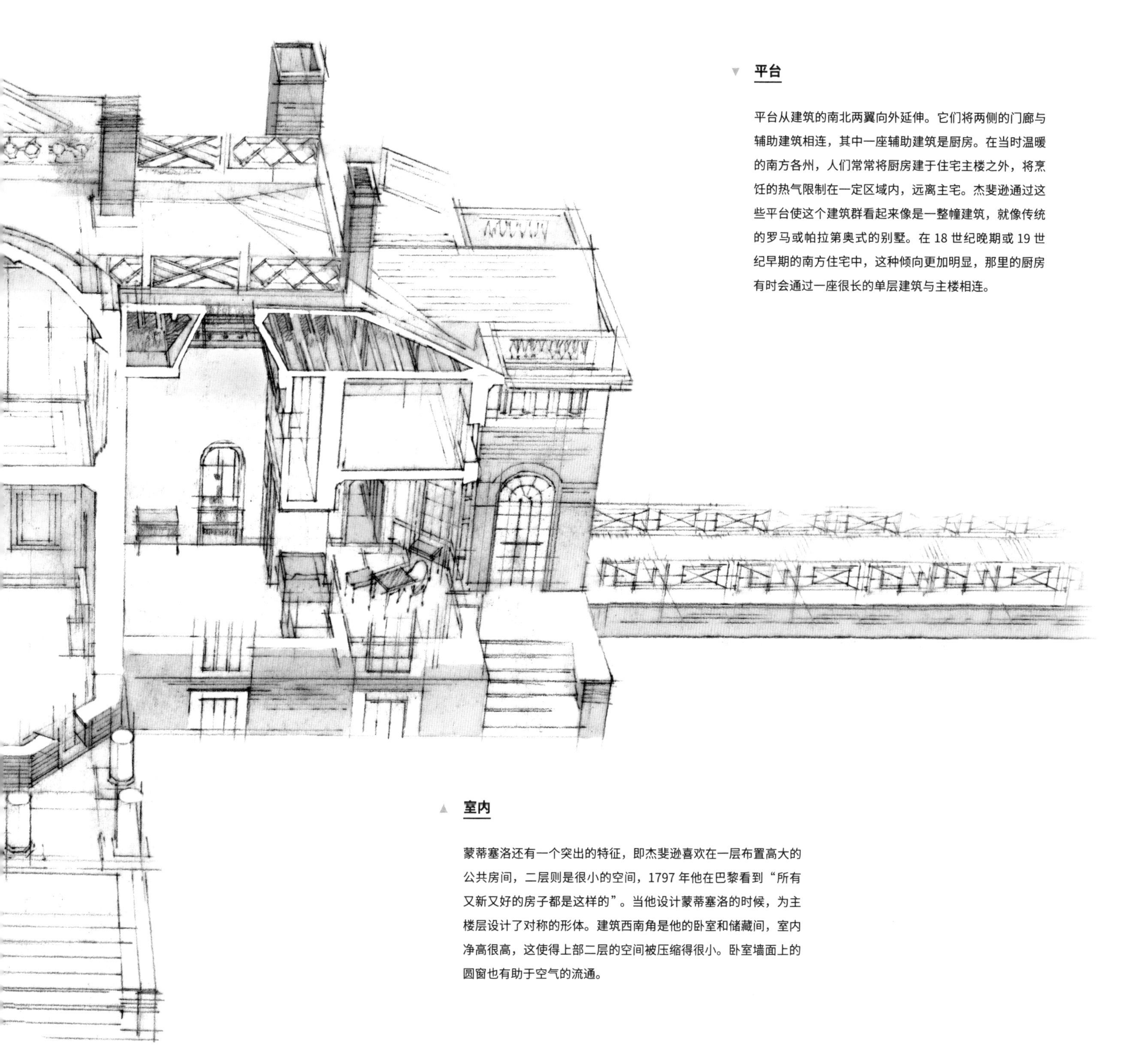

▼ 平台

平台从建筑的南北两翼向外延伸。它们将两侧的门廊与辅助建筑相连，其中一座辅助建筑是厨房。在当时温暖的南方各州，人们常常将厨房建于住宅主楼之外，将烹饪的热气限制在一定区域内，远离主宅。杰斐逊通过这些平台使这个建筑群看起来像是一整幢建筑，就像传统的罗马或帕拉第奥式的别墅。在 18 世纪晚期或 19 世纪早期的南方住宅中，这种倾向更加明显，那里的厨房有时会通过一座很长的单层建筑与主楼相连。

▲ 室内

蒙蒂塞洛还有一个突出的特征，即杰斐逊喜欢在一层布置高大的公共房间，二层则是很小的空间，1797 年他在巴黎看到“所有又新又好的房子都是这样的”。当他设计蒙蒂塞洛的时候，为主楼层设计了对称的形体。建筑西南角是他的卧室和储藏间，室内净高很高，这使得上部二层的空间被压缩得很小。卧室墙面上的圆窗也有助于空气的流通。

楼层平面图

平面图中可以看到通常用于客房的房间，例如北侧八角形房间。这间房基本上是詹姆斯·麦迪逊（James Madison）总统和他的妻子多莉（Dolley）专用的，他们经常来这里做客。杰斐逊书房边上的方形房间被他的女儿玛莎·兰道夫（Martha Randolph）用作起居室，她在这里教导孩子们。

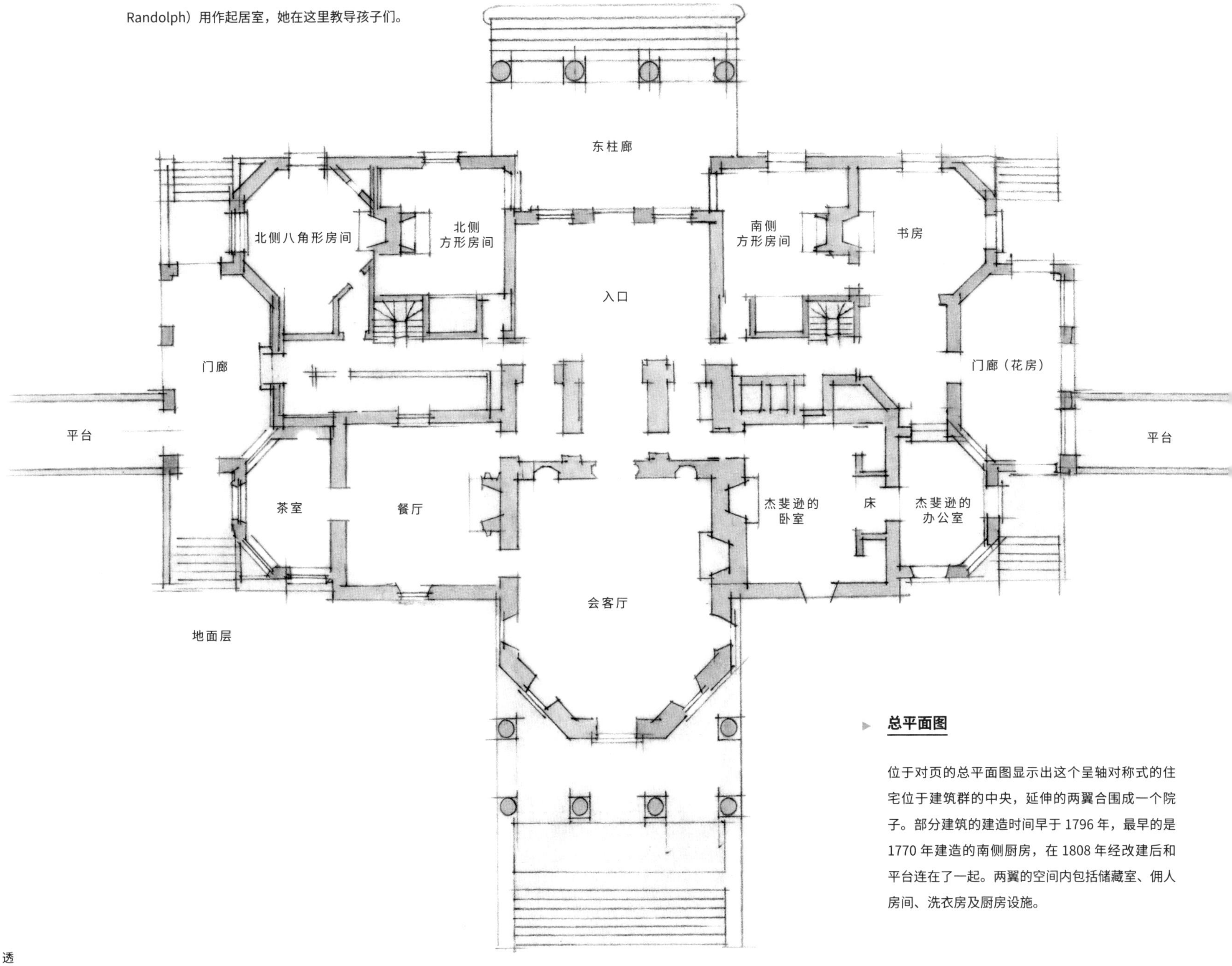

总平面图

位于对页的总平面图显示出这个呈轴对称式的住宅位于建筑群的中央，延伸的两翼合围成一个院子。部分建筑的建造时间早于 1796 年，最早的是 1770 年建造的南侧厨房，在 1808 年经改建后和平台连在了一起。两翼的空间内包括储藏室、佣人房间、洗衣房及厨房设施。

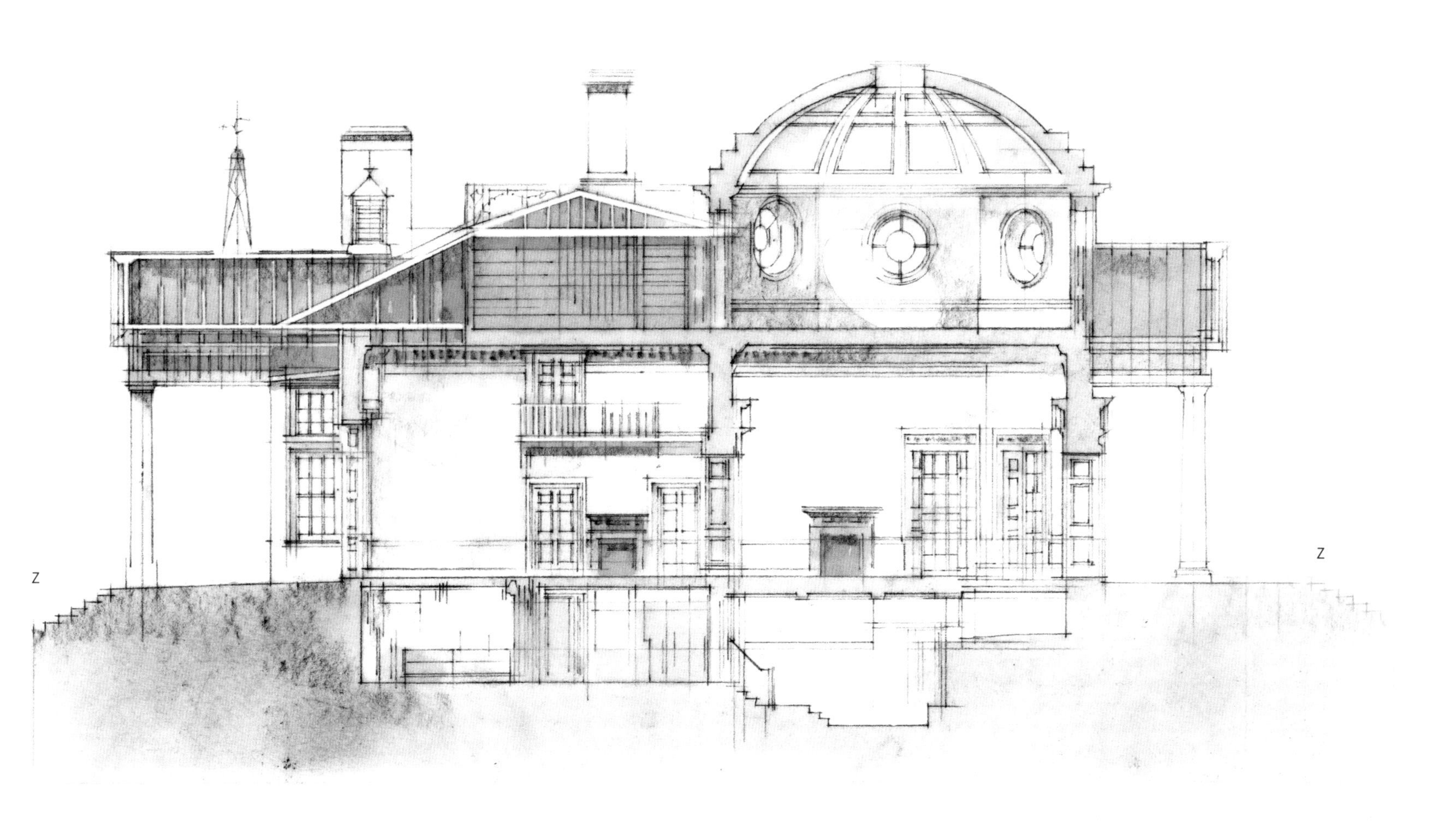

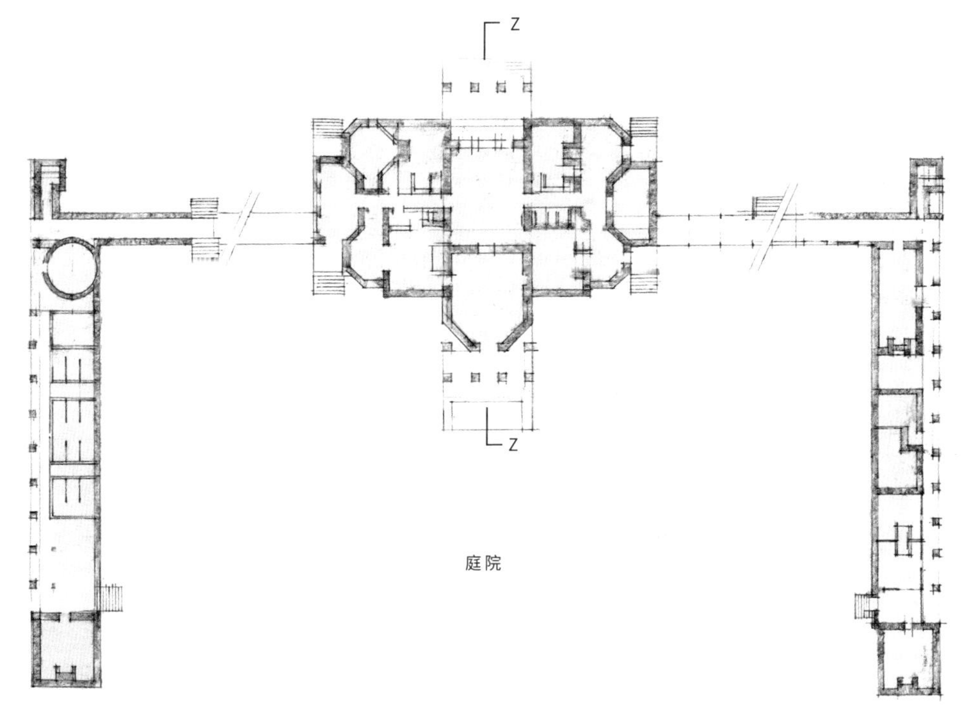

纵剖面

这个剖面（方向如总平面图中的 Z 所示）清晰地展现出从入口到花园柱廊的空间序列。位于八角形鼓座上的穹顶被巨大的圆窗照亮了，包括位于最顶端的那个。宽敞的会客厅位于下方。建筑台基内有一个存放葡萄酒和啤酒的酒窖，餐厅壁炉两侧安装了升降机用以运送酒品。杰斐逊的妻子玛莎会带人在酒窖制作啤酒与苹果酒。玛莎于 1782 年去世，在很久以后的 1813 年，杰斐逊安排因第二次美国独立战争而滞留美国的英国上校约瑟夫·米勒（Joseph Miller）在这里教授他的工作人员酿酒技术。

爱因斯坦塔

所在地	德国巴贝尔斯堡
建筑师	埃里克·门德尔松（Erich Mendelsohn）
建筑风格	表现主义（Expressionist）
建造时间	1919—1921 年

$E=mc^2$——物理学家阿尔伯特·爱因斯坦的相对论与这座建筑有什么关系？许多人认为，它是对这一理论有形的、建筑学的表达。这一等式说明质量与能量是等价的，彼此可以互相转化。因此，这座建筑试图从视觉上传达出质量与能量在建筑中共存的理念。这座塔的业主、天文学家欧文·芬利–弗罗因德利希（Erwin Finlay-Freundlich）曾经是爱因斯坦的工作伙伴，并且在天文实验中检验过这一理论。不过这个建筑的故事要更复杂点，且来源于建筑师埃里克·门德尔松（1887—1953）的早期想象。

门德尔松是两次世界大战期间最杰出的德国建筑师之一。他出生于东普鲁士，在慕尼黑理工大学师从建筑师特奥多尔·菲舍尔（Theodor Fischer，1862—1938），并在 1912 年毕业。在他结束一战期间的兵役之后，设计了爱因斯坦塔及更容易被人看到的柏林摩斯大楼（Mossehaus，1923）改造方案，这些戏剧性的设计为他未来十年的建筑师生涯奠定了良好的开端与基调。他所设计的许多建筑都是曲线形的、极富动感与表现力，尤其是百货大楼。建成案例包括朔肯百货公司（Schocken Department Store）在纽伦堡（1926）、斯图亚特（1928）与开姆尼茨（1930）的分店。这些房子现都已被改造为其他用途。

当 1933 年德国纳粹掌权时，作为一位著名的犹太建筑师，门德尔松逃往英国。他在那里建了几座住宅，还有位于东萨塞克斯郡的滨海贝克斯希尔的德拉沃长廊（De La Warr Pavilion，1935），合作者是俄裔建筑师瑟奇·切尔马耶夫（Serge Chermayeff，1900—1996）。他还主持了一些在巴勒斯坦（如今的以色列境内）的项目。1941年他前往美国。二战期间，他与一些现代主义者共同为美军与标准石油公司在犹他州达格威军事试验基地建立德国村提供建议——那是用于测试燃烧弹与高爆弹药的传统德国住宅区。战后他设计了一系列犹太人出资的建筑，最后的作品包括俄亥俄州克利夫兰高地的帕克犹太教堂（Park Synagogue）和旧金山的迈蒙尼德医院（Maimonides Hospital），均在1950年建成。

爱因斯坦塔位于波茨坦附近的巴贝尔斯堡，其设计发展自门德尔松在一战间的1917—1918年绘制的建筑草图，和1919年绘制的附加草图，以及随后制作的一些石膏模型。这座塔的规模非常小，仅有6层高，约20米。建筑的实际占地面积比看起来更大，因它带有地下室，其中包括了实验室空间及放置光谱仪的房间。建筑曲线形的东端设有一间工作室与一间夜间休息室，其中的家具也是由门德尔松设计的；另外的重要设计是塔身的结构，即以曲线形楼梯支撑顶部观测台穹顶下方的定日镜。

门德尔松通过他的妻子露易丝·马斯（Luise Maas）与芬利-弗罗因德利希相识。她与这位天体物理学家都是大提琴演奏家。芬利-弗罗因德利希在1910年受聘于柏林天文台，并在1913年前往位于巴贝尔斯堡郊区的新科研机构。一战期间他曾经被囚禁于俄国，释放后回到柏林为爱因斯坦研究所工作。1920—1924年间，他以天文学家的身份受雇于波茨坦天文台。基于他们的友情和门德尔松富有动感的设计风格，以建筑语言阐释爱因斯坦相对论这一想法很自然地产生了。这座建筑建成后不久，门德尔松用“有机”一词来描述它的特点，并且声称受到爱因斯坦理论的启发。考虑到混凝土的可塑性，门德尔松曾经想要以混凝土建造这个太阳观测台，不过最后他还是以砖、灰泥配合混凝土的方案建造了这个雕塑般的杰作，而这些材料从1927年开始就需要持续维护了。这座塔在1999年经过维修，如今隶属于莱布尼茨天体物理研究所。

上图　1920年代的工作室照片。门德尔松甚至为这个办公场所设计了固定的与活动的家具。有折角的窗子被安装在流线型的龛式窗洞口里，与建筑的圆角融为一体。

左图　1921年阿尔伯特·爱因斯坦在爱因斯坦塔中。

门德尔松与第一次世界大战

当年轻的门德尔松于一战期间在军队服役时，就梦想着创造一种能够表达新世纪活力的新建筑。每当展望未来的时候，绘画就成为他精神的栖息地。战争结束后，他将作品展出或在书中出版，例如《建筑师的综合创造》（*Das Gesamtschaffendes Architekten*，1930）。他在战争期间的建筑梦想在战后变成了建成作品。门德尔松富有表现力的设计表达了动感与现代感，与当时另一些建筑师的理念异曲同工，尤其是意大利的未来主义者们，如安东尼奥·圣埃利亚（Antonio Sant'Elia，1888—1916）。

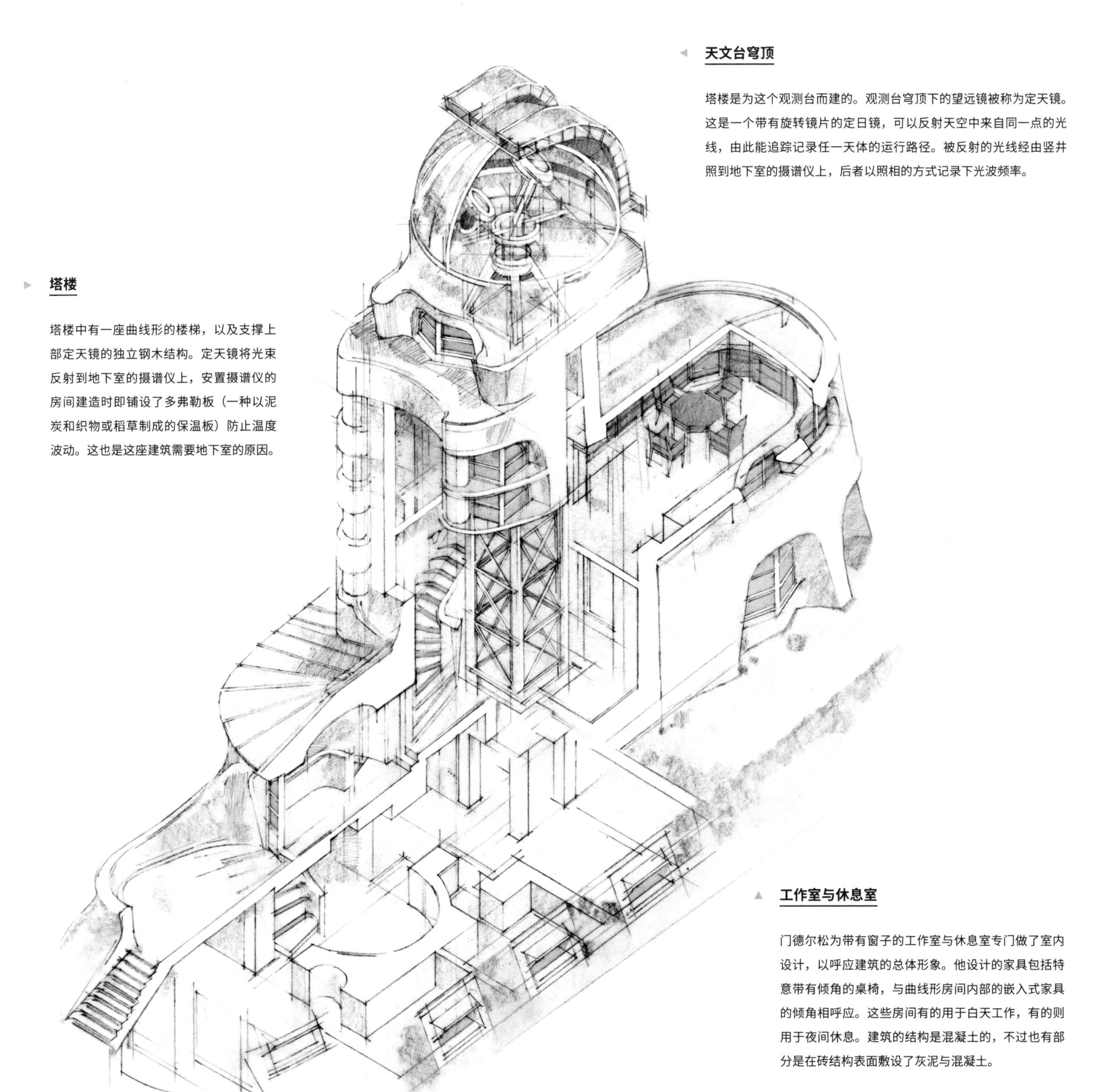

天文台穹顶

塔楼是为这个观测台而建的。观测台穹顶下的望远镜被称为定天镜。这是一个带有旋转镜片的定日镜，可以反射天空中来自同一点的光线，由此能追踪记录任一天体的运行路径。被反射的光线经由竖井照到地下室的摄谱仪上，后者以照相的方式记录下光波频率。

塔楼

塔楼中有一座曲线形的楼梯，以及支撑上部定天镜的独立钢木结构。定天镜将光束反射到地下室的摄谱仪上，安置摄谱仪的房间建造时即铺设了多弗勒板（一种以泥炭和织物或稻草制成的保温板）防止温度波动。这也是这座建筑需要地下室的原因。

工作室与休息室

门德尔松为带有窗子的工作室与休息室专门做了室内设计，以呼应建筑的总体形象。他设计的家具包括特意带有倾角的桌椅，与曲线形房间内部的嵌入式家具的倾角相呼应。这些房间有的用于白天工作，有的则用于夜间休息。建筑的结构是混凝土的，不过也有部分是在砖结构表面敷设了灰泥与混凝土。

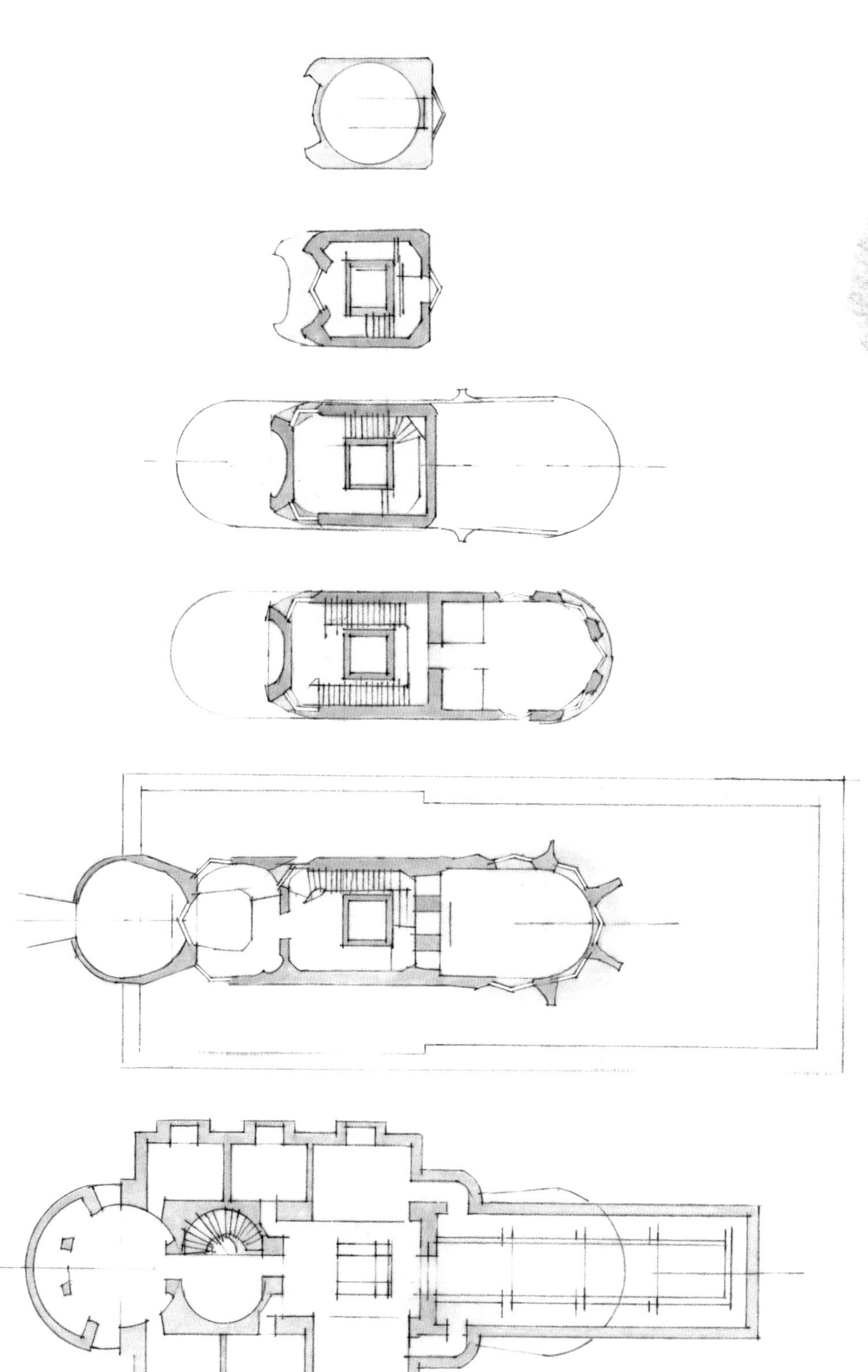

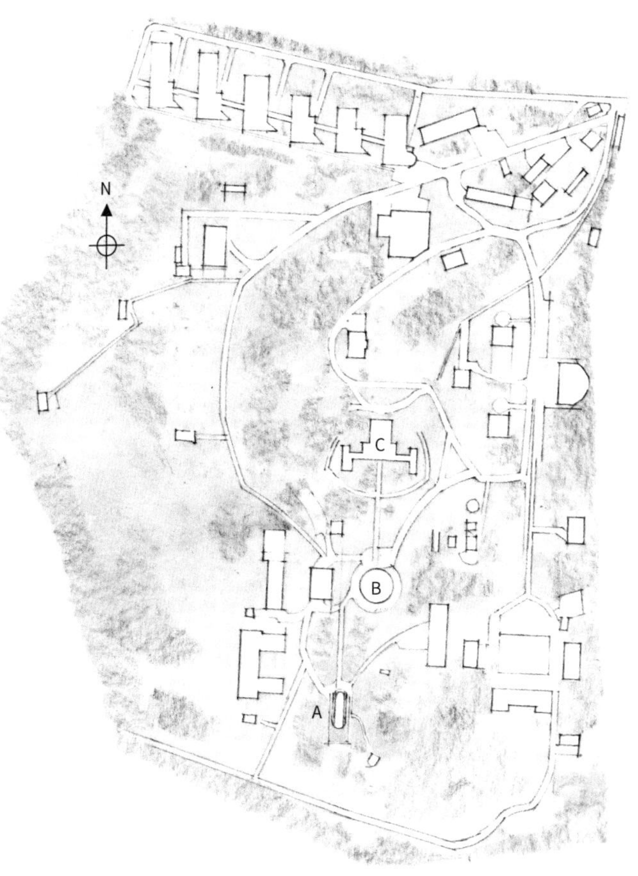

▲ **总平面图**

这张阿尔伯特·爱因斯坦科学园的总平面图中可以看出，类似长方形的天文塔（A）位于电报山上。这座小山从 1870 年代起就设置了天文台。最初建造的有三个穹顶的麦克森楼（Michelsonhaus，1879，C）在附近，有一个巨大穹顶的格罗斯折射望远镜楼（Grosser Refraktor，1899，B）也是，后者是世界最大的此类望远镜之一。图中其余的建筑分别是专门研究气候、极地、海洋等领域的科研机构。

◀ **楼层平面图**

这一系列从地下室到顶层穹顶空间的平面图中可以看出这座建筑的形体变化。这座建筑给人一种错觉，因为相对于地下的科研空间，地上建筑尺度小但是更显眼。

艺术与教育建筑

国立非裔美国人历史与文化博物馆（见第174页）

艺术与教育这一主题涵盖了巨大的范围，包括了美术院校、博物馆以及表演艺术空间。事实上还有一整个门类的建筑更应该囊括在内，如图书馆、大学、各类学校、理工学院等，任何与正规或非正规教育有关的建筑。在现实生活中，人们几乎永远是学生，永远有许多新的东西需要学习。

无论是正规还是非正规的教育，至少都可以追溯至古典时期。一些与教育相关的当代建筑类型拥有漫长的发展脉络。可以想到的案例有古希腊的露天剧场，例如埃皮达鲁斯露天剧场（Epidaurus，公元前4世纪），或者欧洲中世纪的大学，尤其是哥特晚期的例子，如英格兰剑桥大学国王学院礼拜堂（King's College Chapel，1446—1515）或圣约翰学院的第一庭院（First Court of St. John's College，1511—1520）。博物馆一词来自希腊语的 mouseion，意味着缪斯。而最早的博物馆可以追溯到柏拉图的博物馆与图书馆，它们最初是一些珍玩柜。现存历史最久的博物馆建筑似乎是牛津大学的阿什莫林博物馆（Ashmolean Museum，1683）。公共博物馆于18世纪尤其是19世纪开始兴起。

如今博物馆在提供教育机会及娱乐方面具有重要作用。许多国家与地区设有博物馆团体，而国际博物馆协会（International Council of Museums）建立于1946年，在世界范围内的成员博物馆超过2万所。此外，博物馆对经济具有巨大的影响力。美国博物馆联盟曾统计得出，它们拥有超过40万名雇员，对国家年收入的直接贡献达到210亿美元。这些统计数据还不包括文化旅游业。与此类似的英国博物馆组织估计，每1000英镑的英国财政收入中就有1英镑和博物馆与画廊产业直接相关，这些博物馆雇佣了超过3.8万名工作人员，每年为英国财政直接贡献26.4亿英镑。在本章的12个建筑案例中，有2所艺术学校，2所表演艺术中心，其余8个都是博物馆。

由著名建筑师设计的博物馆在近现代时有见到，例如位于德克萨斯州沃斯堡的金贝尔艺术博物馆（Kimbell Art Museum，1966—1972），建筑师是路易斯·康。然而这种建筑类型是在20世纪晚期到21世纪早期才被广泛采用并引起注意的。它们变成了世俗的文化殿堂，由所谓的明星建筑师进行设计。艺术博物馆尤其如此，国际媒体的关注特别是两座建筑的流行加剧了这一现象。第一座是巴黎的乔治·蓬皮杜中心（Centre Georges Pompidou，1971—1977），另一座是毕尔巴鄂的古根海姆博物馆（Guggenheim Museum Bilbao，1991—1997）。此后建设艺术博物馆的风潮波及全球。新近的案例包括大卫·奇普菲尔德（David Chipperfield，1953— ）设计的柏林新博物馆（Neues Museum，2009）与博物馆岛文化广场（Forum Museumsinsel，2016），由伦佐·皮亚诺（Renzo Piano，1937— ）设计的芝加哥艺术博物馆当代馆（Modern Wing of the Art Institute of Chicago，2009）与金贝尔艺术博物馆扩建部分（2013），福斯特建筑事务所（Foster and Partners）设计的波士顿美术馆（Museum of Fine Arts，Boston，2010），坂茂（Shigeru Ban，1957— ）设计的阿斯彭艺术博物馆（Aspen Art Museum，2014），及迪勒·斯科菲迪奥与伦弗洛建筑事务所（Diller Scofidio + Renfro）设计的洛杉矶布罗德艺术博物馆（The Broad，2015）。

除了艺术博物馆之外，历史博物馆与科学中心也在尝试通过世界顶级建筑师别具一格的设计来进行设施升级。类似毕尔巴鄂效应，这些20世纪晚期的新建筑因其独特设计深受媒体关注与观众青睐。一些重要设施建成之后尤其如此，如阿德里安·凡西尔贝（Adrien Fainsilber，1932— ）设计的巴黎科学与工业城（Cité dessciences et de l'industrie，1986），福斯特建筑事务所设计的剑桥郡达克斯福德的帝

BAUHAUS

包豪斯（见第126页）

国战争博物馆中的美国航空博物馆（American Air Museum，1998）、矶崎新（Arata Isozaki，1931— ）设计的俄亥俄州哥伦布市科学与工业中心（Center for Science and Industry，1999）、丹尼尔·里伯斯金（1946— ）设计的柏林犹太博物馆（Jewish Museum，2001）。而历史博物馆以其前卫设计获得关注与认同的代表之一，则是戴维·阿贾耶（David Adjaye，1966— ）设计的华盛顿特区国立非裔美国人历史与文化博物馆（National Museum of African American History and Culture，2016）。

除却这些大型机构，规模较小的家庭博物馆近来也显示出自己的特色，成为一些组织关注的焦点，如1940年成立的美国各州及地方历史协会。这些小型博物馆很多已有数百年的历史，在保护方面困难重重，因为它们很难自给自足，无法保证足够的资金用于定期维护与维修。除非这些建筑在设计上具有特殊性，例如居住建筑一章中列出的那些1930—1940年代的住宅（见第206页及其后），或是建筑的主人很著名，例如弗吉尼亚州的蒙蒂塞洛（见第102页），否则它们的处境会十分艰难。无论如何，考虑到将一座住宅维持在良好的状态所需的工作，再想象一下每年几千人的访问量，任务的难度可想而知。就像那些规模较大的类似机构一样，这些小型博物馆也一直在考虑增加收入与捐助的方法，例如出租给创意产业、组织特色活动及促进旅游等。在本章所罗列的博物馆中，有两个属于此类：一个是约翰·索恩爵士博物馆（Sir John Soane's Museum，1792—1824），它本是这位建筑师在伦敦的住宅；另一个是路德维希·密斯·凡·德·罗（Ludwig Mies van der Rohe，1886—1969）设计的巴塞罗那馆（Barcelona Pavilion，1929）。与此相似的是两个作为学校的历史建筑：格拉斯哥艺术学院（Glasgow School of Art，1897—1909）与德国德绍的包豪斯（Bauhaus，1925—1926）。它们当年都是实用性建筑，内部空间包括工作室与工作坊等。这些作为历史建筑的学校尽管会接待许多热情的外来参观人员，建筑的磨损仍主要是由在校学生的使用造成的，部分维修资金可以由学费来弥补，校友和社会各界的捐赠和捐款也有所帮助，例如格拉斯哥艺术学院的案例。这两座学校得以幸存的过程都有一些有趣的故事可以讲述，例如格拉斯哥艺术学院如何应对2014年的火灾，以及包豪斯在二战期间被轰炸过后如何修复。

最后，两座音乐厅使这一章的内容更加圆满：柏林爱乐音乐厅（Berliner Philharmonie，1956—1963）与悉尼歌剧院（Sydney Opera House，1957—1973）。它们代表了战后富有动感的表现主义空间设计，并且拥有大量追随者，不亚于大型博物馆。与艺术博物馆一样，它们对所在国家与地区的经济发展与文化氛围的提升做出了巨大贡献。独特的建筑风格将它们推到了所在领域的最前沿，使它们成为标志性的表演艺术建筑，也许比许多战后艺术博物馆更引人瞩目。

约翰·索恩爵士博物馆

所在地	英国伦敦
建筑师	约翰·索恩
建筑风格	古典复兴
建造时间	1792—1824 年

英国的一些建筑师，如尼古拉斯·霍克斯莫尔（Nicholas Hawksmoor，约 1661—1736）、约翰·索恩（1752—1837）、埃德温·鲁琴斯（Edwin Lutyens, 1869—1944）及昆兰·特里（Quinlan Terry，1937—　），有时会被当做怪人或异类，他们给古典建筑语言带来了自己独特的视角与对尺度的理解。以约翰·索恩博物馆为例，他创造了历史上最早与最有趣的建筑收藏之一，相关的不少故事可作为他各种怪癖的佐证。这些收藏遍布他的宅邸，被许多人视为建筑博物馆的起源。

索恩出生于一个工匠家庭，1771—1778 年就读于伦敦皇家艺术学院。他在 1778 年写了他的第一本书《建筑中的设计》（*Designs in Architecture*），并且获得了一项奖学金资助他在 1778—1780 年间去国外游学。他前往法国与意大利，拜访了许多重要历史遗迹如凡尔赛宫和古罗马斗兽场，接下来又去了奥地利、比利时、德国与瑞士。

返回英国之后，在一段时间里他的建筑事业发展得不甚顺利，直到 1780 年代中晚期，他接到了一些住宅设计的委托，并在 1788 年被委任为英格兰银行的建筑师。在 1827 年之前，他一直为这家银行工作，并且成就了他一生中最著名的建筑，然而这一建筑群在 1920 年代被拆除了。除了他的主要客户英格兰银行之外，他也陆续接受了其他重要项目的委托，例如达利奇画廊（Dulwich Picture Gallery，1817）与威斯敏斯特宫新法庭（1825，现无存），还在 1791 年被委任皇家建筑监理一职。如今他现存的建筑作品有位于伦敦伊灵的宅邸皮特香格庄园（Pitzhanger Manor，1800—1810）、贝德福德郡的莫格汉格宅邸

（Moggerhanger House）改造（1790—1812）、伦敦贝思纳尔格林的圣约翰教堂（St. John on Bethnal Green Church，1826—1828）等。

索恩得到英格兰银行的委任之后，1792 年他在伦敦霍尔本的林肯律师学院广场 12 号购买了他的第一座宅邸。1806 年，他受聘在皇家美术学院任教，随后的 1807 年他又买下了临近的地产——林肯律师学院广场 13 号，并且将它们当作自己的建筑实验进行改造。1824 年，他再次得到了边上的 14 号，这是一处出租地产，后部是原有 13 号建筑的扩建，他将此处作为藏画室。如今这一建筑群成为约翰·索恩爵士博物馆的一部分，以 13 号为中心，该立面被索恩以白色诺福克砖重建。他希望将这个整体空间作为他的住宅、工作室与教学基地，收藏并展示他的大量绘画、图纸、建筑模型与古代建筑构件。而历史学家常常把这一大堆房间和每间房间里的一大堆东西看作他的怪癖的证明，他的创新精神也的确随处可见，例如他为藏画室设计了活动展板，并改造了供热和水泵系统，后者为卧室、厨房及卫生间提供了足够的自来水。

1833 年，索恩申请了一项国会法案来保护他的住宅与收藏，特别是在他死后，保持此处以教育用途开放给公众。如今这里收藏了约 4.5 万件各类古董与 3 万幅绘画，每年接待超过 10 万名参观者。人们还可以到达位于顶层的复原的私人卧室。其中包括他妻子的卧室，索恩在她去世后将这个房间改造为模型展室，将浴缸用于储存个人器物。这一改造将他奇诡的创造力完整地展现出来，所有人都可以感受到他如何将这里一步步建成建筑教学中心。

右上图　藏画室是这座建筑中最具创意的空间之一，这里原本是索恩 1824 年购买的临近物业的马厩。绘画作品被展示在类似于柜门的展板上，最大限度地扩展了储存与展示空间，类似于博物馆中带有活动钢架的艺术品储藏室。

右下图　带有穹顶的“墓室”（Sepulchral Chamber）以其存放的建筑古物为特色，其中包括了现存于梵蒂冈的《观景楼的阿波罗》（*Apollo Belvedere*）的石膏复制品，这是索恩在 1811 年购得的。终其一生，索恩痴迷于收集和陈列他的藏品。

建筑博物馆

国际建筑博物馆联盟（International Confederation of Architectural Museums）于 1979 年成立，并且时常举办研讨会，有数十家类似的机构参加。这种类型的博物馆可以追溯到 19 世纪建筑师的私藏，如索恩的收藏，以及出于艺术与教育目的的展览，其中会陈列欧洲雕塑与建筑构件的石膏仿制品。这类石膏模型现存很少，在 1873 年开馆的伦敦维多利亚与艾尔伯特博物馆（Victoria and Albert Museum）的仿制品展厅（左图）中可以看到一些。这些收藏被分为欧洲北部与西班牙雕塑仿品，及意大利遗迹仿品。

生活空间

从某些角度来说，这里是个完美的家庭博物馆，它作为一个与建筑相关的、带有教育目的的博物馆的同时，也长期作为人们居住的环境。索恩购买这座住宅然后重新设计，在此收集与安置藏品，并在此工作和生活。他在这组空间内度过了超过 40 年的时间。在被粉刷为庞贝红的兼做书房与餐厅的房间中，陈列着由托马斯·劳伦斯（Thomas Lawrence）在 1829 年绘制的索恩画像。

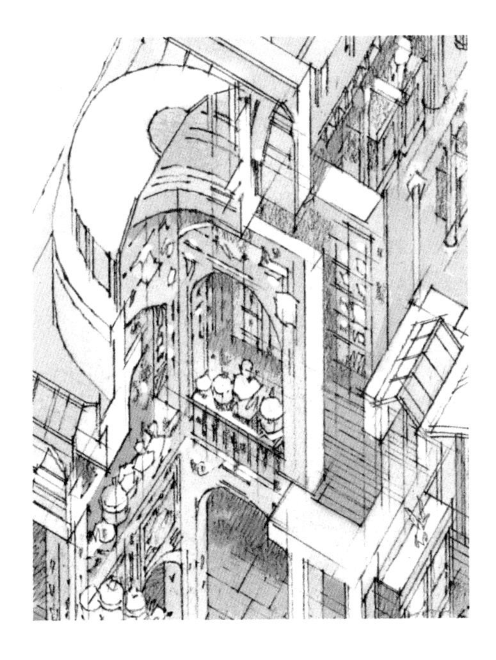

博物馆空间

一部分最主要的博物馆空间位于这个建筑群后部的南北轴线上——从顶部看来，即从位于对页图左下角带有穹顶的多层暗室到右上角的藏画室，由带有天窗的空间相连。这些房间与那些不太像博物馆的居住空间相比明显不同。居住空间位于建筑的东部与东南部，朝向林肯律师学院广场的绿地。

早餐厅

索恩的早餐厅位于林肯律师学院广场13号，为整个建筑群的中部，与位于12号的更大些的早餐室截然不同。它们均位于地面层，与餐厅和起居室同层。这个早餐厅也许是因为它的穹顶而广为人知，黄色的帐篷似的带有镜子的穹顶，看似轻盈地飘浮在天窗投下的光线之中。这个穹顶是英格兰银行中类似风格的设计的原型。

楼层平面图

上色的平面图标识出索恩在他一生中不同的时间购得的物业：林肯律师学院广场12、13和14号。主要楼层不同房间的用途参见图例。南立面上的主入口位于平面图下部。

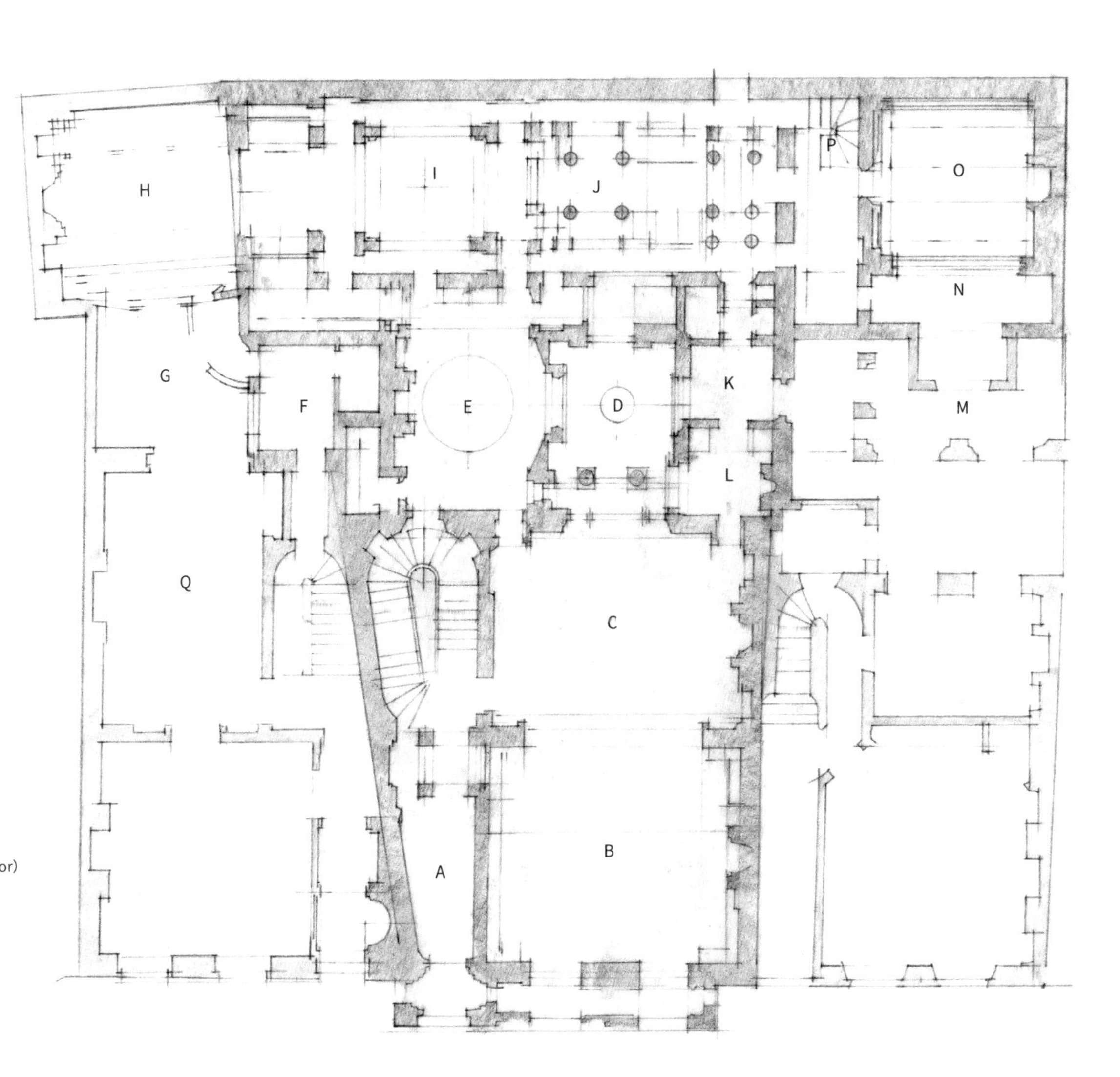

图例

- A 入口前厅
- B 图书室
- C 餐厅
- D 墓室（地下室）
- E 早餐厅
- F 接待室
- G 新庭院
- H 新藏画室
- I 中央穹顶
- J 柱廊
- K 更衣室
- L 小书房
- M 修士厅（Monk's Parlor）
- N 凹室
- O 藏画室
- P 通往地下室的楼梯
- Q 早餐室

横剖面图

索恩生活的年代有许多类似的图纸，这个剖面图是对它们的重新演绎。乍一看可能会觉得这些房间有些过度装饰，图片为它们梳理出视觉逻辑关系，展示的是这个博物馆中比较重要的一些房间。

1 暗室

这个穹顶之下的空间中叠放了很多古代建筑构件。最主要的藏品是埃及法老塞提一世（Seti I）的雪花石膏石棺。这位法老大约在公元前 1279 年去世，索恩在 1824 年购得了这具石棺。他会不时地调整这个多层空间中雕塑残片的陈列布置，对相连的、称为“墓室”的房间中的那些古代藏品，也是这样安排。

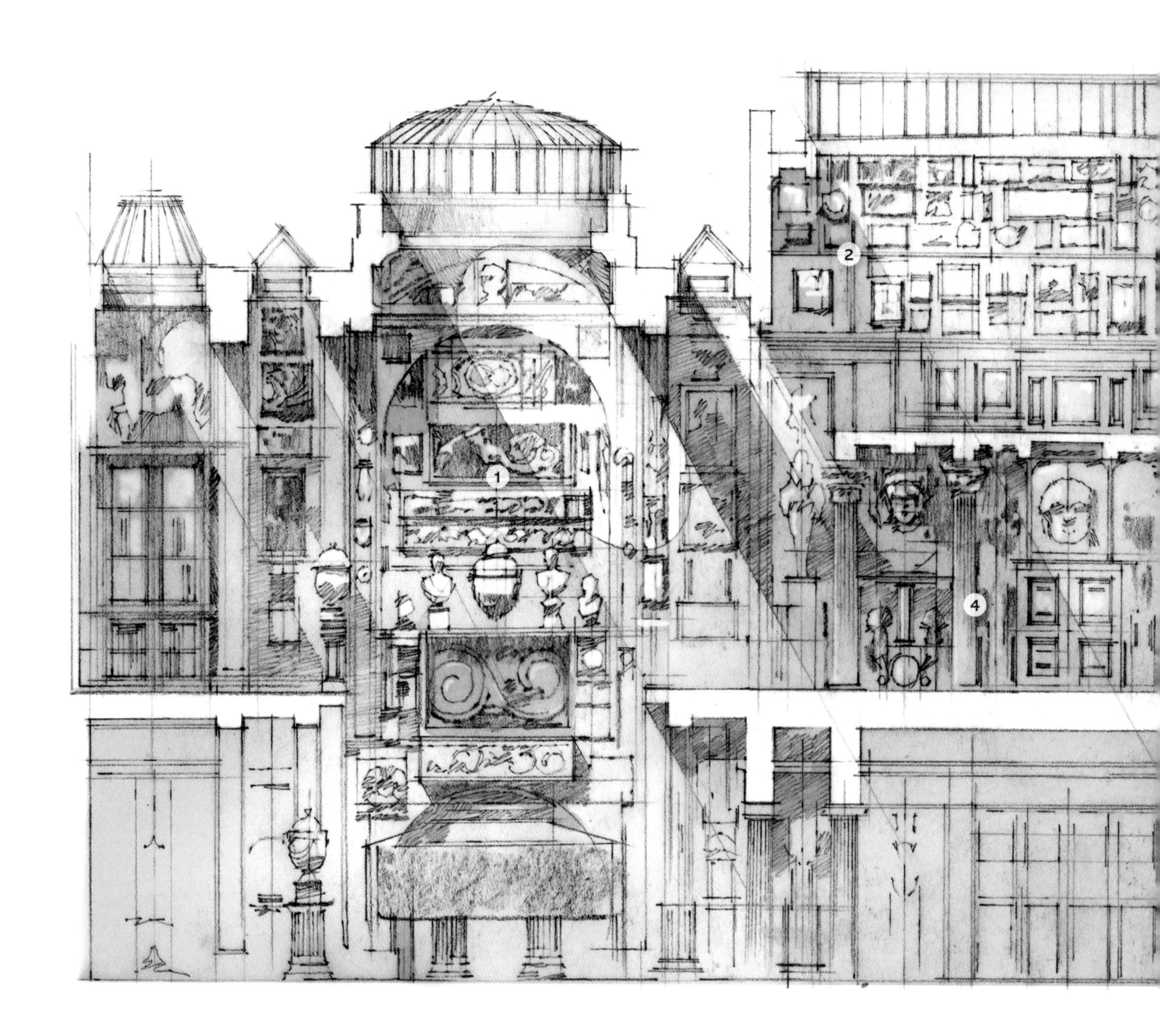

2　绘图室

位于带有柱廊的画廊上方、带有天窗的多层房间是索恩工作的地方，他的工作室的学徒也会使用这个空间。这幅图的上部可以看到穹顶上方及藏画室上方的一系列天窗。

3　藏画室

藏画室建于 1824 年，位于林肯律师学院广场 14 号当中，由一个马厩改造而成。后经扩建延伸到 13 号内部。藏画室的藏品中包括威廉・霍加斯（William Hogarth）的一系列 8 幅绘画，名曰《堕落的过程》（*A Rake's Progress*，1732—1733）。上述画作和其他作品一起被安放在嵌入式橱柜的柜门上，这些多层的、重叠的柜门所提供的展示空间远超过平面墙壁。

4　柱廊

画廊的柱廊有 8 根柱子，柱头为柯林斯式。藏画室与带穹顶的“墓室”在主要楼层即地面层以过道相连。附近的楼梯连接地下的酒窖、修士厅及上方的绘图室。

格拉斯哥艺术学院

所在地 英国格拉斯哥

建筑师 查尔斯·雷尼·麦金托什（Charles Rennie Mackintosh）

建筑风格 苏格兰早期现代主义（Scottish Early Modern）、新艺术运动风格（Art Nouveau）

建造时间 1897—1909 年

查尔斯·雷尼·麦金托什（1868—1928）的作品与格拉斯哥这座城市密不可分，就像是路易斯·H. 沙利文（Louis H. Sullivan，1856—1924）对于芝加哥、奥托·瓦格纳（Otto Wagner，1841—1918）对于维也纳。任何一位前往格拉斯哥的建筑爱好者必然会去他的格拉斯哥艺术学院朝圣。麦金托什在这座工业城市出生及成长，就读于艾伦·格伦学院（Allan Glen's Institution），那是当时类似于理工学院的院校。他在 1890 年获得奖学金前往国外游学，归来后继续 1889 年在霍尼曼与凯佩建筑事务所（Honeyman and Keppie）获得的工作，并在 1904 年成为该事务所的合伙人。事务所于 1913 年解散后，他开始独立的建筑师生涯，不过绘画给予了他更大的满足感。

在麦金托什的设计中，他致力于创造一种简练的、几乎是现代工业风格的砖石建筑，装饰细节具地方特色，且有着类似于日本风格的优雅的简洁。后者在 19 世纪最后 25 年及更晚的时候作为“日本风”的延伸十分流行。他在霍尼曼与凯佩事务所时期所做的比较著名的建筑规模不等，若从小到大罗列，则包括格拉斯哥的柳茶室（Willow Tearooms，1903）、海伦斯堡的苏格兰男爵（Scottish Baronial）风格的希尔住宅

(Hill House，1902—1904)、格拉斯哥的苏格兰每日记录报印刷厂大楼（Daily Record Printing Works，1904）等。与很多同时代人类似，如弗兰克·劳埃德·赖特（1867—1959），麦金托什的家具与装饰设计和他的建筑设计一样闻名。他为格拉斯哥阿盖尔街茶室（Argyle Street Tea Rooms，1898）午餐室设计了有机形态的阿盖尔椅（Argyle Chair，1897），在柳茶室也采用了这种椅子。他还为希尔住宅设计了带格子的梯形靠背椅（Ladderback Chair，1902）。这两种椅子俱已成为经典作品，至今仍在生产。他和妻子玛格丽特·麦克唐纳（Margaret MacDonald）、妻妹弗朗西丝（Frances）、他在霍尼曼与凯佩建筑事务所的同事及弗朗西丝的丈夫赫伯特·麦克奈尔（Herbert MacNair，1868—1955）一起被称为格拉斯哥四人组，曾在格拉斯哥、伦敦和维也纳展览他们的绘画作品。他们相识于1888—1895年间格拉斯哥艺术学院的课堂上，而麦金托什在1896年赢得了为建造新校舍举行的设计竞赛。

麦金托什的获胜方案得到了学院的院长、艺术家弗朗西斯·亨利·纽伯里（Francis Henry Newbery）的支持，尽管理事会显然希望建造一座“朴素的建筑”。麦金托什提供给他们的设计是这样的：装饰仅应用于建筑内外有限的细节当中，结合了苏格兰地域特征及日本风的感觉。这座五层建筑以采自格拉斯哥南方吉夫诺克的粗粝的砂岩建造，分为两个阶段完成。第一期包括东翼与中央空间，建于1897—1899年。第二阶段于1907—1909年建造，完成了西翼与图书馆。依据工程记录，整个建造过程花费了47,416英镑。最终完成的建筑长74.7米，进深28.3米。建筑最高点高24.4米。朝向伦弗鲁大街的主立面上开了很大的窗子，为教室与工作室提供采光。两层高的图书馆是这座建筑被讨论和描绘最多的室内空间之一，内部全部采用染色鹅掌楸木饰面。

2014年校园扩建，在这幢历史建筑的正对面建造了一个全新的玻璃大楼，总建筑面积11,250平方米，设计师为史蒂文·霍尔（Steven Holl，1947— ）。如本页下方图片所示，2014年5月23日，一场灾难式的大火给这幢建筑造成了严重的损害，图书馆被烧毁了，不过一场耗资3500万英镑的重建工作已经自2016年底展开。如今的格拉斯哥艺术学院校园比从前规模大了很多，成为一个校园网络，包括距离主楼四个街区之外的、改造后的斯托学院，和远在新加坡的设计学校。

上左图　令人印象深刻的两层高的图书馆是这座建筑的设计重点，其独特的室内装饰也由建筑师本人设计。原空间毁于2014年的大火。

上右图　霍尔设计的塞奥娜·里德楼（Seona Reid Building，2014）位于伦弗鲁大街上，与麦金托什这座地标建筑正好相对。这座楼的建造对校园来说是必要而且紧迫的，它可容纳1900名学生。这座学院在新加坡也有一座分校，主要接收理工科学生。

2014年大火

2014年那场灾难性大火的主要成因似乎是一个投影仪在地下室里爆炸了。大火迅速蔓延到整座建筑，给这座标志性的学院与地标性建筑造成了巨大的破坏。所幸的是大火中没有人员伤亡，不过建筑的一部分被彻底烧毁了，包括它的图书馆。对这座建筑的修复是整个学校包括修建塞奥娜·里德楼在内的扩建工作的最后一步。

横剖面

这张剖面图中是 1909 年完成的建筑西侧加建部分（右）。演讲厅位于地下室，在它上方的主楼层是建筑工作室。位于同一侧二楼的是图书馆。固定的木屋架反映了传统的苏格兰男爵风格。左侧的工作室大窗朝向北方，这对艺术空间来说很合适。

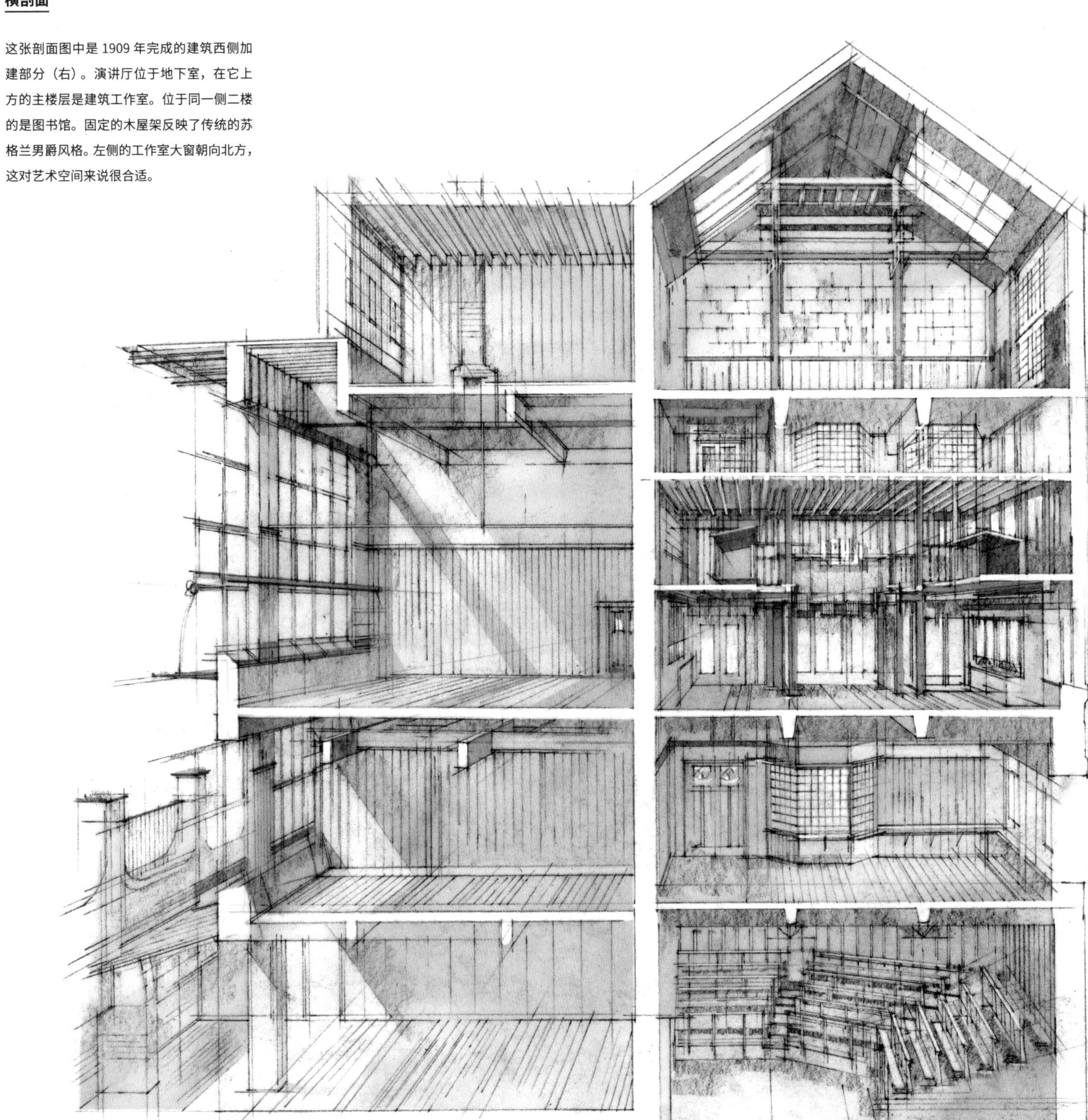

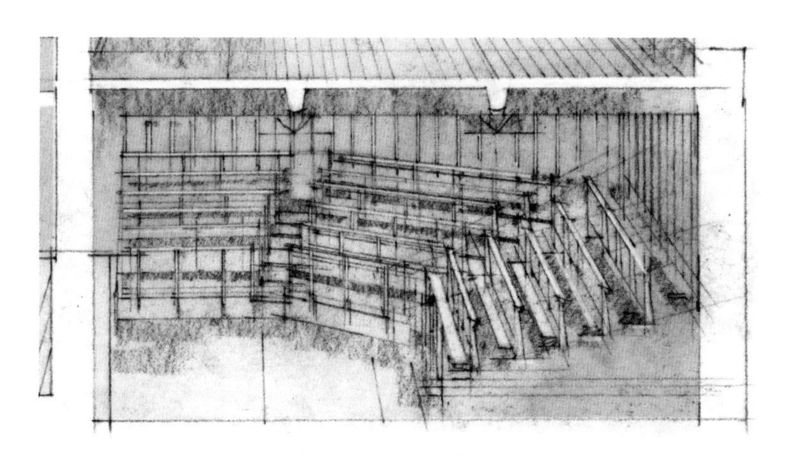

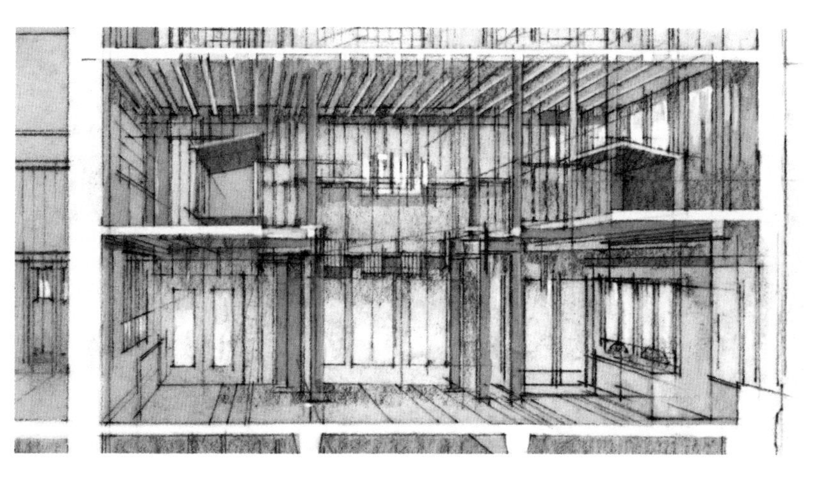

演讲厅

地下室形式的演讲厅有时也被称作演讲剧场，位于建筑西南角，有独立的出入口，以便开设公共演讲。这是一个没有窗的、墙面装饰了嵌板的空间，斜坡上的阶梯座位都朝向一个曲线形的讲台，在报告过程中可以在此展示相关物体。附近的塞奥娜·里德楼当中也设有一座演讲厅，进一步扩大了会演场所。画面中没有显示的是演讲厅下方的地下二层，主要用途为储藏室和管网设备间。

图书馆

壮观的两层高的图书馆之上，是空间更大的工作室，顶部带有巨大的天窗。图书馆在 2014 年的大火中被完全烧毁了，不过整体结构基本完好，重建时既用了在火灾中抢救出来的构件也用了替换的部分。这项工作中有一种材料非常重要，即鹅掌楸木，它经过轻度染色，突出了本身的质感纹理。新木材的颜色要比原有的浅，因为昔日的木材在一个多世纪的时间里颜色已变得很深了。

▶ **铁艺细节**

楼体沉重的砖石立面呈现出一种类似于工业建筑的外观，巨大的天窗与立面窗洞穿墙面。石材装饰仅限于主入口处。然而在巨大的工作室窗的底部，有大量新艺术运动风格的铁艺细节，暗示了人们是在这座建筑中进行艺术创作而不是生产工业产品。

包豪斯

所在地	德国德绍
建筑师	瓦尔特·格罗皮乌斯（Walter Gropius）
建筑风格	功能现代主义（Functionalist Modern）、欧洲现代主义（European Modern）
建造时间	1925—1926 年

德意志民主共和国曾经组织修复德绍的包豪斯校舍，以纪念这一现代主义里程碑成立 50 周年。重建工作虽然令人印象深刻，而更令西方旁观者们讶异的是，当时这座建筑正处在苏联军队住宅的包围当中。随着 1989 年柏林墙的倒塌以及之后德国的重新统一、原驻军返回俄罗斯，情况才发生了改变。德绍包豪斯基金会在 1996—2006 年间组织了另一次修缮工作，主要关注基础设施维修与设备维护。

包豪斯大楼的建筑师是瓦尔特·格罗皮乌斯（1883—1969）。他生于一个建筑师家庭，曾在慕尼黑与柏林学习。1907 年，他开始在彼得·贝伦斯（Peter Behrens，1888—1940）的建筑事务所工作，直至 1910 年与阿道夫·迈尔（Adolf Meyer，1881—1929）成立了自己的公司。他们曾一道设计了法古斯工厂（Fagus Factory，1910）并以此创造了历史——这座位于下萨克森州莱纳河畔阿尔费尔德的建筑是欧洲功能现代主义的早期案例之一。一战（1914—1918）期间格罗皮乌斯在军中服役并且得到了表彰，在此之后的 1919 年，他被邀请担任魏玛工艺美术学校（School of Arts and Crafts in Weimar）校长，后来他将这所学校重组为包豪斯。当魏玛当局由于资金原因在 1924 年关闭这所学校的时候，他对学校迁移至德绍起到了重要的作用。

德绍作为容克飞机公司的故乡，具有很好的工业基础，能够承担这所学校的设计产品可能的批量生产。格罗皮乌斯在 1925—1926 年设计了一些新型的、

极简主义的物品，并为包豪斯的教师们建造了导师住宅（Masters' Houses，1925）和其他建筑，例如经济型的托滕住宅区（Törten Estate，1926—1928）和劳动局办公楼（Arbeitsamt，1929）。

包豪斯校舍占地 23,282 平方米。格罗皮乌斯将建筑分为三个主要的部分以对应三种功能：三层楼的工作坊，内部为高挑开敞空间，带有大面积玻璃窗；三层楼的职业学校教学楼；五层楼的学生与员工宿舍，共有 28 套房，每套面积略小于 23 平方米，均带有阳台。职业学校与工作坊之间由一道设有行政办公空间的两层架空连廊相连，工作坊与宿舍之间的小建筑中容纳了礼堂与餐厅。室内墙面被漆上明快的色彩，是墙面涂料工作坊的导师辛纳克·谢帕（Hinnerk Scheper）设计的，从视觉效果上强调了平面化的结构元素。

格罗皮乌斯担任包豪斯校长直到 1928 年，接替他的是汉斯·迈耶（Hannes Meyer，1889—1954）。迈耶担任校长仅一年，他的左翼倾向导致他被撤换。路德维希·密斯·凡·德·罗（1886—1969）成为下一任也是最后一任校长，任期为 1930—1932 年。由于纳粹力量在市政府中逐渐强大，密斯被迫将学校迁往柏林，然而仅仅过了一年，纳粹便攫取了国家政权。1934 年格罗皮乌斯移居英格兰，又在 1937 年前往美国马萨诸塞州，成为哈佛大学设计研究生院的院长。1938 年密斯离开德国前往美国芝加哥，担任阿莫理工学院即后来的伊利诺斯工学院建筑学院的院长。迈耶在纳粹兴起之前就离开了德国，先是在 1930 年去了苏联，接下来在 1936 年回到了他的故乡瑞士，再接下来于 1939 年去了墨西哥的墨西哥城，1949 年再次返回瑞士。这几位校长的经历反映了当时许多包豪斯教师的移居过程，他们逃离欧洲大陆，前往美国、英国与澳大利亚等地定居。在第三帝国期间，包豪斯校舍曾被作为女校、行政办公楼与容克公司办公楼。它的工作坊部分在 1945 年 3 月 7 日的空袭中遭到破坏，战后得到加固，1975—1976 年经过再次维修。

上左图　宽阔的双边楼梯提供了既规则又富有动感的公共活动区域，可以通向礼堂等主楼层空间以及上部空间。奥斯卡·施莱默（Oskar Schlemmer）的《包豪斯楼梯》（*Bauhaus Stairway*，1932）画的就是这座楼梯，以及上楼的学生们。

上右图　礼堂远离主楼梯和前厅。固定于地上的一排排折叠椅由覆盖帆布的钢管制成。椅子最初使用的织物不是帆布，而是一种带金属片的材料。格罗皮乌斯希望包豪斯成为德国工业的设计智库。

德绍与现代主义

包豪斯与现代主义运动的联系广为人知，不过德绍还有另外几个建于两次世界大战之间的现代主义作品。其中包括格罗皮乌斯设计的带有曲线形走廊的劳工局办公楼（左图）、卡尔·菲格尔（Carl Fieger，1893—1960）设计的俯瞰易北河的谷仓餐厅（Kornhaus，1930）、格罗皮乌斯与迈耶在德绍-托滕区设计的住宅、格罗皮乌斯在托滕建筑群中的商业楼（Konsum Building，1928）等。由于包豪斯校舍及其他现代主义作品，德绍被联合国教科文组织列为世界遗产。

1 宿舍阳台

宿舍一翼以宽大的阳台为特色，阳台背后是狭小的仅有23平方米的生活空间。沿着走道设置了共用的淋浴间和休息室。如今的访客可以付费在这个极简公寓中过夜。

2 工作坊

庞大的钢筋混凝土工作坊一翼中包括了类似于工厂厂房的高挑开敞空间。格罗皮乌斯试图将这里建成他的设计智库的范本，但他让包豪斯成为德国工业的设计基地的梦想仅仅实现了一部分。

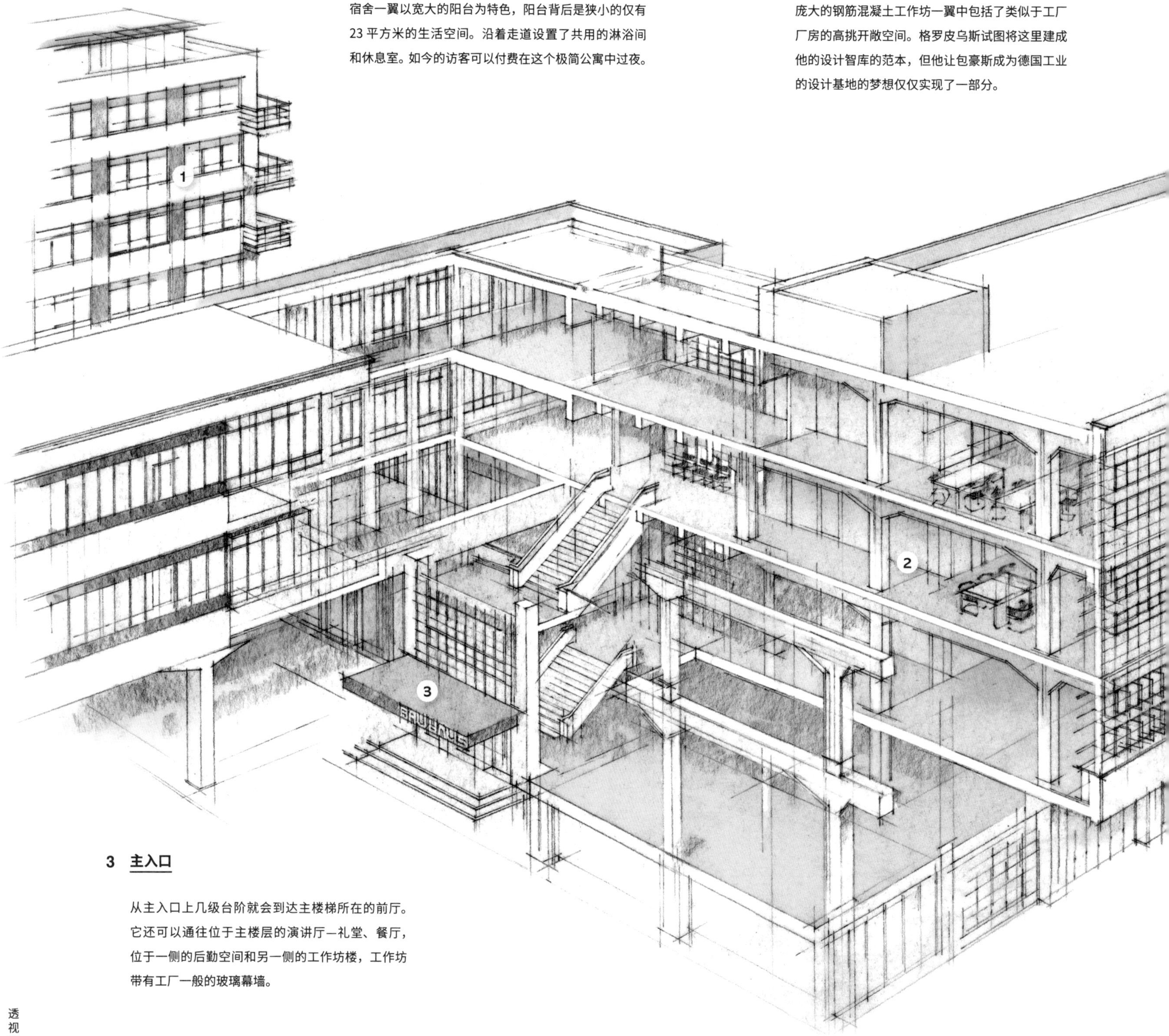

3 主入口

从主入口上几级台阶就会到达主楼梯所在的前厅。它还可以通往位于主楼层的演讲厅—礼堂、餐厅，位于一侧的后勤空间和另一侧的工作坊楼，工作坊带有工厂一般的玻璃幕墙。

窗子细节

工作坊一翼工厂般的玻璃幕墙的钢窗采用一套滑轮-铰链系统进行旋转。这一系统控制各组窗子以同样的角度开启，营造开窗的秩序感。

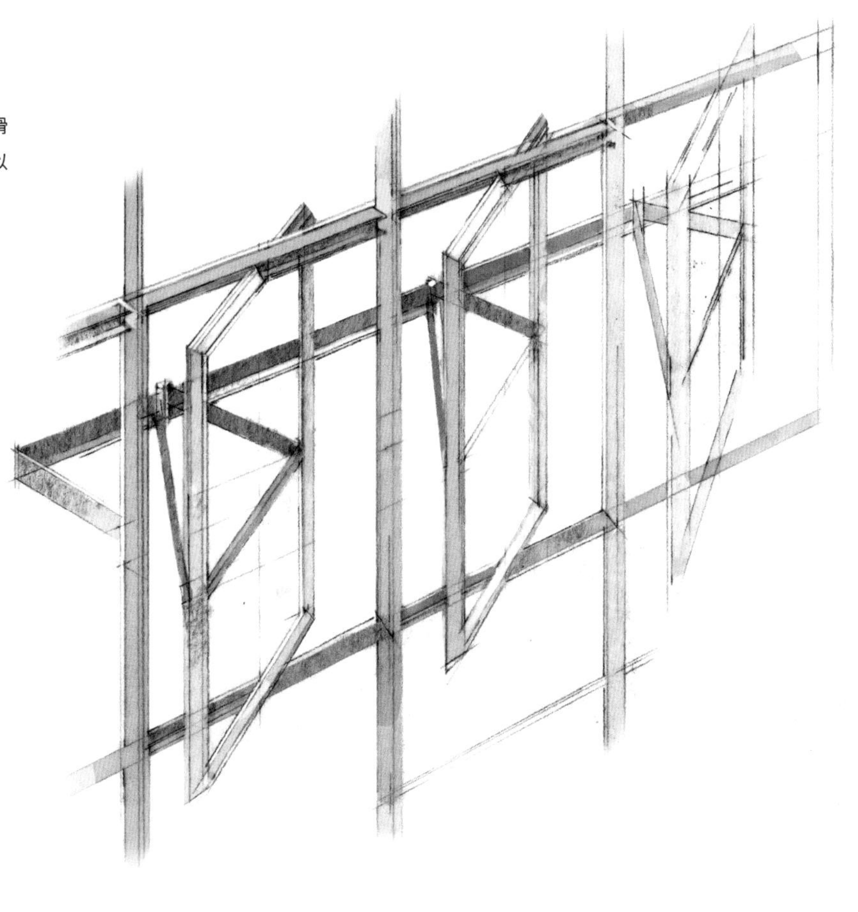

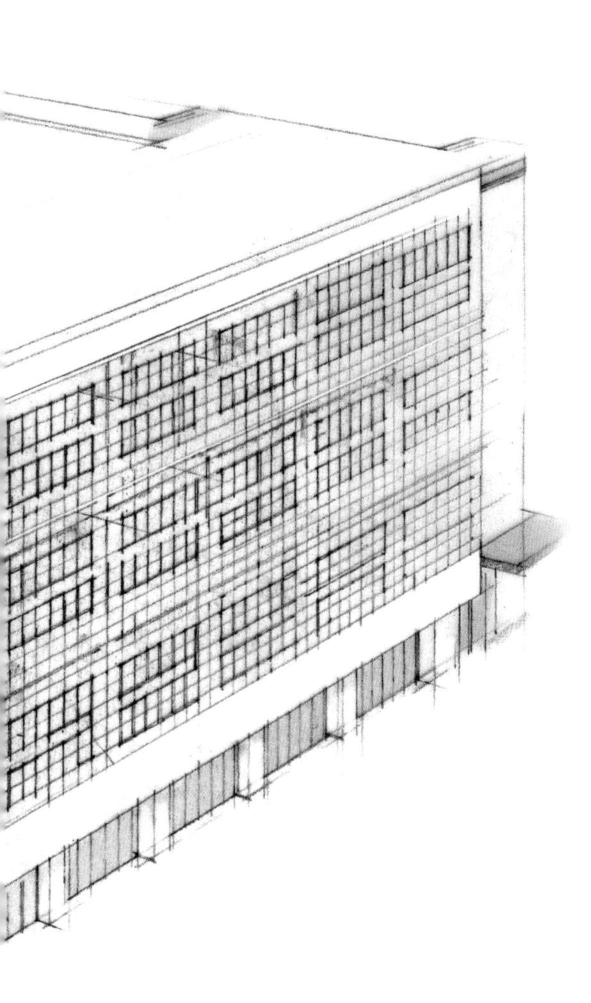

总平面图

这张总平面图中可以看到这一建筑群的五幢楼。从左到右依次是靠近道路的职业学校（A）、跨越车行道的行政办公桥（B）、主入口（C）和学生-职工服务空间、左上方的宿舍（D）和右下方的工作坊（E）。

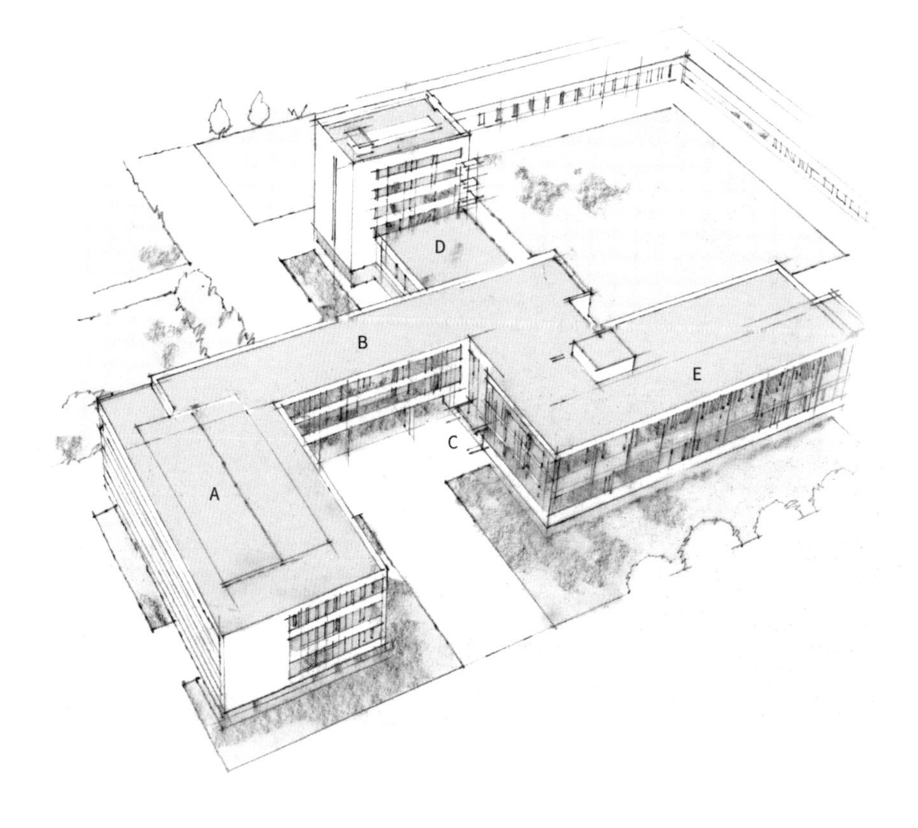

巴塞罗那馆

所在地	西班牙巴塞罗那
建筑师	路德维希·密斯·凡·德·罗，后由其他人重建
建筑风格	欧洲现代主义（European Modern）、国际式风格（International Style）
建造时间	1929 年初建，1986 年重建

“建造，不要说话”，“少即是多”，“上帝存在于细节之中”是路德维希·密斯·凡·德·罗（1886—1969）的一部分金句，如今已成为最常见的建筑格言。密斯是他那个年代最重要的建筑师之一，不仅因为他那些标志性的建筑作品，如芝加哥湖滨大道 860—880 号（860—880 Lake Shore Drive，1951）与纽约西格拉姆大厦（Seagram Building，1958），也因为自他 1938 年从德国来到阿莫尔工学院建筑学院之后，将它改组并入伊利诺斯工学院。当他为 1929 年的巴塞罗那世博会设计德国馆时，他是德国最前卫的建筑师之一。他试图使会馆成为魏玛共和国（1919—1933）期间国家现代文化的象征，并远离德意志帝国时期的古典主义语言，因为后者会令人想起恐怖的一战（1914—1918）。密斯将这座建筑设计为西班牙国王阿方索十三世与德国官员们的典礼空间。他还设计过一种以钢和皮革制成的宽椅子，被称为巴塞罗那椅。这两者都成为了现代主义的丰碑。

建筑建在洞石基座上，有两方倒影池，它的设计令人想到其他现代建筑风格的可移动墙面，例如荷兰风格派（Dutch De Stijl，见第 196 页）。然而这里是沉重的大理石自由墙体，八根纤细的镜面镀铬钢柱使屋顶看起来仿佛飘浮在空中。这座建筑如此大胆，又令人感到宁静，证明了密斯在细节设计与空间比例控制方面所具有的非凡天赋。

由于这本是一座临时展馆，将在 1930 年展会结束后拆除，它对于密斯来说也是一个尝试性作品。它

的开放性与密斯设计的那个时代更加封闭的住宅有很大差别，后者通常采用灰泥或砖墙面，带有较大的玻璃窗，例如位于克雷菲尔德的朗格与埃斯特斯住宅（Lange and Esters Houses，1928—1930）和位于柏林的莱姆克住宅（Lemke House，1933）。即便是在巴塞罗那馆之后不久设计的布尔诺的图根德哈特住宅（Tugendhat House，1930），朝向花园一侧的开窗基本接近于从地面到天花板的全玻璃墙面，朝向街道的立面则封闭得多了。有研究者认为，密斯的建筑是在他1937年离开纳粹德国到达美国之后才变得更加通透、更愿意采用大面积玻璃墙面的，所举的例子是普莱诺的范斯沃斯住宅（Farnsworth House，1951）和如今作为艾姆赫斯特博物馆的一部分的麦考密克住宅（McCormick House，1952），这两座建筑都在伊利诺斯州。从某种角度来看，巴塞罗那馆与密斯的一些未建成项目类似，如玻璃摩天楼（Glass Skyscraper，1922）和1930年代设计的大量庭院住宅——通常是简单的速写，画面中会有一个现代雕像，似乎用于标志尺度——是密斯向“近乎于无”转变的过程中的一个阶段。

这座建筑对密斯本人和整个20世纪来说，都是极其重要并且影响深远的，因此他的追随者们努力游说将其重建。1986年，在巴塞罗那市政府官员与克里斯蒂安·西里希（Cristian Cirici，1941—　）等建筑师的领导下，这座建筑得以重建，纽约现代艺术博物馆提供了相关档案，密斯的外孙、芝加哥建筑师德克·罗翰（Dirk Lohan，1938—　）也给予了帮助。如今巴塞罗那馆对公众开放，由密斯·凡·德·罗基金会管理运营。

路德维希·密斯·凡·德·罗

密斯曾经接受过石雕方面的训练，这可以解释他对于细节的热爱，不过，他对于比例也具有非同寻常的感受力。他曾经在彼得·贝伦斯与布鲁诺·保罗（Bruno Paul，1874—1968）的建筑事务所工作过，后来成立了自己的公司，主要设计相对传统的住宅。一战之后，他开始设计平面更加开放、更具现代主义风格的建筑，并且日益为人瞩目，其作品主要是私人住宅。移民美国后，他成功保住了自己的学术职位、追随者与更大规模的项目委托。

顶图　巴塞罗那馆的北侧有一个水池，当中是格奥尔格·科尔贝（Georg Kolbe）的《清晨》（*Der Morgen*，1925）的青铜复制品。原作位于柏林弗里德瑙区的塞西利安花园中，同在花园中的还有与它相对应的《黄昏》（*Der Abend*，1925）。

上图　宽敞的洞石庭院中有一座大水池，在建筑相对的一侧即雕塑《清晨》所在的位置则以较小的尺度重复了这一元素。水体的反光可以使建筑的窗子显得更加灵动，反之亦然。密斯在后来的建筑设计中也经常如此应用。

巴塞罗那椅

也许这座建筑中最广为人知的就是那个被称为巴塞罗那椅的椅子。它很宽，由钢与皮革制造，是为贵宾们专门设计的，用作典礼时的座位，西班牙国王阿方索十三世在世博会开幕式时就用过。从这个角度可以看出建筑师为了提升建筑形象所采用的丰富材料：罗马洞石、非洲缟玛瑙、希腊与阿尔卑斯大理石。

自由墙体

不同材质的自由墙面呈不对称布置，这在 1920 年代的现代主义建筑中是很典型的做法。密斯这些简洁的墙面也许受到了弗兰克·劳埃德·赖特早期作品的影响。赖特曾于 1910 年在柏林展览过那些作品，当时正值他的作品集在德国出版，出版商为 E. 瓦斯穆特（E. Wasmuth），作品集中包括了赖特的绘画、建筑平面图及照片。

水体特色

呈矩阵布置的洞石台基支撑着墙面和一方倒影池。在密斯 1930 年代诸多没能建成的庭院住宅设计中，经常能看到水池或类似的开放空间，空间中常常放置一个风格化的雕塑。大萧条导致了这些建筑被搁置。在那段时间，密斯的收入主要来源于家具专利而不是建筑设计。

飘浮的屋顶

巨大的屋顶看似飘浮在墙体上方，仿佛几乎没有重量。密斯采用了异常纤细的十字形镜面不锈钢柱来营造这种效果。1920 年代的德国人在此类产品的研发中处于领先地位，纽约克莱斯勒大厦（1929—1930，见第 38 页）中采用的不锈钢即产于德国。

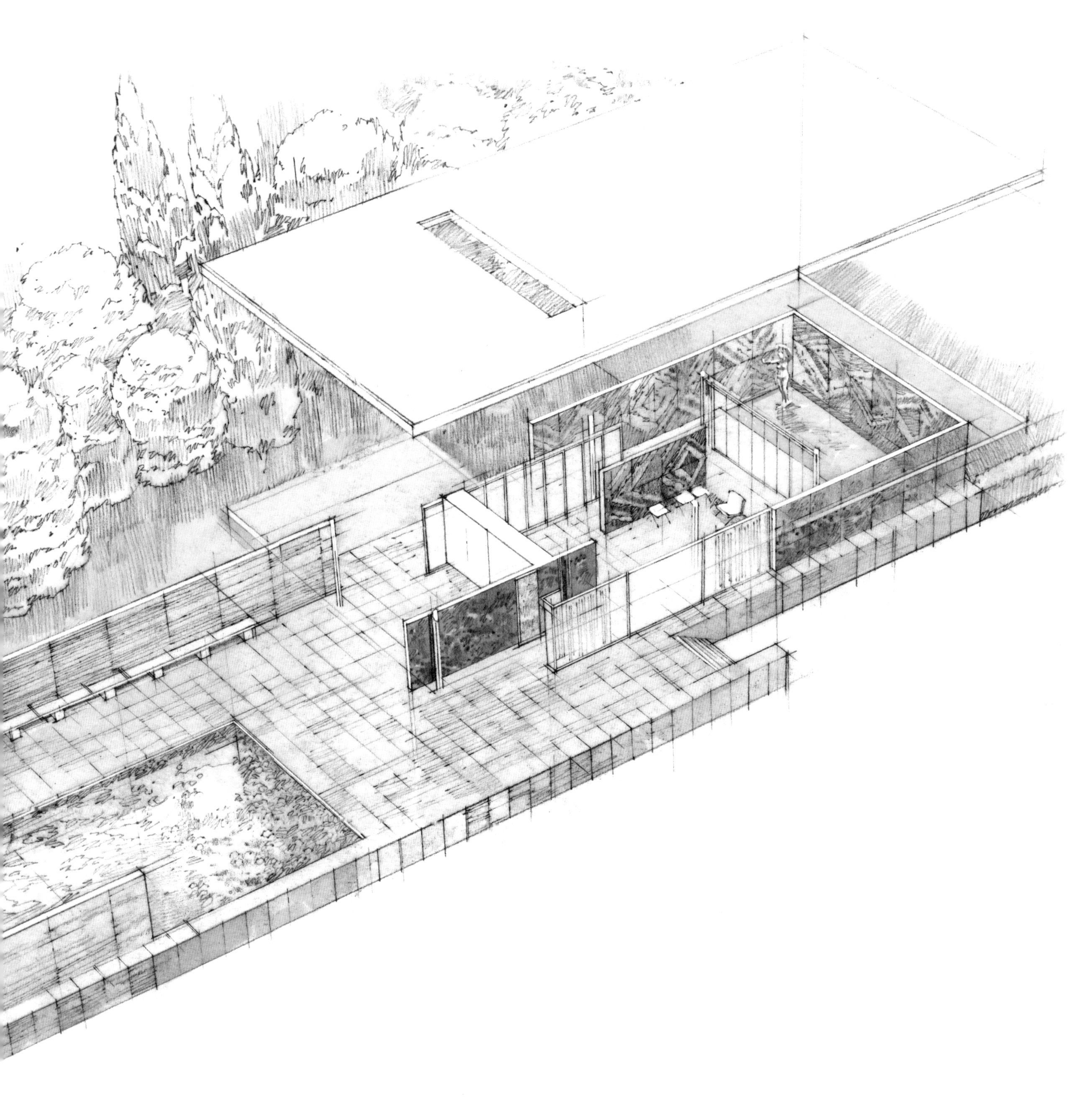

所罗门 · R. 古根海姆博物馆

所在地	美国纽约州纽约
建筑师	弗兰克 · 劳埃德 · 赖特
建筑风格	有机现代主义
建造时间	1956—1959 年

从某种角度来说，纽约的所罗门 · R. 古根海姆博物馆是那些位于世界各地以古根海姆冠名的当代艺术博物馆的总部。从德国柏林、西班牙毕尔巴鄂（见第 168 页）、阿联酋阿布扎比到意大利威尼斯都有古根海姆博物馆，甚至还曾计划扩张至赫尔辛基，然而由于资金原因，此计划在 2017 年遭到了这座城市的拒绝。这个成功运营的博物馆集团最初开始于矿业大亨与艺术收藏家所罗门 · R. 古根海姆，他希望创立基金会与博物馆来支持当代艺术。他的基金会在 1937 年建立，两年后第一个博物馆开幕，名为抽象画博物馆（Museum of Non-Objective Painting），位于曼哈顿中区东 54 街 24 号，是一个由汽车展厅改造成的小门面。他们收集了很多重要的藏品，因而 1943 年，古根海姆与他的顾问希拉 · 冯 · 瑞贝（Hilla von Rebay）委托弗兰克 · 劳埃德 · 赖特（1867—1959）设计了一座更大的、长期的展陈建筑。古根海姆在 1949 年去

世，在他生前与死后，这座博物馆的设计方案及选址都在不断修改。最后博物馆终于在 1959 年建成，位于曼哈顿上东区的第五大道上，对着中央公园。尽管建造过程中遭遇多个市民团体的反对——他们认为赖特的设计太激进，也与第五大道周边的建筑风格不符，然而这一设计最终还是实现了。

赖特用混凝土实现的螺旋形设计来源于他的未建成方案——位于马里兰州舒格洛夫山的戈东·斯特朗汽车营地（Gordon Strong Automobile Objective, 1924），他为位于旧金山梅登路 140 号的商店改造所设计的旋转坡道（1948）也可作为一个早先的尝试案例。在古根海姆博物馆方案中，他最初想以石材建造，但由于预算有限而采用了混凝土，他也非常欣赏混凝土的可塑性以及表达创造性“想象力”的能力。赖特希望空间是流动的，墙壁、地面与天花板融为一体，为艺术家与博物馆参观者创造一种动态的观展体验。他希望这是一种不间断的体验，而这遭遇了许多阻力，很多人认为这种空间会使人忽略展品，不符合展览高雅艺术常用的白色中性的矩形盒子式空间。

古根海姆博物馆在 1956 年破土动工，总面积约 7432 平方米，3 年之后建成开放。尽管这座建筑壮观的中厅常常用于展示大尺寸的雕塑装置或举办主题活动，作为一个代表性的空间，却很少用来展示绘画。在最初的设计当中，馆内还有一座喷泉，同样可以安放艺术装置，此外赖特也设置了更具实用性的礼堂、书店和咖啡厅。他曾经计划在附近垂直矗立一座 10 层高建筑以提供办公空间并扩大画廊，不过这一想法直到 1991—1992 年才得以实现。格瓦思米·西格尔联合事务所（Gwathmey Siegel and Associates）为博物馆加建了一座 6 层高的楼宇，其中包含 4738 平方米展陈面积与 1393 平方米办公空间。2008 年 WASA 工作室与其他专家一起重修了这座博物馆的中厅与天窗。此外 3 号咖啡厅和赖特餐厅也分别在 2007 年和 2009 年改建，设计师均为安德烈·奇考斯基（Andre Kikoski, 1967— ）。这些修复与扩建工作服务于每年 100 多万名访客，此访客人数在纽约排名第 4。

上左图　统领一切的博物馆中厅坡道的曲线是这个入口空间最具特色之处，与此相辅相成的还有倾斜的天窗。这个大空间曾经用来展示大尺寸的装置。

上右图　如今高水准的餐厅对于博物馆来说是必不可少的，还必须匹配优雅的餐厅空间设计。餐厅及零售店设计师安德烈·奇考斯基为古根海姆博物馆设计了两处空间。图中的赖特餐厅使他获得了 2010 年詹姆斯·比尔德基金会奖，该奖项为出色的餐厅设计而设置。

旧金山梅登路 140 号

在古根海姆博物馆之前，赖特设计过几个采用圆形或半圆形的建筑，其中之一还采用了室内曲线坡道。这些设计大多在二战之后，正处于他 20 世纪中期的现代主义时期，距离他在 20 世纪早期做的那些直线型的草原学派（Prairie Schools）的建筑已经很久了。最明显的与古根海姆类似的早期案例是赖特在 1948 年为旧金山梅登路 140 号的 V. C. 莫里斯礼品店（V. C. Morris Gift Shop）所做的改造。室内被从巨大的屋顶天窗投下来的光线照亮。天窗下设置了圆形曲面白色有机玻璃板构成的天花板，使阳光形成漫射效果（左图）。这一空间在 21 世纪早期修缮过。

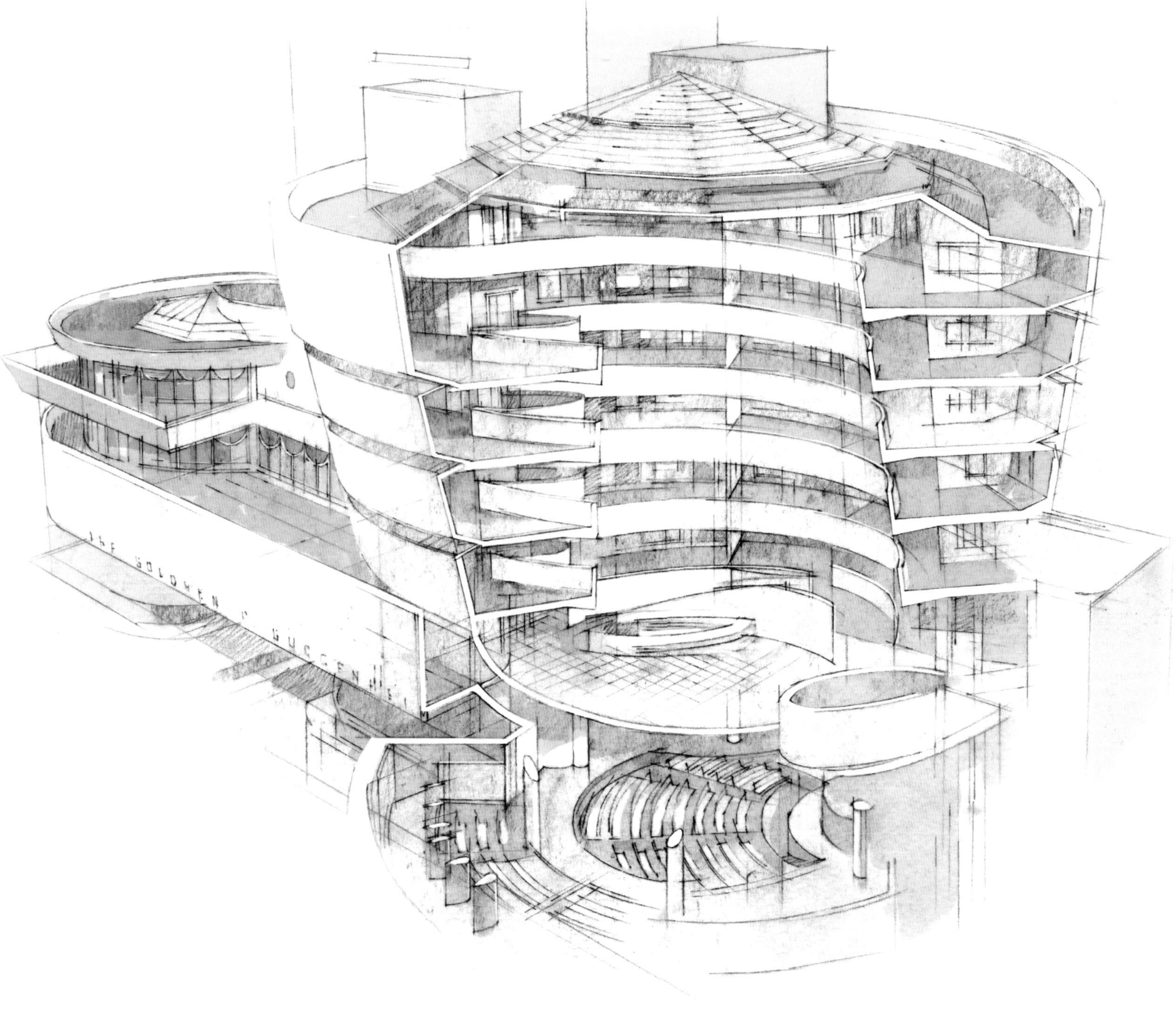

服务区

就像其他多层建筑一样，这个塔状混凝土服务区包含了电梯等交通空间以及通向卫生间和主楼各层空间的通道。赖特最初想在这个空间上方设置镜面屋顶，用来反射中厅天窗的光线。

博物馆零售店

位于平台尽端的两层高圆厅内部是 3 号咖啡厅，提供简餐，面积约 78.7 平方米，可容纳 40 人就餐。设计师是安德烈 · 奇考斯基，他还设计了赖特餐厅，面积约 148.6 平方米，位于博物馆的另一端，其中布置了 58 个座位和一张共享餐桌。

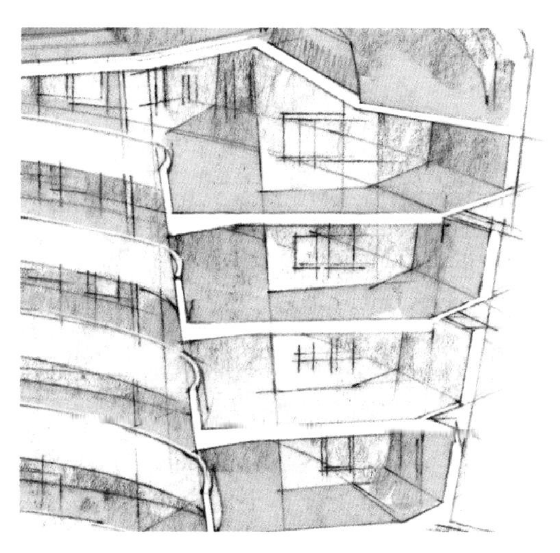

同心展廊

带有螺旋形坡道的中厅是这个博物馆的标志性空间。它带给来访者动态的参观体验，尽管艺术家和博物馆管理员或许会认为它将妨碍人们把注意力专注于艺术品，曲线形的墙面也不适合悬挂大尺寸的平面画作。

塔楼

位于入口侧边的罗纳德 · O. 佩雷尔曼圆厅（Ronald O. Perelman Rotunda）高约 28 米，这个高大的空间带有一些半个世纪之前布扎艺术博物馆穹顶的空间特征。赖特最初在这里设计了一个喷泉，想以此将自然元素引入室内，不过这个想法对美术馆来说并不适合。

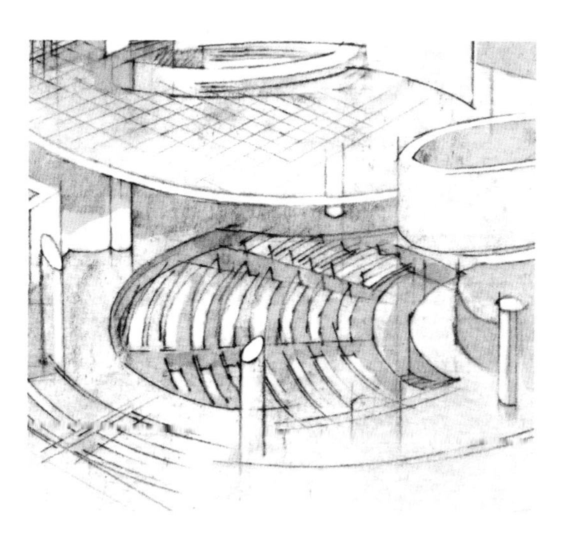

剧场

彼得 · B. 刘易斯剧场（Peter B. Lewis Theater）是由赖特设计的，可以容纳 290 名观众。向心式排列的阶梯座椅可为观众提供最好的视觉效果，其半圆形令人想起上层的中厅空间。

楼层平面图

图示为赖特最初设计的博物馆 3 个主楼层的平面图，加上地下室，总面积为 7432 平方米。在 1992 年和 2008—2009 年两次比较大的维修工程中，这些空间的大部分被重整修缮过。

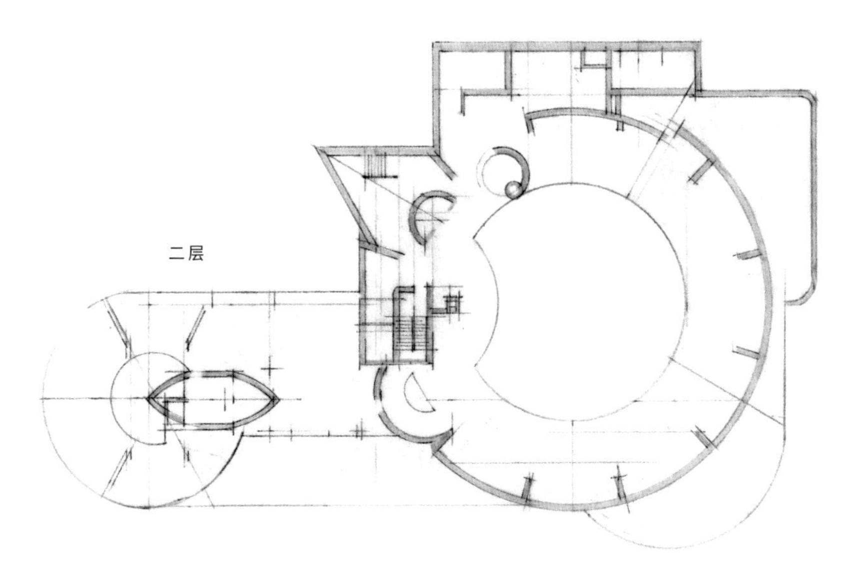

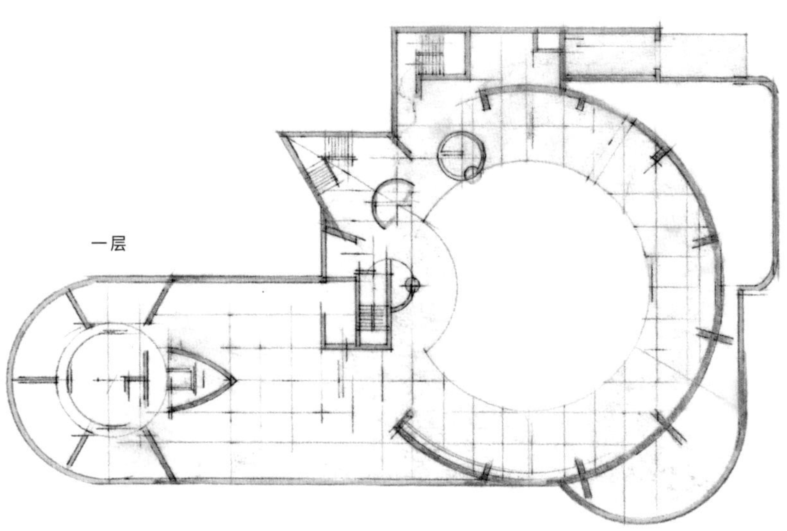

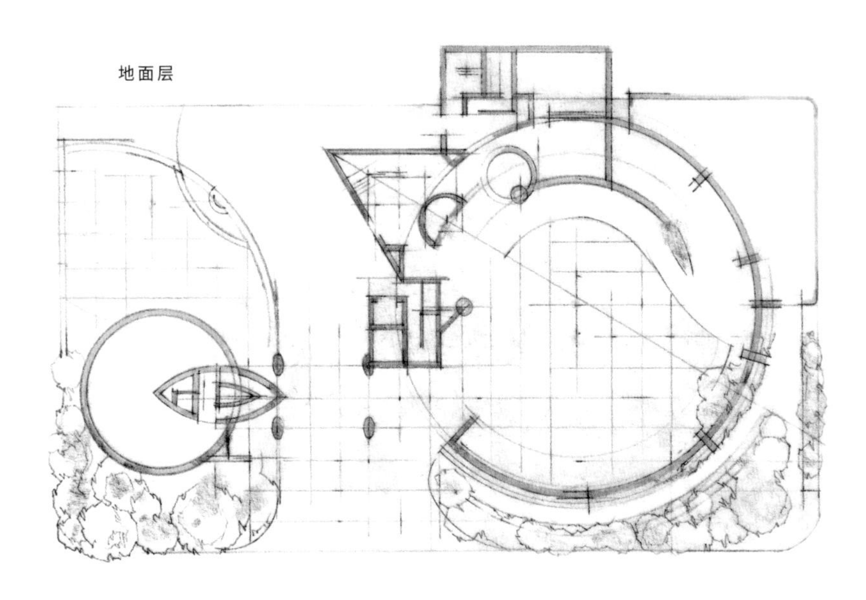

博物馆办公塔楼

格瓦思米 · 西格尔联合事务所（如今为格瓦思米 · 西格尔 · 考夫曼建筑事务所）设计了这座毗邻博物馆的 8 层办公塔楼。这座建筑提供了新的办公、展陈及服务空间。它表面包裹了石灰岩，与原有建筑相连的部分是钢和玻璃的结构。

倾斜的曲线展廊

格瓦思米·西格尔的扩建使得博物馆可以将办公与服务部门挪到新的塔楼中去，在原有建筑中留出更多的展陈空间。在这张剖面图中，能够很明显地看出向心的曲线形墙面存在的问题。起初，艺术家们认为这种曲线形的设计会导致作品无法被合理摆放与欣赏。

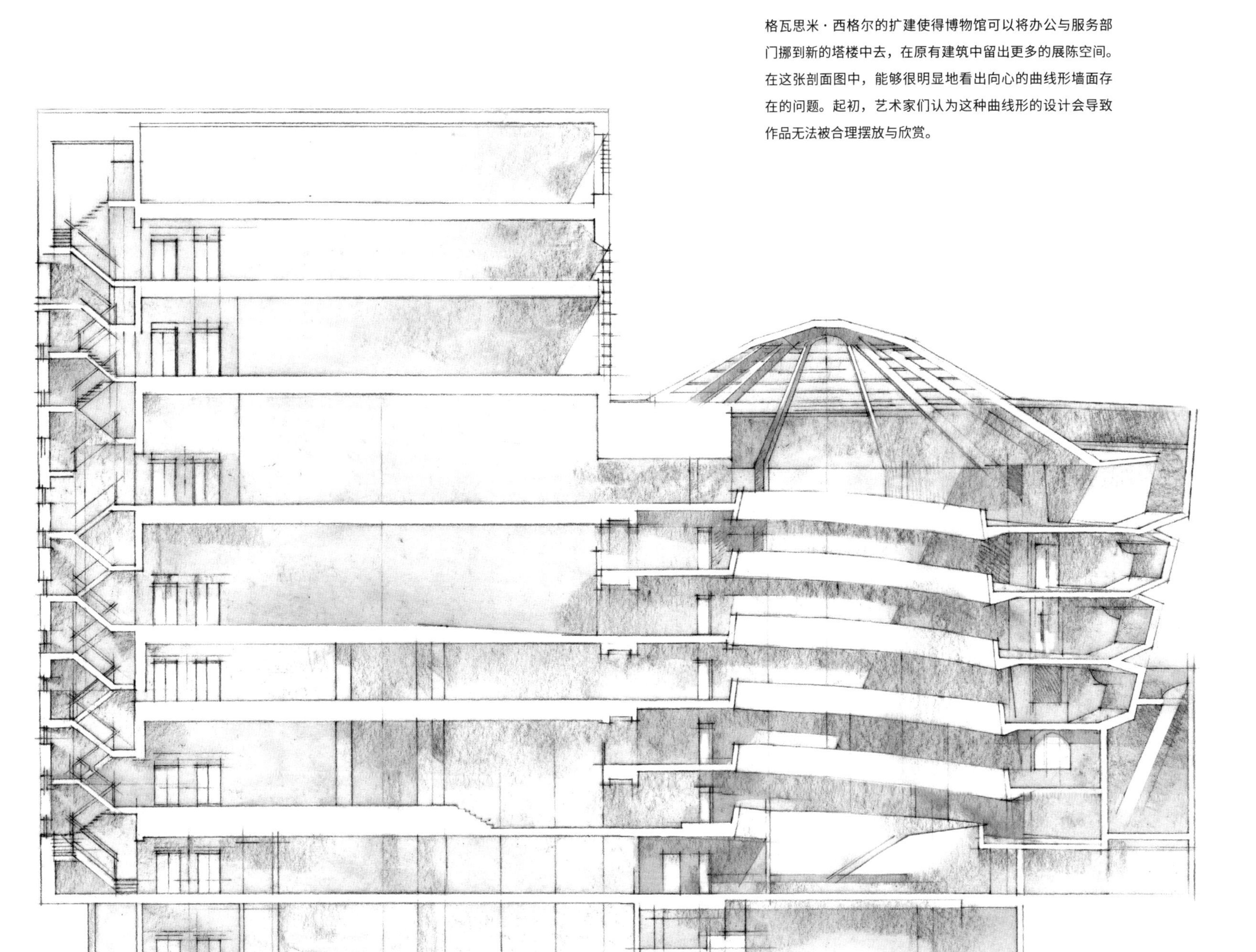

柏林爱乐音乐厅

所在地	德国柏林
建筑师	汉斯·夏隆（Hans Scharoun）
建筑风格	现代表现主义（Expressionist Modern）
建造时间	1956—1963 年

当柏林爱乐音乐厅在1963年10月15日开放时，它即被宣告为现代德国自由的象征。它位于重生的西柏林，距离民主德国在1961年树立的柏林墙仅几步之遥。乐团的指挥赫伯特·冯·卡拉扬1960年9月19日曾亲自为它奠基，并在后来的开幕音乐会中选择了路德维希·凡·贝多芬的《第九交响曲》（1824），以表达对这座交响乐厅的激进设计的热情支持。这座建筑的设计者是德国表现主义建筑师汉斯·夏隆（1893—1972）。

建筑师夏隆与指挥家冯·卡拉扬都经历过恐怖的二战。他们的职业生涯都颇具争议，不过原因各自不同。这位奥地利指挥家曾经是纳粹党的一员，在战争期间成为熠熠生辉的交响乐新星。战后，他成功摆脱了与纳粹的联系，作为柏林爱乐乐团的首席指挥家获得了国际声誉。他在1955年获得这一职位，并一直担任至1989年去世。出生于不来梅的夏隆于1912—1914年在柏林学习建筑，学校是柏林科技大学的前身；其后一战期间在军队服役。战后他成为德国先锋艺术家中的一员，和“桥社”（Die Brücke）的艺术家、“环社”（Der Ring）与“玻璃珠链”（Die Gläserne Kette）等前卫建筑师团体均有联系。他在1930年代早期最著名的作品是位于柏林的住宅，它们常常带有动态的曲线元素，此外还有位于洛博的施明克住宅（Schminke House，1930—1933），它具有引人瞩目的有机形态和流线型形式。

在第三帝国时期，夏隆只设计了几个私人住宅，

左图　较小的室内音乐厅也将交响乐团和指挥放在了空间正中，这使得无论从舞台到观众席还是从观众到表演者，各个方向的视线均不受阻隔。

柏林文化广场

文化广场是作为战后西柏林的象征进行规划的，位于臭名昭著的柏林墙附近。其中冷战期间的重要建筑包括两个最大的夏隆作品——爱乐音乐厅（右上角）和国家图书馆（左下角），还有密斯的新国立美术馆和迈克尔·威尔福德（Michael Wilford，1938— ）与詹姆斯·斯特林（James Stirling，1926—1992）设计的WZB柏林社会科学中心（WZB Berlin Social Science Center，1988）。

并参与一些被轰炸地区的重建工作。战争过后，他在自己的母校任教，在此期间他接受的主要委托项目有斯图亚特的罗密欧与朱丽叶公寓（Romeo and Juliet Apartmens，1959）、巴西利亚的德国大使馆（German Embassy in Brasilia，1969），以及一些在他死后才得以完成的建筑，尤其是沃尔夫斯堡剧院（Theater Wolfsburg，1965—1973）和柏林国家图书馆（Berlin State Library，1967—1978）。他的战后代表作则是柏林爱乐音乐厅和相邻的室内音乐厅（Chamber Music Hall，1987），后者由他构思，但是由他的合伙人埃德加·维希涅夫斯基（Edgar Wisniewski，1930—2007）完成。

这个主要采用混凝土和钢材的音乐厅建造方案在1956年的设计竞赛中胜出。富有雕塑感的体量使它成为柏林文化广场这一艺术街区的主要建筑。此街区建造于1959—1964年，紧随其后进行的一项重要加建项目是路德维希·密斯·凡·德·罗（1886—1969）设计的新国立美术馆（New National Gallery，1968）。音乐厅金色的氧化铝表皮于1978—1981年安装完成，屋顶上的凤凰形状的雕塑由汉斯·乌尔曼（Hans Uhlmann）创作，纪念西柏林在战争的灾难后复生。这座建筑多角形的外观曾经被认为借鉴了20世纪早期表现主义者们设计的“城市之冕”（Stadtkrone）的概念。门厅地面组合了自然石材和艺术家埃里克·F. 罗伊特（Erich F. Reuter）设计的马赛克图案。最夺目的空间则是演奏厅，交响乐团的乐池位于中央，四周环绕了2440个座位。屋顶位于演奏者上方22米，这是由著名声学家洛塔尔·克雷默（Lothar Cremer）计算决定的，此外还有帐篷形状的天顶及其三个凸出的部分。风格与它类似的室内音乐厅位于附近，可容纳1180名听众。

导演维姆·文德斯（Wim Wenders）接受《独立报》关于电影《文化大教堂》（*Cathedrals of Culture*，2014）的采访时说：“没有冯·卡拉扬，这座建筑无法建成。让交响乐团（以及指挥！）居于房间正中，这种布局是革命性的……卡拉扬明白夏隆的设计意图，而且我猜，他也明白这将使他处于人们注意力的焦点。”

门厅与楼梯

参观者从几层高的入口开始，走上倾斜的钢楼梯与平台，穿过同样倾斜的柱墩和混凝土圆柱，到达交响乐厅的座位席。门厅中有一些独具特色的室内装饰，例如由罗伊特设计的嵌在天然石材地板中的彩色马赛克图案，据说是受到了约翰·塞巴斯蒂安·巴赫（Johann Sebastian Bach）的作品的启发，以及由亚历山大·卡马罗（Alexander Camaro）设计的位于二层的大幅染色玻璃窗，由金特·塞曼克（Günther Ssymmank）设计的多角形球灯等。卡费尔特建筑事务所（Kahlfeldt Architekten）在 2002 年为大厅设计了一个书籍和礼品商店。

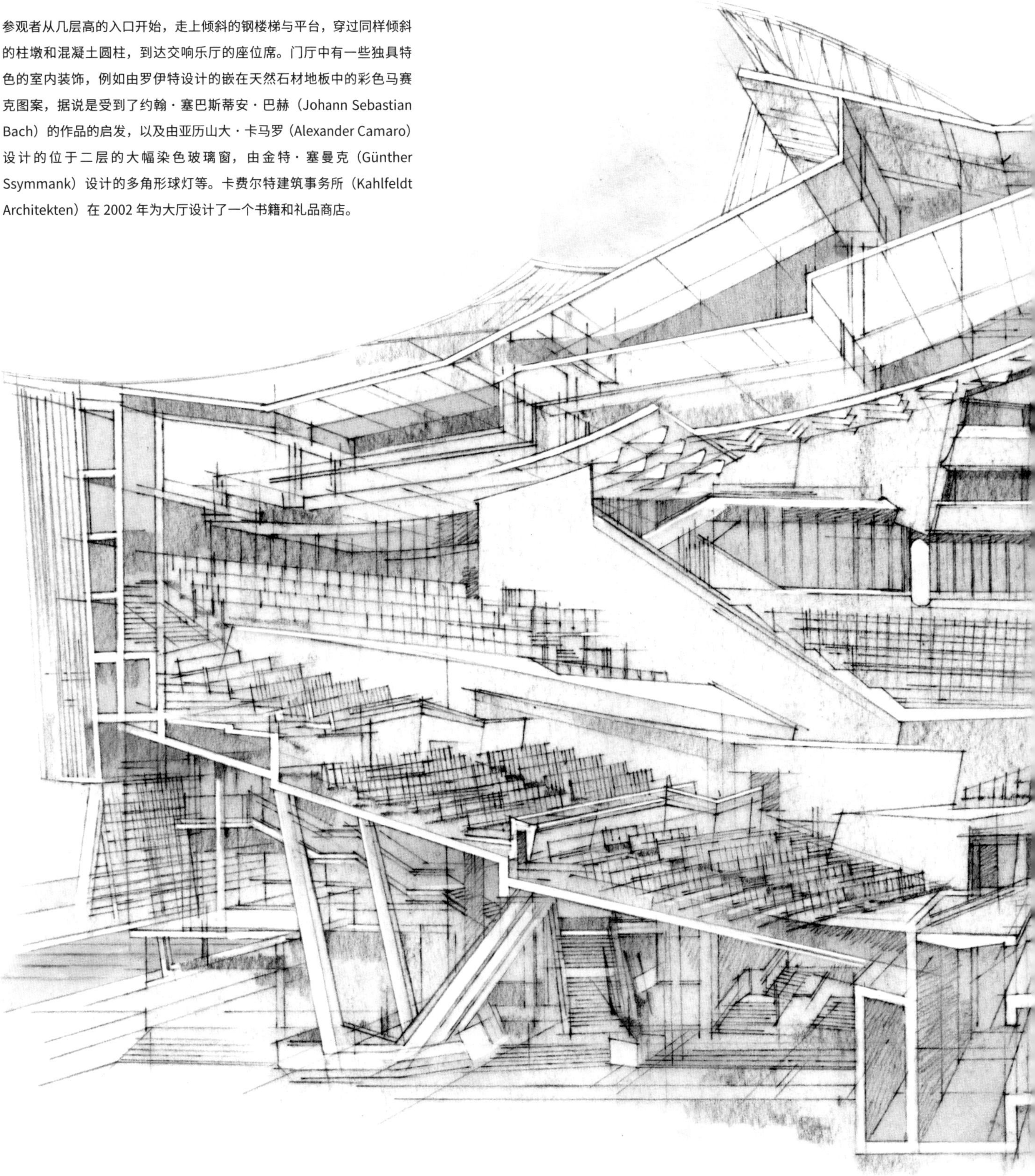

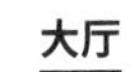

大厅

夏隆与声学家洛塔尔・克雷默合作，为提升交响乐厅的音响效果，确定了大厅多角形的绿柄桑木墙面和可容纳 2440 名观众的阶梯座位。这些座位曾被比喻为环绕山谷的坡地葡萄园。这种颇为民主的座位安排似乎影响了许多音乐厅空间，如丹佛、莱比锡和悉尼的音乐厅（见第 150 页）。

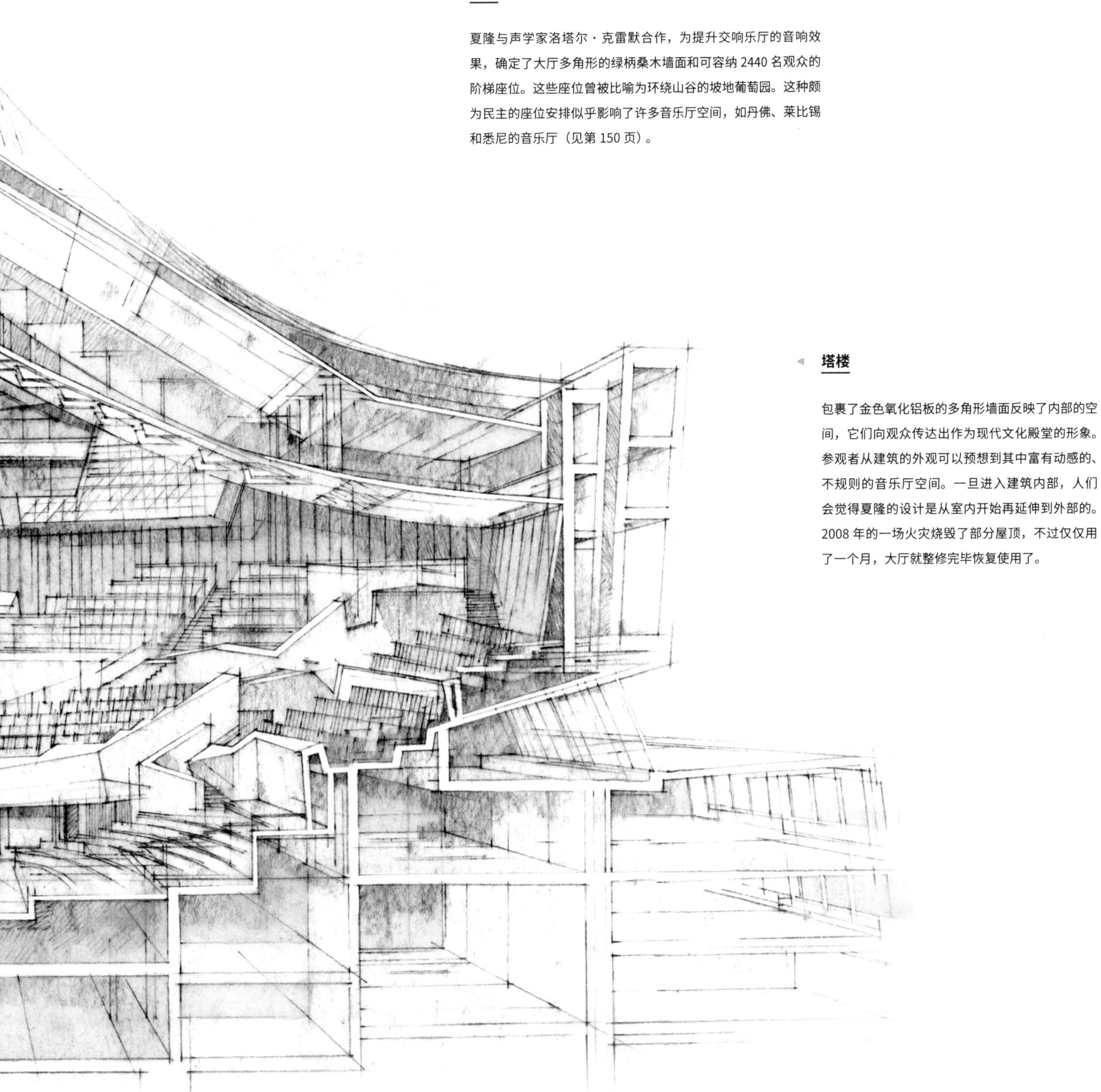

塔楼

包裹了金色氧化铝板的多角形墙面反映了内部的空间，它们向观众传达出作为现代文化殿堂的形象。参观者从建筑的外观可以预想到其中富有动感的、不规则的音乐厅空间。一旦进入建筑内部，人们会觉得夏隆的设计是从室内开始再延伸到外部的。2008 年的一场火灾烧毁了部分屋顶，不过仅仅用了一个月，大厅就整修完毕恢复使用了。

楼层平面图

这张拼合的平面图可以看出入口层与音乐厅层的多角形空间形态，可以通过外观感受到其部分室内效果。如今爱乐音乐厅与建造得晚些、规模较小的室内音乐厅通过一条走道相连。这两座建筑都将演奏者的位置设置在了大厅中央，观众席环绕着舞台布置，形成一种民主式的布局，与传统的音乐厅平面有很大不同。

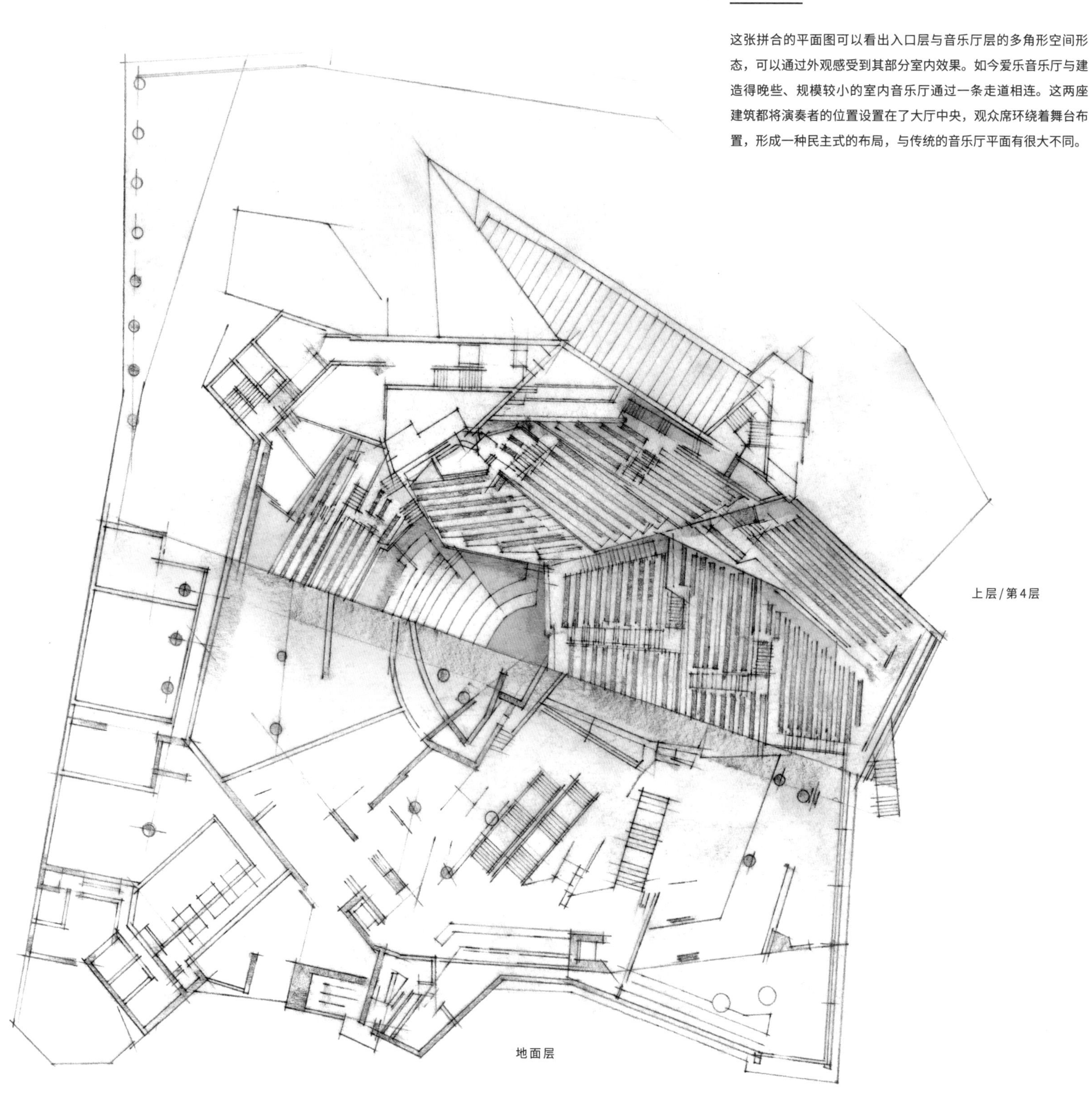

总平面图

这张文化广场的平面图中包含了夏隆设计的爱乐音乐厅（右侧）和位于它左侧的室内音乐厅及国家图书馆。后者上方是密斯设计的新国立美术馆。这些主要建于1960年代的建筑是冷战期间联邦德国的文化标志，爱乐音乐厅右侧是双重混凝土建造的柏林墙所围出的无人地带。自1990年统一之后，东西柏林曾经分裂的遗迹如今已经很少了，在这个地块的东侧，很快建成了波茨坦广场，包括公共广场及交通枢纽。

图例

A 爱乐音乐厅
B 室内音乐厅
C 新国立美术馆
D 柏林国家图书馆
E 装饰艺术博物馆
F 圣马修教堂
G 艺术图书馆
H 国立乐器研究学院与乐器博物馆
J 蒂尔加藤公园
K 伊比利亚-美洲研究所图书馆
L 柏林表演艺术剧院

金贝尔艺术博物馆

所在地	美国得克萨斯州沃斯堡
建筑师	路易斯·康
建筑风格	有机现代主义
建造时间	1966—1972 年

路易斯·康（1901—1974）十分关注自然光如何照亮空间并丰富建筑体验，他的这一理念广为人知。他对自然光效接近迷恋的态度使他获得了大量建造重要艺术馆的委托。路易斯·康出生于爱沙尼亚，1924 年毕业于宾夕法尼亚大学。1920 年代晚期，他曾经为一些保守的现代建筑师工作，如保罗·菲利普·克雷（Paul Philippe Cret，1876—1945），1930 年代的大萧条期间及 1940 年代的战争期间，他还任职于现代主义建筑师乔治·豪（George Howe，1886—1955）和奥斯卡·斯托罗诺夫（Oscar Stonorov，1905—1970）的建筑事务所。1950 年代晚期，他形成了明确的个人风格，在这一阶段所设计的建筑也最为知名，如纽约州罗切斯特的唯一神教派第一教堂（1959—1969）与加利福尼亚州拉荷亚的索克生物研究所（1959—1965）。它们均采用纪念性建筑简洁、干净的砖石形式，内部空间开设窗洞口，创造出戏剧化的自然采光效果。

位于得克萨斯州沃斯堡的金贝尔艺术博物馆（1966—1972）是康设计的第一个艺术博物馆。财力雄厚的实业家维尔马·金贝尔（Velma Kimbell）与收藏家妻子将他们的财富留给了金贝尔艺术基金会，而后者的任务就是建造一座艺术博物馆。基金会聘请了洛杉矶县立艺术博物馆的前馆长理查德·法戈·布朗（Richard Fargo Brown）担任第一座博物馆的馆长。布朗期待这个博物馆本身成为一种艺术宣言，和其中收藏的绘画与雕塑作品传达的旨趣一样。新建筑选址于城市文化区，占地 3.8 万平方米，附近有赫伯特·拜耶（Herbert Bayer，1900—1985）设计的沃斯堡社区艺术中心（Fort Worth Community Arts Center，1954）和菲利普·约翰逊（Philip Johnson，1906—2005）设计的阿蒙·卡特美国艺术博物馆（Amon Carter Museum of American Art，1961）。考虑到这些建筑的设计师如此声名显赫，金贝尔艺术博物馆也必须聘请一位地位相当的建筑师。在面谈了包括马塞尔·布劳耶（Marcel Breuer，1902—1981）与路德维希·密斯·凡·德·罗在内的若干建筑师之后，康被选中了。也许是因为他那些卓越的作品如索克研究所，或因为他新近被选为达卡的孟加拉国国民议会大厦设计师。也许更主要的原因是布朗对这座新建筑中自然采光的兴趣，这让他倾向于选择康。

康与顾问工程师奥古斯特·科缅丹特（August Komendant，1906—1992）共同创造了这座低调的钢筋混凝土建筑，其细部非常美丽。建筑主体是16个薄壳筒拱形成的管状空间，每个长度为30.4米，宽与高均为6米。二层的拱形画廊空间顶部设有天窗，天窗下带有穿孔铝板反射幕，形成漫射效果。空间尽端设置了洞石饰面的墙体，筒拱外侧则包裹了铅皮屋顶。间或布置的庭院调节了拱形画廊构成的序列。景观平面中的拱形开放门廊是依据景观设计师哈丽特·帕蒂森（Harriet Pattison）的规划方案设置的。下方楼层中包括了主入口、办公室与工作室。

如今金贝尔艺术博物馆从永久藏品中选择了350件艺术品陈列展示。2007—2013年，原馆主入口西侧建起一座新馆，设计师是伦佐·皮亚诺（1937— ）。这座新馆总建筑面积为7987平方米，用于专题活动、大型观演项目、临时展览及地下停车等。

上图 康独创的博物馆的筒形拱位于这张图片的上半部，伦佐·皮亚诺的扩建位于右下方。皮亚诺在他职业生涯的早期曾经在康的建筑事务所中工作。他在此做了一个节制的现代主义方案，试图与康的这座地标式建筑形成一种致敬式的视觉对话——它那91米长的对称立面呼应了康的建筑立面。

康的艺术博物馆

金贝尔艺术博物馆的成功使康获得了更多的博物馆项目委托，其中最突出的是耶鲁大学艺术画廊（Yale University Art Gallery，1953）和耶鲁英国艺术中心（Yale Center for British Art，1974）。后者室内的格栅形结构（左图）在外立面上也有同样的表达，展厅被设计为自然采光的庭院。2008—2013年，这座博物馆经历了全面整修。外立面材料为哑光钢材和玻璃，室内则以洞石、橡木和亚麻进行软装。

礼堂

最初由康设计的礼堂可容纳不到 200 人。在伦佐·皮亚诺设计的扩建建筑中，新增了一座可容纳 299 人的大礼堂。康的礼堂空间从二层向下延伸到一层，以便设置阶梯座位和舞台。

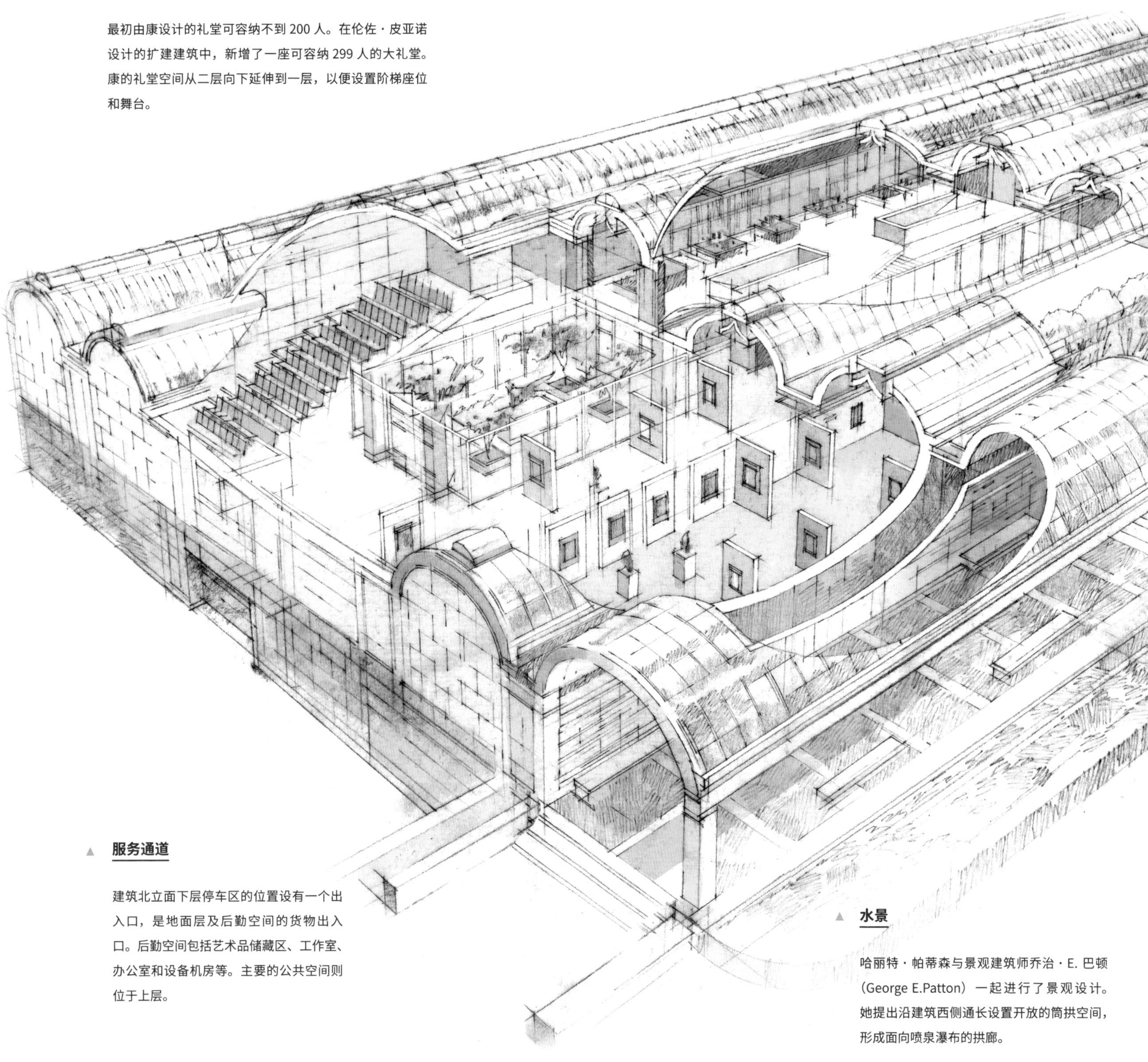

服务通道

建筑北立面下层停车区的位置设有一个出入口，是地面层及后勤空间的货物出入口。后勤空间包括艺术品储藏区、工作室、办公室和设备机房等。主要的公共空间则位于上层。

水景

哈丽特·帕蒂森与景观建筑师乔治·E. 巴顿（George E.Patton）一起进行了景观设计。她提出沿建筑西侧通长设置开放的筒拱空间，形成面向喷泉瀑布的拱廊。

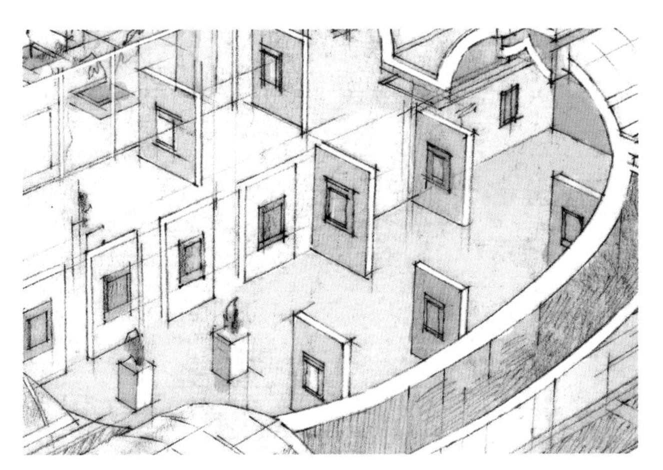

画廊墙面

画廊室内用以展示画作的固定墙面的混凝土细部非常漂亮，同时也为特殊展览的布置设计了活动隔墙。以混凝土为主的室内还采用了洞石和橡木装饰细部，康在日后其他博物馆中也延续了这一设计。

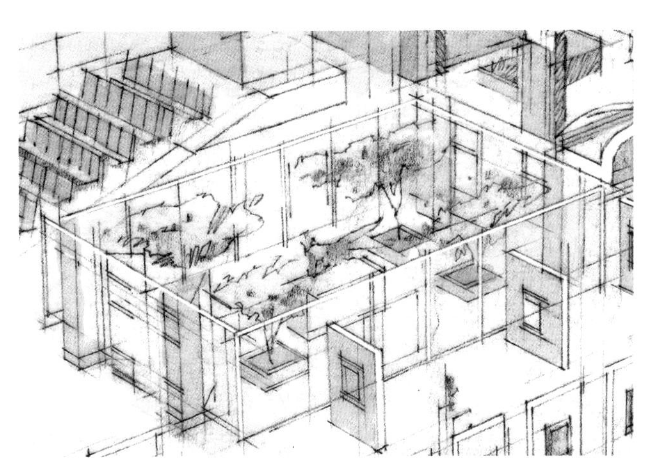

庭院空间

玻璃隔出的庭院间或打破了连续的混凝土圆筒构成的序列。它们仿佛是长筒中充满自然光的绿洲。康在后来设计的博物馆中也设置有庭院，最著名的是耶鲁英国艺术中心。在金贝尔艺术博物馆中，这些庭院偶尔用来展示雕塑。

圆筒形结构

这座建筑由 16 个平行的现浇混凝土筒形拱组成，每个筒拱长宽高分别为 30.4×6×6 米。拱外部覆盖以铅皮屋顶，顶部中央开了一条狭长的天窗，使自然光可以照亮下部空间。在这个空间中，康采用铝板将自然光漫反射至墙上。

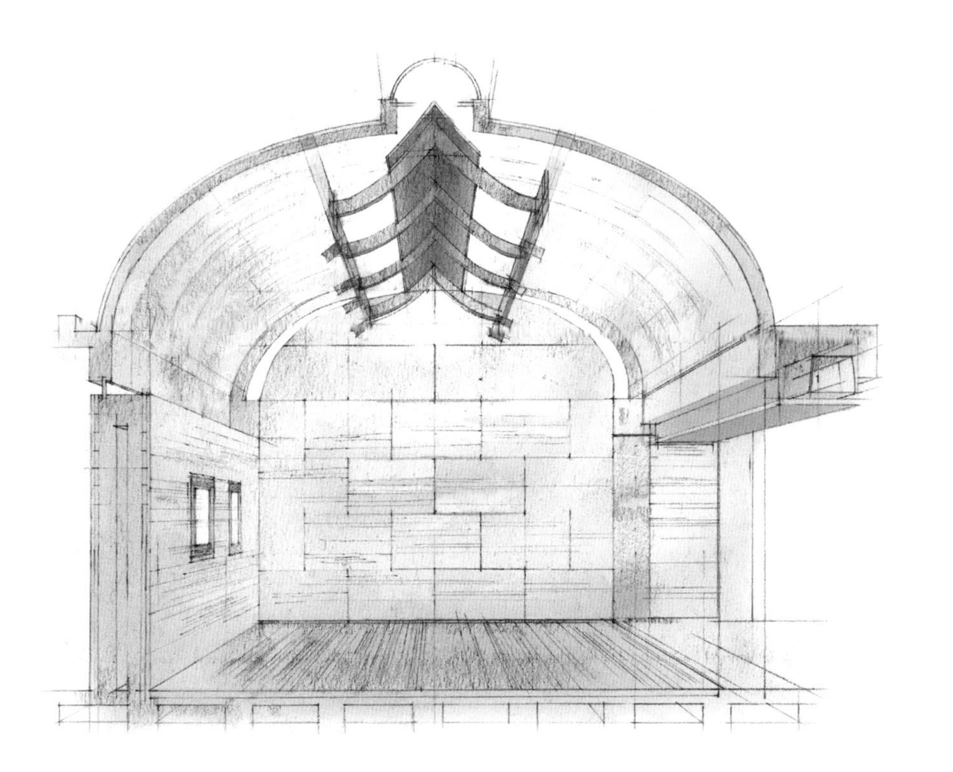

悉尼歌剧院

所在地	澳大利亚悉尼
建筑师	约恩·伍重（Jørn Utzon）、彼得·霍尔（Peter Hall）
建筑风格	有机现代主义
建造时间	1957—1973 年

各种类型的建筑都有可能引起争议，不过通常由政府拨款即纳税人提供资金建造的公共建筑尤为受人关注，它们很容易变成争论的主题。由丹麦建筑师约恩·伍重（1918—2008）设计的悉尼歌剧院就是一座这样的建筑。1957 年他通过竞赛赢得了这个项目，并在 1959 年前往澳大利亚开始着手工作。他最初设计的壳体是同心椭圆的，并且得到了竞赛评委的欣赏，不过后来更改为更易于建造的球面瓣，使整个形体看起来更像是剥橘子的动作分解图。每个壳体直径大约为 75.2 米。伍重与奥雅纳结构工程公司（Ove Arup and Partners）一起完成了这些壳体的建造，通过在预制混凝土构件外部覆盖奶白色瓷片将其实现，瓷片总数超过 100 万片，其高度相当于一座 22 层建筑。整个建筑群占地 1.8 万平方米，基座以粉色花岗岩贴面，室内则采用白色桦木胶合板。建筑中有 7 个表演空间，最大的音乐厅（Concert Hall）可容纳 2679 名观众，较小的表演空间之一是小剧场（Playhouse），设有 398 个座位。每年有超

过 120 万名观众前来欣赏各类表演或参与活动。

在建造过程中，伍重与政府官员在汇报方式、时间计划、屋顶设计、胶合板室内材料的变更，以及预算和相关的大规模超预算等方面均不能达成共识，这导致伍重在 1966 年辞去了此项目建筑师的职务。本地建筑师彼得·霍尔（1931—1995）接替了这项工作，他对原方案的幕墙与室内设计，特别是专门用于交响音乐会与歌剧的空间略加修改并建造完成。当建筑于 1973 年建成后，它的总造价为 1.02 亿澳元，而最初计划是 1963 年完成，预算为 700 万澳元。

尽管没有参加 1973 年 10 月 20 日举行的官方落成仪式，在伍重离开这个项目之后 30 年，他与悉尼歌剧院信托基金会重建联系，制定了未来的加建与改造导则。最先改造的是伍重厅（Utzon Room，2004），这是一个多功能的娱乐与活动空间。事实上它也是这个建筑群中唯一完全由伍重设计的空间。其他的改造从 2006 年开始，包括为行动不便的顾客增设出入口，以及使人们在剧院大厅能看到海湾的景观。伍重在 2003 年获得了声望卓著的普利兹克建筑奖，当时他正着手这些改建。这意味着他对建筑学的贡献以及这座位于悉尼的代表作品终于得到了官方的肯定。此时距离他去世只剩下几年的时间。在伍重为歌剧院制定设计导则的时候，他曾经说："我的工作是明确整体形象并且详细制定地块、建筑形式及室内的设计原则。我倾向于将悉尼歌剧院看作一件乐器，就像所有的精密乐器一样，如果它希望始终保持最高的演出水准，就必须不时维护和调整。"

伍重的建筑

如果悉尼歌剧院的建造过程不是如此崎岖的话，伍重也许早就成为国际建筑明星了。他设计的其他建筑一直不引人瞩目，从丹麦哥本哈根的贝格斯瓦尔德教堂（Bagsvaerd Church，1976）到科威特城的国民议会大厦（National Assembly，1985）。还有一个沧海遗珠的项目是位于英格兰哈福德郡哈彭登的阿姆住宅（Ahm House，1962，右图），是伍重为其设计伙伴戴恩·波夫·阿姆（Dane Povl Ahm）设计的。阿姆当时是设计悉尼歌剧院结构的奥雅纳结构工程公司合伙人，后来又成为董事长。

上左图　琼·萨瑟兰剧场（Joan Sutherland Theatre）。这个带台口的剧场是此建筑群中第二大表演空间，有超过 1500 个座位。乐池可以容纳 70 名演奏者。

上右图　在伍重离开之后，彼得·霍尔负责了大部分室内设计的工作。图示船头形状的平台提供了绝佳的朝向海湾的景观台。

混凝土壳体

竞赛的评委们喜欢伍重的高拱的椭圆形抛物线混凝土壳体方案，而它们后来被改成了现在的基于球面的壳体，类似被剥开的橘子。悬挑的屋顶令人想起悉尼的峭壁和海湾的帆船。壳体最高处相当于 22 层楼高。图中所示的是琼·萨瑟兰剧场所在的那座较小的建筑的屋顶轮廓。

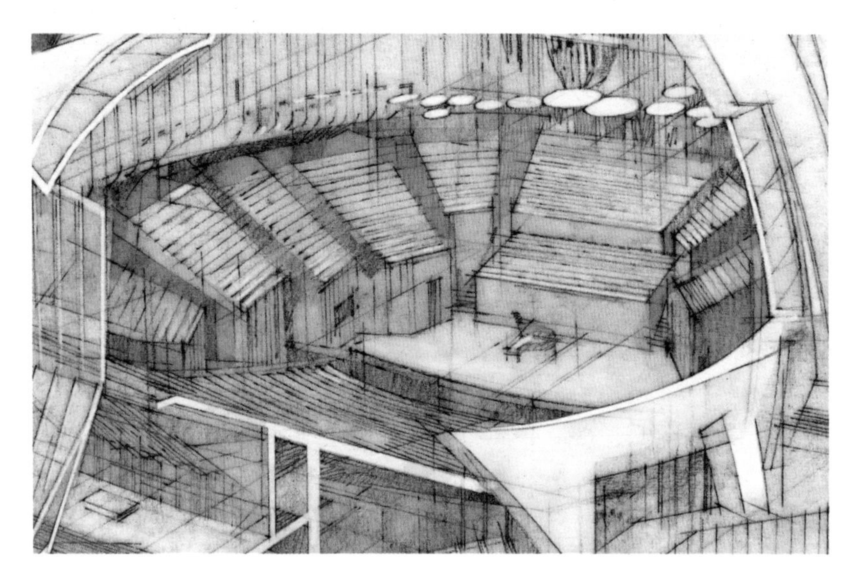

音乐厅

音乐厅可以容纳超过 2000 名观众。其乐池位于音乐厅中央，观众席呈阶梯分布，这种布局据说受到了柏林爱乐音乐厅（1956—1963，见第 140 页）的启发。它是悉尼交响乐团和澳大利亚室内乐团常驻的音乐厅。室内采用了澳大利亚桦木饰面。主厅下方是排练室与 544 座的戏剧厅（Drama Theater）。

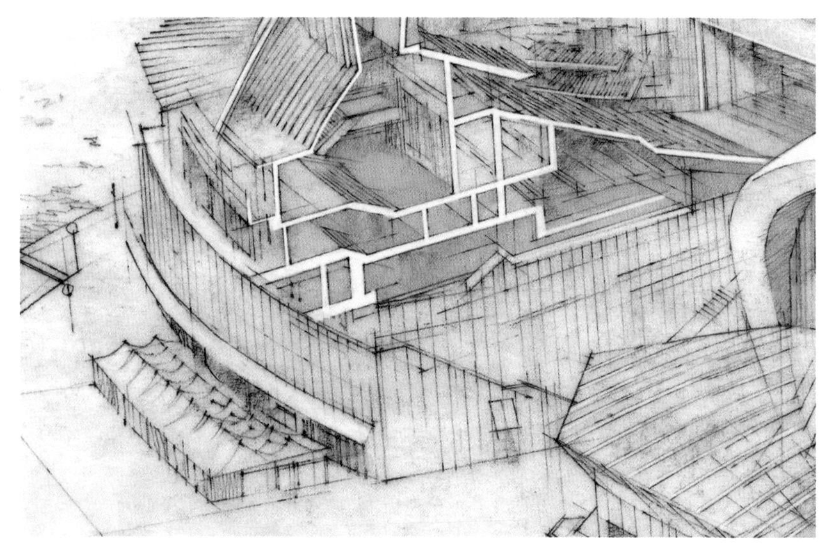

弓背形状的基座

图中显示了建筑下方玻璃覆面的基座，其中设置了行政办公室，并且可以欣赏到壮丽的海湾景观。临近的建筑中也可以看到类似的景观，它于相应位置设置了一个画廊餐厅，正位于琼·萨瑟兰剧场下方。这些玻璃结构均位于一座平台上。此平台是个巨大的混凝土基座，其基础由 700 根钢管灌注桩支撑。

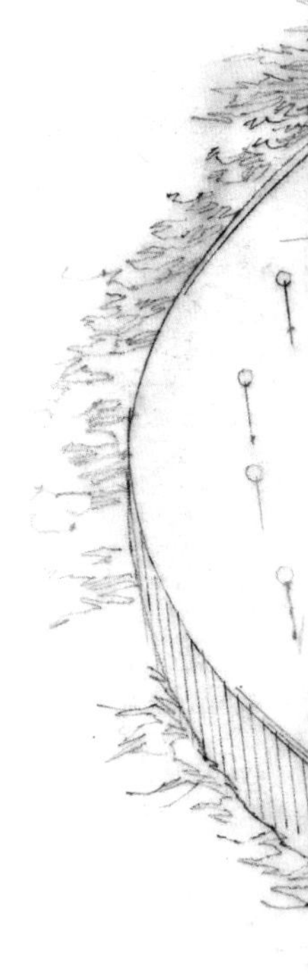

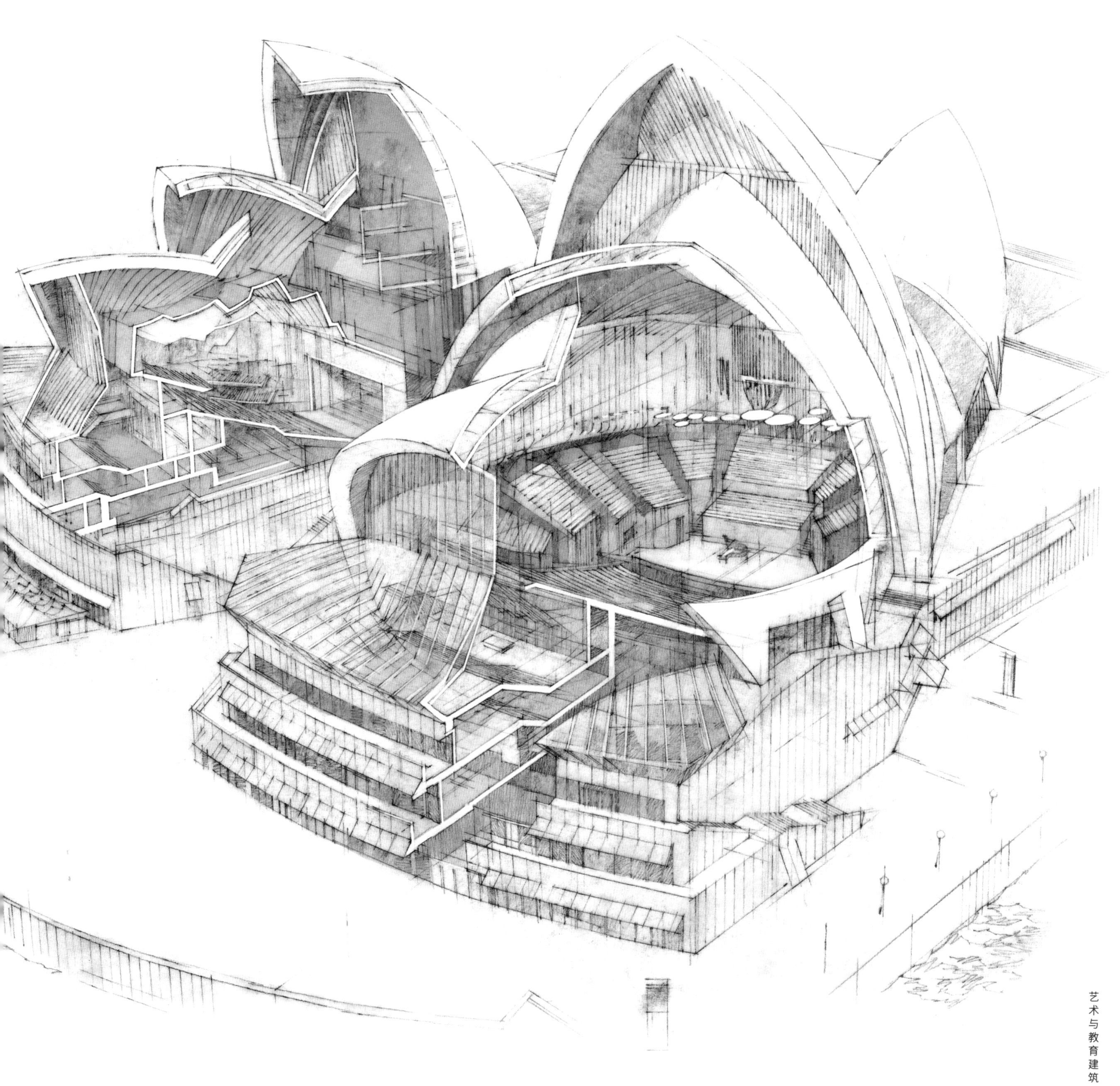

琼·萨瑟兰剧场

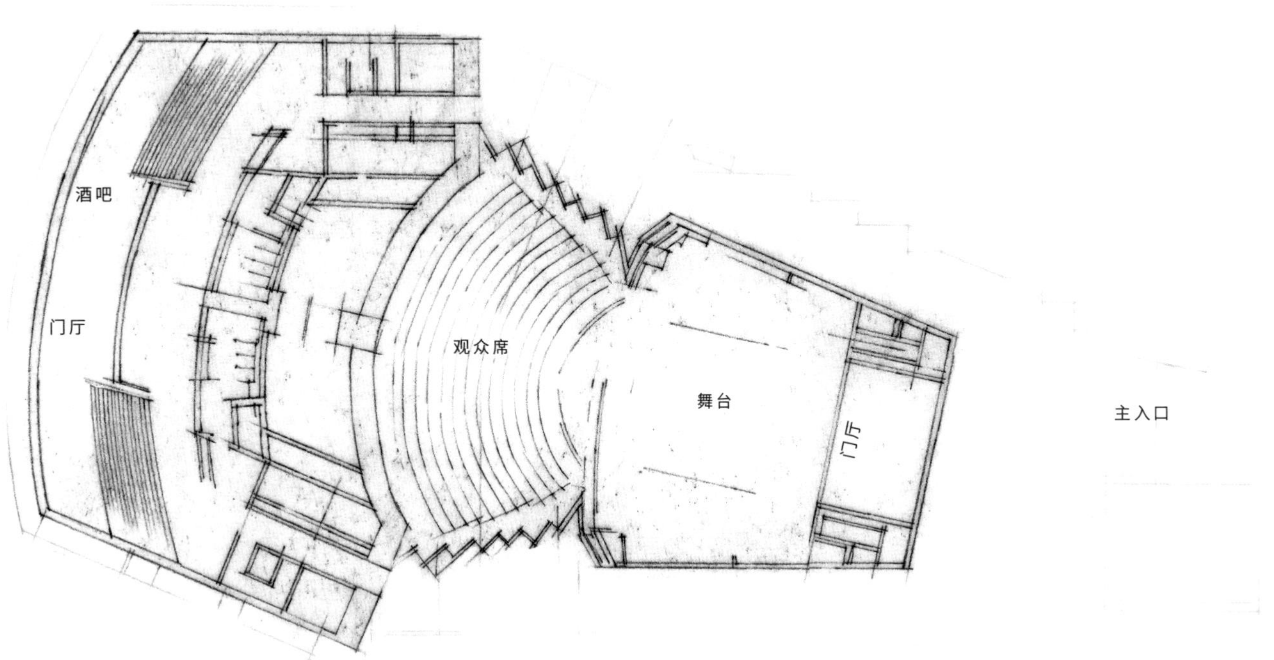

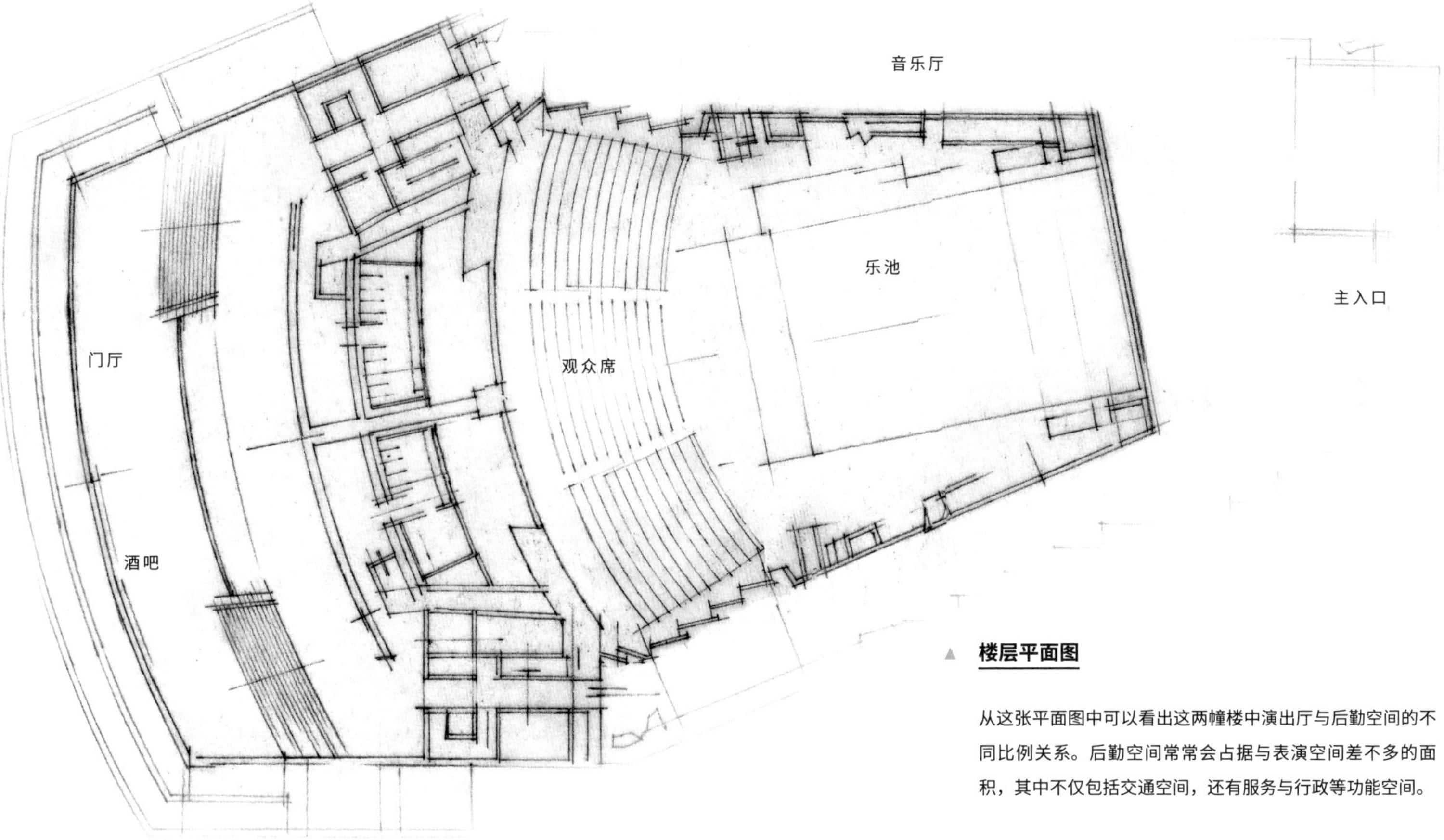

▲ **楼层平面图**

从这张平面图中可以看出这两幢楼中演出厅与后勤空间的不同比例关系。后勤空间常常会占据与表演空间差不多的面积，其中不仅包括交通空间，还有服务与行政等功能空间。

覆瓷片的屋面框架

混凝土屋面结构由 2194 片预制混凝土板及最高 65 米的混凝土肋组成。屋顶表面覆盖了超过 100 万片奶白色的互锁瓷片。这些瓷片产于瑞典，每一片大约 120 毫米见方。伍重称这屋顶“捕捉与反射天空变幻的丰富色彩，从黎明到黄昏，日复一日，四季不息”。建筑师路易斯 · 康曾说：“太阳不知道自己的光线多么迷人，直至被这座建筑反射出来。”

乔治·蓬皮杜中心

建成位置	法国巴黎
建筑师	伦佐·皮亚诺、理查德·罗杰斯（Richard Rogers）
建筑风格	高技派（High-tech）
建造时间	1971—1977 年

乔治·蓬皮杜中心在 1977 年开放时，在艺术与建筑世界激起一片水花，波及范围不仅仅是巴黎，而是全世界。这个 1971 年的竞赛获胜方案由伦佐·皮亚诺（1937— ）、詹弗兰科·弗兰基尼（Gianfranco Franchini，1938—2009）和理查德·罗杰斯（1933—2021）共同设计，将皮亚诺与罗杰斯一举推上职业生涯的高峰。它在城市复兴方面的成功立竿见影，推动了附近中央市场及交通区域的改造，建成的包括中央市场购物中心（Forum des Halles shopping center，1986），建筑师是克劳德·瓦斯科尼（Claude Vasconi，1940—2009）与让·维莱瓦尔（Jean Willerval，1924—1996）。除了所处的街区，它的成功还促进了法国总统弗朗索瓦·密特朗在 1982 年开始的"大建筑计划"（Grands Projets），该计划选聘了当时最著名的建筑师在 1980—1990 年代建造 8 座当代建筑，改变了巴黎的形象。在巴黎之外，蓬皮杜中心对 1970—1980 年代的高技派建筑和博物馆与大型文化建筑的设计均产生较大的影响。

蓬皮杜中心的建造可以追溯到 1960 年代晚期，文化部长安德烈·马尔罗与总统夏尔·戴高乐等人和规划学者与市政官员一起商议建造一个融文化中心、公共图书馆和艺术中心为一体的综合性建筑，选址靠近中央市场那些古老的食品市场，它们正从中央区域挪到其他地区。一场国际竞赛后的成果就是如今的蓬皮杜中心方案。它以独特的高技派设计语言通过不同色彩在外立面上标志出各种管线系统：绿色是水管；蓝色是供暖与空调系统；黄色是电力管线；红色是应

急控制线路。这些设备及管线大部分位于屋顶和建筑东侧，通过将它们移到建筑外立面上，使得内部画廊空间可以保持完整并完全开放。西立面即面对广场的主入口立面上设置了自动扶梯，倾斜向上穿越整个立面，使排队乘坐扶梯的参观者与广场上的人都成了动态的建筑体验的一部分。建筑主要以钢和玻璃建造，楼板为混凝土板，共 7 层，面对广场的立面高 45.5 米。平面为长方形，约 166 米长、60 米宽。它的正式落成时间是 1977 年 1 月 31 日，2 月 2 日开始对公众开放，以 1969—1974 年任法国总统的乔治·蓬皮杜命名，该总统的任期正值它的建造时间。

这座博物馆的开放迅速获得了国际关注和广泛报导。它在开放第一年举办了几场重要的国际展览，将 1900—1930 年代的巴黎艺术与建筑放到与柏林、莫斯科、纽约等城市相比较的历史背景中。这种类型的展览获得了惊人的参观量，在接下来的 20 年时间里，蓬皮杜中心共接待过超过 1.5 亿参观者。这样沉重的来访负荷使这座建筑迫切需要维修和改造，这项工作在 1997—1999 年完成。它在 2000 年重新开放，当年的日均参观人数超过 1.6 万，此后一直保持着年均 350 万以上的参观人数。建筑最初的总造价为 9.93 亿法郎，2000 年的改造花费了 5.76 亿法郎。蓬皮杜国家艺术与文化中心还在巴黎之外开设了分馆，分别位于法国梅斯与西班牙马拉加。

上左图　室外朝向广场一侧，覆着玻璃的自动扶梯将参观者带往主入口，在他们上行的过程中，可以欣赏到壮观的动态的景观。

上右图　将大部分结构、循环与机械装置和设备布置于建筑周边，造就了更大、更开敞的室内展览空间，尽管并不是中性的、盒子式的空间。

大建筑计划

随着蓬皮杜中心的成功，总统密特朗开始推进“大建筑计划”以庆祝 1989 年的法国大革命 200 周年。巴黎开始建造顶级建筑师的大型文化项目，如盖·奥兰蒂（Gae Aulenti，1927—2012）主持的将原奥赛火车站改造为奥赛博物馆（Musée d’Orsay，1986），贝聿铭设计的卢浮宫扩建（1984—1989），约翰·奥托·冯·施普雷克尔森（Johan Otto von Spreckelsen，1929—1987）与保罗·安德鲁（Paul Andreu，1938—2018）设计的拉·德方斯大凯旋门（Grande Arche de La Défense，1989）。其中一个较早建成的项目是让·努维尔（Jean Nouvel，1945—　）设计的阿拉伯世界文化中心（Arab World Institute，1987，左图），其钢与玻璃组合的立面采用了类似镜头光圈的遮阳系统，以控制采光量。

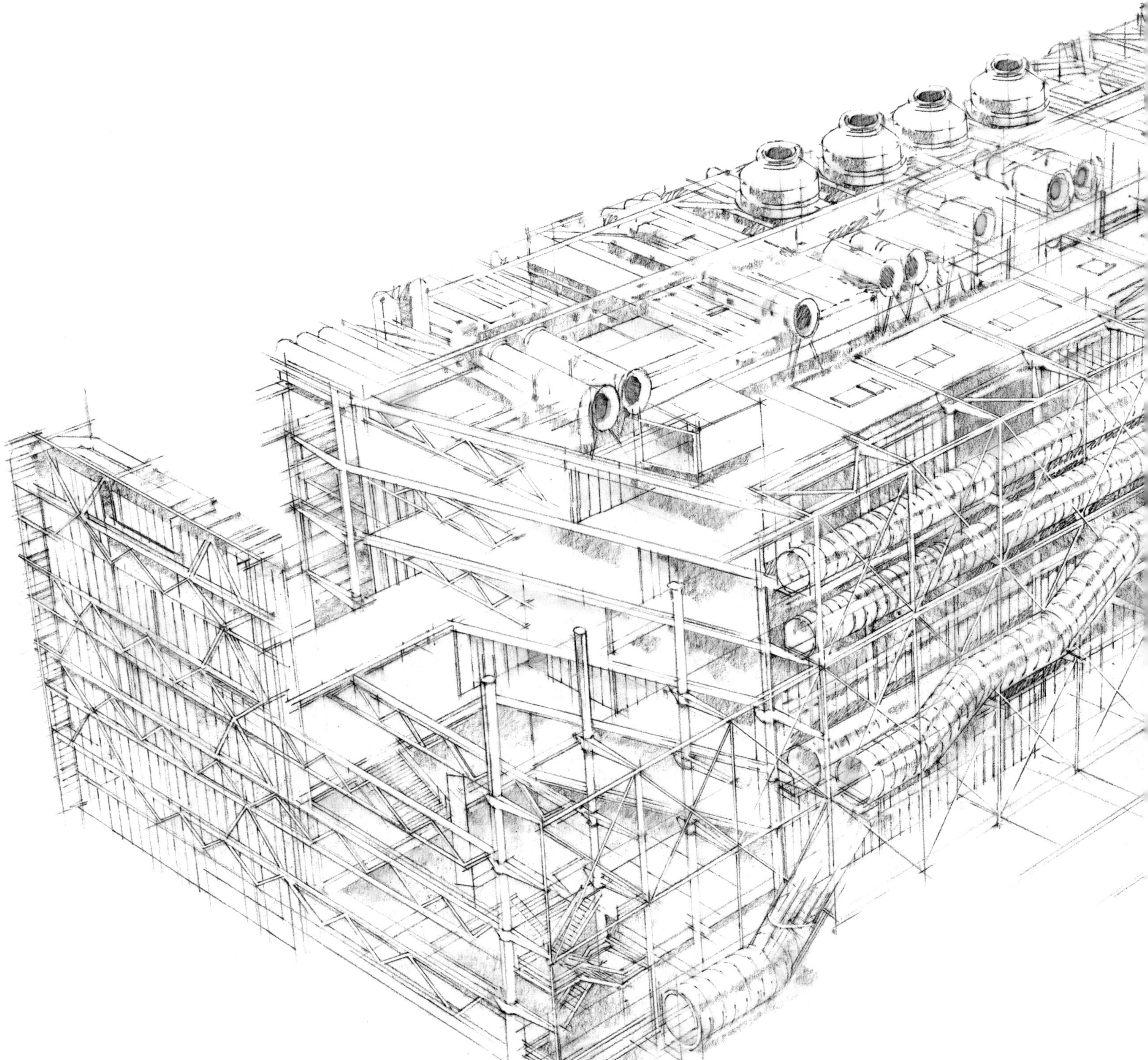

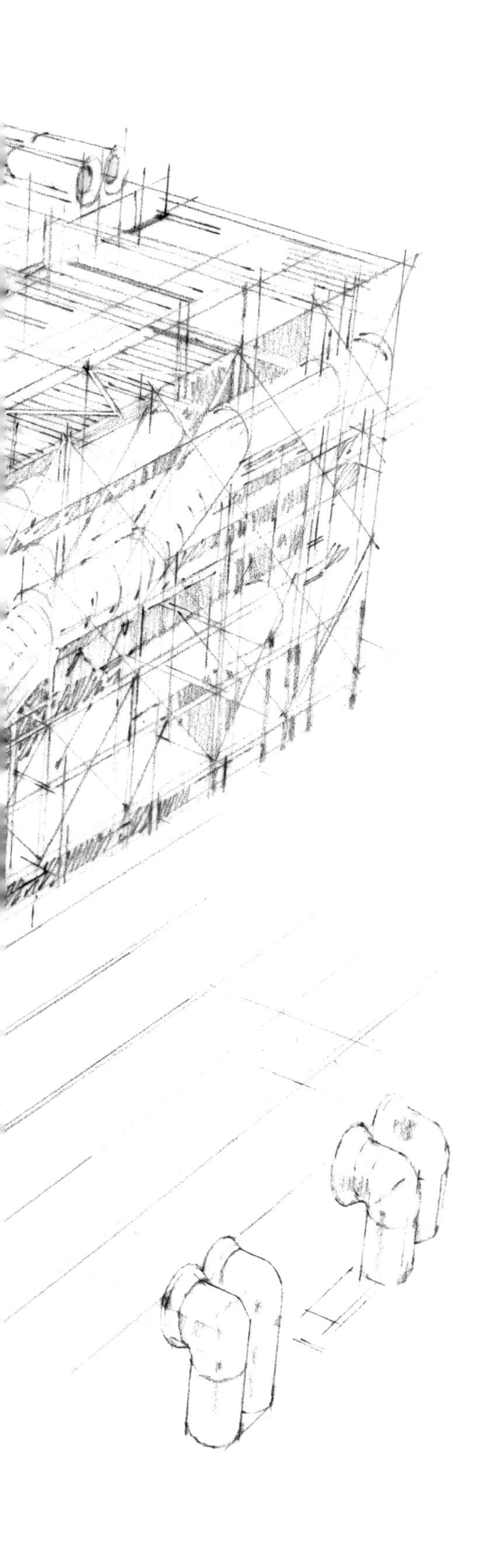

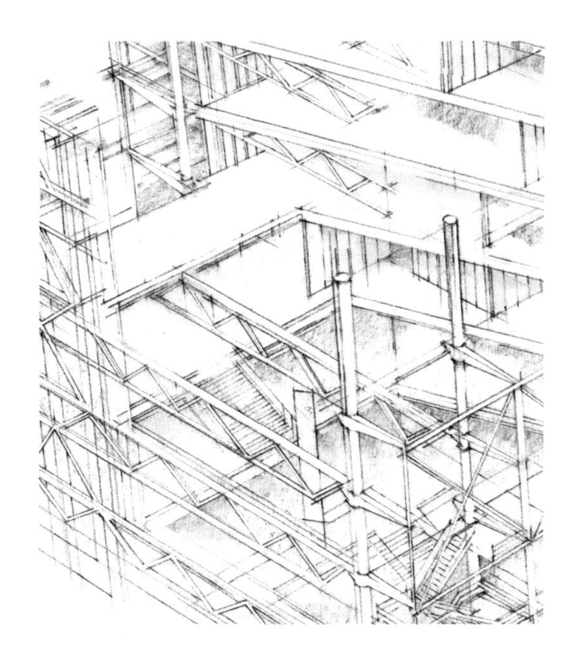

暴露的构件

这座建筑将结构与设备构件如此彻底地暴露在人面前，使它成为高技派的代表作之一。之后罗杰斯更加专注于这种风格，尤其表现于伦敦劳埃德大厦（Lloyd's building，1986），它带有独特的后勤塔楼、模数化的卫生间和暴露在外的电梯。蓬皮杜中心的外观影响了那个时代全世界的建筑。其实关于高技派建筑的尝试似乎可以追溯到 1950—1960 年代的建筑运动，例如英国的粗野主义（Brutalism）、日本的新陈代谢派（Metabolism，见第 224 页），及英国前卫建筑团体“建筑电讯”（Archigram）那些理论性的作品。

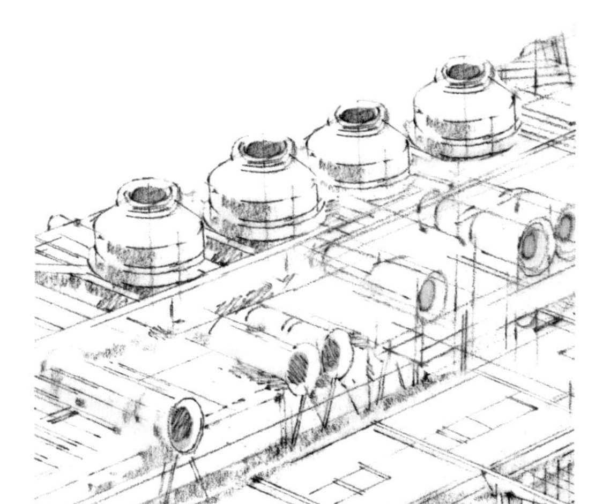

设备系统

建筑的设备系统设置于建筑外部，因此室内有更大的、挑高的展览空间。管道从屋顶上沿着朝向雷纳德街的东立面向下铺陈，带着各自的色彩编码，即使在室内也是如此。绿色是水管，蓝色是室内温度控制系统，黄色是电力管线，红色是通道及应急（如消防）系统。将大部分这些管线安排在沿街处，就使西立面即朝向广场的立面完全空出来，可设置同时具有雕塑感与动感的自动扶梯。

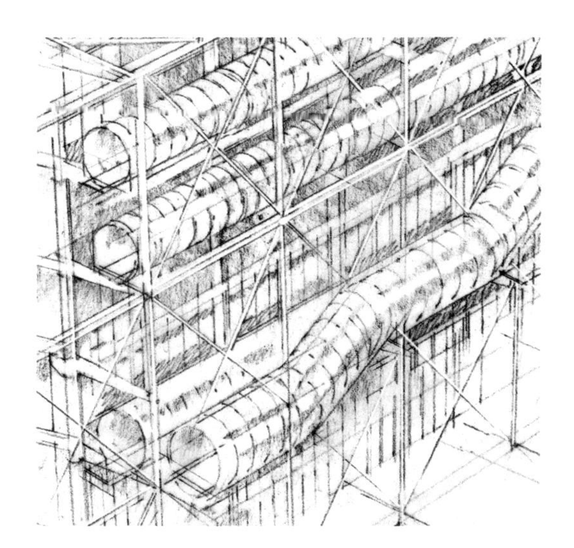

自动扶梯

当参观者们乘坐自动扶梯不断向上前往入口的时候，覆盖着透明玻璃的自动扶梯给他们提供了不断变化的视角，同时可观赏建筑西侧的城市景观以及下方广场上发生的各种活动。管状的自动扶梯沿着建筑向上爬到大约 45 米的高度。这座扶梯及蓬皮杜中心的设计负荷为每天接待 8000 名访客，然而由于建筑本身以及其中举办的展览受到欢迎，它要负担大约原设计 5 倍的人流量。

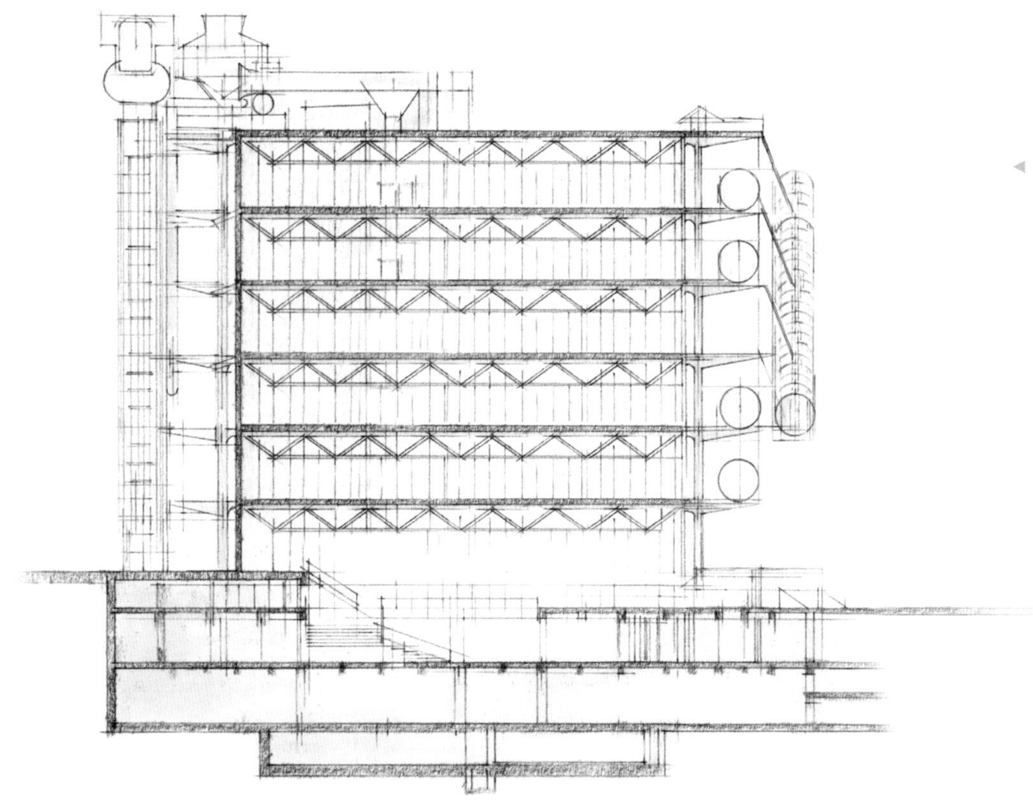

横剖面

从北侧看过来的剖切图可以清晰地展示室内的大空间，这归功于设备管线和服务设施主要安排在左侧面对雷纳德路和右侧面对广场的立面上。从 1920 年代的现代主义者如勒・柯布西耶的角度，这座建筑是真正有形可触的艺术的机器，而柯布西耶一向宣称自己的建筑是居住的机器。

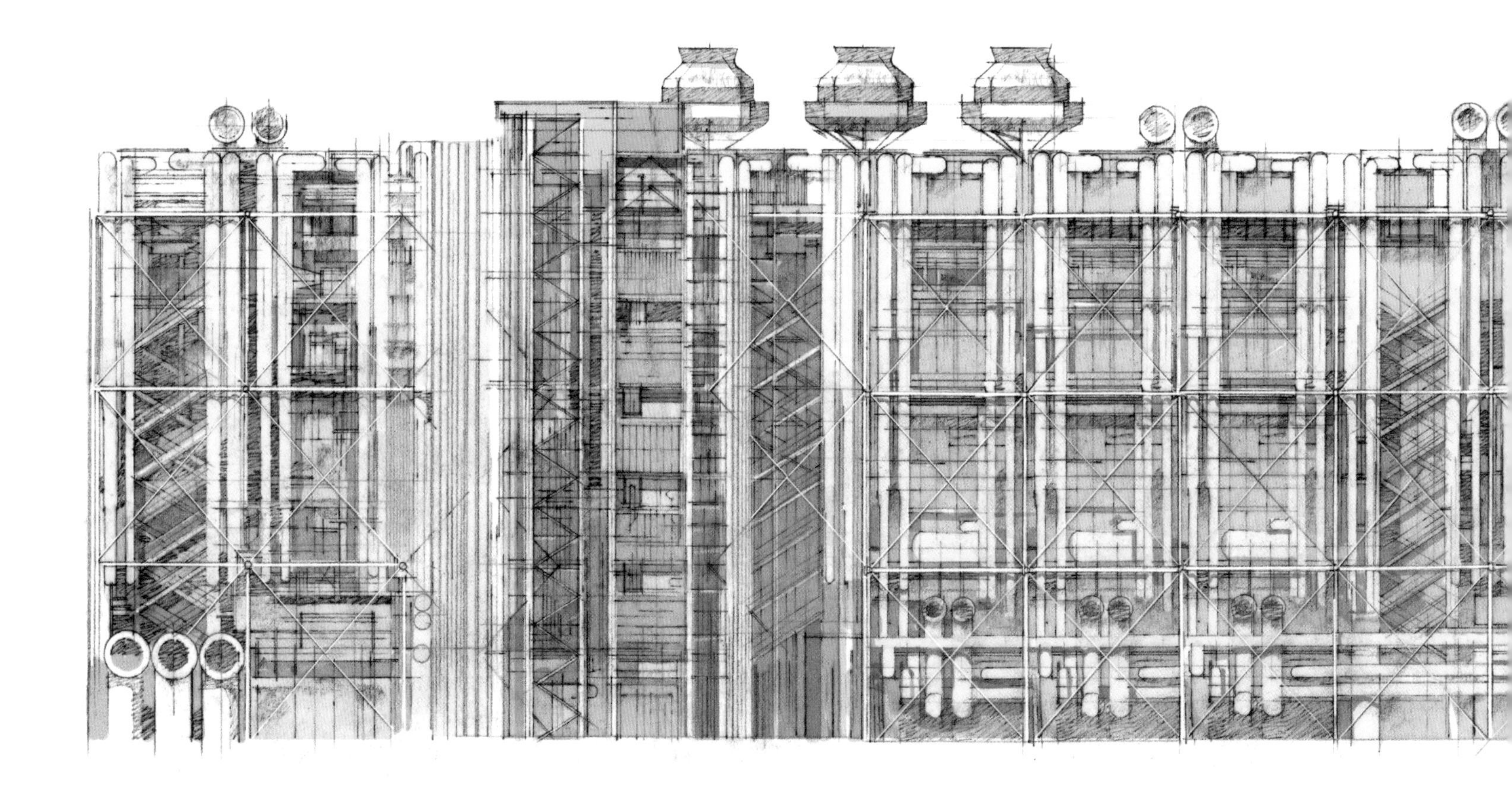

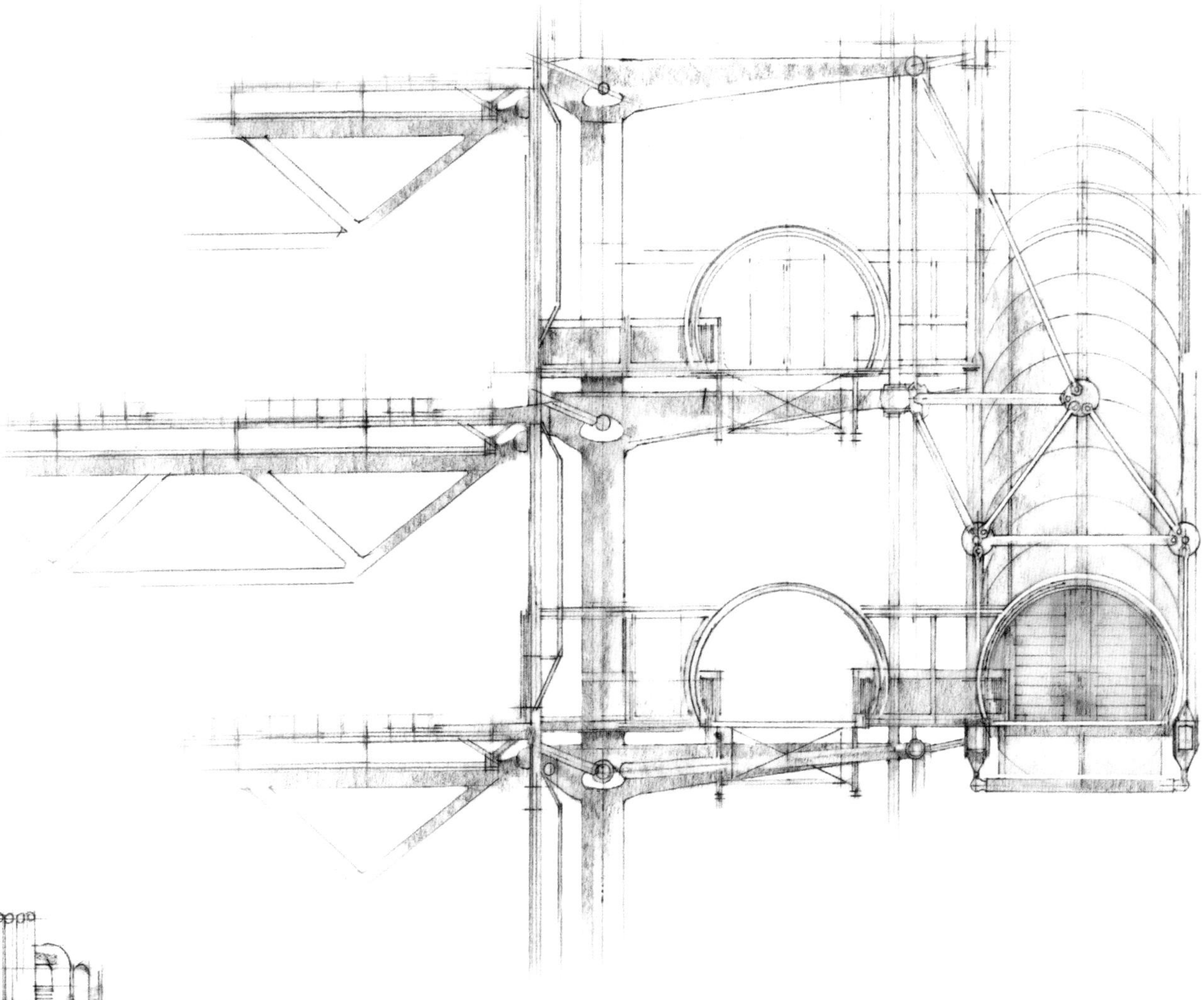

沿街立面

建筑朝向雷纳德街的东立面上是由设备管线构成的色彩鲜明的图案。形成了设备管线在背后的钢结构上疯狂生长的意向。将设备清晰地安排在外立面上可以尽量多地释放建筑内部空间。

戈贝尔

“戈贝尔”（gerberette）一词意为梁与柱的交接节点，尤指位于建筑出入口处的节点。这里的戈贝尔指的是玻璃幕墙外侧的结构构件，它支撑了各层的管状自动扶梯，并且和内部的结构框架相连。

卢浮宫扩建

所在地	法国巴黎	**建筑风格**	晚期现代主义
建筑师	贝聿铭	**建造时间**	1984—1989 年

贝聿铭（1917—2019）以建造令人震惊的博物馆闻名，与他的其他建筑作品一样，这些博物馆也带有强烈的几何感。例如纽约州锡拉丘兹的埃弗森艺术博物馆（Everson Museum of Art，1968）、纽约州伊萨卡的康奈尔大学的赫伯特・F. 约翰逊艺术博物馆（Herbert F. Johnson Museum of Art，1973）、华盛顿特区的国家美术馆东馆（East Building of the National Gallery of Art，1978）。在上述最后一个案例中，他在一个梯形地块内布置了两个相邻的三角形形体，形成了独特的中厅空间。这个项目的设计将贝聿铭的公司推上了美国乃至世界最好的博物馆设计机构之列。当接到卢浮宫的委托时，他已经是行业内公认的大师，并在 1983 年获得了普利兹克建筑奖。

生于中国的贝聿铭 1940 年毕业于麻省理工学院，1946 年在哈佛设计学院研究生院获得建筑学硕士学位，导师是瓦尔特・格罗皮乌斯。作为多项助学金获得者，他得到了颇具影响力的纽约地产商威廉・泽肯多夫（William Zeckendorf）的支持，1955 年和亨利・N. 考伯（Henry N. Cobb，1926—2020）与伊森・H. 伦纳德（Eason H. Leonard，1920—2003）合伙成立了自己的公司。他一直保持着公司合伙人的身份直到 1990 年退休。他们的公司在全世界范围内负责了许多重要项目，包括波士顿的约翰・F. 肯尼迪总统图书馆（John F. Kennedy Presidential Library，1979）、香港的中国银行大厦（Bank of China Tower，1989）以及新加坡的新门广场双子塔楼（The Gateway，1990）。他退休后的作品包括日本信乐町的美秀美术馆（Miho Museum，1997）和卢森堡的当代艺术博物馆（Museé d'Art Moderne，2006）。

贝聿铭以擅长建造具有强烈几何形式与精美细节的博物馆而闻名，因此他很自然地成为卢浮宫扩建项目的建筑师。这个项目是 1980 年代由法国总统弗朗索瓦・密特朗推行的“大建筑计划”之一。这个

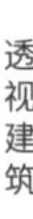

计划受到了巴黎蓬皮杜中心（1971—1977，见第 156 页）的成功的影响，意图建造若干大型文化建筑，主要在巴黎范围内，以庆祝 1989 年的法国大革命 200 周年。计划建造的项目包括伯纳德·屈米（Bernard Tschumi，1944— ）的拉·维莱特公园（Parc de la Villette，1987）、保罗·舍梅托夫（Paul Chemetov，1928— ）设计的经济和财政部大楼（Ministry for the Economy and Finance，1988）、卡洛斯·奥特（Carlos Ott，1946— ）设计的巴士底歌剧院（Opéra Bastille，1989）、多米尼克·佩罗（Dominique Perrault，1953— ）设计的法国国家图书馆（National Library of France，1996）。这些项目中一部分通过竞赛确定建筑师，另一部分则是直接委托。密特朗在 1984 年选择贝聿铭作为卢浮宫扩建项目的设计师。

贝聿铭将围绕拿破仑中庭的多个建筑连接起来，解决了困扰卢浮宫很久的交通问题。他为博物馆的参观者提供了一个合理的出入口，同时创造了一个令人惊叹的建筑符号，从此与卢浮宫的品牌形象密不可分。这一系列空间大部分位于地下，最突出的标志是广场上玻璃与不锈钢建成的金字塔。参观者向下进入这个主入口，它是呈十字交叉形的地下通道的交点，连接了周围的博物馆建筑，也提供了部分服务空间如博物馆商店等，人们还可以在这里看见原初的中世纪城堡的地基。批评者们认为这个新的入口与周围的古典主义庭院风格不符、金字塔形状令人想起死亡、666 片玻璃板与撒旦的意象有关——尽管事实上那是 675 片钻石形和 118 片三角形的玻璃板。

尽管存在这些反对的声音，当卢浮宫开放的时候，对于预期中的 400 万名参观者来说，它是一个巨大的成功。改造后博物馆每年可接待 700 万—930 万名访客。2017 年，卢浮宫扩建项目得到了美国建筑师协会的 25 周年奖，以表彰它可以媲美“埃菲尔铁塔，成为法国最具辨识度的建筑符号之一”。

上左图　贝聿铭改造的黎塞留馆有一个带玻璃顶的庭院——马利庭院。庭院中陈列着 1789 年法国大革命之后从其他地方运到巴黎来的雕塑，大部分来自巴黎西面路易十四的马利城堡。

上右图　卢浮宫的历史可以追溯到 1190 年国王菲利普二世为了护卫巴黎在此建造的城堡。贝聿铭的改建使城堡的废墟和护城河重见天日。

华盛顿特区国家美术馆

贝聿铭早期的博物馆代表作是位于华盛顿特区的国家美术馆东馆（左图）。他巧妙地利用三角形的形式塑造了一个角度不规则的中庭。新馆与约翰·拉塞尔·波普（John Russell Pope，1874—1937）在 1941 年建造的古典主义主楼通过一条地下通道相连。贝聿铭的新建部分包括现代艺术品展馆、临时展厅，以及办公和科研空间。为参观者准备的服务设施，如商店和咖啡厅，被整合在地下通道当中。该建筑近年经过了 3 年的维修并加建了雕塑花园，2016 年重新开放。

1 卡利庭院

卡利庭院（Cour Carrée）是 16—17 世纪将最初的城堡扩建成宫殿时建造的，其修建时间可以回溯到 1546 年国王弗朗索瓦一世在位期间。这座宫殿由皮埃尔·莱斯科（Pierre Lescot，1515—1578）设计。庭院周边的建筑在接下来的一个世纪里不断建造，在路易十四时期基本完成，由负责凡尔赛宫的建筑师们主持修建。位于右侧的是带有孟莎屋顶的钟楼（Pavillon de l’Horloge），它也被称为叙利馆（Pavillon Sully），是通往庭院的入口塔楼，设计师是雅各·勒梅西埃（Jacques Lemercier，约 1585—1654）。

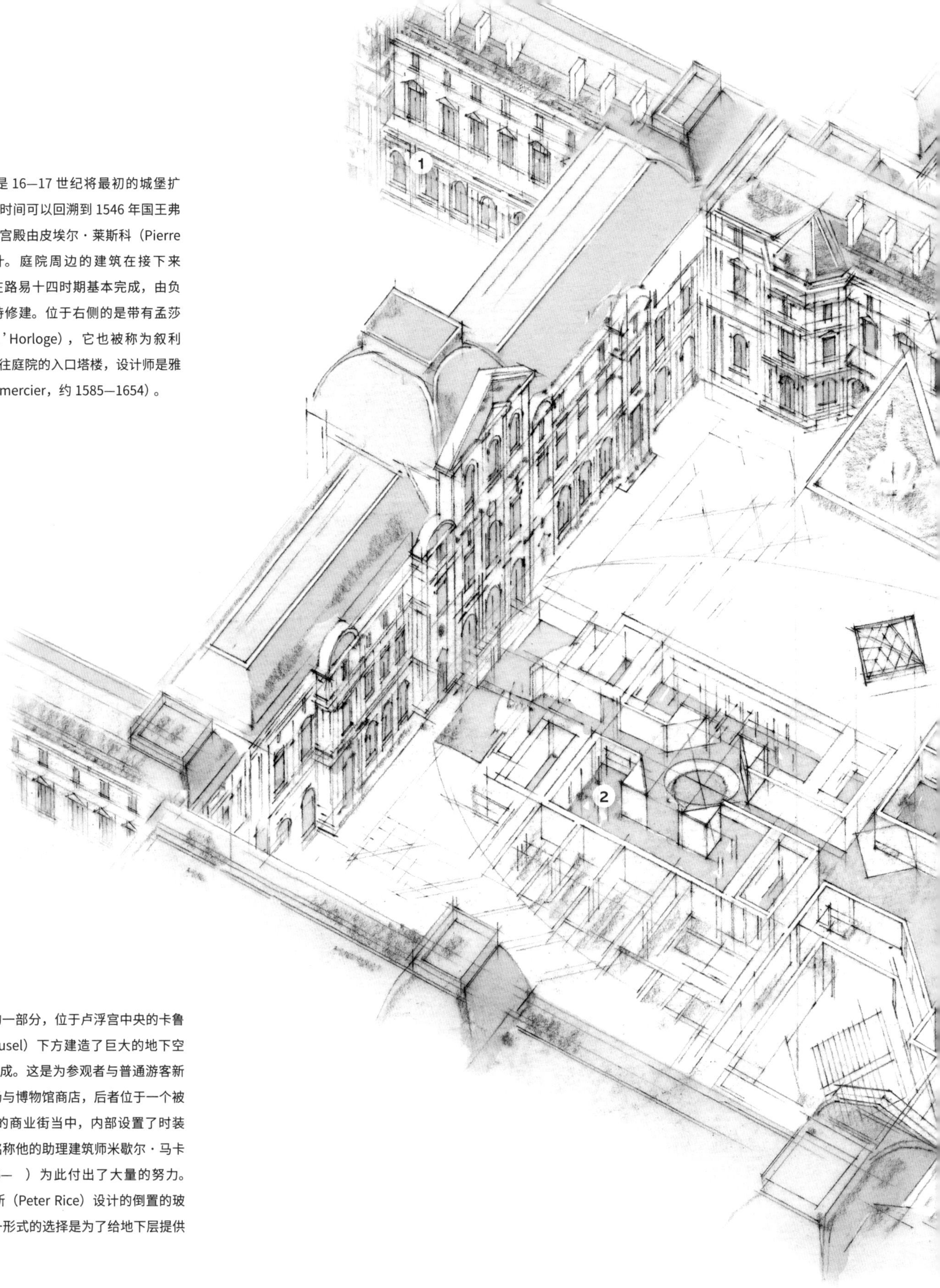

1

2

2 地下商店

作为贝聿铭设计的新入口的一部分，位于卢浮宫中央的卡鲁塞尔庭院（Cour du Carrousel）下方建造了巨大的地下空间，于 1993 年之后陆续完成。这是为参观者与普通游客新建的服务设施，包括停车场与博物馆商店，后者位于一个被称为卢浮宫卡鲁塞尔商廊的商业街当中，内部设置了时装店、零售店与餐厅。贝聿铭称他的助理建筑师米歇尔·马卡里（Michel Macary，1936—　）为此付出了大量的努力。贝聿铭与工程师彼得·莱斯（Peter Rice）设计的倒置的玻璃金字塔也位于此处，这一形式的选择是为了给地下层提供自然采光。

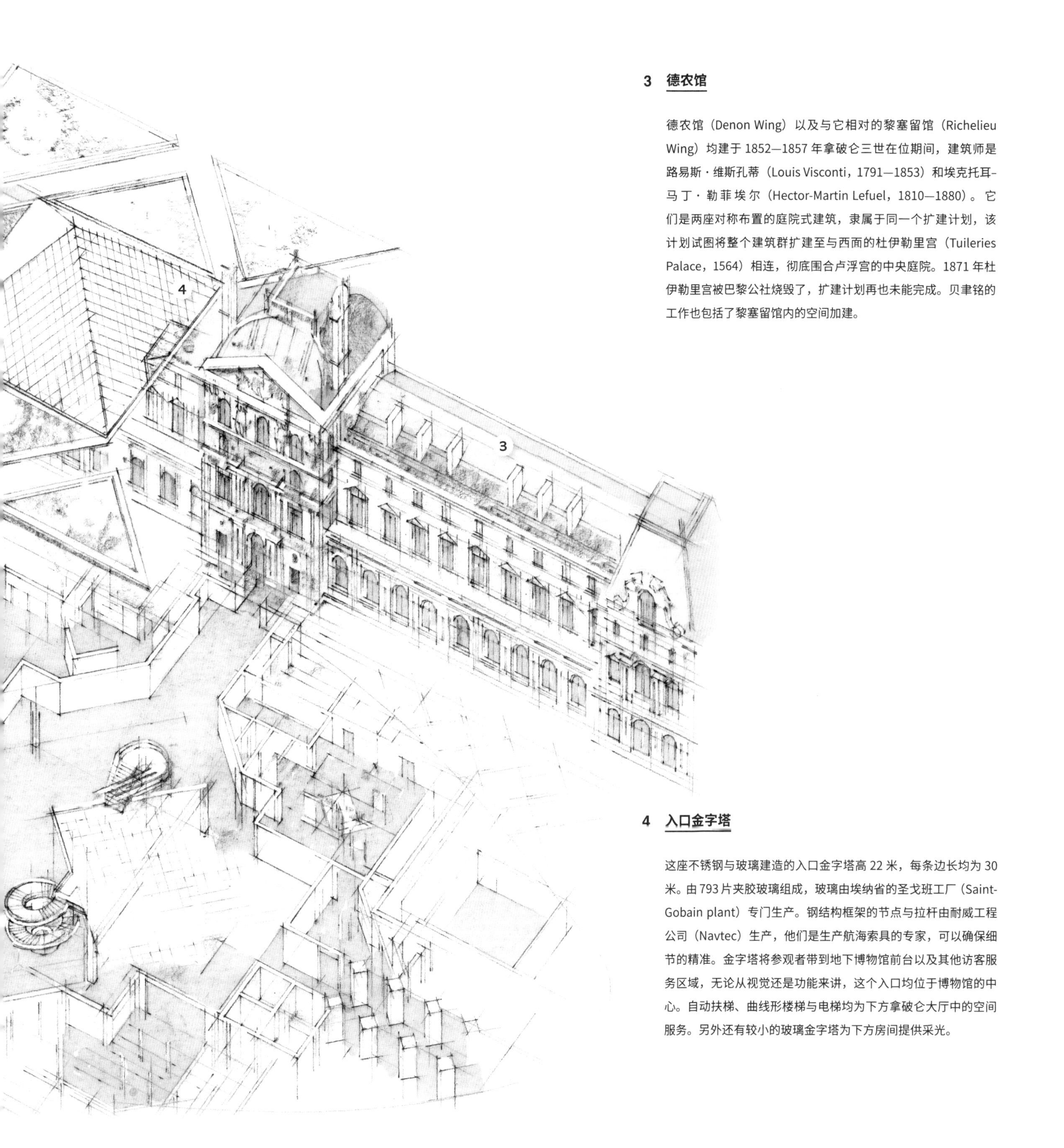

3 德农馆

德农馆（Denon Wing）以及与它相对的黎塞留馆（Richelieu Wing）均建于1852—1857年拿破仑三世在位期间，建筑师是路易斯·维斯孔蒂（Louis Visconti，1791—1853）和埃克托耳-马丁·勒菲埃尔（Hector-Martin Lefuel，1810—1880）。它们是两座对称布置的庭院式建筑，隶属于同一个扩建计划，该计划试图将整个建筑群扩建至与西面的杜伊勒里宫（Tuileries Palace，1564）相连，彻底围合卢浮宫的中央庭院。1871年杜伊勒里宫被巴黎公社烧毁了，扩建计划再也未能完成。贝聿铭的工作也包括了黎塞留馆内的空间加建。

4 入口金字塔

这座不锈钢与玻璃建造的入口金字塔高22米，每条边长均为30米。由793片夹胶玻璃组成，玻璃由埃纳省的圣戈班工厂（Saint-Gobain plant）专门生产。钢结构框架的节点与拉杆由耐威工程公司（Navtec）生产，他们是生产航海索具的专家，可以确保细节的精准。金字塔将参观者带到地下博物馆前台以及其他访客服务区域，无论从视觉还是功能来讲，这个入口均位于博物馆的中心。自动扶梯、曲线形楼梯与电梯均为下方拿破仑大厅中的空间服务。另外还有较小的玻璃金字塔为下方房间提供采光。

平面图

东侧的庭院即卡利庭院位于平面图右侧，从图中可以看出这个 U 形的建筑群的布局。建造的过程中出土了一些中世纪艺术品、原本的基础和墙体，其中一部分被展示出来。

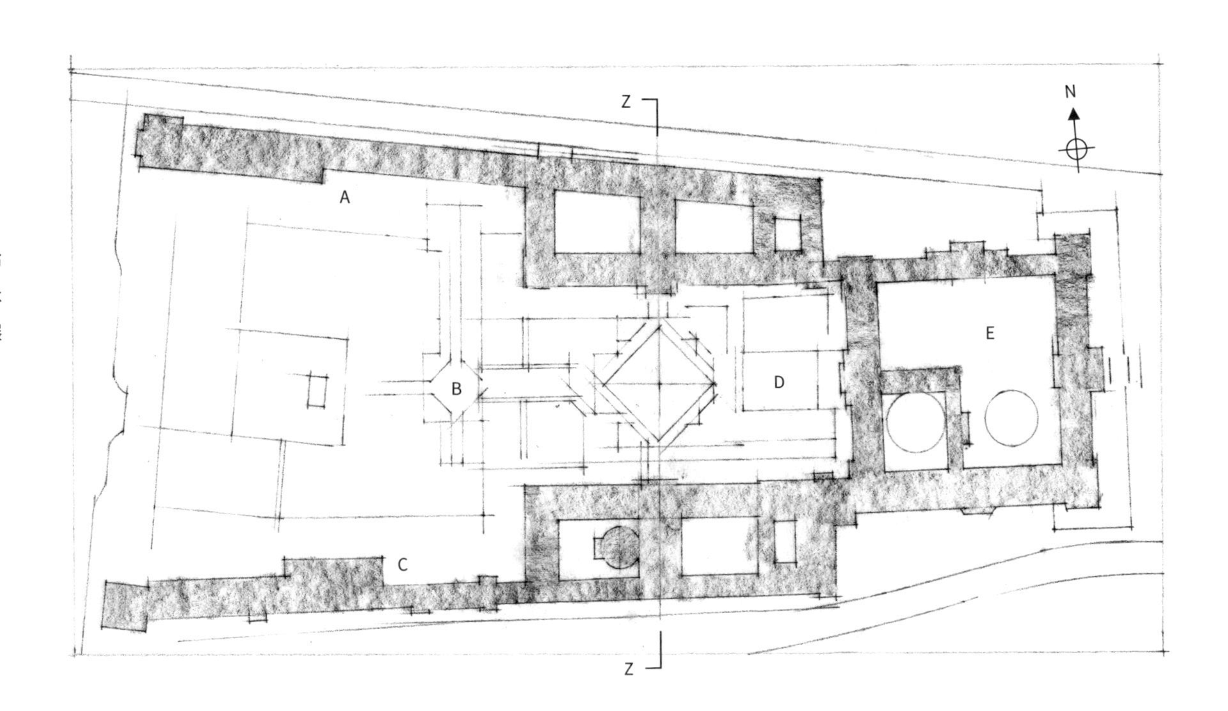

图例

A 黎塞留馆
B 卡鲁塞尔凯旋门
C 德农馆
D 拿破仑庭院
E 卡利庭院

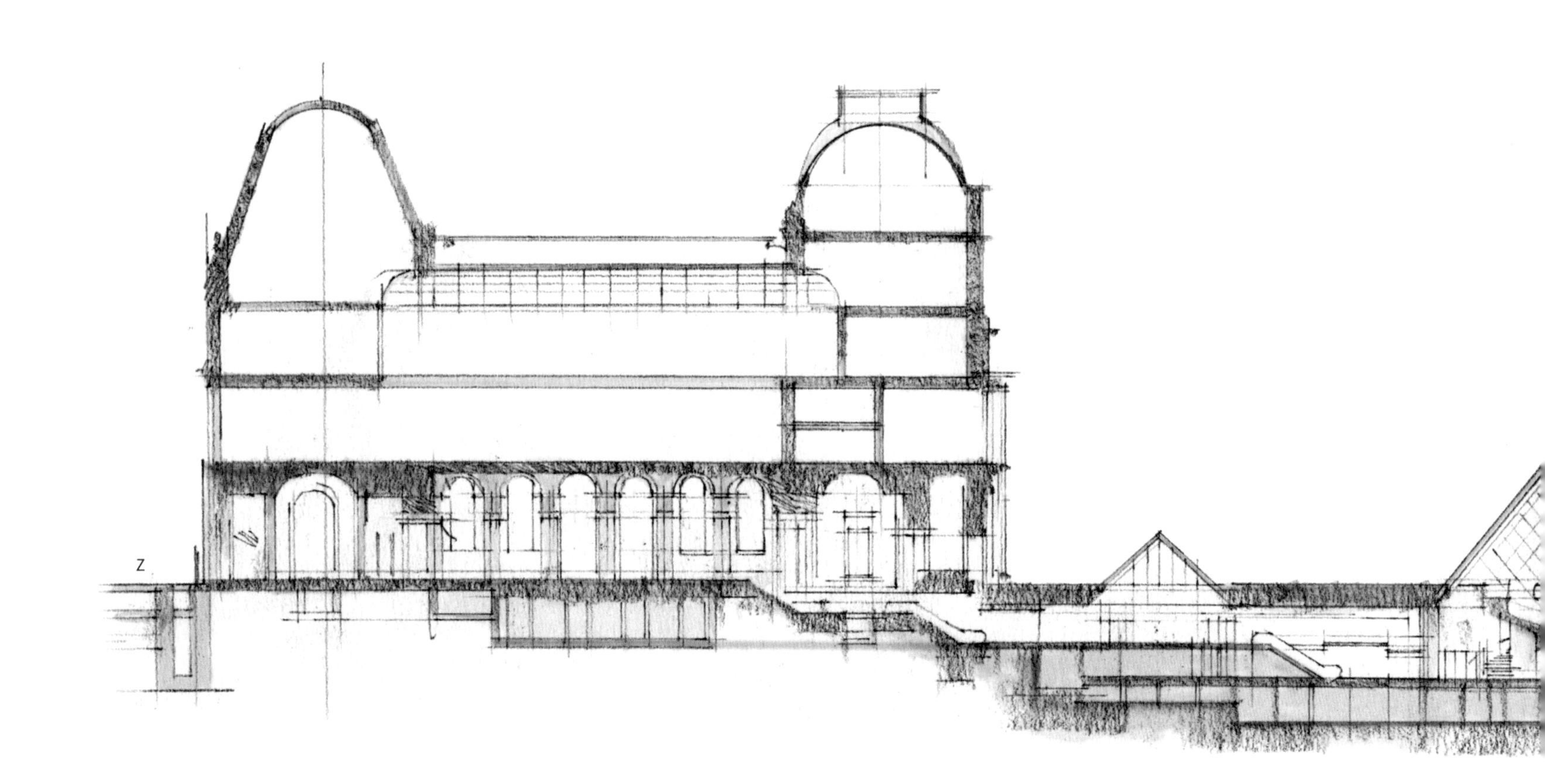

楼梯细节

通往下方拿破仑大厅的旋转楼梯中央设有一个圆筒形的液压电梯，井道底部低于下层地面，因此轿厢可以停在下层的楼层平面上。楼梯的设计非常简洁，两侧玻璃扶手仅以金属栏杆收边。

剖面图

这张剖面图（在左上平面图中以剖切号 Z 标出）展示出贝聿铭的金字塔形入口和地下空间，视图向西，右侧是黎塞留馆，左侧是德农馆。自从 1984 年被聘为卢浮宫扩建项目的建筑师，贝聿铭在这个项目上花费了超过 15 年的时间。他的设计范围占地超过 9 万平方米，改建及加建总面积 6.2 万平方米。

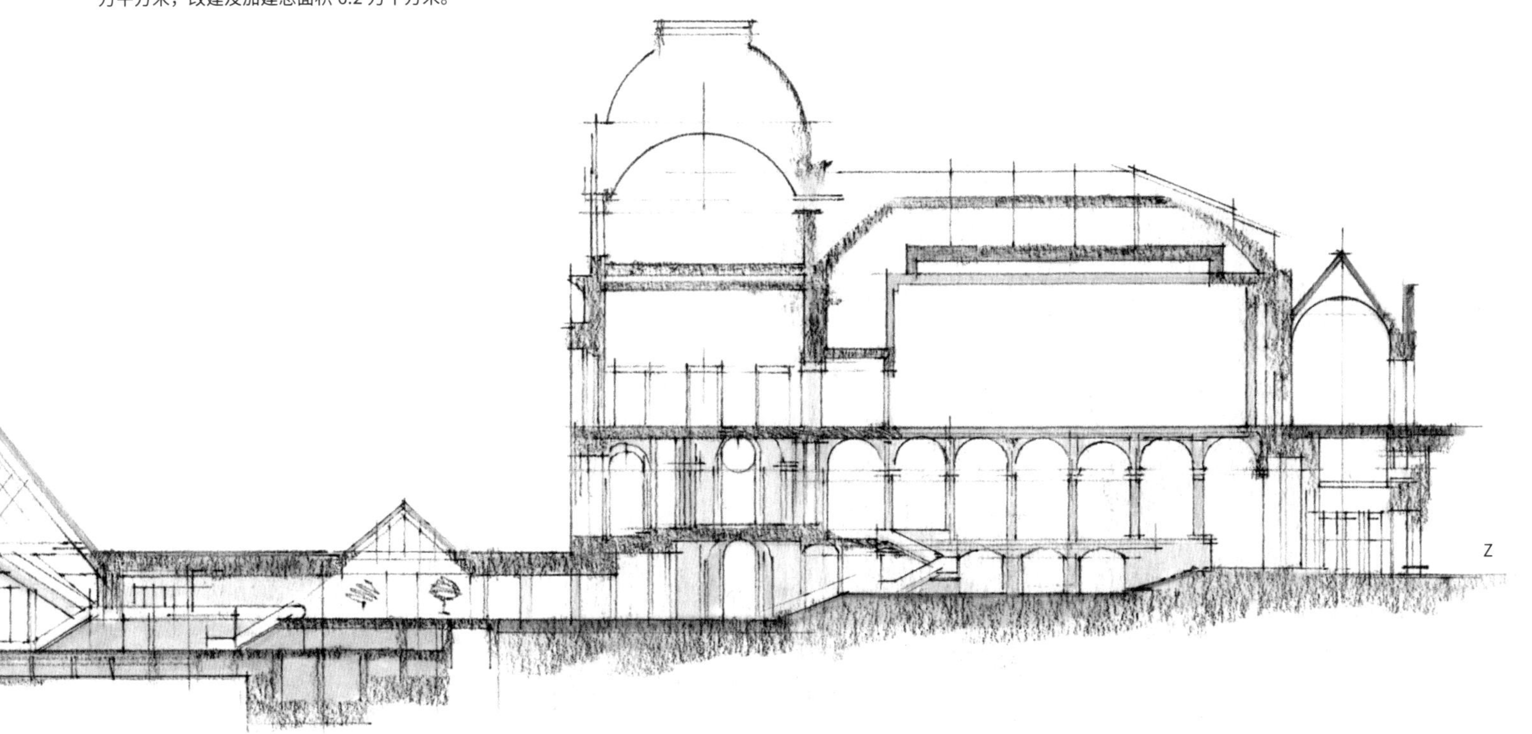

毕尔巴鄂古根海姆博物馆

所在地	西班牙毕尔巴鄂
建筑师	弗兰克·盖里（Frank Gehry）
建筑风格	解构主义（Deconstructivist）
建造时间	1991—1997 年

古根海姆基金会非常了解毕尔巴鄂古根海姆博物馆是一个多么非同寻常的设计，因此专门为它注册了商标，以便控制对这座建筑的独特外观的商业应用。这并不意味着游客不能给这座建筑拍照了，注册者只是要阻止未授权的企业生产和出售纪念品。弗兰克·盖里（1929— ）便是这一独特的有机形象的创造者。

盖里生于加拿大，1947 年移居至美国加利福尼亚州并定居下来。他曾经以 1960 年代的纸板家具和 1978 年在圣莫尼卡的自有住宅在建筑与设计界引起轰动。在自有住宅中，他采用了常见的建筑材料如金属网围栏和波纹钢板来制作角度不规则的墙板，宣告了一座早期解构主义建筑的诞生。这个作品完成之后，盖里开始尝试大尺寸的角度不规则的设计，如洛杉矶的加利福尼亚航空博物馆（California Aerospace Museum，1984）。他尝试使用计算机辅助设计软件，尤其是对达索系统公司的航空工程软件 CATIA1977 年版的改编，这使他迈出了职业生涯重要的一步。软件是他实现设计梦想的工具，他以此在布拉格建造了弗雷德与金杰舞蹈房子（Fred and Ginger Dancing House，1996）。它的两个在外观上扭曲的塔楼，预示了后来纽约斯普鲁斯街 8 号（8 Spruce Street，2011）富有动感的大楼，并一直影响着他职业生涯中的公共建筑设计，从西雅图的音乐体验馆（Experience Music Project，2000）到洛杉矶的沃尔特·迪士尼音乐厅（Walt Disney Concert Hall，2003）。毕尔巴鄂古根海姆博物馆是这些为各类机构设计的建筑中的重要一例，这是第一次有人在大型博物馆建筑中采用这种手法。

这个项目于 1991 年开始，当时的巴斯克政府很

支持与古根海姆的合作，并且提供了1亿美金用以建造和运营博物馆及艺术品收购。古根海姆基金会选择了盖里来进行设计，后者提供了一个由钛合金、钢、玻璃与花岗岩塑造的富有动感的形体，平面带有一个有机形态的中庭，被19个展览空间所环绕，其中10个是传统的矩形展厅。建筑总面积为2.4万平方米，展厅占据不到一半的空间。余下的是行政与服务空间，例如餐厅、图书馆、博物馆商店之类。从外观来看，材料标志出内部空间的功能：钛合金是展览空间，石材是公共服务空间。钛合金材料产自俄罗斯，是建筑外观最具特色之处。它的厚度只有0.38毫米，可以很容易地安装在防水膜与钢结构相连的镀锌钢构件上，且它比最初设想的不锈钢板材价格更为低廉。

博物馆在1997年开放，在世界范围内引起媒体的广泛报道。它促使巴斯克政府加强了复兴这座西班牙工业城市的力度，该城市在1995—2012年间新建了很多建筑，圣地亚哥·卡拉特拉瓦（1951— ）、福斯特建筑事务所、矶崎新（1931— ）和阿尔瓦罗·西扎（Álvaro Siza，1933— ）等建筑师和建筑事务所都在此地留下了作品。毕尔巴鄂的古根海姆博物馆是其重要先锋，据推测在它运营的第一年里，就为毕尔巴鄂市增加了1.6亿美元的财政收入。开放的前3年博物馆共接待了400万名参观者，因此获得的旅游业税收已经超过了最初的造价。所谓的毕尔巴鄂效应导致在新千年伊始，世界各地的艺术博物馆都在试图模仿它迅速成功的经验——聘请顶级建筑师为它们的藏品设计博物馆。

上左图　艺术家理查德·塞拉（Richard Serra）的雕塑《蛇》（*Snake*，1994—1997）由三个巨大的热轧钢板带组成，它作为永久展品安放在博物馆的鱼廊（Fish Gallery，也称船廊）当中。

上右图　震撼人心的曲线与匪夷所思的倾角遍布古根海姆博物馆的内部与外部，这种形式本身就是艺术品。

弗兰克·盖里

盖里在1954年毕业于南加州大学建筑学院，之后又在哈佛大学研究生院设计学院中学习了很短一段时间。起初他专注于住宅与家具设计，其中包括1970年代位于圣莫尼卡的自用住宅，在这个项目中他运用普通材料制造出了标新立异的效果。1980—1990年代他开始接到较大型项目的委托，不过直到20世纪晚期和21世纪初，对航空工程软件的采用才使他开始了更加大胆的设计。

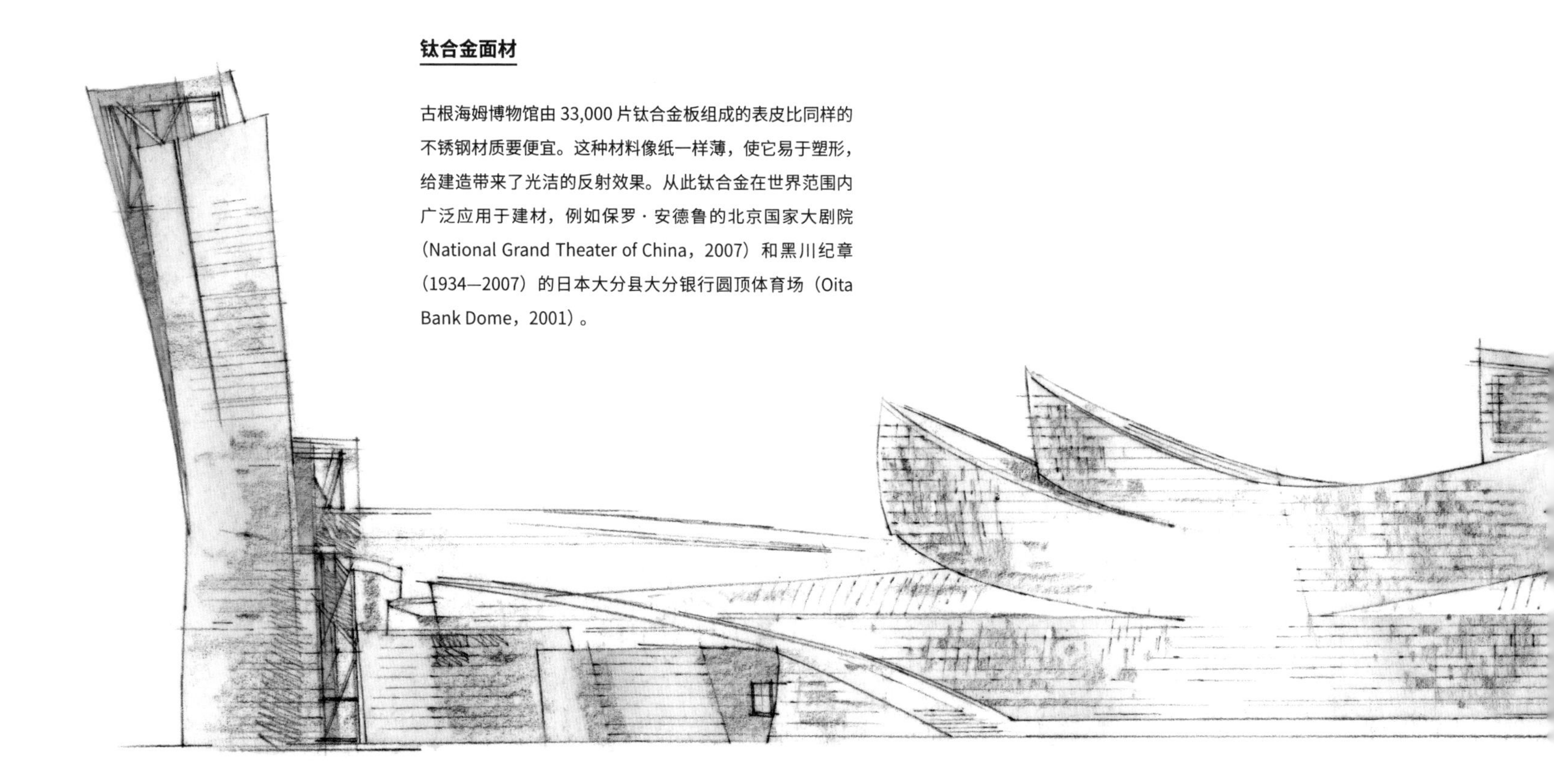

钛合金面材

古根海姆博物馆由 33,000 片钛合金板组成的表皮比同样的不锈钢材质要便宜。这种材料像纸一样薄，使它易于塑形，给建造带来了光洁的反射效果。从此钛合金在世界范围内广泛应用于建材，例如保罗 · 安德鲁的北京国家大剧院（National Grand Theater of China，2007）和黑川纪章（1934—2007）的日本大分县大分银行圆顶体育场（Oita Bank Dome，2001）。

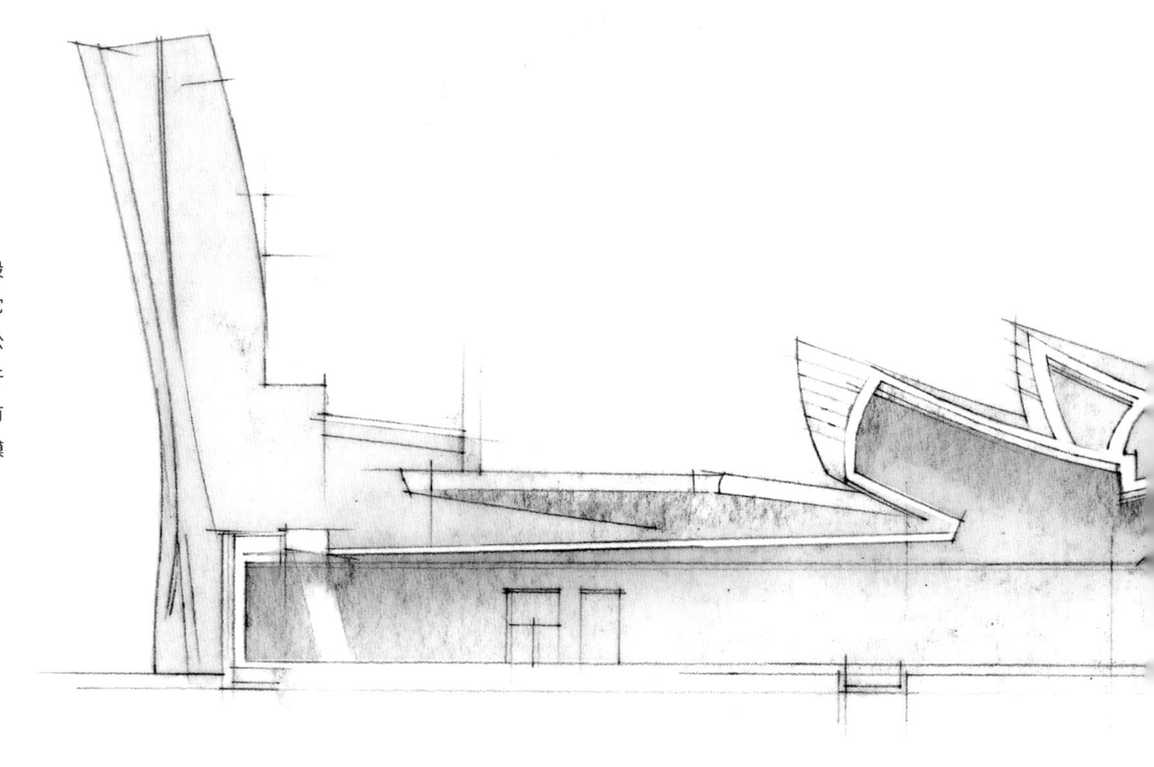

CATIA 生成的形式

盖里使用以航空工业软件 CATIA 改编的软件来设计建筑外部形体上这些相互交错的曲线和斜角，它们与内部空间的形式相互关联。盖里工程技术公司（Gehry Technologies）基于他的建筑实践，于 2002 年建立，本部位于洛杉矶，在世界范围内设有分公司。它为建筑师及其业主提供各类计算机建模与信息服务。

直线形的空间

波浪形的外观通常反映了曲线形的内部空间，许多是艺术装置展示空间，包括中央大厅。直线形外观的内部往往也是矩形空间，通常是办公室与参观者服务空间，形体外部覆盖了花岗石而不是钛合金板。本页的立面图与剖面图显示出北侧即沿河一侧的建筑形态。

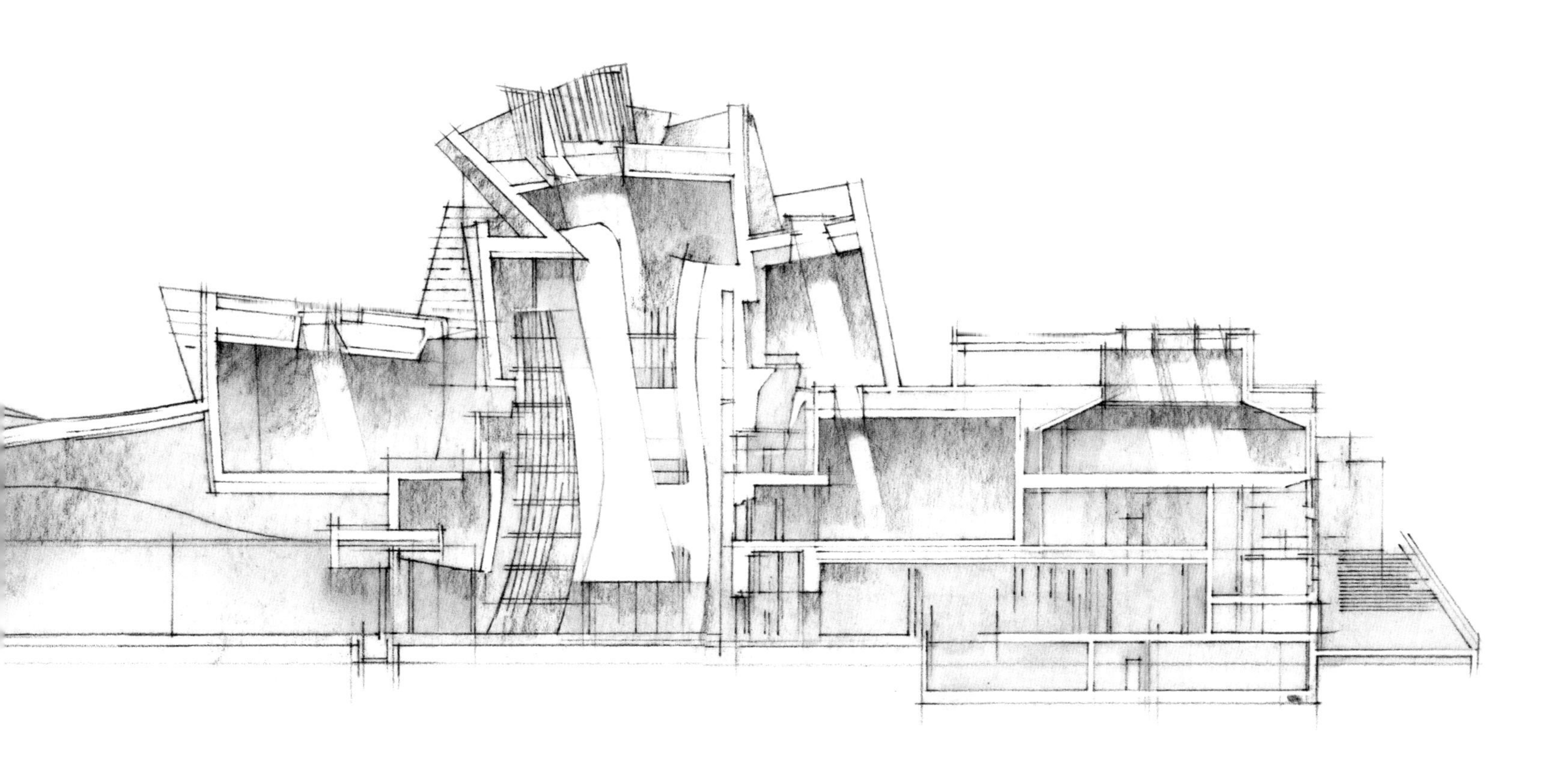

结构与表皮

设计软件可以使建筑设计与结构工程精确地结合在一起。这个构造剖面图显示出毕尔巴鄂古根海姆博物馆新奇的曲面形式内部的层次。钛合金表皮安装在轻型不锈钢框架及防水薄膜上，它们均由一整个钢结构支撑起来。建筑的最高处高达 57 米。

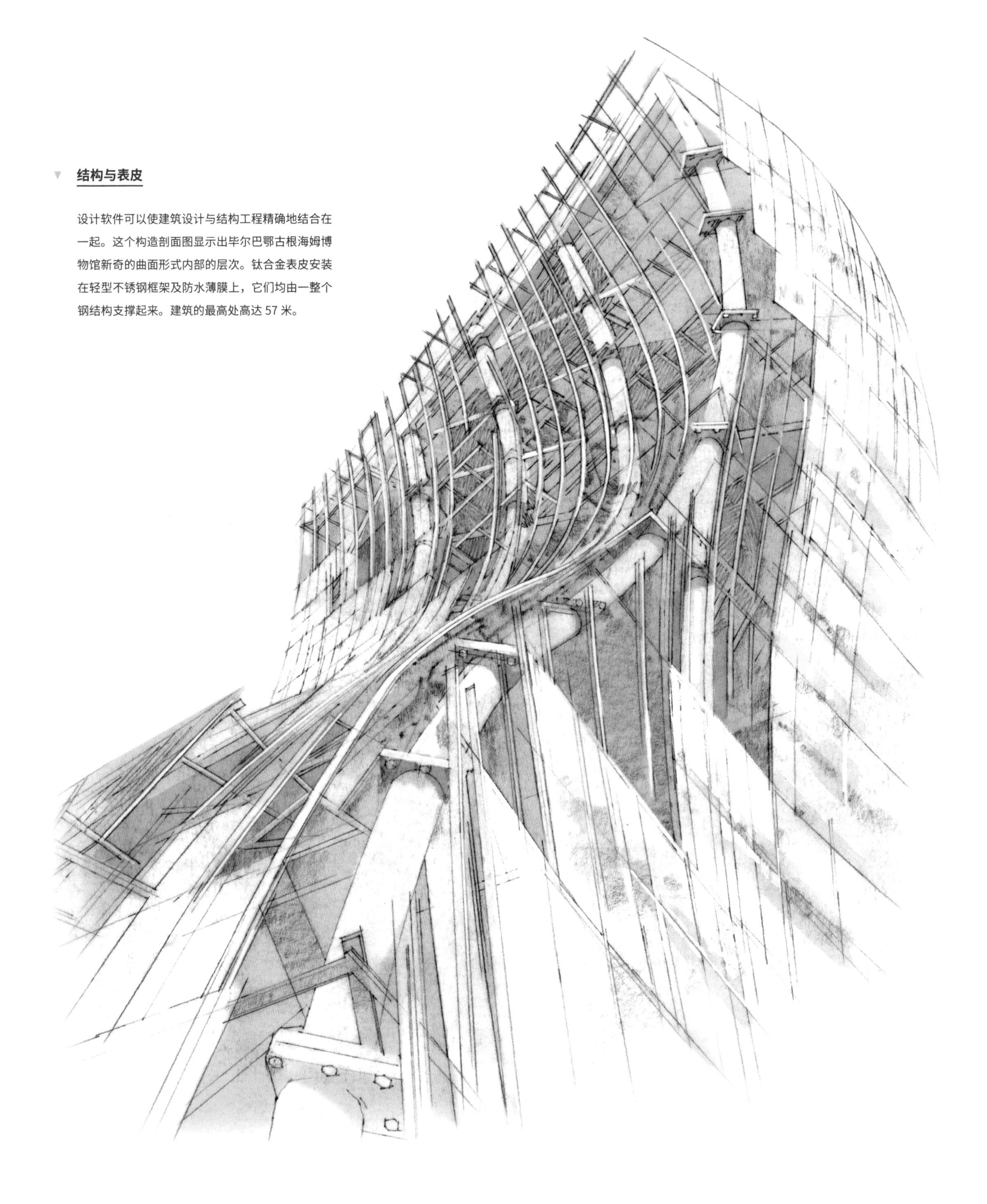

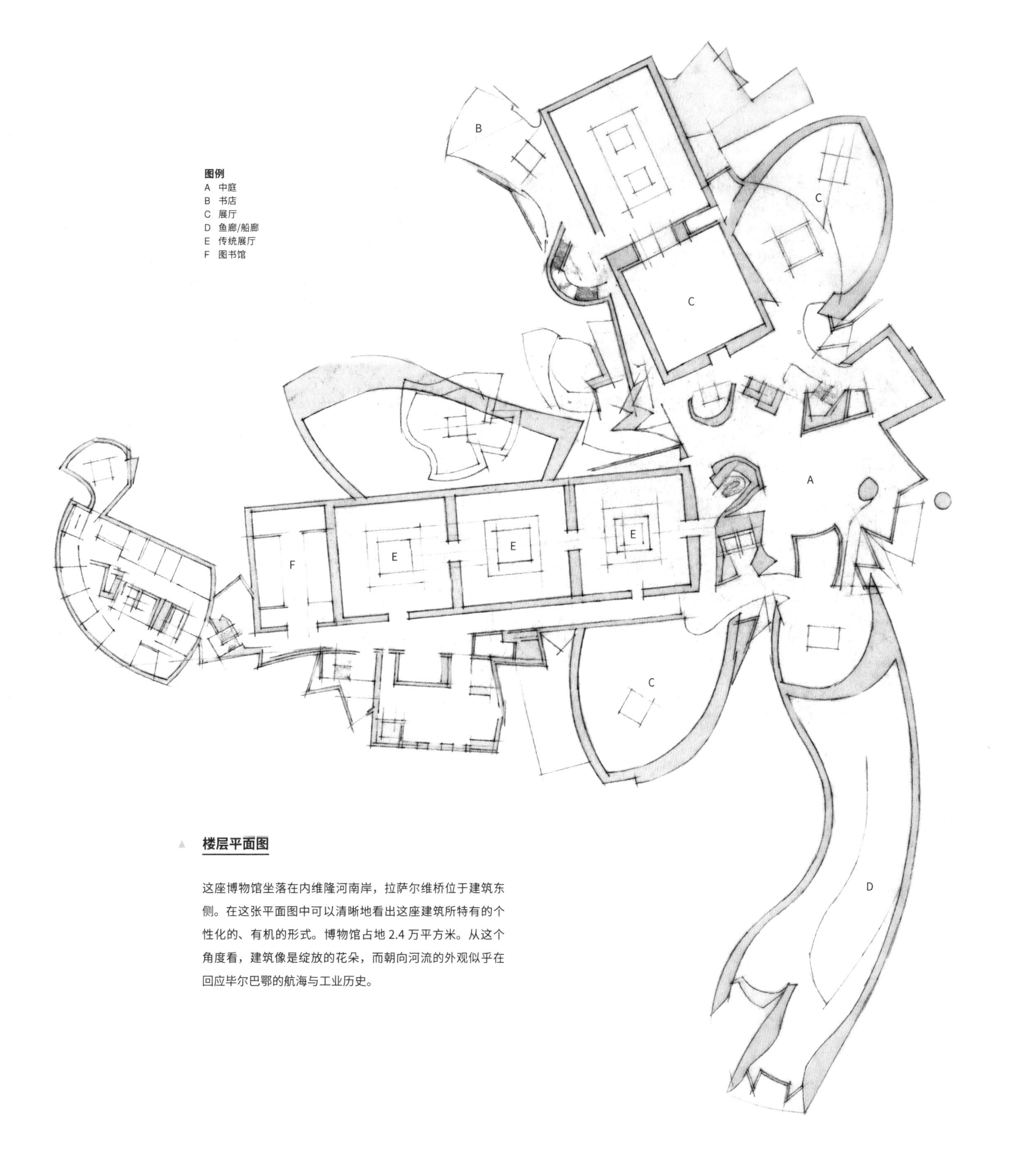

楼层平面图

这座博物馆坐落在内维隆河南岸，拉萨尔维桥位于建筑东侧。在这张平面图中可以清晰地看出这座建筑所特有的个性化的、有机的形式。博物馆占地 2.4 万平方米。从这个角度看，建筑像是绽放的花朵，而朝向河流的外观似乎在回应毕尔巴鄂的航海与工业历史。

国立非裔美国人历史与文化博物馆

所在地	美国华盛顿特区
建筑师	戴维·阿贾耶（David Adjaye）
建筑风格	当代风格
建造时间	2009—2016 年

华盛顿特区国家景观广场是一条 1.9 千米长的东西向绿化轴线，连接美国国会大厦与华盛顿纪念碑。它的历史可以追溯到曾经 1.6 千米长的“大林荫道”，是 1791 年皮埃尔·夏尔·拉昂方（1754—1825）的首都城市规划的一部分。这一规划从未真正实施，随后的一系列规划最后整合成了 1901—1902 年的麦克米伦规划。它包含了一条 91 米宽的绿化景观带，连接主要的纪念性建筑以及沿轴线加建的文化建筑，正如今天我们所看到的样子。

景观广场的南北两侧排列着 14 座隶属史密森学会（Smithsonian Institution）的主要建筑以及其他国立博物馆。这些建筑大部分由著名的建筑师设计，其中包括 SOM 事务所的戈登·邦沙夫特（Gordon Bunshaft，1909—1990）设计的赫斯霍恩博物馆与雕塑公园（Hirshhorn Gallery and Sculpture Garden，1974）、贝聿铭设计的国家美术馆东馆、贝聿铭事务所的詹姆斯·英戈·弗里德（James Ingo Freed，1930—2005）设计的美国大屠杀纪念馆（United States Holocaust Memorial Museum，1993）、道格拉斯·卡迪纳尔（Douglas Cardinal，1934— ）设计的国立美国印第安人博物馆（National Museum of the American Indian，2004）。国立非裔美国人历史与文化博物馆是新加入的，尽管在 2003 年已经注册成立，然而直到 2016 年才开馆。设计师是戴维·阿贾耶（1966— ），合作者为弗里隆集团（Freelon Group）、戴维斯·布罗迪·邦德事务所（Davis Brody Bond）及史密斯集团与 JJR 公司（Smith Group JJR）。

阿贾耶在 2009 年赢得了这座博物馆的国际设计竞赛。他出生于坦桑尼亚，父亲是加纳的外交官，在伦敦接受教育，并在 1993 年于皇家艺术学院取得硕士学位。他的事务所位于伦敦与纽约，承接世界范围内的设计项目，从伦敦白教堂区创意商店（Idea Store Whitechapel，2005）到奥斯陆的诺贝尔和平中心

(Nobel Peace Center，2005)、丹佛的当代艺术博物馆（Museum of Contemporary Art，2007）、斯科尔科沃的莫斯科商学院（Moscow School of Management，2009）以及贝鲁特的艾斯提基金会艺术与商业综合体（Aïshti Foundation arts and shopping complex，2015）。

国立非裔美国人历史与文化博物馆带有令人惊讶的三层叠加式立面，这一形式的设计灵感来自优鲁巴女像柱。层叠的冠状体量由3600块铜色的铝板组成，铝的蕾丝状网格隐喻了19世纪时被奴役的非洲裔人在新奥尔良创造的铁艺装饰图案。建筑于2012年开始建造，选址靠近华盛顿纪念碑，占地约2万平方米，景观设计为古斯塔夫森·格思里·尼科尔公司（Gustafson Guthrie Nichol）。博物馆总建筑面积约39,019平方米，造价5.4亿美元，包含由拉尔夫·阿佩尔鲍姆联合公司（Ralph Appelbaum Associates）设计展览的费用。主要展品有1800年代保留下来的奴隶棚屋、1920年代种族隔离时期的火车车厢、查克·贝里（Chuck Berry）约在1973年乘坐的卡迪拉克敞篷车等。这座五层的建筑中，员工办公室位于顶层，画廊及展厅位于其下两层及地下大厅，剧场、教育空间和观众服务设施位于入口层及二层。建筑采用了太阳能热水等节能措施。

国立非裔美国人历史与文化博物馆的正式开馆时间为2016年9月24日，在那个周末，它迎来了超过3万名参观者。接下来的5个月中，有超过100万名观众到访。在广受媒体赞誉的同时，这座博物馆为景观广场上的各大机构填补了一个重要的空白。

上左图　博物馆外观以独特的三层倒金字塔形状为特色，这种形式来源于优鲁巴女像柱——一种传统的木制雕像，以头部的冠状装饰为特色。

上右图　一座钢制楼梯连接了主入口门厅与下方的大厅，参观者可以体验冥想庭（Contemplative Court）宁静的空间，或参加350座的奥普拉·温弗瑞剧场（Oprah Winfrey Theater）中举行的节目。

华盛顿特区国家景观广场

国家景观广场上有最早的罗马复兴风格的史密森学会大楼（Smithsonian Institution Building，1855），设计师为小詹姆斯·伦威克（James Renwick Jr.，1818—1995）。这座昵称为“城堡”的建筑，是14座主要博物馆建筑中的第一座，而最新的则是国立非裔美国人历史与文化博物馆。这其中大部分是政府提供资金的机构，以公共或私人基金会作为额外补充。这些博物馆以及位于其他地区的史密森博物馆分部每年接待超过3000万名参观者。

顶层房间

顶层带有大面积玻璃窗的办公室为博物馆员工提供了连续的办公空间，部分房间拥有非常好的视野，还设有一间会议室。屋顶的光伏板可以产生电力用于加热水。

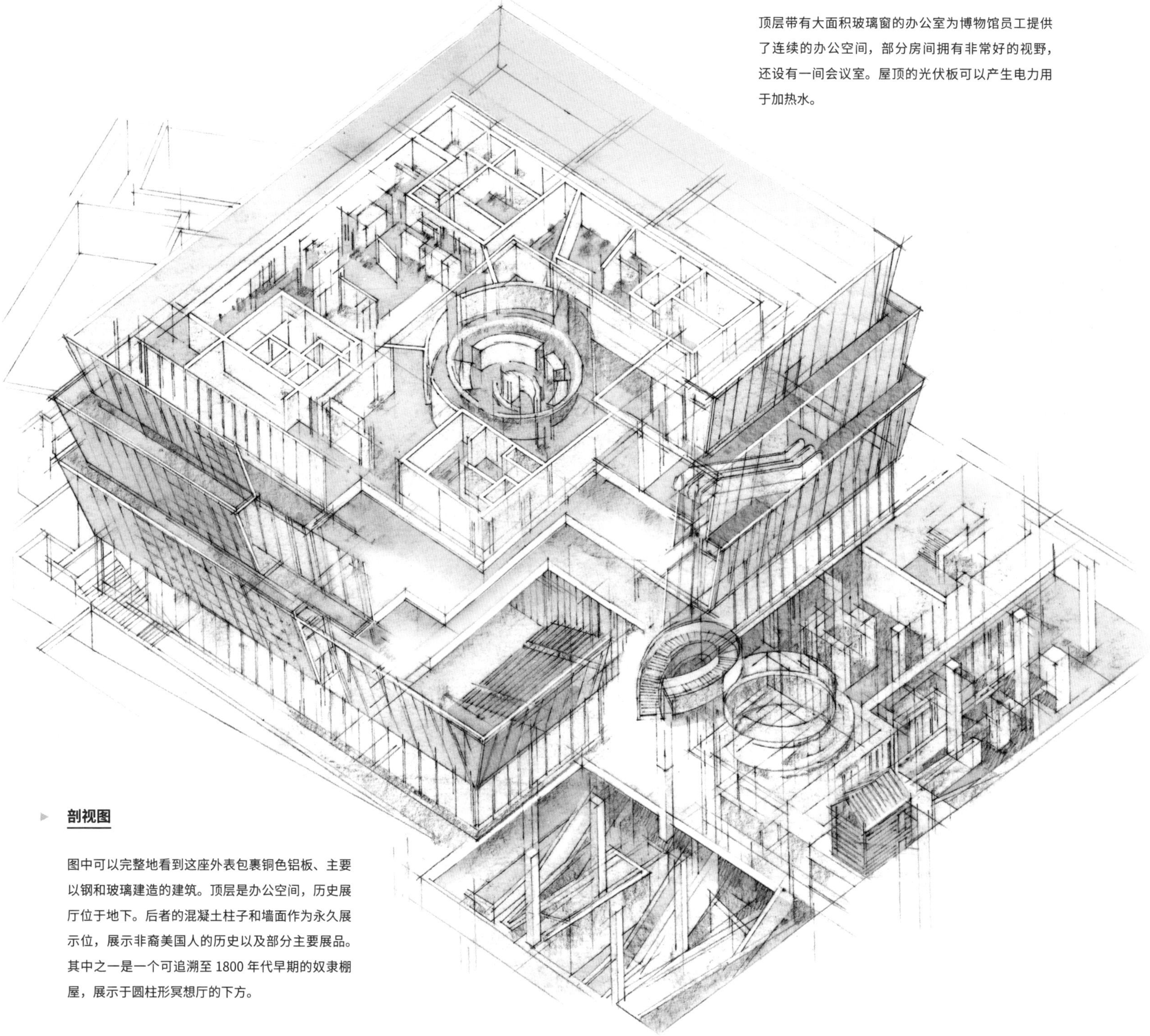

剖视图

图中可以完整地看到这座外表包裹铜色铝板、主要以钢和玻璃建造的建筑。顶层是办公空间，历史展厅位于地下。后者的混凝土柱子和墙面作为永久展示位，展示非裔美国人的历史以及部分主要展品。其中之一是一个可追溯至 1800 年代早期的奴隶棚屋，展示于圆柱形冥想厅的下方。

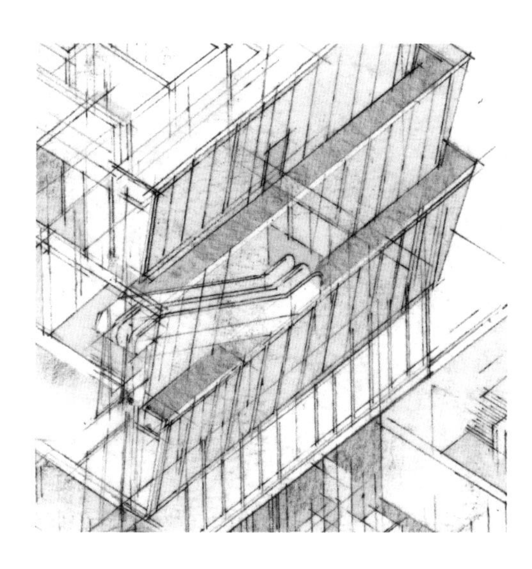

幕墙立面

蕾丝状的金色幕墙立面使其后的玻璃盒子空间更加灵动。一侧的自动扶梯是一种交通元素，人们可以透过铝板网格看到外面的世界。冕状的形体在晚上从内部被照亮，成为景观广场上的一座文化灯塔。

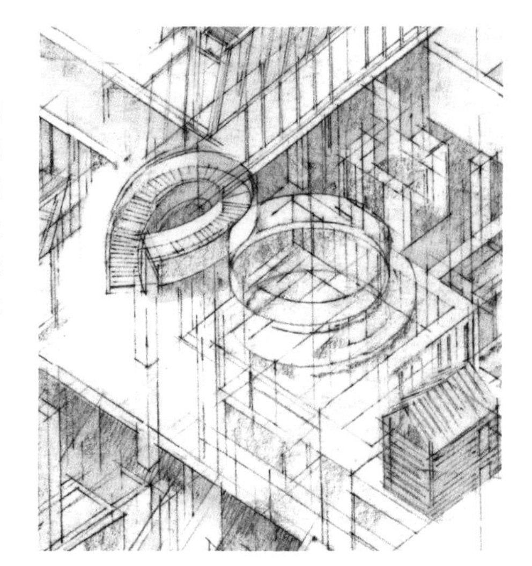

大厅

曲线形的楼梯通往大厅及奥普拉·温弗瑞剧场等空间。剧场的墙面板与外立面幕墙采用了同样的图案。大厅座椅环绕一座方形带有灯光瀑布的喷泉，对面的墙上铭刻着小马丁·路德·金的名言："我们决心……去工作与战斗，直到正义如瀑布倾泻，公理如磅礴的水流。"

立面细部

铜色铸铝板细部。建筑共有 3600 片铝板，起到遮阳板的作用，并且使钢与玻璃幕墙后的空间更具有活力。铝板的图案令人想起南方尤其是新奥尔良的奴隶艺匠们制作的铁艺作品。立面材料的设置方式可以在避免吸热的同时又遮蔽阳光过强的照射。

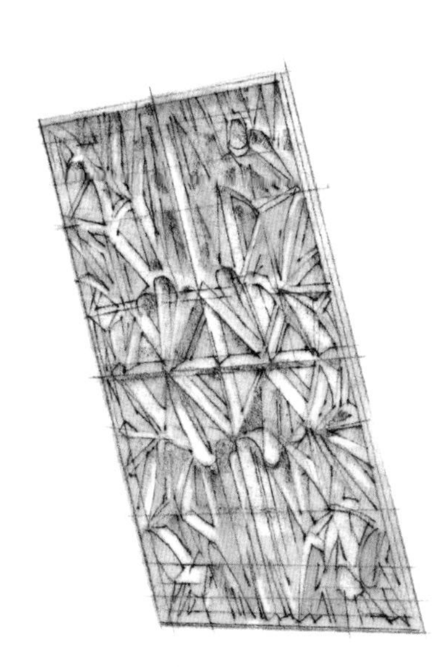

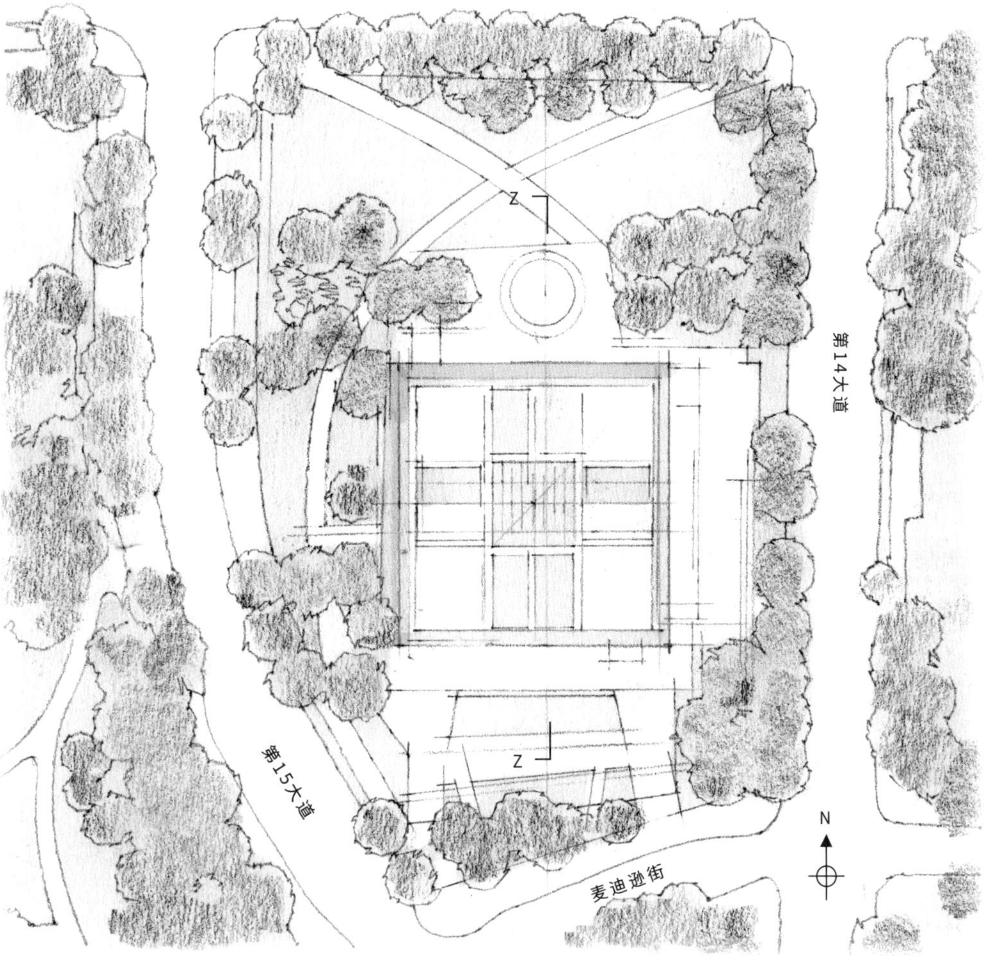

景观设计

古斯塔夫森·格思里·尼科尔公司被聘为景观设计公司。它在设计中采用了许多美国南方常见的植物——橡树、木兰与山毛榉，分别种植在曲折的道路旁侧。南侧入口处设有一方倒影池，营造宁静的景观效果。

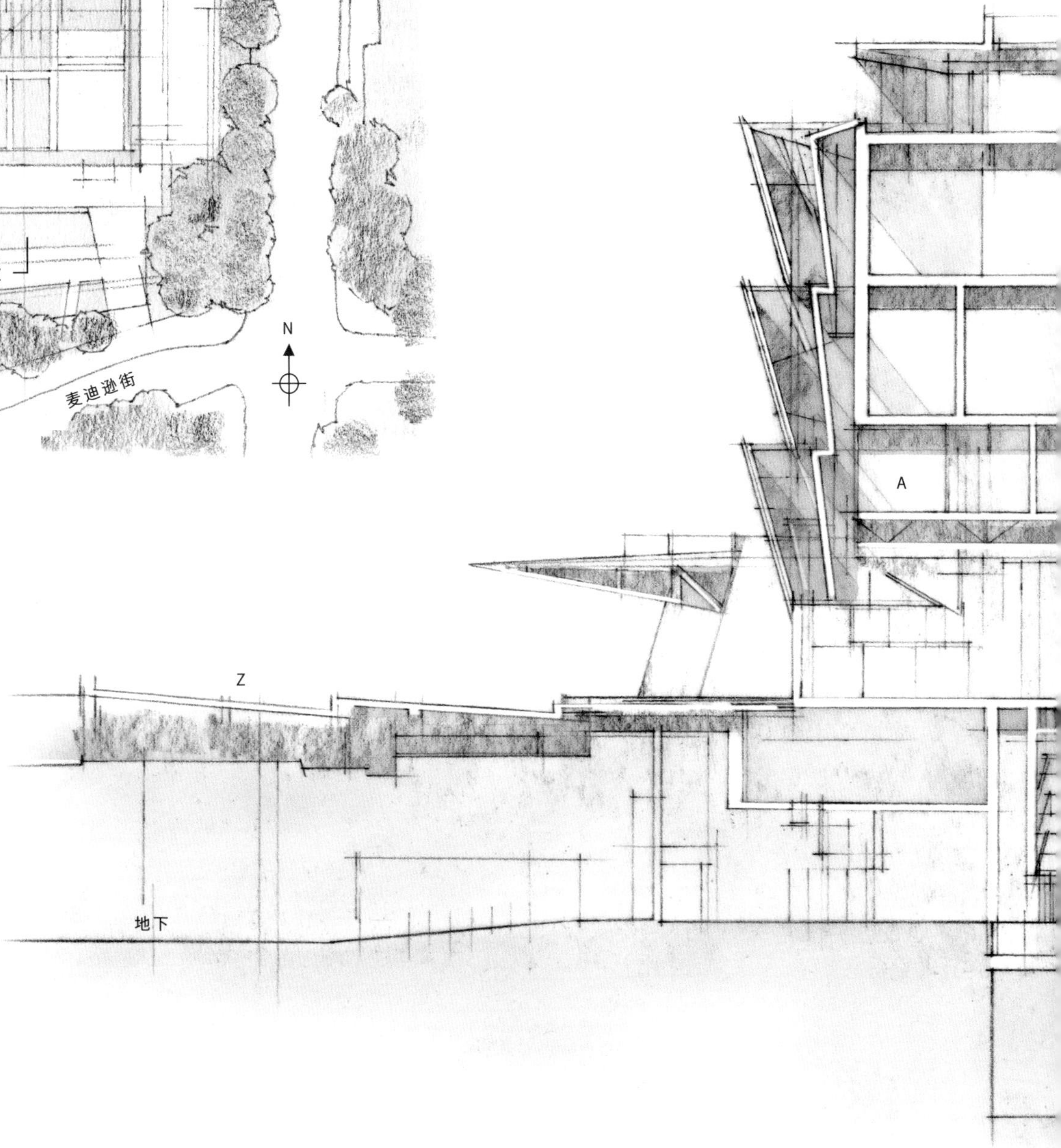

横剖面

这张剖面图（在平面图中剖切号为 Z）比较清楚地呈现出内部的空间尺度。主入口大厅上方的楼层中设置了一个教育中心，其上方是两层临时展厅，员工办公室位于顶层。下层空间设有剧场、餐厅及冥想空间，永久展区位于右下方。

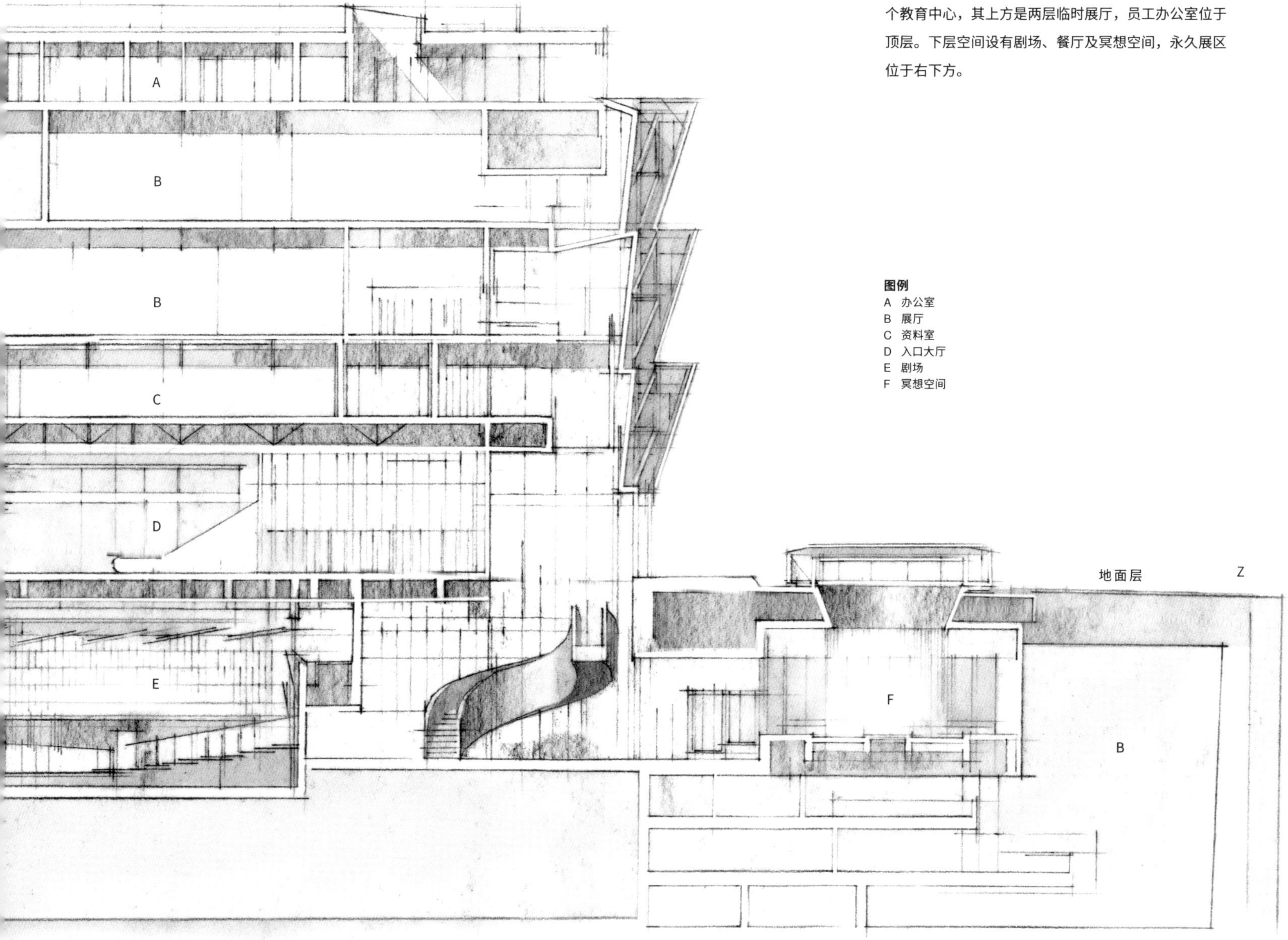

图例

A 办公室
B 展厅
C 资料室
D 入口大厅
E 剧场
F 冥想空间

居住建筑

“尽情享受！”“过高质量的生活。”“好好活着是最好的复仇。”当这一类格言与生活方式相关的时候，往往意味着奢华与铺张，包括居住环境。本章中选择的部分住宅证实了这些俗语，它们的选址、空间及景观都超越了“住所”一词所包含的内容。其他一些则正相反，要么近似于无家可归者的收容所或诊所，要么像是经济型现代住宅，仅有最基本的功能，造价接近于如今的单身公寓或迷你住宅。

在本章的 11 个案例里，有 8 个是单个家庭的私人住宅。其中包括位于意大利维琴察、作为休闲住宅的圆厅别墅（Villa La Rotonda，1566—1606）和位于芬兰诺马尔库的、作为夏季度假住宅的玛丽亚别墅（Villa Mairea，1939）。这组建筑代表了各自建造的年代中创造性的设计力量。案例选择从圆厅别墅——它证实了安德烈亚·帕拉第奥对乡村罗马建筑形制的热爱，到布鲁塞尔的塔塞尔公馆（Hôtel Tassel，1893—1894）——呈现出新艺术运动装饰风格的热情和对缠绕线条的迷恋，再到 1920—1940 年代开放空间的现代主义代表作的各种地方变体。最后一类案例包括荷兰乌得勒支的施罗德住宅（Schröder House，1924），以及一些建筑师和设计师的自用住宅，如在墨西哥城的路易斯·巴拉甘住宅（Casa Luis Barragán，1948）、查尔斯·伊姆斯与蕾·伊姆斯位于洛杉矶郊区的伊姆斯住宅（Eames House，1949—1950）。现代主义运动是一场社会性的设计运动，试图通过提出所谓的放之四海而皆准的设计解决方案来改造社会，尤其注重发展廉价材料与低造价的建筑形式。

这类设计方案特别适合每次世界大战之后的几年时间，因为建造者急需为自战场归来的人们提供住所。在 1920 年代与 1940 年代中期，曾经举行过若干次设计竞赛以探索战后住宅的建造，同时现代主义风格在更为传统的住宅设计中逐渐开辟出自己的道路来。这些竞赛包括《芝加哥论坛报》（*Chicago Tribune*）赞助的住宅设计竞赛（House Design Competition，1927）与芝加哥地区奖住宅设计竞赛（Chicagoland Prize Homes Competition，1945），著名的斯图加特魏森霍夫住宅展（Weissenhofsiedlung，1927）之后欧洲的各种住宅展，洛杉矶的各种住宅案例研究（Case Study Houses in Los Angeles，1945 及之后）等。两个此类颇具创新

伊姆斯住宅（见第 220 页）

性同时又造价低廉的现代主义住宅被列入本章，即施罗德住宅与伊姆斯住宅。本章所有的现代主义独立家庭住宅中，阿尔瓦·阿尔托（Alvar Aalto，1898—1976）的玛丽亚别墅和弗兰克·劳埃德·赖特的流水别墅（Fallingwater，1936—1939）在视觉上的相关性可以证明阿尔托对赖特作品的仰慕，并凸显出两位建筑师想要让住宅回应环绕四周的林地景观的热望。

以上建筑基本上都是单个家庭的住宅，不过本章中有3个案例与它们相反，是公共住宅，其建造年代各不相同，并且服务于不同的经济阶层。法国的博讷主宫医院（Hôtel-Dieu de Beaune，1443—1453）实际上综合了医疗诊所与贫民收容功能，巨大的主厅四周被床位占据，当中是食堂式的桌子，为集体晚餐而准备。由黑川纪章设计的日本东京中银舱体大厦（Nakagin Capsule Tower，1971—1972）提供了一种创造性的设计，以低廉的价格建造高层预制住宅，以工业生产的方式建造独立的居住模块。与此相反的是MAD事务所在加拿大的密西沙加市设计的绝对大厦（Absolute Towers，2007—2012），这座带有强烈个性的高端住宅楼的每套公寓均设有景观阳台——简直是地产销售人员的美梦。这些项目共同代表了不同类型的住宅建筑。还有一些其他住房工程也可以包含进来，如布鲁诺·陶特（Bruno Taut，1880—1938）和马丁·瓦格纳（Martin Wagner，1885—1957）在柏林-布里茨设计的著名的马蹄形社区（Hufeisensiedlung，1925—1933），或是早期的集体住宅，如莫伊谢伊·金茨堡（Moisei Ginzburg，1892—1946）设计的纳康芬大楼（Narkomfin Building，1928—1930）和伊凡·尼古拉耶夫（Ivan Nikolaev，1901—1979）设计的纺织学会学生宿舍（Communal House of the Textile Institute，1930），这两个项目均位于莫斯科。

无论如何，这一章节展现了人们如何建造这些住宅并在其中生活。然而它们并没有涵盖全部故事，因为在其他章节中也有一些住宅项目。如公共建筑一章中的威尼斯总督府，总督的住宅就在其中，还有商用的克莱斯勒大厦，最初曾经设有为业主沃特尔·P. 克莱斯勒准备的精致的公寓套房。在纪念性建筑一章中，凡尔赛宫是皇家住宅的极致典范。那一章还有著名的总统住宅蒙蒂塞洛，其帕拉第奥式风格可以与本章的圆厅别墅进行对比。在艺术与教育建筑一章中，收录了约翰·索恩装修得极为个性化的伦敦住宅和德绍的包豪斯现代主义校舍，后者带有一个小规模的学生宿舍。巴黎的卢浮宫也列入了那一章，在它被改造为博物馆之前是一座皇家宫殿和城堡。而最后一章的宗教建筑中，包括了那些通常被称为“神的居所”的建筑。除此之外，它们通常还带有神职人员居住区，如牧师、教士、主教、僧侣、毛拉、阿訇等人的住宅。例如东京的金阁寺原本按照住宅模式设计，它的建筑中除了佛陀的圣龛之外，也可能包括了僧人的住所。所以，人类居所或住宅的基本功能贯穿本书的全部内容，跨越所有的时代，遍及全球。

路易斯·巴拉甘住宅（见第214页）

博讷主宫医院

所在地	法国博讷
建筑师	雅克·维斯卡里（Jacques Wiscrère）
建筑风格	晚期哥特风格
建造时间	1443—1452 年

中世纪的 hotel 指济贫院或医院，类似于现在的非盈利私人救济院或教堂下辖的福利院。它们本质上是面向贫民的救济院，尽管也提供一些医疗服务及心灵救赎。这类机构中有一部分是相当重要的建筑物，类似于今天的芝加哥太平洋花园布道会（Pacific Garden Mission，2007）。那是一座大型福利设施，由著名建筑师斯坦利·泰格曼（Stanley Tigerman，1930—2019）设计，其中设有超过 900 人的宿舍、600 座的餐厅、工作坊、医务室、蔬菜温室和一座礼拜堂。与其他欧洲中世纪此类建筑一样，博讷主宫医院，或博讷济贫院（Hospices de Beaune），具有差不多类似的功能。

博讷主宫医院建于 1443 年，创办者为尼古拉斯·罗林（Nicolas Rolin）和他的第三任妻子吉贡·德·萨兰（Guigone de Salins），目的是为在英法百年战争（1337—1453）中陷入贫困的人们提供医疗护理与精神抚慰。勃艮第公爵罗林是菲利普三世的大臣，领地包括法国东部、佛兰德斯与尼德兰。罗林本人因为一幅北方文艺复兴画作而不朽——《罗林大臣的圣母》（*Madonna of Chancellor Rolin*，约 1435），作者是佛兰德斯写实主义大师扬·凡·艾克（Jan van Eyck），该画作如今收藏于巴黎卢浮宫，画面描绘了罗林向圣母子祈祷。

这座济贫院的设计和建造者被认为是雅克·维斯卡里。建筑于 1452 年投入使用，主要功能是收容和医疗救助，直到 1971 年后被改造为博物馆。这座直线型的两层建筑环绕着一个中央庭院布置。小型入口大门位于建筑东侧，上部带有哥特式尖饰。建筑包含一个厨房、修女生活区、一座礼拜堂、一所医院以及宿舍/病房。礼拜堂中曾经放置了一套颇为壮观的《最后的审判》(*Last Judgment*, 约 1445—1450) 组画，也被称为《博讷祭坛画》(*Beaune Altarpiece*)，作者是北方文艺复兴画家罗吉尔·凡·德尔·韦登 (Rogier van der Weyden)，如今该组画被单独陈列在博物馆当中。

从建筑学的角度来看，这座建筑中最重要的房间是贫困者大厅 (Grande Salle des Pôvres)，它以带有层层尖拱的天花板和彩色横梁为特色，大厅长 50 米，宽 14 米，高 16 米。在这个房间中，床位沿着长边布置，当中则摆放了食堂风格的就餐座位。重建过的带有罩篷的床看似最初设计为双人床，它们以及相关家具的制作年代约在 1850—1875 年间。房间的地面铭刻着"suelle"，指罗林的妻子——"他唯一的爱人"。从庭院中看，最引人瞩目的是半露木结构的回廊上方屋顶的彩色瓦片。这些瓷瓦片在 1900 年代早期经过维修与替换。

经营这个博物馆的非盈利组织每年 11 月举行葡萄酒拍卖，葡萄酒产自它们自己的葡萄园，并且储存于建筑的酒窖当中。佳士得拍卖行从 2005 年开始组织这项拍卖。

下左图　贫困者大厅两侧排列着 19 世纪带罩篷的床的复制品，收容者曾居住在此，每两人或更多人使用一张床。

下右图　从这幅自东南方向看过来的鸟瞰图中，可以感受到这些独特的瓦屋顶在建造之初是何等壮观，甚至可能比如今更为华美。

博讷祭坛画

比建筑屋顶更令人印象深刻的是《博讷祭坛画》，作者是北方文艺复兴艺术家罗吉尔·凡·德尔·韦登。祭坛画最初安装在大厅尽端的礼拜堂当中，位于祭坛上方，从大厅内部很容易看到它。这套组画由 15 幅绘制于橡木板上的油画组成，其中的几幅后来改为绘制在画布上（图中所示为其中 9 幅）。组画尺寸为 220×546 厘米。很多人认为这套组画是该艺术家最好的作品，它使隔壁大厅中的患者们感到安慰，同时又警告他们要在最后的审判来临之前过上遵守秩序的生活。这也是作品的另一个名字——《最后的审判》的来源。

南翼

较短的南翼的建筑风格和东侧质朴的礼拜堂与大厅截然不同，其中设置了圣安娜大厅（Salle Sainte-Anne）和圣于格大厅（Salle Saint-Hugues）。圣安娜大厅是为富有的患者服务的。圣于格大厅最初是一座医院，由于格 · 贝陶特（Hugues Bétault）在 17 世纪中叶创立。它们与圣尼古拉斯大厅（Salle Saint-Nicolas）在西南角（确切地说在西翼）相互连通，那里是患者临终时最后居住的地方。这些房间在地面层可通往内院，回廊层沿着南翼和西翼通长设置，也可通过一座角部楼梯到达内院。

礼拜堂

图中显示出礼拜堂的南端。布置的人意在让大厅中的人们能够清楚地看到礼拜堂，并且提醒他们要忠于上帝，而这些人中有很多正在走向死亡。著名的《博讷祭坛画》即《最后的审判》曾经位于此处，然而画作日渐腐坏，人们不得不将它移走重新安置在圣路易斯大厅（Salle Saint-Louis）的北端。

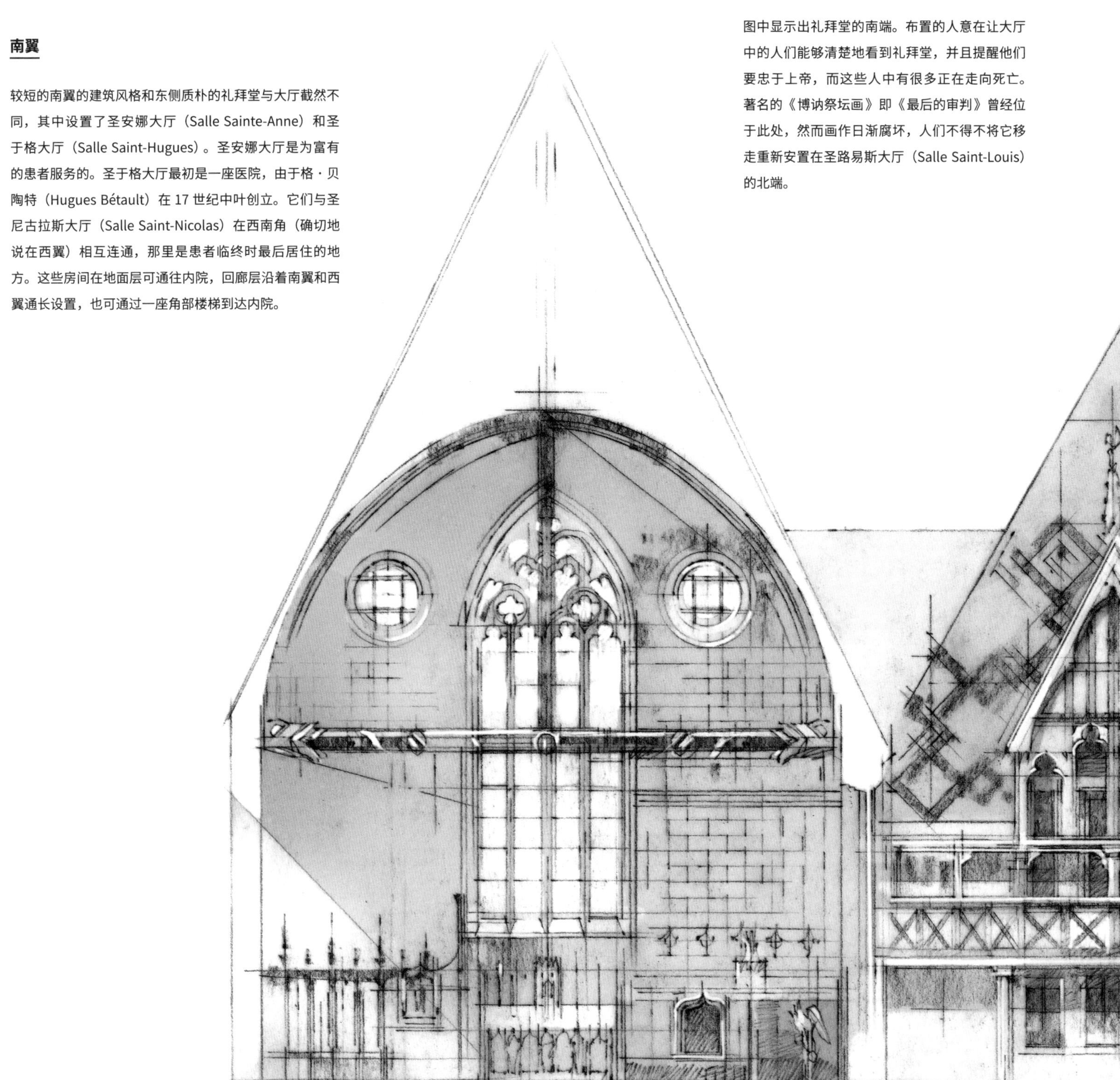

瓦屋顶

南翼的屋顶展示出层次丰富的半露木结构和彩色的屋面瓦。屋面的图案在中世纪晚期的欧洲中部很常见，这座建筑的设计灵感据说即来源于那里。中间由卵石铺设的荣耀之庭（Court of Honor）内设有一座精致的喷泉，带有哥特式铁艺装饰。带有彩色瓦屋面、半露木结构及回廊的立面和庭院左侧大厅朴素的外观形成强烈的对比。

西翼

建筑西翼位于这幅图的右侧，此剖面图中显示了建筑的西南角，那里有巨大的圣尼古拉斯大厅。对于很多患者来说，这里是他们死亡之前最后停留的地点。国王路易十四在 1658 年参观了这里，对这个空间中男女混用、人满为患的景象感到震惊，因此下旨拨款建造一座专供女性使用的房间。如今这里被用作博物馆展厅，展出与济贫院相关的内容。

阿尔梅里科–卡普拉别墅（圆厅别墅）

所在地	意大利维琴察
建筑师	安德烈亚·帕拉第奥、温琴佐·斯卡莫奇（Vincenzo Scamozzi）等
建筑风格	文艺复兴—罗马复兴风格
建造时间	1566—1606 年

阿尔梅里科–卡普拉别墅（Villa Almerico-Capra）也被称为圆厅别墅，其业主是教皇的顾问、咏礼司铎保罗·阿尔梅里科（Canon Paolo Almerico），他希望在退休之后回到故乡维琴察。阿尔梅里科聘请了安德烈亚·帕拉第奥（1508—1580）为他设计住宅，这也是这名建筑师最受赞誉的别墅作品。建筑于 1566 年开始建造，并在帕拉第奥和阿尔梅里科去世后，由帕拉第奥的追随者、温琴佐·斯卡莫奇（1548—1616）完成。斯卡莫奇与其他建筑师从 1591 年开始为别墅的新主人奥多里科·卡普拉（Odorico Capra）和玛丽亚·卡普拉（Maria Capra）工作，并于 1606 年完成。

这座别墅被收录在帕拉第奥的著作《建筑四书》（*I quattro libri dell'architettura*，1570）中，是他设计与建造的一系列乡村住宅中的一个。帕拉第奥从古罗马建筑师与工程师维特鲁威（约前 80—前 15）的专著《建筑十书》（*De Architectura*，约前 30—前 15）中了解到古罗马建筑，对其极为推崇。他在维琴察受训成为一名石匠，自己设计的建筑中有许多重要的、可追溯至古罗马原型的别墅。其中包括萨拉切诺别墅（Villa Saraceno，1540 年代，位于 Agugliaro）、波亚纳别墅（Villa Pojana，1549，位于 Pojana Maggiore）、加佐蒂·格里马尼别墅（Villa Gazzotti Grimani，1550，位于 Bertesina）、基耶里卡蒂别墅（Villa Chiericati，1550—1580，位于 Vancimuglio），均位于威尼托大区。用圆厅别墅的业主的话来说，这座房子是为了“令他欢喜”而建。它建于一处闲置的农田当中，周围还有一些附属建筑。基地中这些带有拱廊的乡村风格农庄建筑是在别墅于1591年易主之后由斯卡莫奇建造的。

圆厅别墅的希腊十字式平面使它具有4个相同的古典主义立面，每个立面上带有一个抬高的、由6个爱奥尼式立柱组成的柱廊，顶部带有古典风格的神像。这些立面令人想起古罗马时期的神庙，它的设计可能是为了与当时罗马宗教建筑精致的风格形成对比。就像帕拉第奥的许多其他别墅一样，这座建筑也采用了石材、砖和灰泥建造。部分地板使用了掺入石灰石和大理石碎片的灰泥，这在当地是种常见的做法。建筑中央是一个带有回廊的圆厅，帕拉第奥曾经想将它的穹顶建得更高，不过斯卡莫奇将它重新设计并且改低了。位于四角的楼梯通往三层和穹顶，它们在18世纪时修缮过。每层建筑面积为134平方米，总建筑面积约为557平方米。主要房间位于主楼层（piano nobile）即实际的第二层，而穹顶下的圆形空间内壁布满了湿壁画，大多数由卡普拉家族委托绘制。别墅各处都布置有大理石壁炉和灰泥装饰。1725—1750年间还增设了一些装饰并做了一些小修改。此建筑整体的对称平面和外观在帕拉第奥的建成别墅中是唯一的，尽管收录于其建筑文章中的梅勒多的特里西诺别墅（Villa Trissino at Meledo）的设计样和圆厅别墅的设计有明显的类似之处。圆厅别墅如今的主人、瓦尔马拉纳（Valmarana）家族在1976年主导了该建筑的保护工作，并将这座世界建筑遗产作为博物馆进行运营，开放给公众。

上左图　观众一旦踏入建筑的中央空间，便会想起它的俗称“圆厅别墅”，同时可以看到四周及天顶上制造透视错觉的令人惊叹的壁画。

上右图　建筑中央方形部分的四面设置了风格类似的、带有爱奥尼式立柱的柱廊，模仿了古罗马神庙的外观。

帕拉第奥的影响

帕拉第奥对建筑史的影响无法估量，尤其是在18—19世纪期间，在英裔美国人的建筑案例中通常最为明显。伦敦的奇斯威克府邸（1729，左图）被认为是最知名的案例之一，建造者是第三代伯林顿伯爵理查德·博伊尔（Richard Boyle，3rd Earl of Burlington，1694—1753），在几位卓越的建筑师的指导下建成。建筑立面中间的柱廊、穹顶和塞利奥式窗（Serlian window）明显来自帕拉第奥的影响。

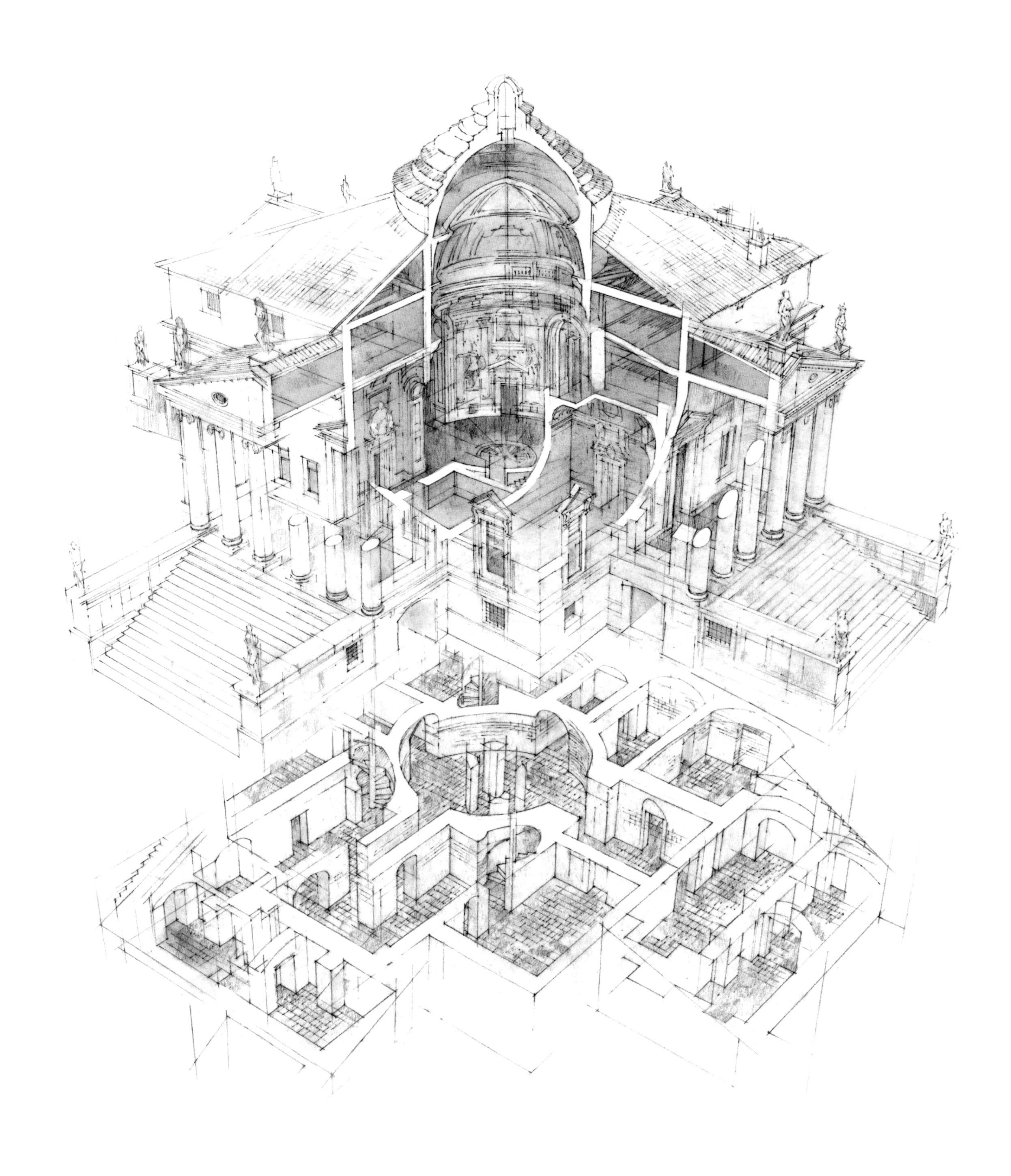

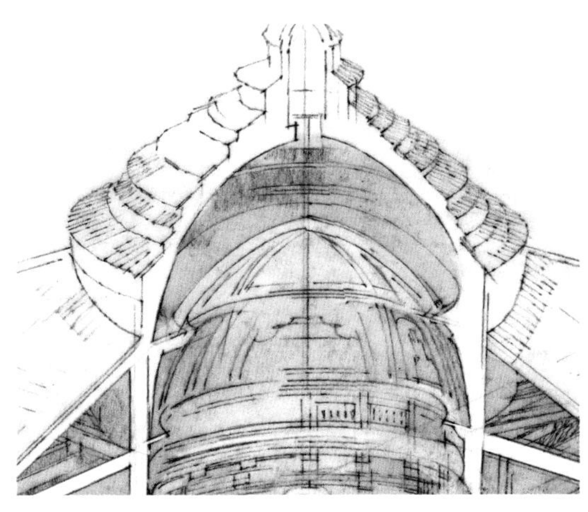

穹顶

在帕拉第奥的设计中穹顶比现在更高，半球形顶的顶部带有灯笼式天窗。然而斯卡莫奇受到罗马万神庙较为平缓的穹顶（126）的启发，将轮廓改矮了。在圆厅别墅中它被称为小帽子，因为外形像犹太人的小圆帽。它是同心圆式的分层阶梯式穹顶，屋面贴有瓦片。

柱廊

4 个对称的、带有完全一样的爱奥尼式立柱的柱廊和立方形建筑体相连，使这座建筑呈现出简洁而庄严的外观，如同古代罗马的公共建筑。山形墙角部与顶部的罗马风格神像加强了这种观感。

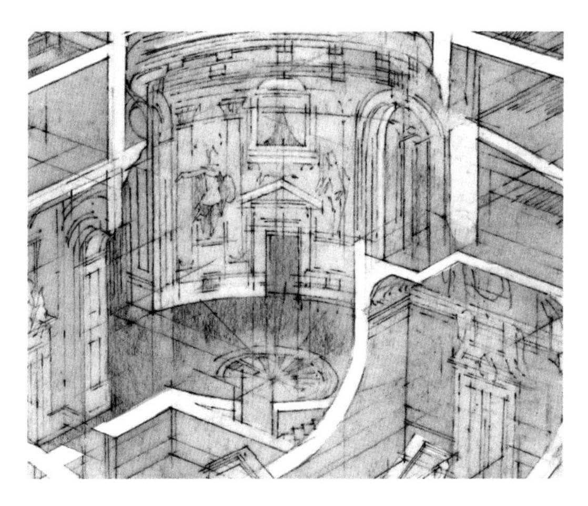

鼓座

帕拉第奥相信，简单的几何形状如圆形和方形具有强烈的视觉力量。位于建筑中央并支撑穹顶的圆柱形鼓座为壁画提供了大量空间。穹顶内侧及鼓座上的壁画由画家兼工匠亚历山德罗·马甘扎（Alessandro Maganza）创作。

▶ **楼层平面图**

圆形空间嵌入方形平面内，这种形式在圆厅别墅的平面图中显示得极为清晰，同样清晰的还有极度规整的四边形平面布置。中央大厅角部的卵圆形旋转楼梯连接了各个楼层。简单且有力的几何形是帕拉第奥风格的标志性特征，轴对称平面在这个建筑中达到了逻辑与秩序的极致。

◀ **底层**

建筑的地面层与上部的平面相同，由 4 个大房间和一些小房间相连，不过层高比较低。这里是佣人房及辅助空间，其中包括一间厨房，现已复原。阳光直接或间接地照射进这些房间。建筑坐落在一座小山上，因此即便是地面层也高出周边地势。

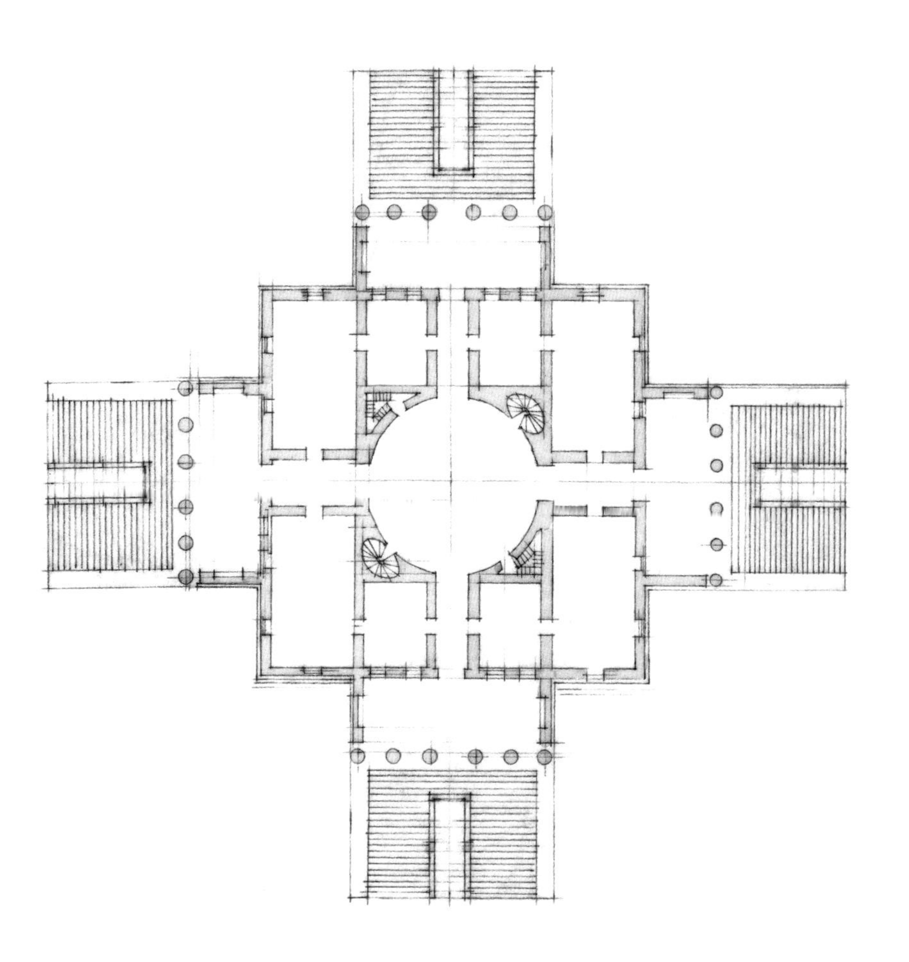

塔塞尔公馆

建造地点	比利时布鲁塞尔
建筑师	维克多·霍塔（Victor Horta）
建筑风格	新艺术运动风格
建造时间	1893—1894 年

本书中的每一种建筑风格分类都可能有不同的表达方式与若干变种，最常见的是国家或地区之间的命名差异。例如本案例中涉及的 19 世纪晚期到 20 世纪早期的新艺术运动，在英国、加拿大和美国均有建成案例。然而它在德国被称为新青年运动（Jugendstil），在奥地利尤其是维也纳被称为分离派（Secession），在意大利被称为自由风格（Liberty Style）。欧洲与北美的新艺术运动建筑师有美国的路易斯·沙利文（1856—1924）、法国的赫克托·吉马德（Hector Guimard，1867—1942）、奥地利的约瑟夫·马里亚·奥尔布里希（Joseph Maria Olbrich，1867—1908）和奥托·瓦格纳（Otto Wagner，1841—1918）、德国的彼得·贝伦斯、意大利的朱塞佩·索马鲁加（Giuseppe Sommaruga，1867—1917），这只是其中少数的几位。比利时的新艺术运动倡导者则包括亨利·凡·德·维尔德（Henry van de Velde，1863—1957）和维克多·霍塔（1861—1947）。

霍塔生于比利时根特市，很早就对音乐和建筑产生了强烈的兴趣。他 1873—1877 年在根特市读书，1881—1884 年则就读于布鲁塞尔，在两段学习生涯之间的 1878—1880 年，他前往巴黎，在建筑师朱尔·德拜逊（Jules Debuysson）的事务所工作。在巴黎的两年时间对他的影响似乎超过了正规的设计训练，以他自己的话来说："这座城市的街道，这些纪念性建筑和博物馆，为我的艺术灵魂敞开了一扇扇窗。"当他的父亲在 1880 年去世之后，霍塔前往布鲁塞尔工作和学习。1889 年他重访巴黎，在那里看到了世界博览会和新建成的埃菲尔铁塔。他于 1892—1911 年间任教于布鲁塞尔自由大学，并设计了部分新艺术运动代表作，其中包括塔塞尔公馆。它是如此重要，为接下来的其他委托铺平了道路，如索尔维公馆（Hôtel Solvay，1895—1900）和为比利时工人党设计的民众之家（Volkshuis for the Belgian Workers Party，1899，现已拆除）。

塔塞尔公馆是为埃米尔·塔塞尔教授（Emile Tassel）与母亲设计的，塔塞尔和霍塔任教于同一所学校。这座建筑是霍塔第一次将有机形态的华丽的铸铁楼梯应用于住宅当中。它作为设计的着重点，是他特有的"生物形态的鞭痕"（biomorphic whiplash）风格的例证。他的新艺术运动风格的作品以这种仿生的线性设计为特色，并影响了吉马德等人的设计。公馆建于一个7.8米宽29米长的地块上，是一座主要以砖和厄维尔与萨沃尼埃石灰石建造的联排住宅。楼梯间和阳光房顶部设有钢制采光井，阳光房的精彩空间与入口层戏剧化的楼梯相对设置。楼梯的装饰中包括雕塑家戈德弗鲁瓦·德弗里斯（Godefroid Devreese）制作的珀修斯雕像与画家亨利·贝斯（Henri Baes）绘制的植物与几何形状结合的壁画。与同时代的建筑师一样，霍塔负责设计所有曲线形式的结构与构件，无论尺度大小——从门把手到马赛克地面、雕刻柱头、染色玻璃窗以及弓背形立面上的铁艺构件。

这座住宅的地下室是一些辅助房间，包括热水间、储藏室、厨房、酒窖和洗衣房。上部共有三层，顶部带有阁楼。地面层设置了入口、起居室和餐厅，同时带有一个夹层吸烟室，位于曲线形的弓背窗背后，它也被当作家庭剧场，用来放映塔塞尔拍摄的旅行幻灯片。上层楼面则布置了卧室、书房和办公室。这座住宅后来被改造为不同的用途。1976年，建筑师让·德尔哈耶（Jean Delhaye，1908—1993）购买了这座房子，他曾是霍塔的学生。1982—1985年德尔哈耶将整幢建筑进行了彻底的修复。他也是在1969年将霍塔位于布鲁塞尔的自用住宅与工作室（1898—1901）改造为博物馆的负责人之一。如今塔塞尔公馆只能通过私人团队游进入。

上左图　主入口空间带有精致的马赛克地面，前厅也是如此，与主楼梯处类似风格的地板图案相连。

上右图　有机风格的楼梯间是整座住宅的视觉焦点所在，这一空间被压缩了，相较于通常设置中央楼梯的做法，上方楼层的房间由此获得了更大的面积。

新艺术运动的辉煌

欧洲新艺术运动的首都是布鲁塞尔和巴黎。后者建有大量以纤细的、风格化的自然形态作为装饰的建筑。赫克托·吉马德的设计更加简单却更加迷人，如他设计的巴黎地铁站入口（约1905）。再晚些时候，此类设计愈发精致，包括老佛爷百货多层高的大厅穹顶（1912，左图），设计者为乔治·谢达纳（Georges Chédanne，1861—1940）和费迪南·沙尼（Ferdinand Chanut，1872—1961），这座商场是购物的圣殿。

横剖面

这一剖面图中右侧为沿街立面，左侧为建筑背后。沿街的地下室是煤炭间，后面是一些服务空间如厨房和洗衣间。煤炭间上方的沿街入口通向门廊和前厅，然后是主楼梯和楼梯平台。公共房间位于主楼层楼梯的左侧。私密空间主要是卧室，位于主楼层上方的楼梯左侧。朝向街道的楼层中包括了一个夹层吸烟室（位于入口正上方）、一间办公室和一间书房。

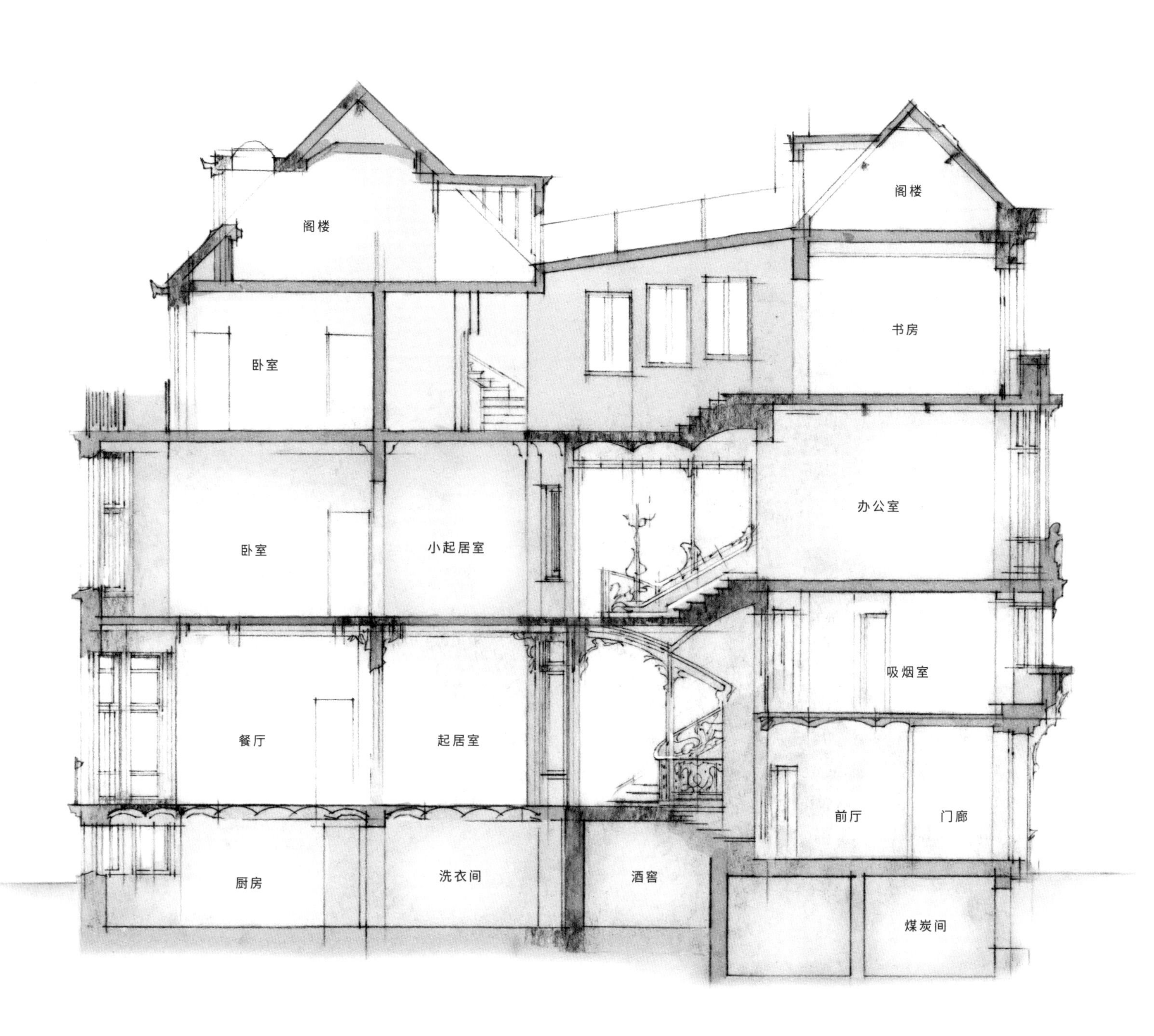

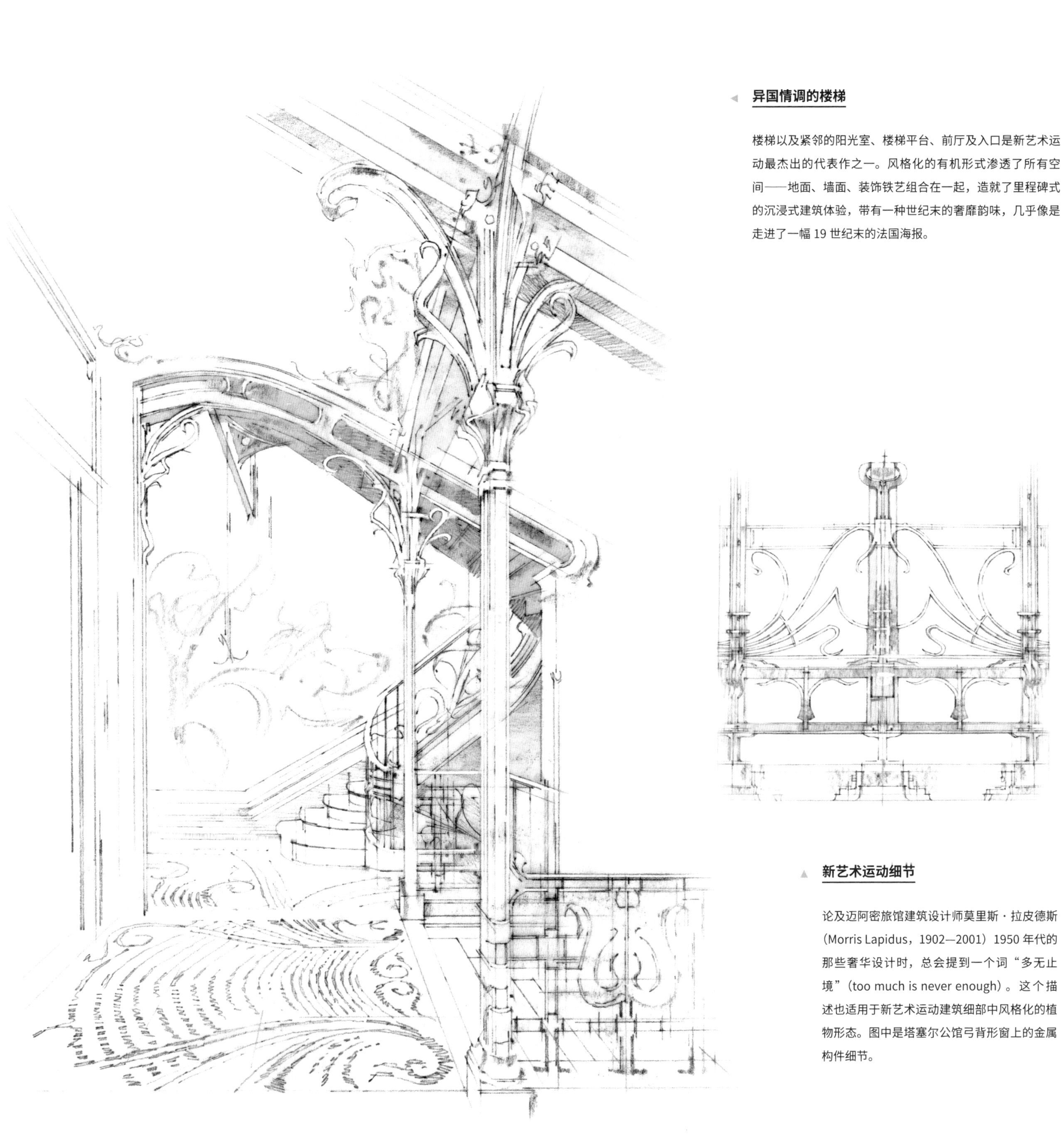

◀ **异国情调的楼梯**

楼梯以及紧邻的阳光室、楼梯平台、前厅及入口是新艺术运动最杰出的代表作之一。风格化的有机形式渗透了所有空间——地面、墙面、装饰铁艺组合在一起，造就了里程碑式的沉浸式建筑体验，带有一种世纪末的奢靡韵味，几乎像是走进了一幅 19 世纪末的法国海报。

▲ **新艺术运动细节**

论及迈阿密旅馆建筑设计师莫里斯·拉皮德斯（Morris Lapidus，1902—2001）1950 年代的那些奢华设计时，总会提到一个词“多无止境”（too much is never enough）。这个描述也适用于新艺术运动建筑细部中风格化的植物形态。图中是塔塞尔公馆弓背形窗上的金属构件细节。

施罗德住宅

所在地	荷兰乌得勒支
建筑师	格里特・里特维尔德（Gerrit Rietveld）
建筑风格	荷兰风格派
建造时间	1924 年

想象一下，当这座建筑在 1924 年建成时，住在附近的传统联排砖住宅中的邻居会作何感想。施罗德住宅建于一组联排住宅的尽端，它的设计与外观是革命性的。创造这一激进设计的建筑师是格里特・里特维尔德（1888—1964）。里特维尔德最初接受的是木匠的训练，后来自学了建筑，并在 1917 年创立了自己的家具与橱柜工厂。他于同年设计的著名的红蓝椅被认为是那个时代最著名的工业设计产品。他与荷兰风格派（1917—1931）现代主义运动的联系使他结识了其他现代主义者，如设计了德绍包豪斯校舍的德国建筑师瓦尔特・格罗皮乌斯。1920 年代晚期到 1930 年代，里特维尔德的设计不再类似里程碑式的施罗德住宅，而是偏离了风格派的原色设计，更加倾向于现代主义中的单色风格。乌得勒支的伊拉斯谟兰公寓（Erasmuslaan，1931—1934）和战后位于海尔伦市的凡・斯洛布住宅（Van Slobbe House，1961）可作为例证。他也从未离开过木工与家具设计领域，继续设计出一些简约现代风格的作品，如沃特・帕普扶手椅（Wouter Paap Armchair，1928—1930）和 Z 形椅（Zig-Zag Chair，1932—1934）。

施罗德住宅是里特维尔德关于活动墙板的三维实验，业主是新寡的社会名流特鲁斯・施罗德（Truus Schröder）。她想为自己和三个孩子建造一座可尽情生活于其中的住宅，而不是仅仅"住"在那里，因此这座小房子呈现出生机勃勃的外观。富有动感的墙板与建筑的三原色暗示了室内也具有相似的特征。内部空间是多功能的，可以通过活动墙面隔断甚至重新划分。嵌入式家具和活动家具也采用了与建筑相似的色调。

这座建筑主要以砖和木材建造，只有地基与二层阳台采用了钢筋混凝土，阳台栏杆以钢材焊接而成。大部分房间的地面铺设了橡胶与软木地板。这座111.5 平方米的住宅造价相当低，仅有 9000 荷兰盾，约相当于今天的 6.5 万欧元。建筑建成之后，里特维尔德在主楼层建造了一个小型建筑工作室，1925—1933 年间他在此工作。当他的妻子去世后，他搬进这里与特鲁斯·施罗德一起居住，直到他去世。特鲁斯于 1985 年去世，她将这座住宅捐赠给一个基金会，并由当地建筑师贝尔特斯·米尔德（Bertus Mulder，1929—　）对建筑进行修复。

如今施罗德住宅由乌得勒支中央博物馆运营。从某种角度来说，由于一直以来只有一位主人，使这座建筑罕见地从 1920 年代的现代主义运动保留至今。这一运动的荷兰变体被称为风格派，其设计特色在于以原色表达基本几何形体。这座建筑与里特维尔德同时代的画家如特奥·凡·杜斯伯格（Theo van Doesburg）与彼埃·蒙德里安（Piet Mondrian）用直线构图的抽象画作一样，是相当独特的艺术作品。

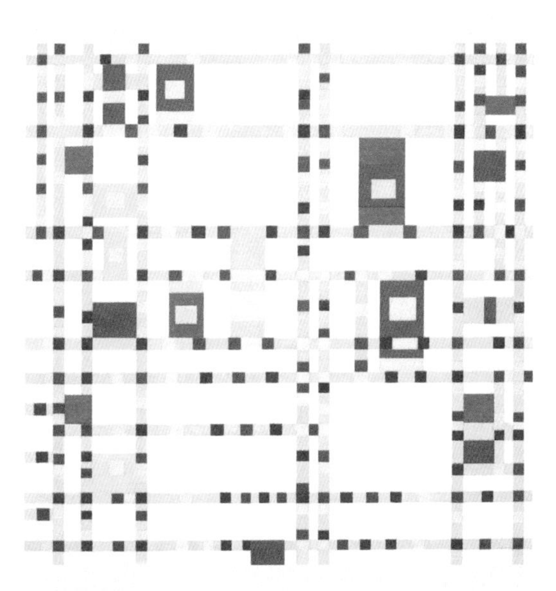

风格派

风格派运动的艺术家通常会在作品中采用抽象的、主要是几何形状的形式和大胆的原色色彩。蒙德里安与这种美学原则的联系最为紧密，在第一次世界大战（1914—1918）之后的 1920—1930 年代尤其明显，他创作了一系列网格状、带有鲜明色彩的作品。第二次世界大战（1939—1945）开始的第一年，他离开欧洲前往纽约。其《百老汇爵士乐》（*Broadway Boogie Woogie*，1942—1943，上图）的灵感来源于这座城市的建筑和爵士乐的韵律。

上图　这座建筑仿佛是三维的风格派画作。即使在今天，这座建筑在作为住宅的同时，也被视为一座雕塑。

左图　室内滑动的彩色墙板与外立面形式相互呼应，它们与嵌入式储藏室以及多功能、可变的房间一起，均为设计的一部分。

直线型设计的典范

这座住宅是矩形结构与墙体通过建筑语言与色彩进行表达的典范。这幅图中可以看到主楼层多功能空间的角落中里特维尔德设计的红蓝椅（1917），这是对直线形设计之胜利的小型诠释。位于下方的厨房与餐厅中也有嵌入式家具。

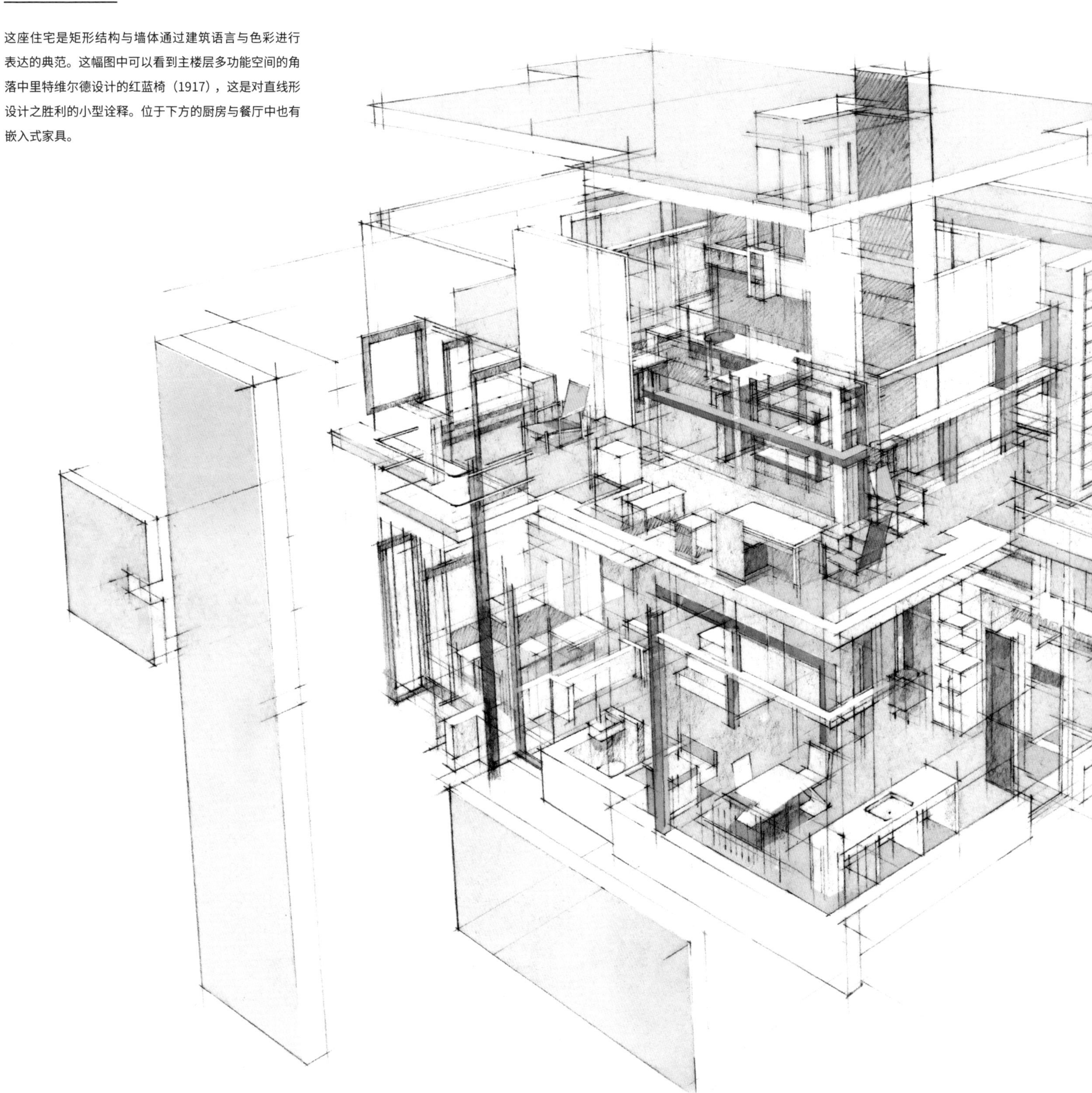

楼层平面图

可移动墙面和多功能 / 可变空间围绕中央楼梯设置。厨房、餐厅、起居室以及办公室和卧室均位于地面层。上一层则布置了较大面积的可分隔的多功能空间。在里特维尔德与施罗德正式同居之前，他就将这座住宅地面层的后部空间用作自己的工作室了。

上层（封闭）

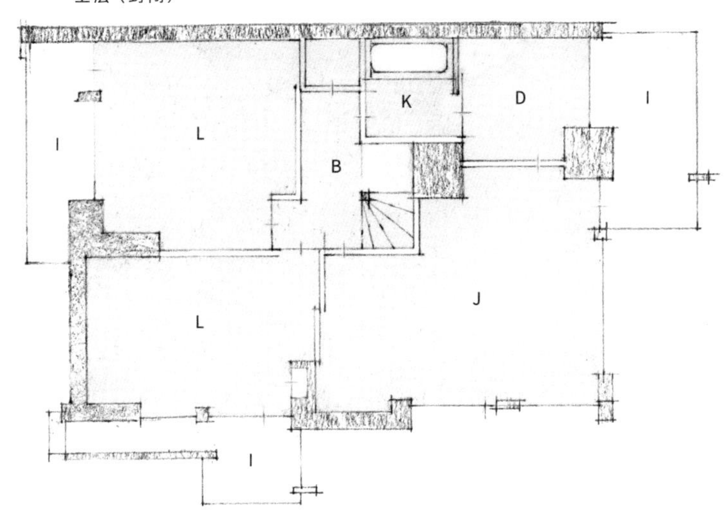

开放空间

与很多现代主义者一样，里特维尔德采用视觉手法将室外环境引入到室内空间中来。阳台是室内墙面的延伸，窗子不仅可以呈直角旋转开启，设置于角部的那些还可以在开启时消除建筑的边角，暗示了与自然环境的直接联系，与劳埃德·赖特在宾夕法尼亚建造的流水别墅（见第 206 页）非常相似。这种设计也许反应了普遍的健康理念，当时人们认为户外空气有益于结核病的治疗。

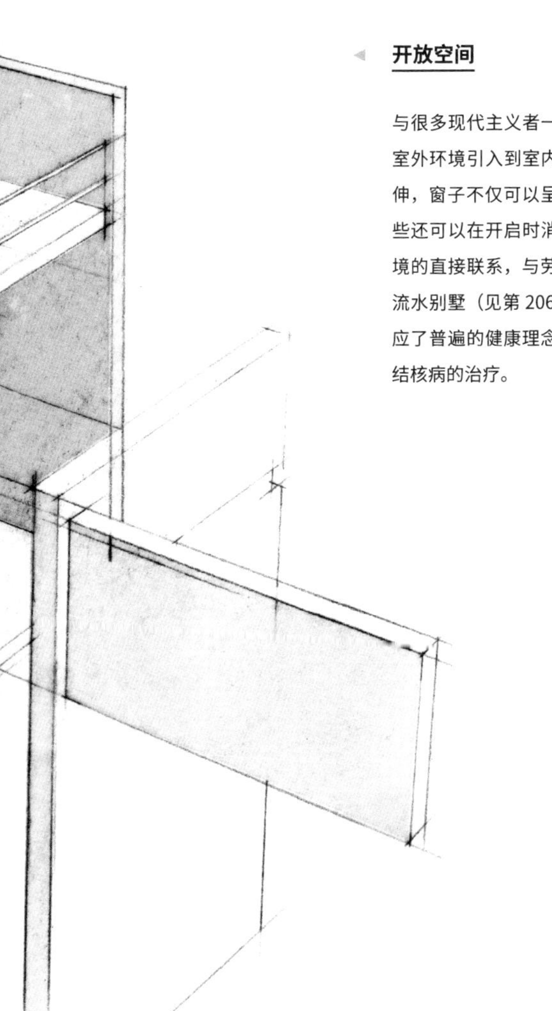

上层（开敞）

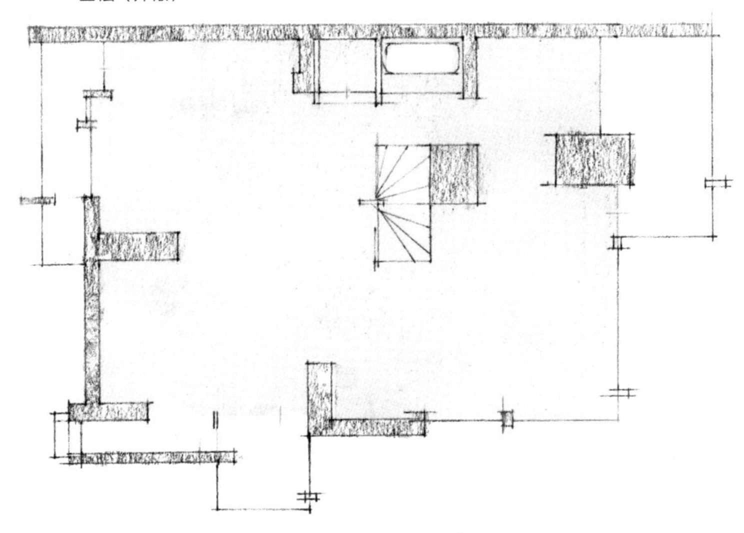

地面层

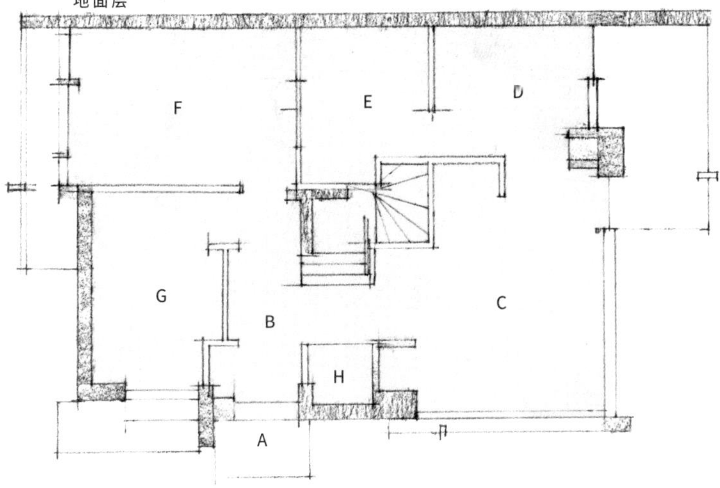

图例

A 入口
B 厅
C 厨房/餐厅/起居室
D 睡眠区
E 工作区
F 工作室
G 阅读区
H 卫生间
I 阳台
J 起居室/餐厅
K 浴室
L 工作/睡眠区

玻璃之家

所在地	法国巴黎
建筑师	皮埃尔·夏洛（Pierre Chareau）、贝尔纳德·毕吉伯（Bernard Bijvoet）
建筑风格	欧洲现代主义
建造时间	1928—1932 年

位于巴黎的玻璃之家是一战与二战之间建造的最有趣、最引人入胜的现代主义住宅之一，尽管它常常排名于勒·柯布西耶、路德维希·密斯·凡·德·罗、瓦尔特·格罗皮乌斯、弗兰克·劳埃德·赖特等建筑师设计的住宅之后。也许这种排名的首要原因是它的主要设计者皮埃尔·夏洛（1883—1950）通常被认为是室内与家具设计师，尽管他的员工与设计伙伴贝尔纳德·毕吉伯（1889—1979）拥有很长一段建筑设计经历。毕吉伯最广为人知的作品是他与荷兰建筑师扬·杜维克（Jan Duiker，1890—1935）在荷兰希尔弗瑟姆设计的古伊兰大酒店（Grand Hotel Gooiland，1936）。前述排名的另一个原因则可能是夏洛在 1939 年离开巴黎前往纽约，并且一直居住在那里直至自杀身亡。

夏洛于 1900—1908 年在巴黎国立高等美术学院学习，其后于 1908—1913 年为英国家具制造商韦林和吉洛公司（Waring and Gillow）工作。第一次世界大战期间他在军队服役，退役后在巴黎开始从事室内设计与家具设计。他以善于运用钢材、玻璃以及滑动墙板而闻名。他的作品包括获奖的、为法国大使馆设计的办公室图书馆，曾展于 1925 年国际现代装饰与工业艺术博览会的装饰艺术展，该展览颇具影响力。

由于他的知名度以及之前出色的工作，夏洛获得了让·达尔萨斯医生（Dr. Jean Dalsace）与爱好艺术的妻子安妮（Annie）的委托，即他一生中最重要的项目：玻璃之家。

这座位于圣纪尧姆路的三层住宅中包括了医生的办公室和位于地面层后部的病房。在这个被誉为钢与玻璃的杰作的庭院中，结构被隐藏了起来。私人区域位于公共房间和医务办公室以上的两层。玻璃方砖和机械式旋开窗使呈模数化设置的钢立面显得活泼起来。整幢住宅在顶层与一座原有的砖石建筑相连并插入该建筑内部，那座建筑的主人拒绝迁出。夏洛雇佣了铁匠路易斯·达博特（Louis Dalbert）深化设计了这座建筑中大部分的钢结构。室内设计显示出夏洛对机械的爱好，如滑动幕墙、折叠楼梯，以及厨房和餐厅上方的滑轨。

达尔萨斯医生是一名法国共产党成员。住宅两层高的起居室兼图书馆中设有壮观的嵌入式书架，在1930年代，这里是巴黎艺术家和文化领袖的聚集地，其中包括了画家马克斯·恩斯特（Max Ernst）和演员路易·茹韦（Louis Jouvet）等名人。德军占领期间这座住宅被清空了，直至1944年巴黎解放。此后它的主人搬了回来，将其整修复原，并继续在此举办政治与文化沙龙。

2006年之后，美国商人与收藏家罗伯特·鲁宾（Robert Rubin）成为玻璃之家的主人，他逐步修复了这座建筑，并且慷慨地向学生和学者开放。这座住宅在现代主义经典作品中亦十分独特，并影响了许多建筑师，尤其是理查德·罗杰斯（1933—2021）和让·努维尔（1945—　），他们均使用钢与玻璃建造了自己的代表作品。

夏洛的家具

夏洛曾经接受过家具设计的相关训练，与他的现代主义同辈们一样，他的家具设计作品如今也成为博物馆的珍贵藏品。夏洛的家具以使用双色构件和平板结构为特色，有时会采用奇特的几何形状。作品通常以漆成黑色的钢材和深色调或上色的木材制作。一些作品采用抛光的木材做成几何形状，诸如著名的嵌套式桌子。玻璃之家中至今仍保留了一些夏洛设计的家具（左图），其中包括钢与木材建造的矩形嵌入式橱柜和曲线形漆面钢的无扶手椅。

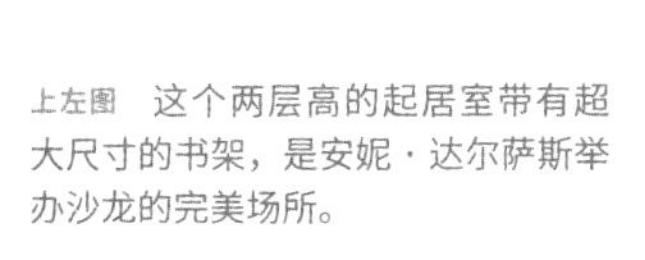

上左图　这个两层高的起居室带有超大尺寸的书架，是安妮·达尔萨斯举办沙龙的完美场所。

上右图　在这个位于圣纪尧姆路的庭院中，钢与玻璃的结构会在夜晚被从内部照亮，就像是现代主义的灯塔。

地面层

这张图下方立面上的两座楼梯之间是建筑的主入口，通往医生办公室和等候室等公共空间。患者检查区域环绕建筑后部设置。地面层基本上全部是医务办公空间。一座黑色的小型钢楼梯通往医生的私人书房。等候室中设有钢与玻璃的旋转门。

图例

地面层

A 门厅
B 中央走道
C 花园走道
D 服务厅
E 佣人入口
F 接待室
G 等候室
H 咨询室
I 检查室
J 值班室
K 通往书房的辅助楼梯
L 通往厨房的楼梯
M 通往沙龙的主楼梯

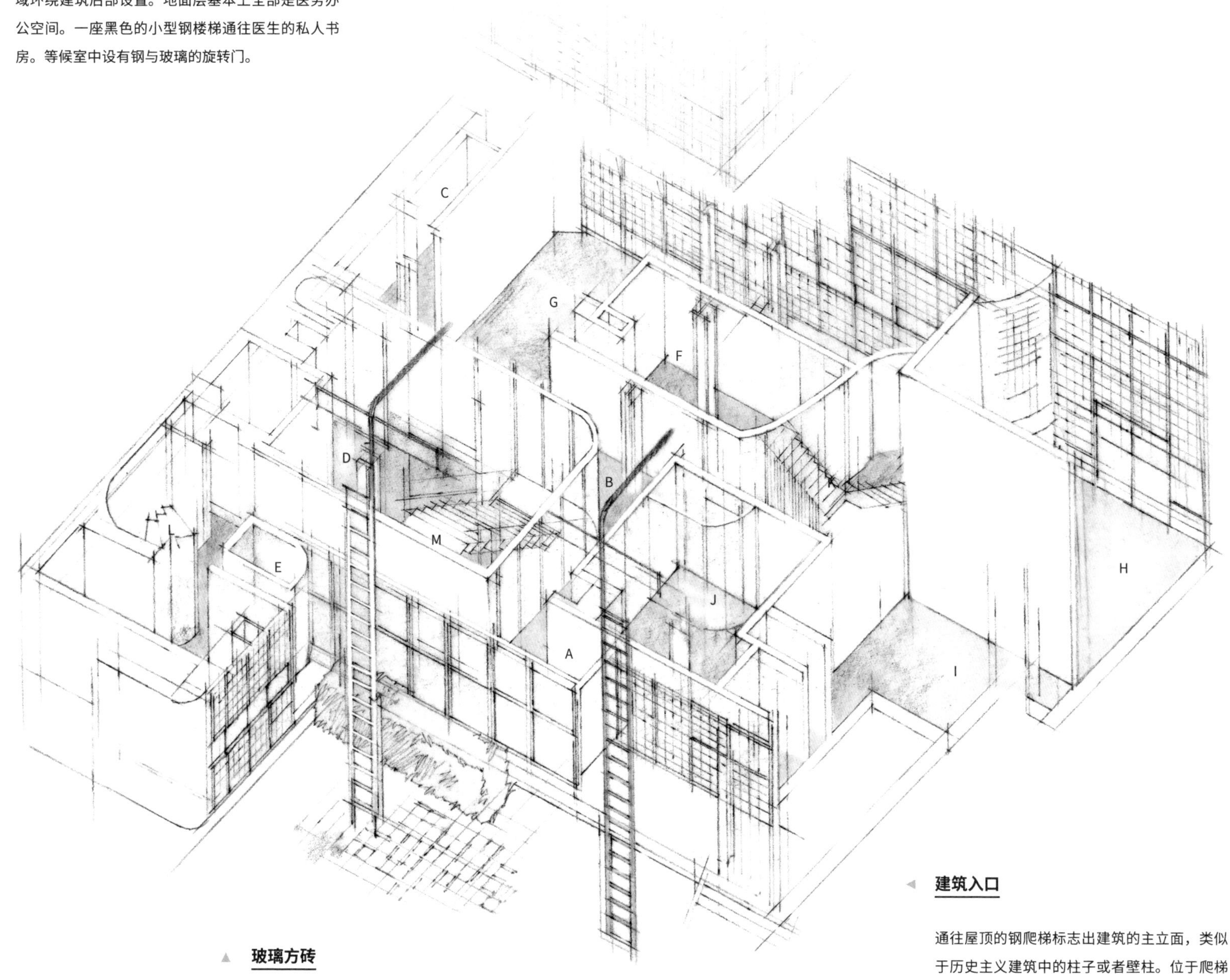

玻璃方砖

带有纹理的玻璃块面填充于钢结构之间和可开启窗周围，是这座住宅的主要特色。它们预示了工业形式在室内空间的普遍应用。

建筑入口

通往屋顶的钢爬梯标志出建筑的主立面，类似于历史主义建筑中的柱子或者壁柱。位于爬梯之间的入口通向医生办公室门厅，还可到达通往上部空间的住宅主楼梯。庭院可通过位于圣纪尧姆路上的正门到达。

私人空间

私人空间包括兼做图书室与起居室的沙龙空间和位于最上层的卧室与卫生室等空间。到处都应用了金属幕墙和木墙板。卫生间带有嵌入式淋浴间、玻璃橱柜、贴有小片瓷砖的墙面，及浴缸或马桶上方的圆柱形水箱。

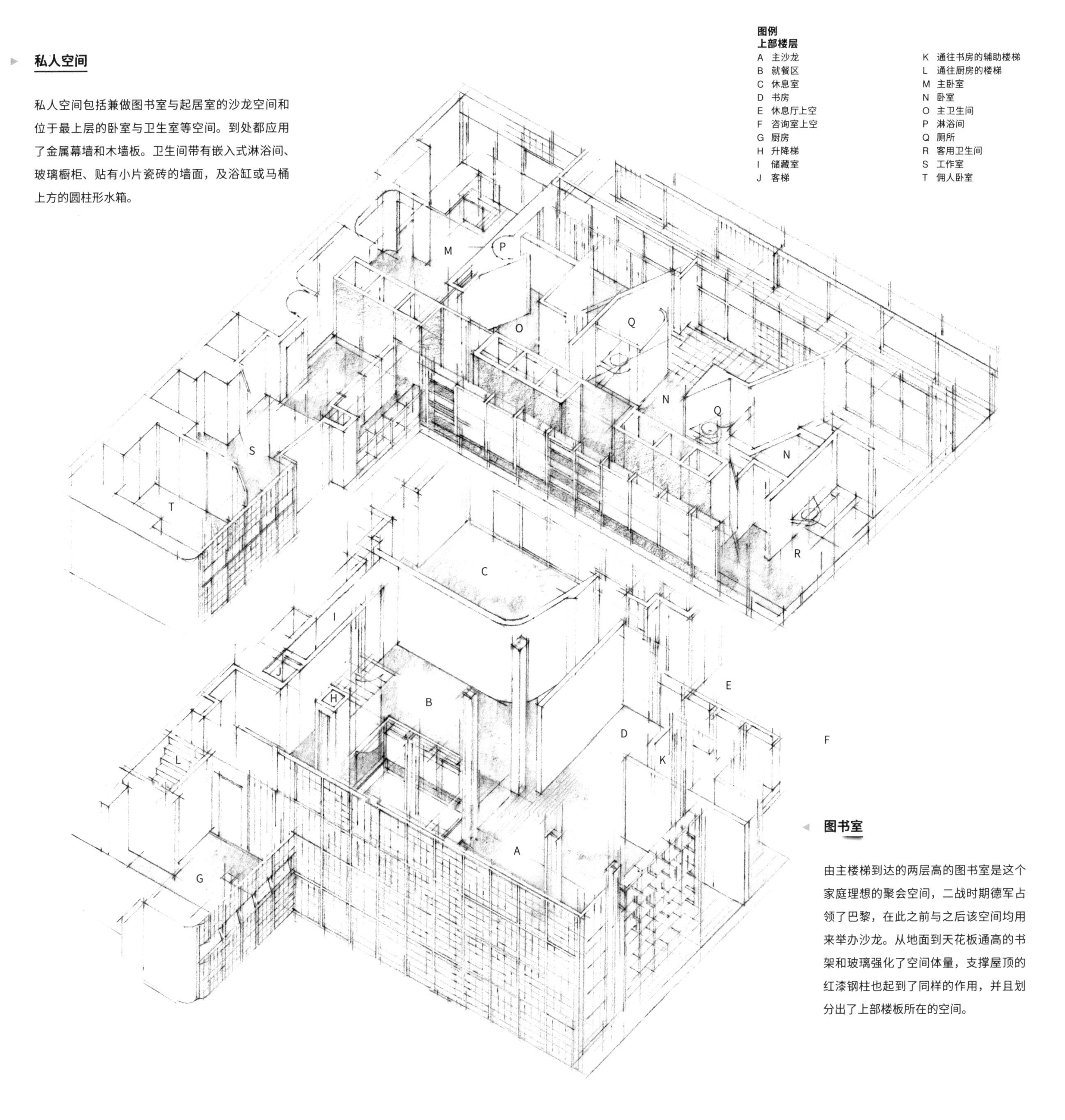

图书室

由主楼梯到达的两层高的图书室是这个家庭理想的聚会空间，二战时期德军占领了巴黎，在此之前与之后该空间均用来举办沙龙。从地面到天花板通高的书架和玻璃强化了空间体量，支撑屋顶的红漆钢柱也起到了同样的作用，并且划分出了上部楼板所在的空间。

铺石子的运动场

草地与灌木

花园

H

E

F

G

B

C

A

D

N

圣纪尧姆路

总平面图

总平面图中可以看出玻璃之家所在地块的历史背景，这种狭长的用地形状在巴黎 18 世纪住宅中非常典型。

图例

A 入口通道
B 前院
C 双车位车库
D 现存18世纪建筑
E 通向住宅的入口
F 通向上部住宅的入口
G 服务区域
H 花园出入口

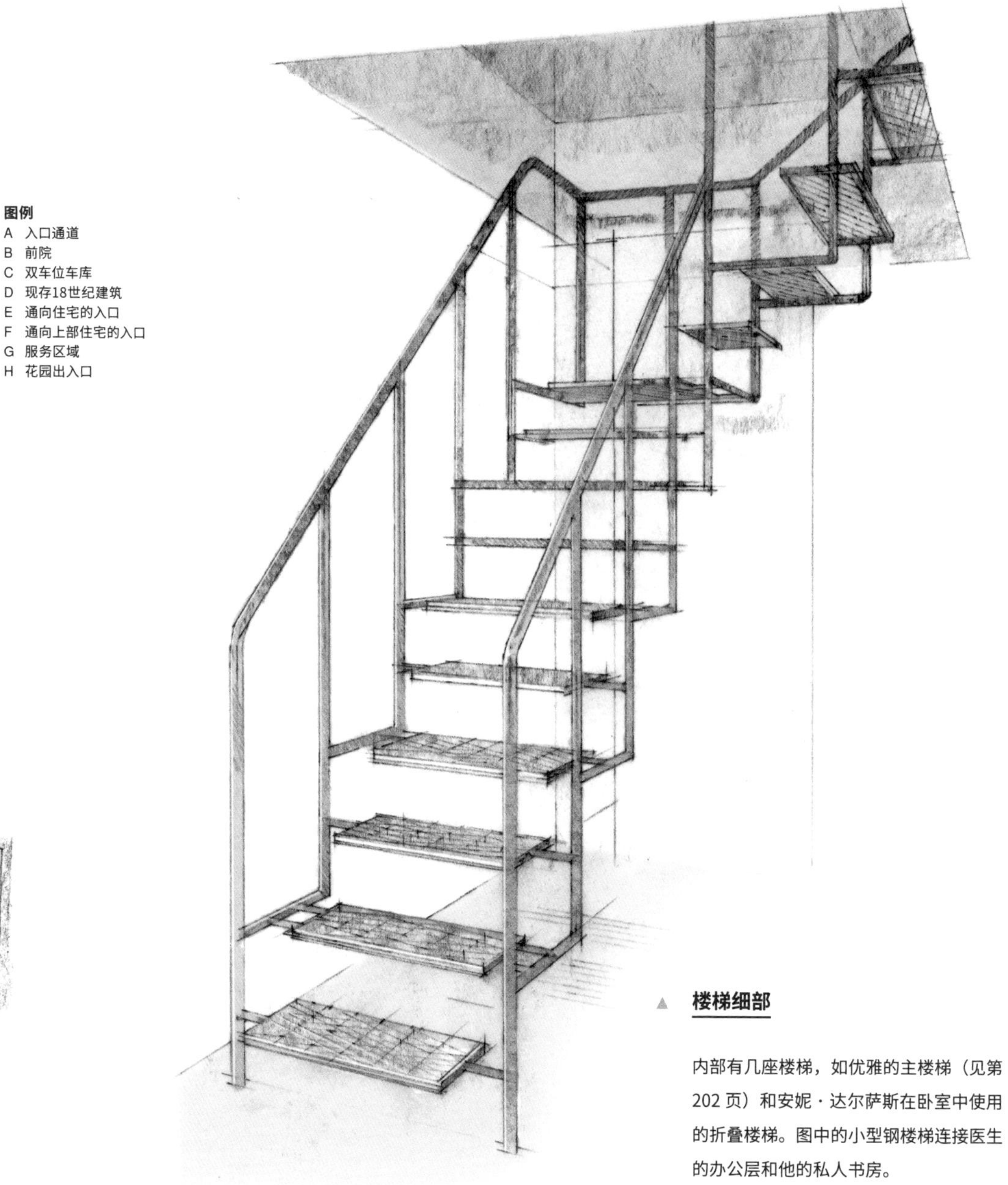

楼梯细部

内部有几座楼梯，如优雅的主楼梯（见第 202 页）和安妮·达尔萨斯在卧室中使用的折叠楼梯。图中的小型钢楼梯连接医生的办公层和他的私人书房。

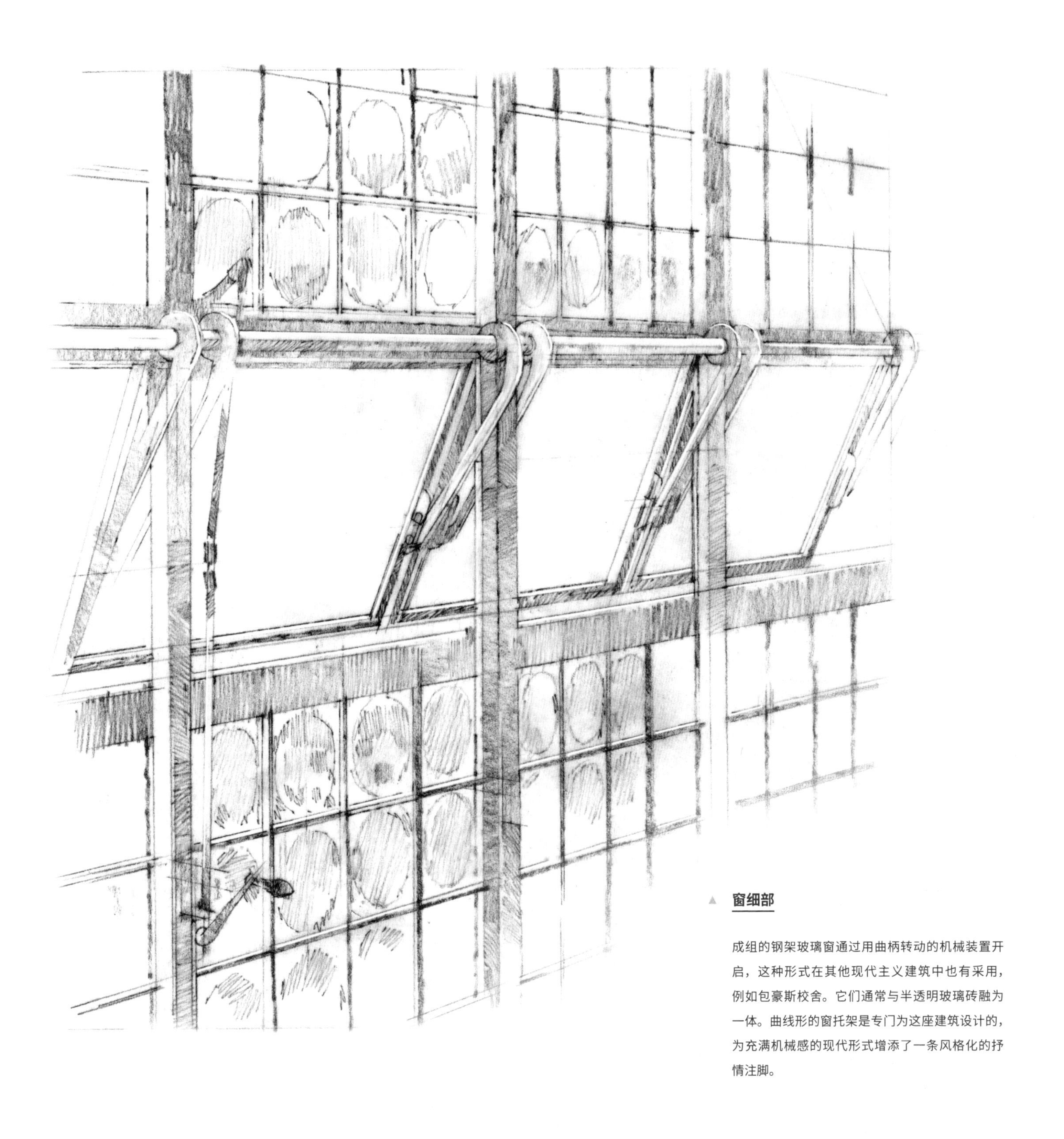

▲ **窗细部**

成组的钢架玻璃窗通过用曲柄转动的机械装置开启，这种形式在其他现代主义建筑中也有采用，例如包豪斯校舍。它们通常与半透明玻璃砖融为一体。曲线形的窗托架是专门为这座建筑设计的，为充满机械感的现代形式增添了一条风格化的抒情注脚。

流水别墅

所在地	美国宾夕法尼亚州米尔溪
建筑师	弗兰克·劳埃德·赖特（Frank lloyd Wright）
建筑风格	现代主义
建造时间	1936—1939 年

弗兰克·劳埃德·赖特（1867—1959）可以被视为美国最著名的建筑师，而流水别墅是他最著名的建筑作品。他为埃德加·考夫曼（Edgar Kaufmann）与莉莲·考夫曼（Liliane Kaufmann）夫妇及儿子小埃德加（Edgar Jr.）设计了这座建筑，建造于 1936—1939 年。考夫曼夫妇生活在匹兹堡，而这座度假住宅建在宾夕法尼亚西南部阿勒格尼山脉一个叫做米尔溪的地方。

建筑的选址非常独特，位于一座瀑布的上方。业主原本希望住宅建于瀑布下方，以便他们从住宅中观看瀑布。赖特向业主保证通过把住宅建在高处并悬挑于瀑布上方，他们可以每时每刻感受到流水的存在。设计的理念是将住宅融于自然，为此建筑采用了大面积的玻璃。玻璃与石墙之间没有金属框，而是将玻璃嵌在墙体凹槽当中。

这座住宅的另一设计概念是利于交流，因此设置了很大的起居室与几处悬挑式阳台。卧室被有意设计得很小，赖特希望将访客从卧室中赶出来，赶到室外空间或起居室中去。天花板很低，目的是将人们的视线引导向周边的环境。此外还设置了许多较暗的走道，试图“压缩”参观者的视野，使他们在到达光线明亮的地方时会突然感到豁然开朗。

和大部分现代主义者一样，赖特持续探索与自然交流的方式。流水别墅给人一种飘浮在自然中的感觉，对于一座主要以石材和混凝土建成的建筑，这是一个伟大的建造成就。赖特的另一个信念是壁炉前的空间应该是家庭活动的中心，他在主起居室中设计了一个大壁炉，壁炉前方是一些巨大的、原本就位于基地之中从未移动过的岩石。他甚至设计了一个很特别的橙色球形水壶，悬挂在炉火上方。他还设置了一座客房，扩大了居住空间面积并且对主建筑提供了很好的补充。

建筑的实际造价为最初预算的 5 倍多，总造价为 15.5 万美元，约合今天的 250 万美元。对于这么大面积的住宅来说，也许还算便宜。流水别墅几乎是一建成就世界闻名了。它在 1938 年登上了《时代》杂志的封面，并一直是媒体关注的焦点。1991 年美国建筑师协会评选它为“美国建筑史上最佳的作品”。

然而它的结构并不是完美的。这件作品体现出勃勃雄心，可是雄心并不总是导向成功。在建造过程中赖特与他的业主闹翻了，主要是因为后者自行聘请了工程师来进一步加固他的设计并做出修改以加强结构稳定性。建筑从一开始就漏水，悬挑的阳台也有问题。1963 年考夫曼夫妇厌倦了建筑维护带来的花销和麻烦，将它捐赠给西宾夕法尼亚州保护协会。一年后这座建筑作为博物馆开放给公众。建筑的结构经过几次修缮，结构分析显示，即便是建造期间增加了一些强化结构的方法，这些措施还是不够。2002 年，建筑被再次维修加固，采用了后张预应力混凝土结构，保持原有的内部与外部形象不变。不过，尽管存在这些问题，流水别墅依然是一项重要的建筑成就。

左图　大胆的悬挑层和深阳台从视觉上将自然环境引入到建筑内部，深深的凹陷当中似乎不存在墙面。

下图　赖特设计了带形窗以强化设计的水平感。部分窗子在转角处没有竖框或可见的竖向支撑，打开时便从视觉上消解了结构并将室内外融合。

弗兰克·劳埃德·赖特

赖特在芝加哥做学徒期间几乎是自学的建筑设计。他的建筑理念发展可分为几个创造性的阶段。1900 年代早期主要致力于草原住宅（Prairie House）的设计，其中的开放空间回应了赖特家乡威斯康星州绵延的丘陵景观。他在 1905 年第一次前往日本旅行，这次旅行对于他的草原学派设计具有非常大的影响。第二个阶段是 1920 年代，以类似于装饰艺术风格的折线形混凝土图案为特色，这种图案也许来自美国原住民文化或玛雅文化的影响。第三阶段是在 1930 年代的大萧条及第二次世界大战期间，他开始更多地采用有机形态。第四阶段他的作品则对有机形态做进一步几何化的抽象。赖特对于自然的喜爱始终贯穿在他的建筑作品当中。

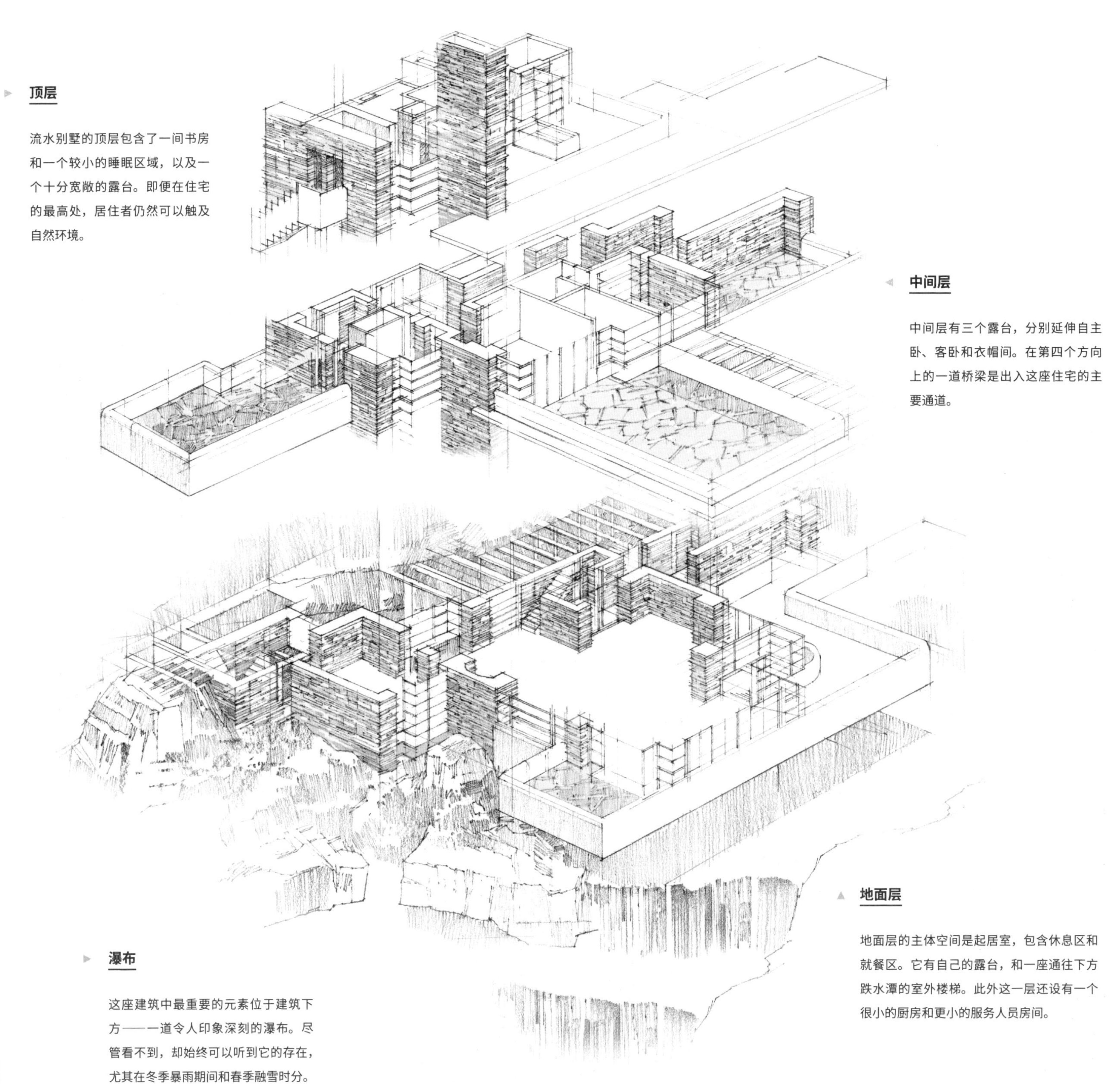

▶ **顶层**

流水别墅的顶层包含了一间书房和一个较小的睡眠区域，以及一个十分宽敞的露台。即便在住宅的最高处，居住者仍然可以触及自然环境。

◀ **中间层**

中间层有三个露台，分别延伸自主卧、客卧和衣帽间。在第四个方向上的一道桥梁是出入这座住宅的主要通道。

▲ **地面层**

地面层的主体空间是起居室，包含休息区和就餐区。它有自己的露台，和一座通往下方跌水潭的室外楼梯。此外这一层还设有一个很小的厨房和更小的服务人员房间。

▶ **瀑布**

这座建筑中最重要的元素位于建筑下方——一道令人印象深刻的瀑布。尽管看不到，却始终可以听到它的存在，尤其在冬季暴雨期间和春季融雪时分。

总平面图

在这张总平面图中，家庭住宅位于右侧（A），晚一年建成的客房位于左侧（B），两者通过跨越溪水的桥相连。与建筑平面一样有趣的是此处地貌，建筑被插入一片岩石地景当中。家庭住宅总面积为495平方米，其中室内面积为268平方米。客房面积为158平方米。

剖面透视图

从这幅剖切图中可以看出，地面和水面低于建筑下缘。建筑设有宽敞的室外空间，因为它的设计意图之一即是获得最好的欣赏周边景观的视野。这个作品的设计雄心勃勃，目标一以贯之，有时甚至可以称之为莽撞。这是一个有缺陷的天才作品，不过缺陷已经被修正了，只剩下建筑与自然互动的愉悦，以享受自然，并强化它的美。自1964年以来，流水别墅共吸引了超过500万名参观者，每年超过16.7万人。

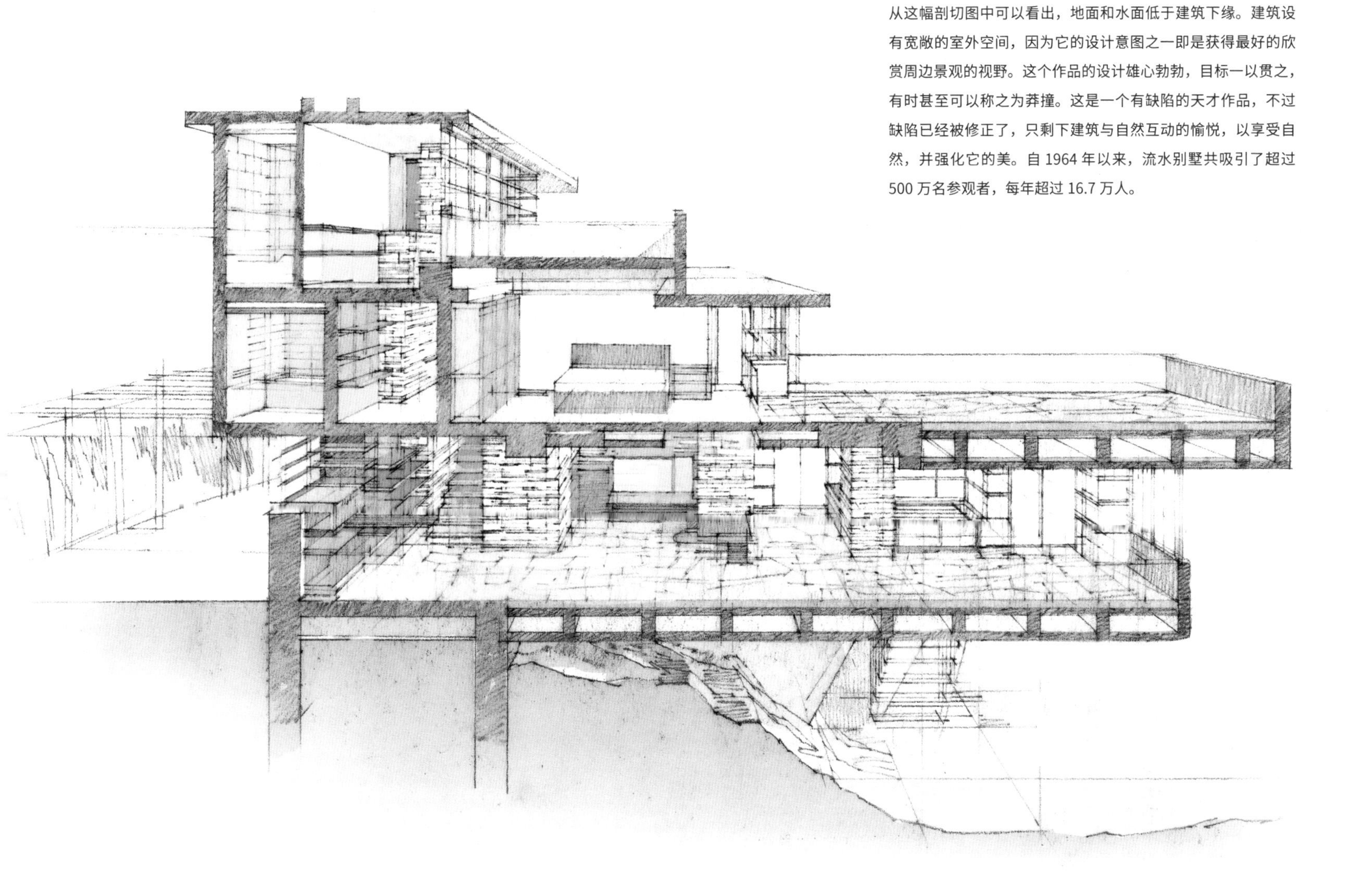

玛丽亚别墅

所在地	芬兰诺尔马库
建筑师	阿尔瓦·阿尔托
建筑风格	芬兰有机现代主义（Organic Finnish Modern）
建造时间	1939 年

在很多方面，阿尔瓦·阿尔托（1898—1976）就是芬兰的弗兰克·劳埃德·赖特。两者在设计中均引用了日本元素；都将自己的设计看作一种完整的体验，从大尺度到小尺度、从建筑到家具；都将自己的作品作为对自然环境的有机回应；并都在生前因对这一领域的独特贡献而获得了国际声誉。

流水别墅和阿尔托的玛丽亚别墅（1939）具有相当的可比性，一方面它们在两位建筑师各自的职业生涯中均具有非常重要的意义，另一方面它们都采用了与周边景观有关联的自然材料与有机形式。它们对所处的美国与芬兰的现代主义建筑领域所造成的冲击毋庸置疑。阿尔托对于流水别墅非常推崇，在某种程度上，它也是玛丽亚别墅的一个设计起点。

芬兰出生的阿尔托全名为雨果·阿尔瓦·亨里克·阿尔托（Hugo Alvar Henrik Aalto），他以芬兰现代主义建筑而闻名。然而他的早期作品倾向于一种古典与现代的杂糅形式，例如于韦斯屈莱的工人俱乐部（Workers'Club，1925）。这也许源于他在意大利和（尤其是）瑞典的旅行，以及贡纳尔·阿斯普朗德（Gunnar Asplund，1885—1940）的影响。其后他的设计转向更具现代主义风格的表现形式，尽管会在局部采用以自然材料塑造的曲线形式，例如帕米欧疗养院（Paimio Sanatorium，1929—1933）、曾经属于芬兰现为俄罗斯维堡的维普里图书馆（Viipuri Library，1927—1935），以及以他的第一任妻子艾诺（Aino，1894—1949）命名的椅子。1934—1935年间，他在赫尔辛基建造了自己的住宅（如今是阿尔瓦·阿尔托博物馆的一部分），这是另一个杂糅的现代主义建筑。他在室内外不同的建筑表面采用了石材、木材和砖等材料，以及现代主义最常用的白色灰泥墙面，其后这些材料在规模较大的玛丽亚别墅中更是大量地应用。

玛丽亚别墅是工业企业家哈里·古利克森（Harry Gullichsen）和妻子玛丽（Maire）的住宅。1935年，玛丽与阿尔托夫妇一起创建阿泰克公司（Artek），一个住宅家具公司，最初是为了推广他们的家具与玻璃器皿设计。这座阿尔托夫妇承接的别墅的主委托人是玛丽，这座住宅也以她的名字命名。建筑位于芬兰西部树木繁茂的诺尔马库，阿尔斯特伦公司所在地。玛丽的父亲瓦尔特·阿尔斯特伦（Walter Ahlström）是公司的董事长与总裁，她的丈夫哈里是总经理。1930年代晚期，阿尔托夫妇为这家公司在苏尼拉的分部做过好几个项目设计。

这座夏季别墅是阿尔托的人本主义或有机现代主义风格的典范，他通过曲线形式使建筑坚硬、干净的边线显得柔和，又大量应用木材与石材，偶尔借鉴日本设计的先例。住宅的平面以一个开敞的庭院或内部花园为中心，其中有一座有机形状的水池，几乎是阿尔托花瓶的放大版。这一平面布局经过了若干次重新设计和空间压缩，最后一次修改重新安排了部分房间的位置，并且将水池附近的独立画廊改为桑拿浴室。如今这座住宅及其用地由玛丽基金会运营，向公众开放，需要提前预约并在导游的带领下参观。

阿尔托为这位著名的业主所做的设计，使他获得了更多的重要项目委托，如美国纽约世界博览会（1939—1940）芬兰馆、波士顿麻省理工学院的贝克大楼（Baker House，1941—1948），战后的项目则包括赫尔辛基理工大学的新楼（1950年及之后），以及位于赫尔辛基的学术书店（Academic Bookstore，1962—1969）和芬兰大厦（Finlandia Hall，1967—1971）。

艾诺于1949年去世，之后阿尔托娶了他的第二任妻子埃莉萨（Elissa，1922—1994），她原名埃尔莎·凯萨·梅基涅米（Elsa Kaisa Mäkiniemi），也是一名建筑师。在阿尔托去世之后，她主持完成了阿尔托若干进行中的项目。

上图　这座住宅的起居空间承担了所有的展示功能，陈列了主人的艺术收藏。

埃莉萨·阿尔托

阿尔托的第二任妻子是建筑师埃莉萨，原名埃尔莎·凯萨·梅基涅米。她毕业于建筑学校，与阿尔托在1952年结婚。埃莉萨参与了设计公司的管理以及阿尔托的建筑的设计与维护。阿尔托于1976年去世，之后她负责监督先夫几个项目的完成，其中包括德国埃森的歌剧院、奥尔堡的丹麦艺术博物馆、一处位于瑞士卢塞恩的住宅项目，以及意大利格里扎纳的里奥拉教堂（Riola Church，1978，上图）等。

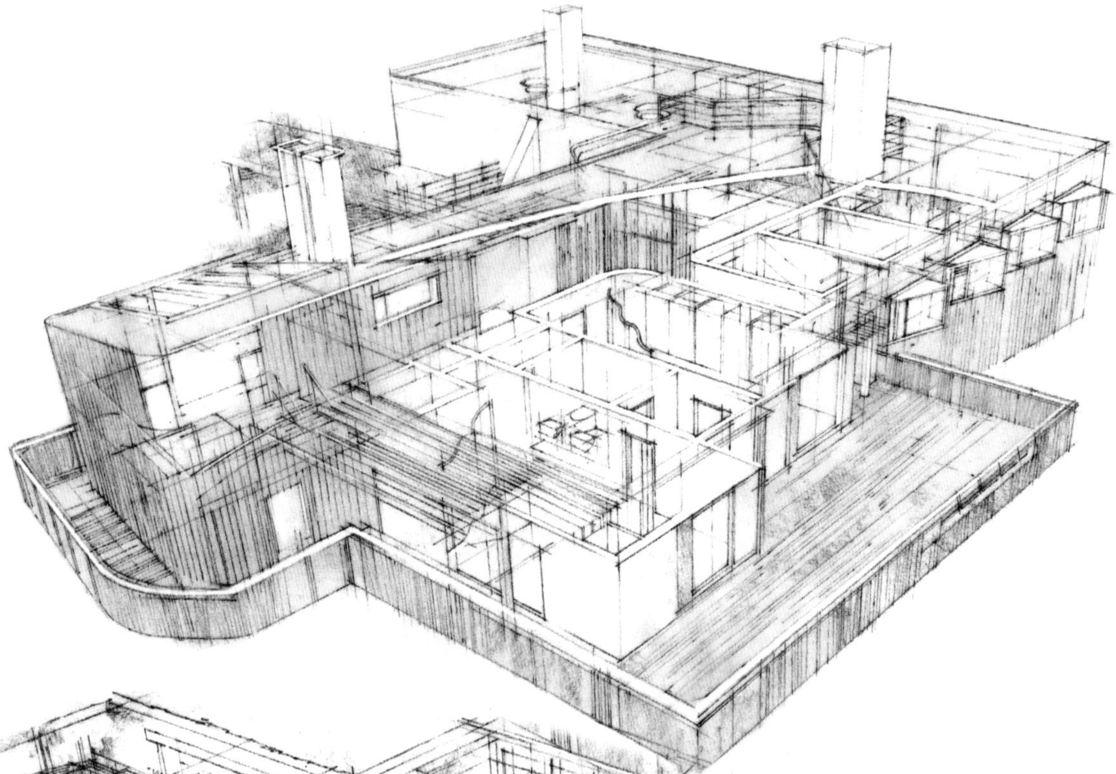

窗

儿童卧室的斜凸窗位于主入口上方，朝南。

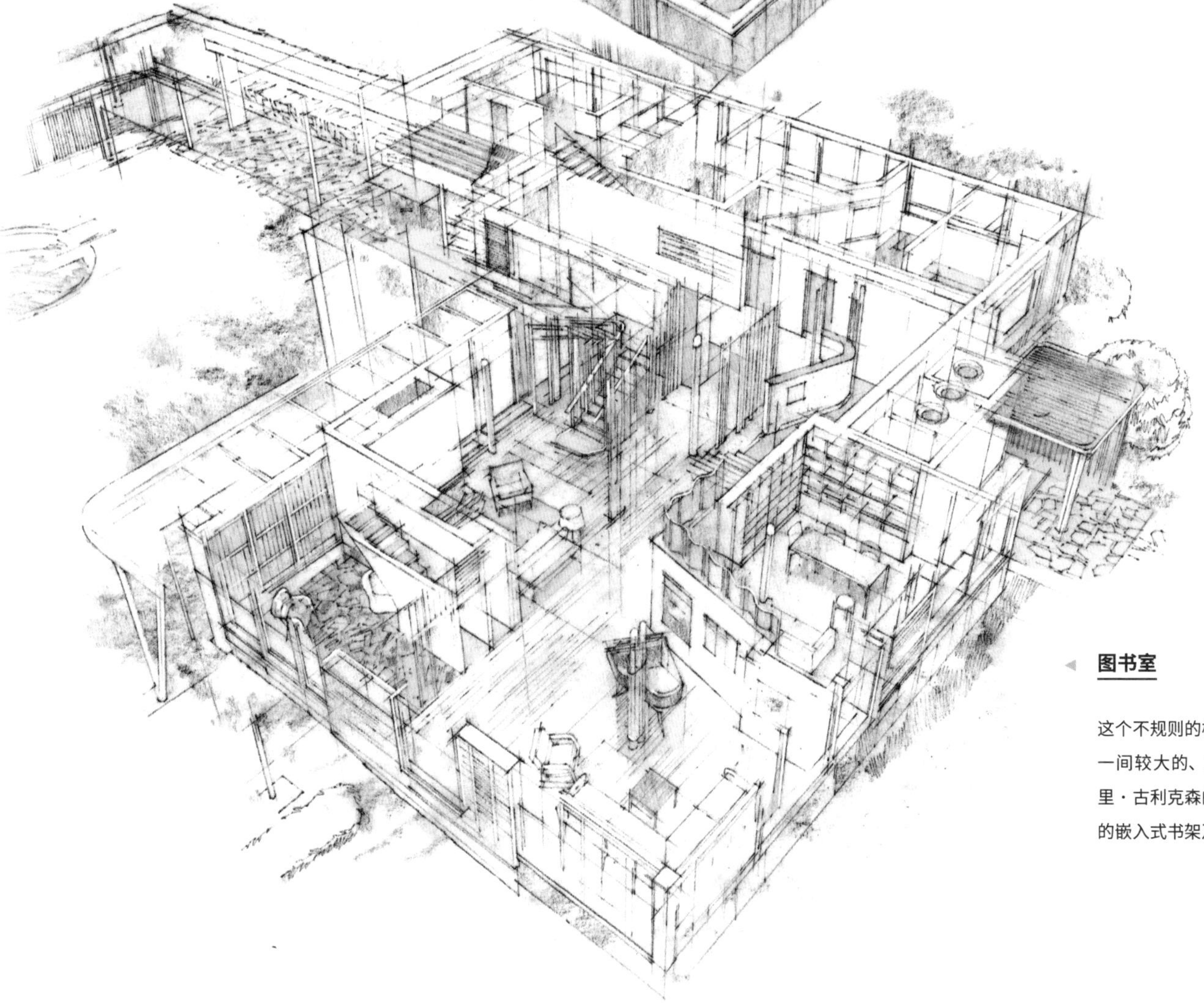

图书室

这个不规则的梯形空间位于住宅南侧。它连通着一间较大的、更加开放的起居室和音乐室。哈里·古利克森的图书室设有从地面到天花板通高的嵌入式书架及以木板条作为装饰的天花板。

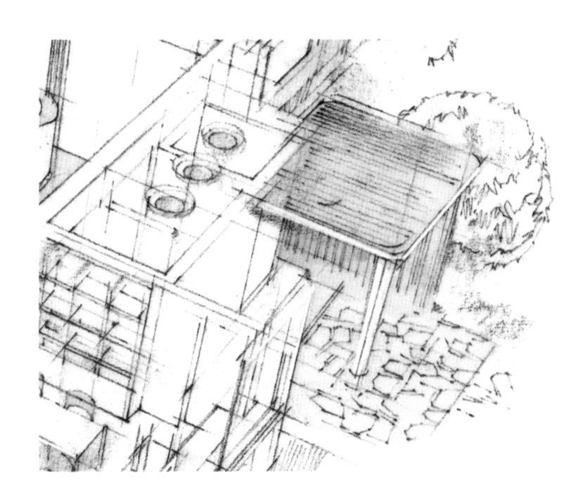

主入口

朴素的主入口带有典型的阿尔托式曲线。这类曲线在他的设计中经常出现，从无处不在的花瓶到这座住宅中的水池，以及 1939 年纽约世博会芬兰馆中都可以看到。另一个特色是门廊中纤长的木结构细节，与日本建筑构件有些类似。

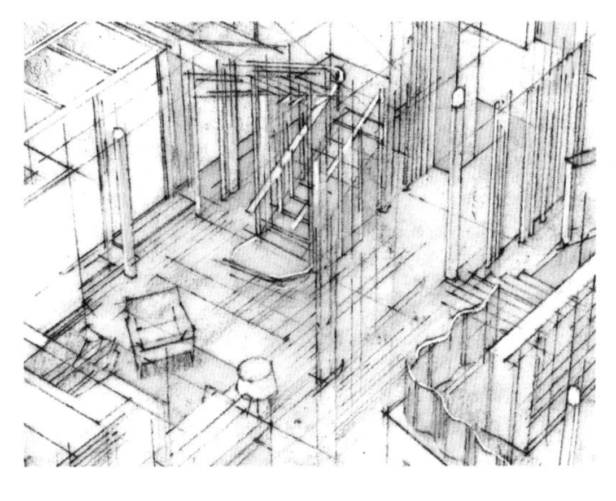

日本的影响

纤细的、不规则的木制垂直构件标志出住宅主楼梯周围的空间，明显参考了日本的木结构与竹结构。这座楼梯因此成为主楼层开放空间中可触的视觉焦点，连接了此处的公共空间与上方的各个私人空间。

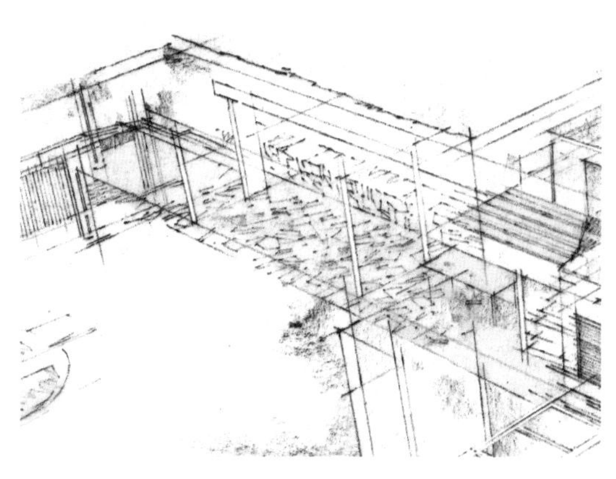

芬兰本地元素

阿尔托采用了大量芬兰传统建筑中的元素，如桑拿浴室和相连的雨棚的茅草屋面。开放式的平面布局会令人想起芬兰主屋（tupa），在这种乡村住宅较大的起居室中，会用柱子来标志出不同的活动空间。

平面图

这张平面图展示了二层的私人空间。右下角的曲线形空间（A）原计划与下方空间一起作为玛丽的工作室，和位于一层南侧的哈里的图书室完全分开。哈里与玛丽的卧室就在一旁（B），带有一个大露台。L 形平面西侧较短的一边是客卧（C），下方一层平面则继续向西延伸，通往水池边的桑拿房（D）。阿尔托说他曾经“试图避免在这座建筑中制造刻意的建筑韵律”。

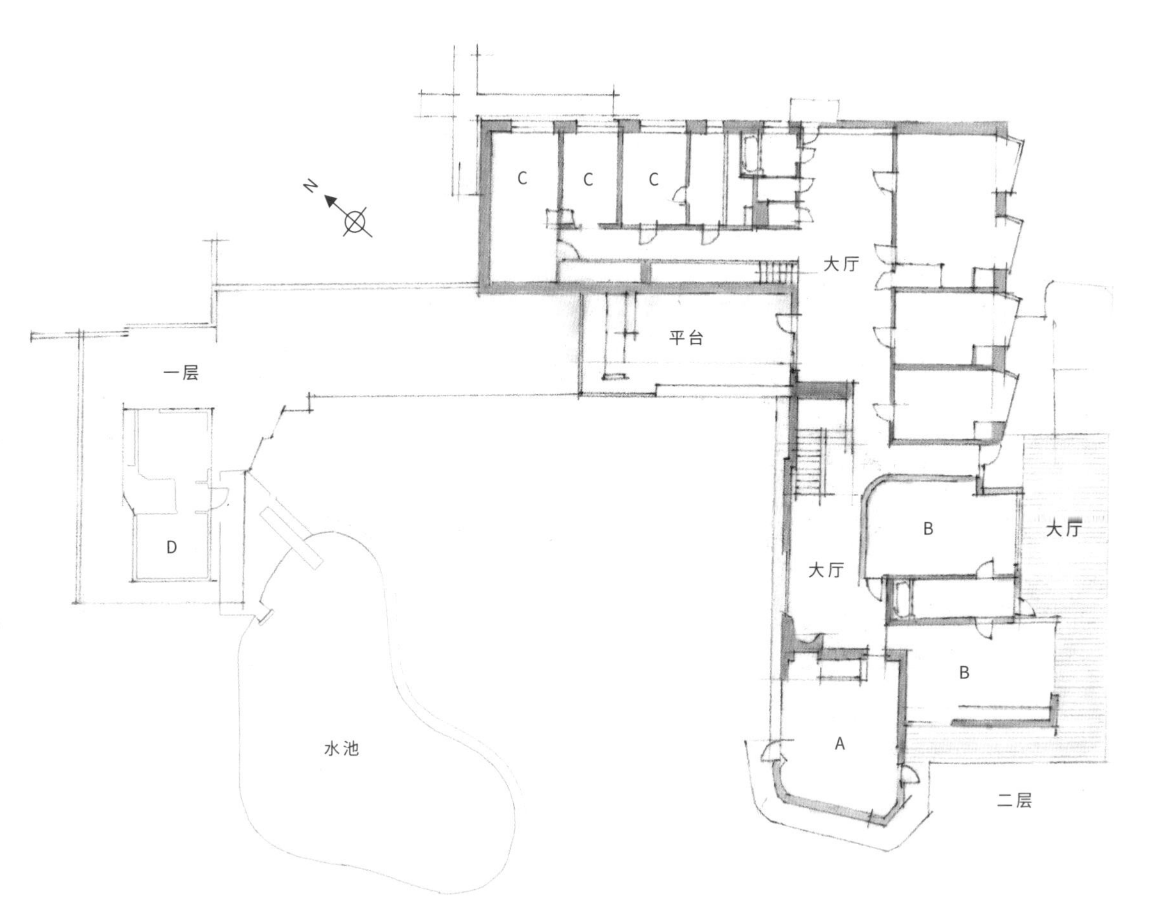

路易斯·巴拉甘住宅

所在地	墨西哥墨西哥城
建筑师	路易斯·巴拉甘
建筑风格	墨西哥现代主义（Mexican Modern）
建造时间	1948 年

里卡多·莱戈雷塔（Ricardo Legorreta，1931—2011）常常被誉为伟大的墨西哥当代建筑师，他那色彩鲜艳的简洁墙体与几何形式跨过墨西哥国境到达了很多国家，从美国加利福尼亚到韩国。然而如果没有路易斯·巴拉甘（1902—1988）的话，他可能不会获得如今的国际地位。巴拉甘以自己强烈的几何形体与大胆的彩色形式成为墨西哥现代建筑的开路先锋。

巴拉甘曾在瓜达拉哈拉工程技术学校（Escuela Libre de Ingenieros in Guadalajara）学习土木工程，于 1923 年毕业。1920—1930 年代，他前往西班牙、法国旅行，也到过纽约。在旅途中他结识了勒·柯布西耶，并且参观过作家费迪南·巴克（Ferdinand Bac）设计的园林。他被巴克作品中大胆的用色所吸引，如位于法国蒙顿的历史主义园林科隆比耶（Les Colombières，1918—1927），以及他的图书《迷人的花园》（*Jardins enchantés*，1926）中的插图。1927—1936 年，巴拉甘在瓜达拉哈拉从事建筑设计工作，设计了克里斯托住宅（Casa Cristo，1929）等住宅建筑。这座住宅的墙面具有丰富的纹理，其形式更像是阿拉伯风格而非地中海或墨西哥风格，门廊内部及室内应用了大胆的彩色细节，类似于巴克的作品。1936 年巴拉甘迁往墨西哥城执业，此时的建筑风格显示出更多勒·柯布西耶的影响。此外，巴拉甘对本地建筑的兴趣以及他对简洁墙面与明艳色彩的爱好共同形成了他二战之后在墨西哥的作品的基调。1948 年他在墨西哥城附近当时的塔库巴亚地区建造了一座自用住宅，这是他最早的结合了柯布西耶式现代主义风格与鲜艳的彩色墙面的作品之一，所有元素组成了类似于乔治·德·基里科（Giorgio de Chirico）的超现实主义建筑画作的场景。这些画作呈现出一种孤独的意向，有些人觉得巴拉甘在建造他的作品时或许也有此

左图　室外唯一被粉刷成彩色的地方是屋顶露台。这是一处可在城市中享受露天活动的地方，就像下方的花园一样。

左下图　素净的沿街立面上设有一面大窗，表明在这个看似单调平凡的建筑内部有些与众不同的事情正在发生。

墨西哥的色彩

墨西哥的设计通常被认为是色彩艳丽且富有装饰感的。在建筑作品中，鲜明的彩色墙面是巴拉甘的标志之一，不过这一特征在里卡多·莱戈雷塔的作品中更加外露。后者成为 20 世纪晚期墨西哥最著名的建筑师。他的作品有墨西哥城的皇家大道酒店（Camino Real Hotel，1968，下图）、瓜达拉哈拉的 IBM 工厂（1975）、洛杉矶的潘兴广场（Pershing Square，1994）与德克萨斯州的圣安东尼奥公共图书馆（San Antonio Public library，1995）等。

类体验，因为他原本是一名工程师，而不是建筑师。

巴拉甘的住宅与工作室位于墨西哥城如今的米格尔·伊达尔戈区，丹尼尔·加尔萨扩建社区，其立面位于弗朗西斯科·拉米雷斯将军大街 12—14 号。建筑以混凝土建造，表面覆以灰泥，内部带有一座花园，总面积 1161 平方米。位于北侧的 12 号是他的工作室，南侧的 14 号则是他的住宅。从地面层到屋顶露台都有粉刷成彩色的墙面，这些强烈的色彩被自然光照亮，使墙面凸显出来。屋顶露台的墙面粉刷成红色和紫色，地面则是红褐色的瓷砖。朝向街道的混凝土墙面极为质朴，将内部微妙的空间比例与活泼的彩色墙面隐藏起来。室内地面有多种材质，从入口处的火山石到生活空间的硬木。起居室、餐厅与厨房均可通往庭院。以墨西哥城的自宅和工作室作为基础，巴拉甘还建造了不少此类建筑，以简洁的墙面和鲜艳的色彩为特色，其中包括墨西哥城的希拉尔迪住宅（Casa Gilardi，1977）

在巴拉甘去世后，哈利斯科州政府和巴拉甘基金会在 1993 年取得了这座建筑的所有权，并在一年后将它作为博物馆开放，展出这位建筑师自己设计的家具、档案及艺术收藏。这个建筑群在 1995 年得到修缮，如今已成为建筑师和建筑爱好者的朝圣地之一。

墙体

巴拉甘常常用简单的实墙将复杂且色彩丰富的空间藏在后面。图中左边屋角处底层是车库，上部为客房。其后是一座楼梯，通往巴拉甘本人的卧室、休息室与更衣室。这些空间上方是屋顶露台及较小的服务用房及洗衣房。

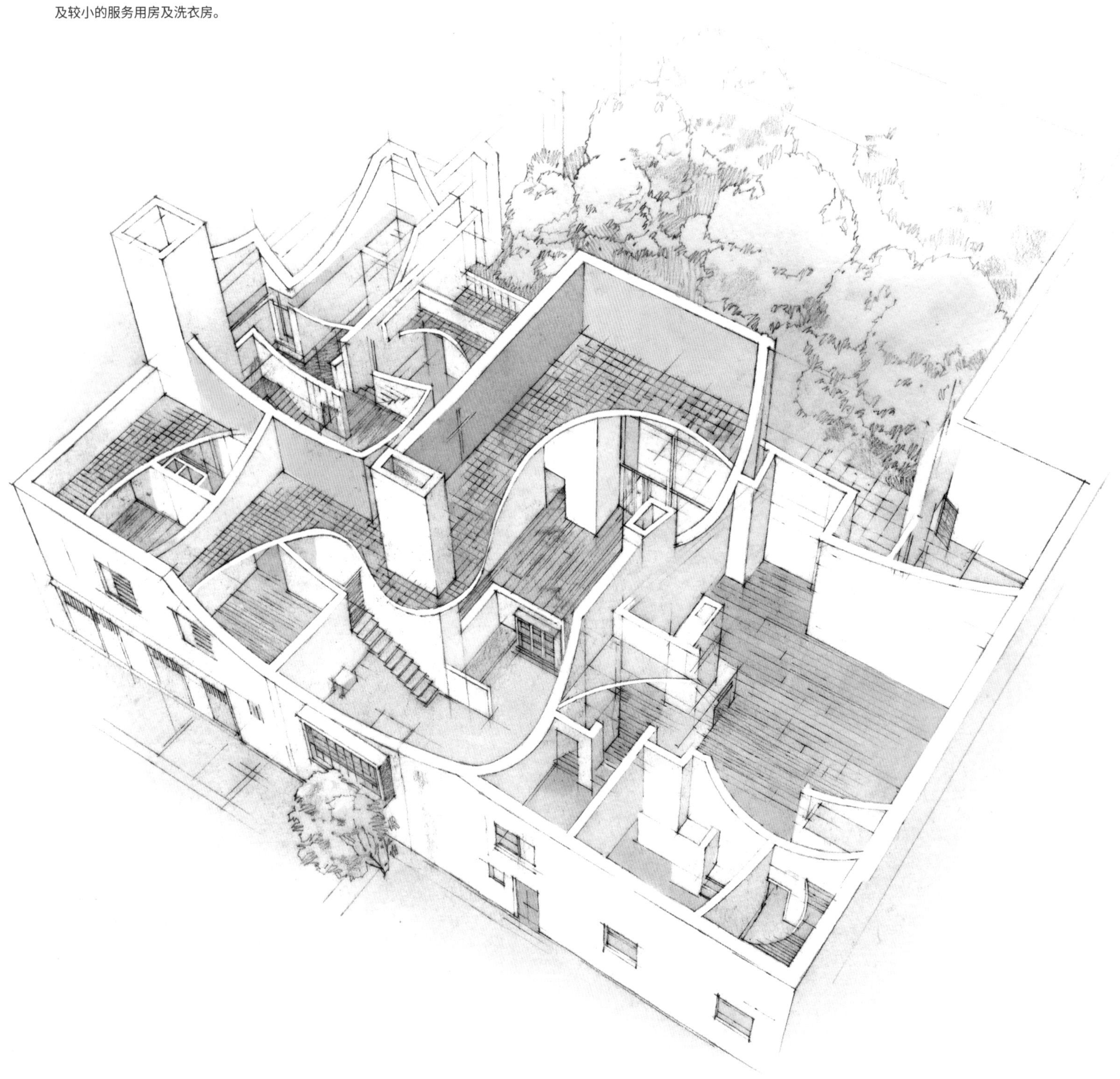

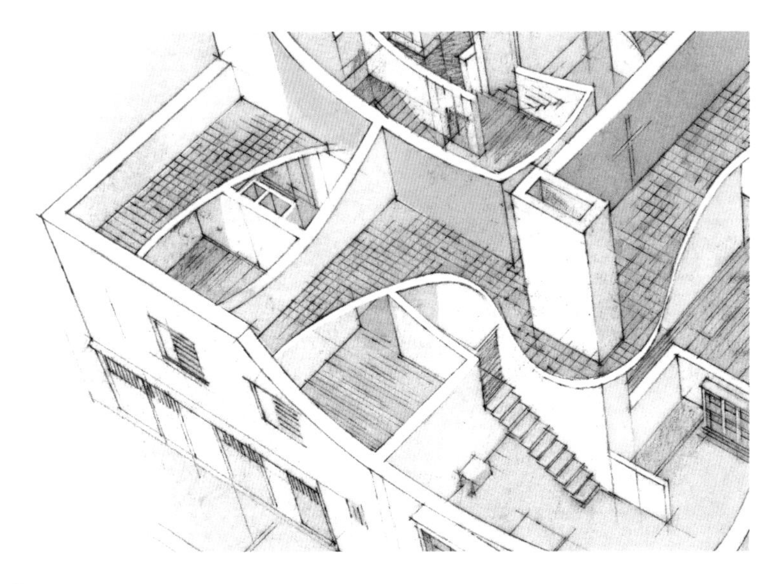

车库

第 215 页照片中沿街的奶油黄色门以及这张图左侧的门背后是车库。卧室位于车库上方，厨房在车库正背后，与车库之间隔着门和台阶。通过一个过道与厨房相连的是早餐室与餐厅。车库设有四扇供汽车通行的门，边上一个单独的门则是这座私人住宅的入口。

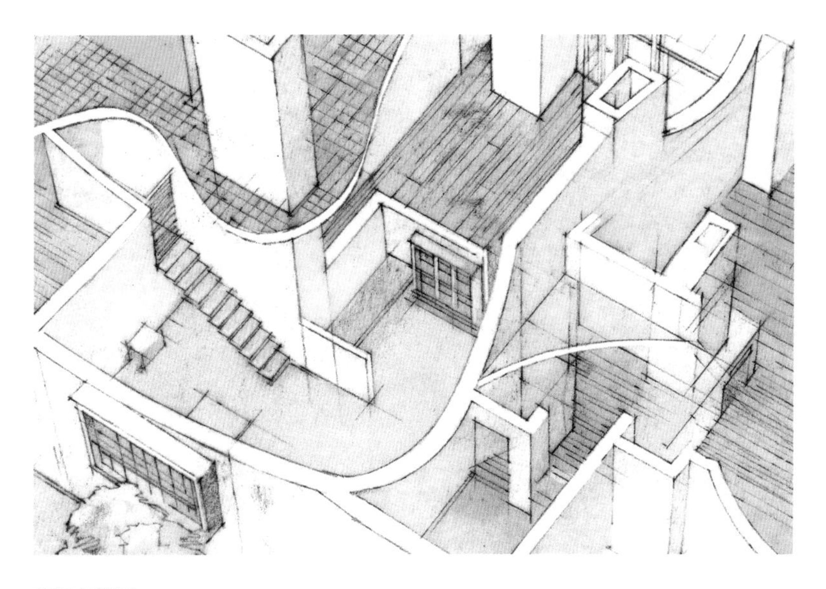

空间与楼梯

沿街立面上工厂似的窗子后是图书室。对面墙上的楼梯极富雕塑感，只有踢面和踏面，没有侧边与栏杆，它通往一个小夹层。图书室木质的楼梯与格栅天花板和黄色的地面形成对比。图书室后面是起居室，其中格栅式天花板与地板木材的铺设方向指向俯瞰花园的大面积玻璃窗。

城市花园

由围墙围合的景观花园占地面积和住宅与工作室的占地基本相等，对于任何城市环境来说，这都相当奢侈。住宅后部有一个铺设了地砖的庭院，通往一个很小的带有喷泉的围合空间，被称为奥拉庭院（Patio de las ollas）。“奥拉”（olla）意为未上釉的陶罐，这个空间也恰如其分地在一面爬满藤蔓植物的挡土墙前摆放了一些陶罐和希腊双耳罐形状的器皿。

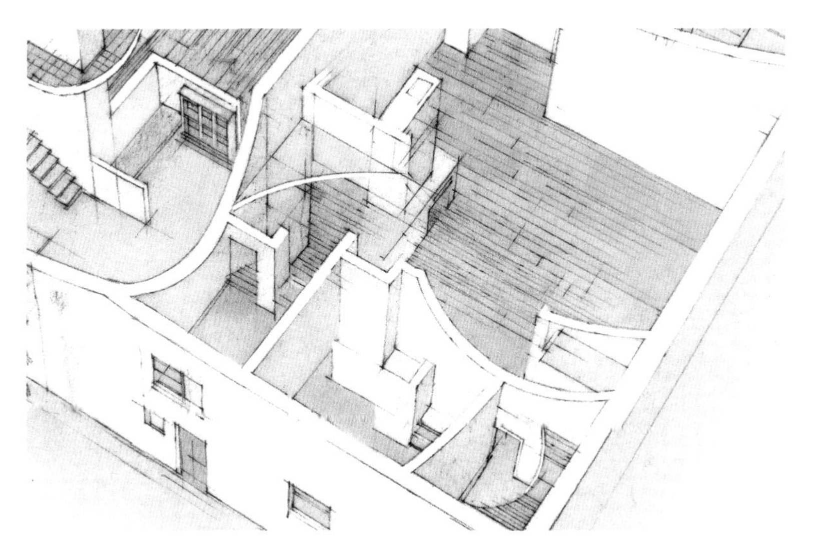

工作室

沿街立面上被几扇窗子环绕的门是通往巴拉甘工作室的入口。入口门厅右侧是秘书的办公室，再向右是巴拉甘自己的空间，上方有几个小办公室。沿着门厅向前是几个小台阶，通往工作间和工作间后面的花园。也可以向左转进入起居室 / 图书室。从建筑外观看，这部分空间处于较低的位置。

图例

A 早餐室
B 过厅
C 门厅
D 秘书办公室
E 办公室
F 私人办公室
G 午后休息室
H 更衣室/“基督室”
I 客房
J 夹层
K 洗衣房
L 服务房间

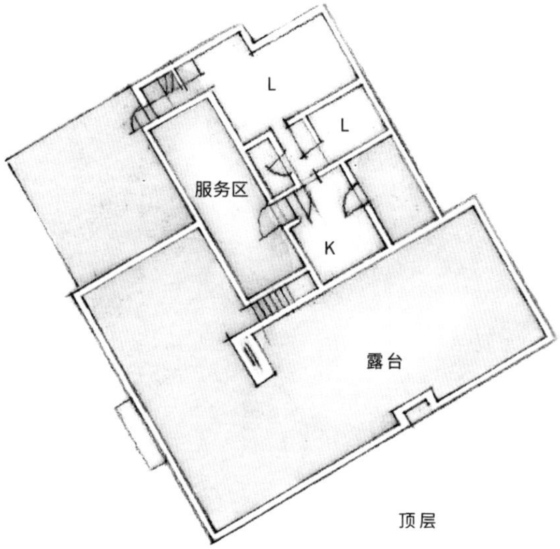

中间层

顶层

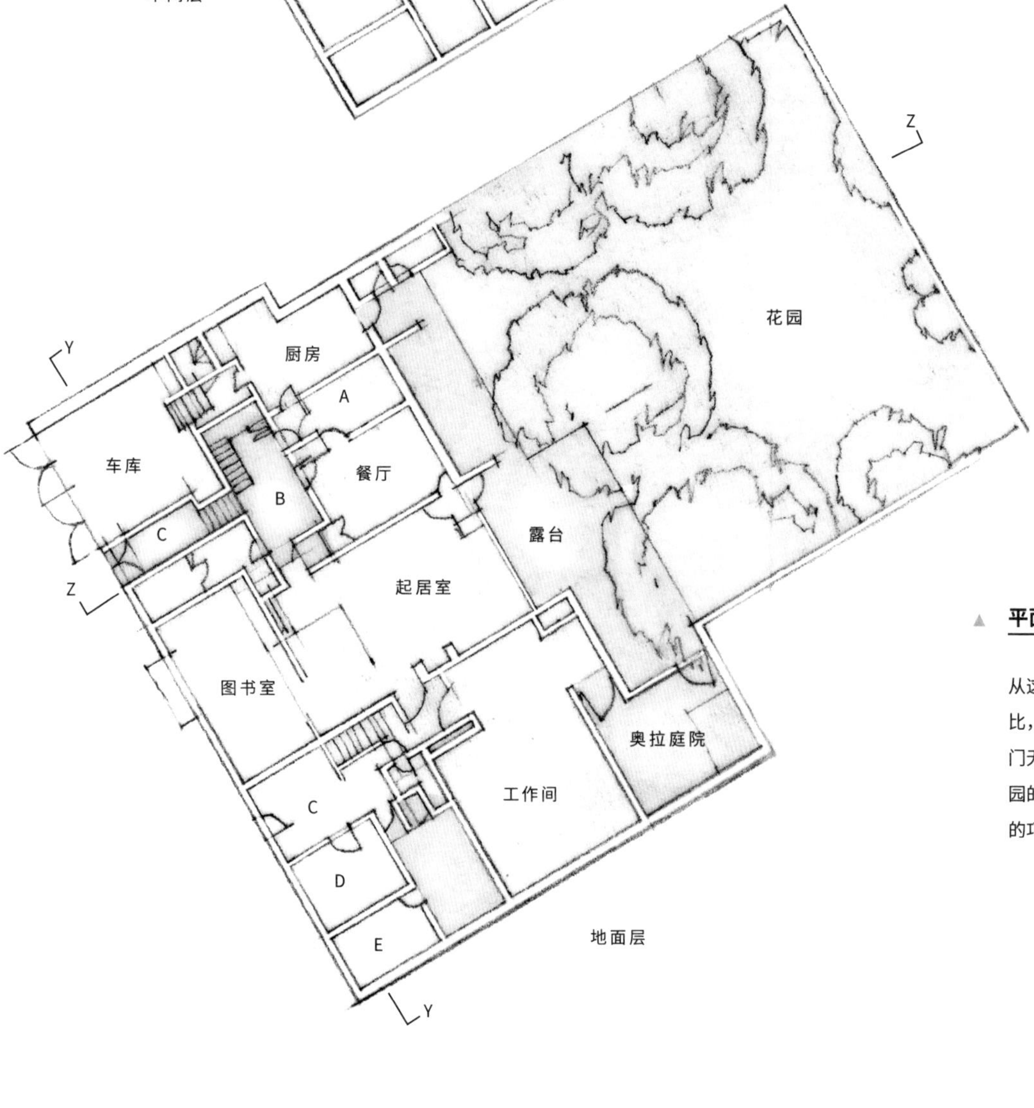

地面层

平面图

从这张平面图上可以清楚看出，与住宅和工作室相比，绿化空间的实际占地相当大。一面很大的窗和门无论从实际上还是视觉上均保证了居住空间与花园的连通。将几类地产智慧地结合在一起需要非凡的巧思，以实现对空间更有效的控制。

剖面图

这两张剖面图（平面剖切号为 Y 和 Z）显示出楼层高度，及建筑中关联起工作与生活区域的楼梯。当中的图书室兼做生活与工作空间，它也是平面的空间重点，位于立面上工业风格的大窗背后。

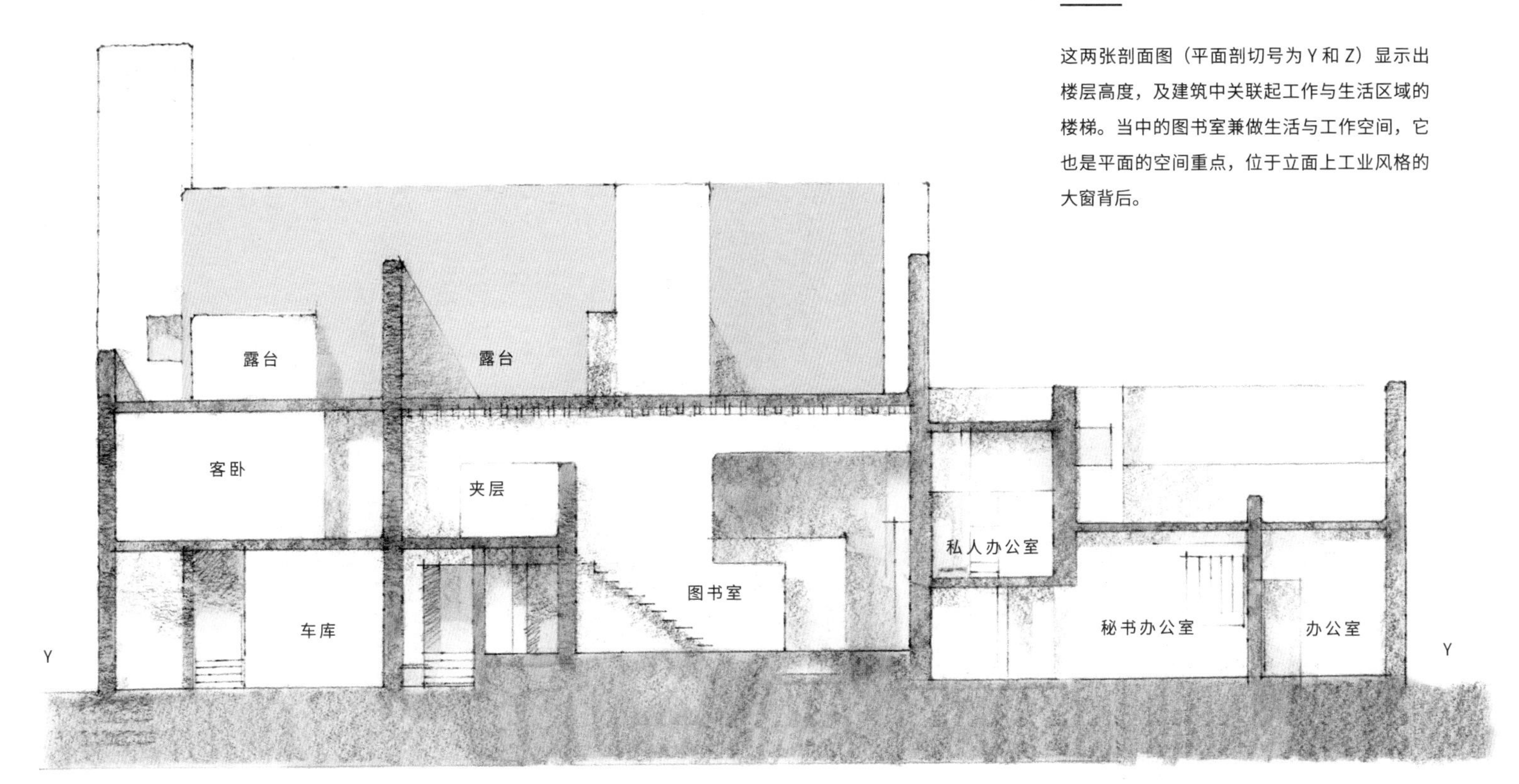

横剖面（Y）

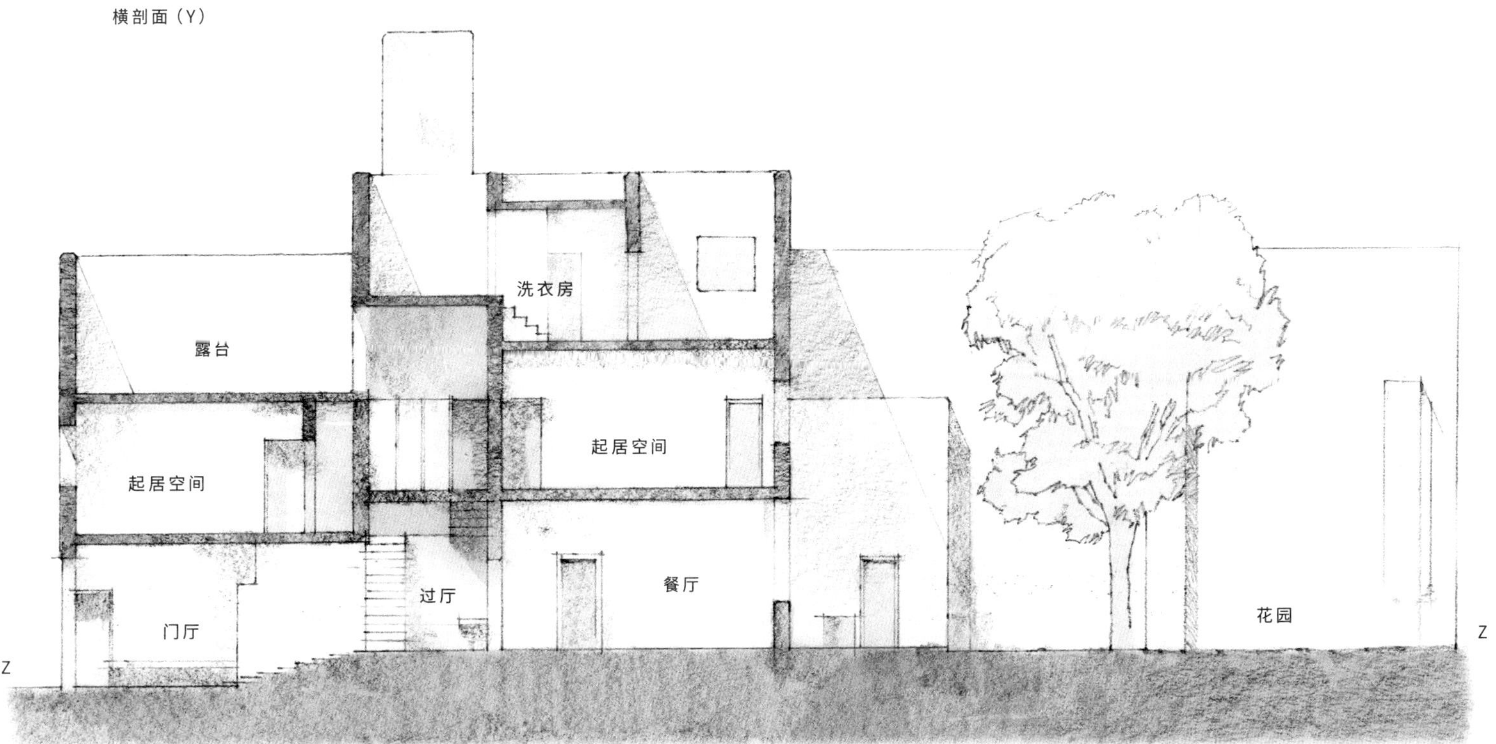

纵剖面（Z）

伊姆斯住宅

所在地	美国加利福尼亚州太平洋帕利塞德
建筑师	查尔斯・伊姆斯、蕾・伊姆斯
建筑风格	国际式风格（International Style）、现代主义
建造时间	1949—1950 年

查尔斯・伊姆斯（1907—1978）与蕾・伊姆斯（1912—1988）是一对夫妇搭档，他们为 20 世纪后半叶的美国设计领域做出了相当重要的贡献。查尔斯・伊姆斯曾短暂就读于华盛顿大学圣路易斯分校，于 1930 年开始建筑设计实践。1938 年他与第一任妻子凯瑟琳及女儿迁往密歇根，以便他进入匡溪艺术学院（Cranbrook Academy of Art）学习，师从伊莱尔・沙里宁（Eliel Saarinen，1873—1950）。在那里他遇到了伊莱尔的儿子埃罗（Eero）——他未来的建筑与设计合作者，以及他的第二任妻子蕾。1941 年与凯瑟琳离婚后，查尔斯与蕾结婚并且搬到蕾的家乡加利福尼亚居住。他们以家具和室内设计闻名，此外在展览设计、平面设计和教学影片制作领域也做出了杰出的贡献。

他们为赫尔曼・米勒（Herman Miller）设计了以胶合板与皮革制造的伊姆斯躺椅及脚凳（Eames Lounge Chair and Ottoman，1956），1950 年代早期设计了玻璃钢铸模椅子以及模数化的储藏柜，这些均已成为经典作品。应埃罗・沙里宁之约为弗吉尼亚州尚蒂伊的杜勒斯国际机场（1958—1962）设计的悬挂式联排座椅（Tandem Sling Seating，1962）至今仍可以在世界各地的公共空间中看到。他们还进行了若干展览设计，将美国设计推向全世界，例如为莫斯科的美国国家博览会制作的多媒体作品《美国一瞥》（*Glimpses of the USA*，1959）、为纽约世界博览会（1964—1965）设计的 IBM 馆，以及在美国建国 200 周年时的巡回展"富兰克林与杰斐逊的世界"（The World of Franklin and Jefferson，1975—1976）。他们为推介杜勒斯机场的去中心化设计而制作的影片《不断延伸的机场》（*The Expanding Airport*，1958）、在布鲁塞尔世界博览会上为 IBM 制作的《信息机器》（*The Information Machine*，1958），以及他们自己的实验性短片《十

的力量》(*The Powers of Ten*，1977)，对于各类机构、教育与广告影片的制作产生了深远的影响。他们在设计界的重要影响力广为人知，而建筑作品也很突出。其中最重要作品的也许就是他们的自用住宅，隶属于一个里程碑式的现代主义案例研究住宅项目（Modernist Case Study Houses）。

现代主义案例研究住宅项目起源于《艺术与建筑》(*Arts & Architecture*）杂志出版人安藤泽（John Entenza，1905—1984）的设想。这本杂志在洛杉矶郊外取得了一块2万平方米的土地用来建造可在战后全世界推广的现代住宅。这一项目从1945年开展至1966年，许多著名建筑师提供了设计，如克雷格·埃尔伍德（Craig Ellwood，1922—1982）、理查德·诺伊特拉（Richard Neutra，1892—1970）、拉尔夫·拉普森（Ralph Rapson，1914—2008）、拉斐尔·索里亚诺（Raphael Soriano，1904—1988）和沙里宁。伊姆斯住宅是最早的十座住宅之一，建成于1949年，位于太平洋帕利塞德区的肖陶扩大街203号，毗邻他们和沙里宁为安藤泽设计的位于205号的住宅（1950）。伊姆斯住宅也被称为8号案例研究住宅，最著名的是其对开放式平面、黑色钢结构和玻璃棚的设计，对半透明层压板与彩色灰泥嵌件的应用也独具特色，成为此类设计的典范。这座住宅为一对从事艺术与设计工作且没有孩子的夫妻设计。另外，他们希望以最少的材料建造两层高的、包含两座建筑的空间体量，分别用于生活和工作。安藤泽将这座住宅描述为“一个理想化的而不是僵化的建筑模式”，意味着以简单的材料建造一种可变的、融入周边环境的结构。查尔斯和蕾一直居住在这里直到去世。2004年，查尔斯的女儿露西娅建立了非盈利的伊姆斯基金会管理这座住宅并对公众开放。

上图　位于住宅尽端的两层高的大空间是起居室，可以俯瞰太平洋及太平洋海岸公路。内部带有一个更加私密的、位于悬挑空间下且设有座位的凹室。上层悬挑空间包含围绕壁橱设置的卧室、浴室、更衣室等私密空间。

查尔斯·伊姆斯与蕾·伊姆斯

伊姆斯夫妇是20世纪中叶美国设计领域真正的领导者。照片摄于1950年，他们正坐在位于加利福尼亚州太平洋帕利塞德的自宅的凹室内。他们所设计的家具遍及全世界的博物馆、公共场所和私人空间，其中最著名的包括简洁的桦木胶合板热弯椅（Plywood Chair，1946）、钢与胶合板制作的组合式ESU书柜（1949）、玻璃钢铸模的贝壳椅（1950）以及热弯胶合板及皮革制躺椅和脚凳（1956）。除家具之外，他们拍摄的商业与理论影片在20世纪国际电影史上也具有重要地位。

结构

简单的钢框架结构是在两天内安装完成的。带有门廊的自宅占据了 8 个开间，工作室有 5 个开间。每个开间模块高深各为 6 米，面宽 2.2 米。室内净高 5.2 米。位于起居室另一侧的室外开间作为门廊。图中可以看到起居室背后带有座位的凹室，厨房和餐厅位于凹室背后。钢与玻璃组合的立面上，上下两层都带有旋转开启的窗。

上层空间

私人空间位于建筑上层，通过旋转楼梯到达，其中包括了两间卧室、两间浴室和一间带有壁橱的大更衣室。室内完成面主要是胶合板，住宅与办公室的各个开间内填充了多种复合材料，包括灰泥、胶合板、石棉、玻璃以及一种被称为派隆（Pylon）的材料，那是一种类似于玻璃钢的半透明材料。卧室与下方起居室通过移动墙板分隔。

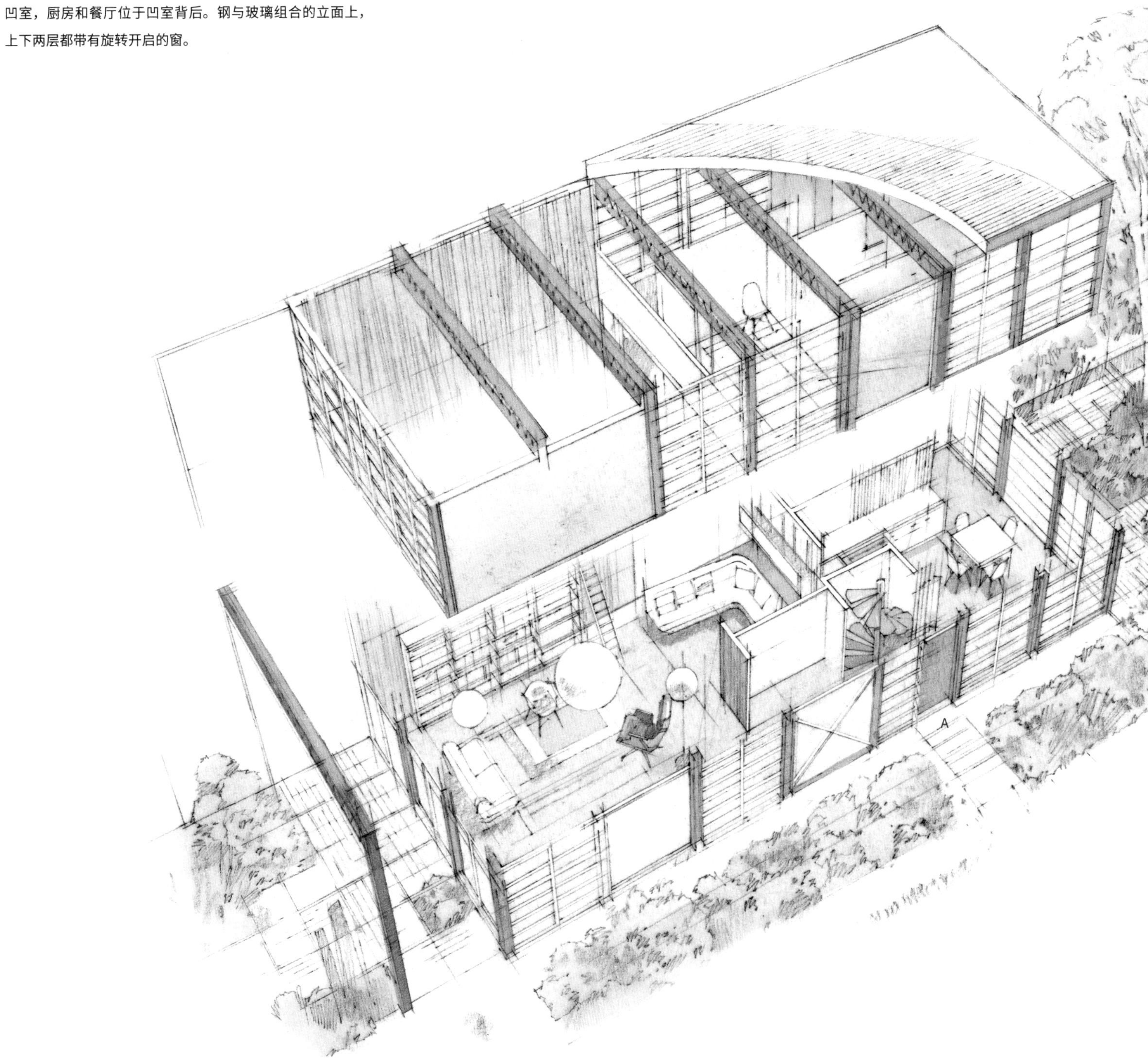

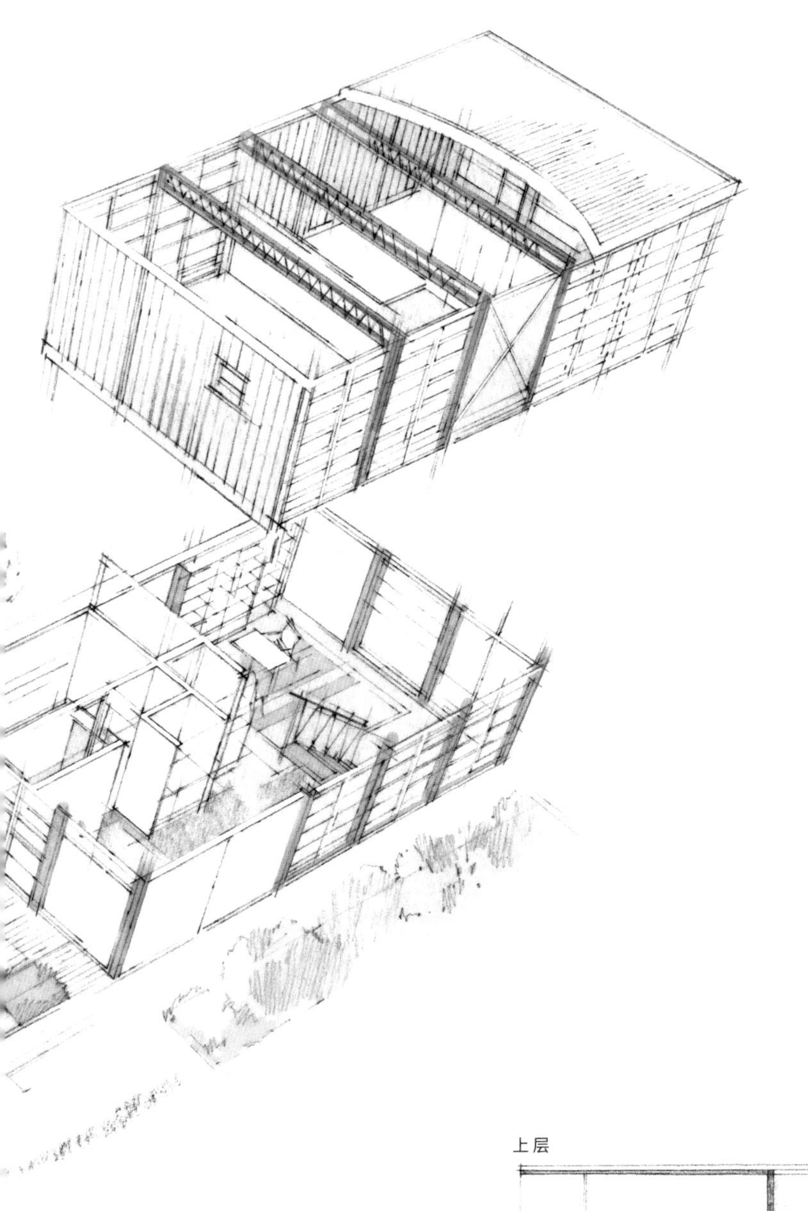

工作空间

工作室高两层，9.1 ×6 米，通过庭院进入。工作室的下层空间中带有一间暗房（B）、一间厨房和一个卫生间。从两层高的工作室可通过一座楼梯到达位于厨房区域顶部的储藏室。室内设有可移动的玻璃钢遮阳板。此外还设有一处室外工作平台。

平面图

建筑建在一处总面积约 5000 平方米的树木繁茂的基地上，住宅与工作室的平面布局非常简洁。建筑总占地面积为 139 平方米。两层平面均呈模数化布局，住宅与工作室完全分开。

入口

主入口（A）位于起居室与餐厅之间正对旋转楼梯的位置。楼梯由一根直径 8.9 厘米的垂直钢管承重，钢管与混凝土板通过法兰连接。带有胶合板踏面的钢支架从钢管上悬挑出来。

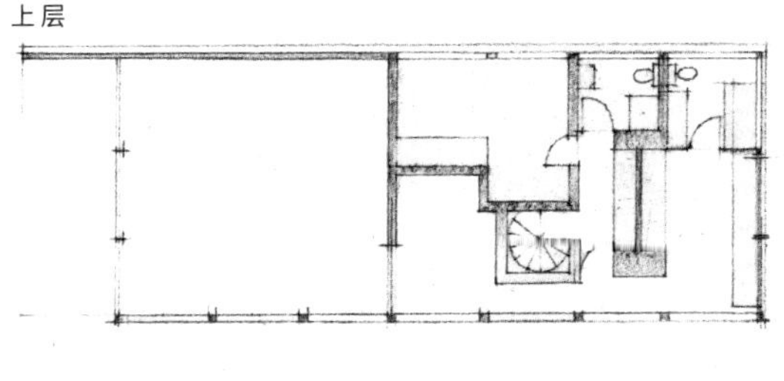

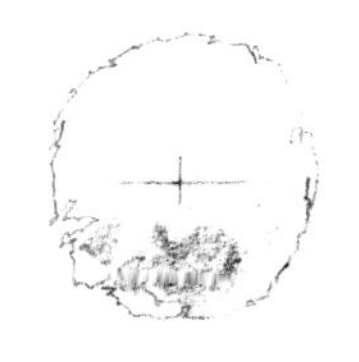

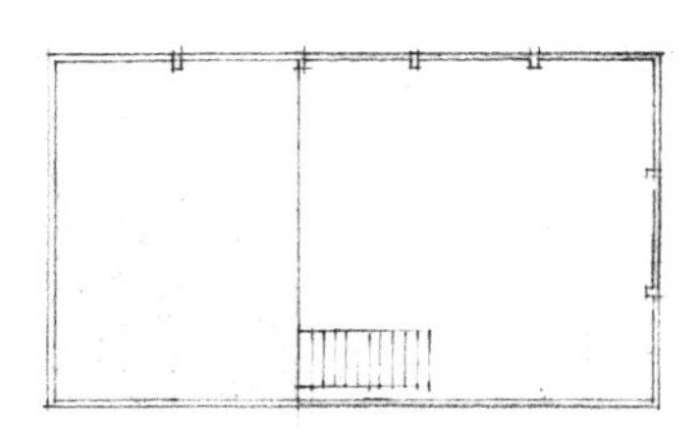

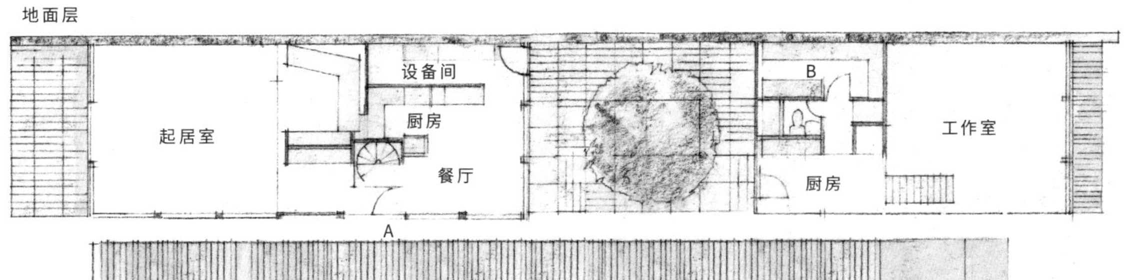

中银舱体大厦

所在地 日本东京
建筑师 黑川纪章
建筑风格 新陈代谢主义（Metabolist Modern）
建造时间 1971—1972 年（2022 年拆除）

黑川纪章（1934—2007）是 20 世纪后半叶日本最有才华的建筑师之一。他在职业生涯中发展出自己的设计哲学，包括他最著名的、结合了东西方文化的共生思想。他在《共生的建筑》（*Architecture of Symbiosis*，1987）和《跨文化建筑：共生的哲学》（*Intercultural Architecture: The Philosophy of Symbiosis*，1991）等书籍中发表了自己的理论。黑川也是 1960 年成立的新陈代谢派的关键人物。这一日本建筑运动倡导以预制构件和批量生产来建造整个城市，以便用相似的结构体系进行更新与扩张。

新陈代谢派在亚洲、美国和欧洲均有建成作品，黑川是其中的领导者。他在博物馆建筑领域尤其多产，其中最重要的作品有大阪的国立民族学博物馆（National Museum of Ethnology，1977）、埼玉县现代艺术博物馆（Saitama Prefectural Museum of Modern Art，1982）、广岛市当代艺术博物馆（Hiroshima City Museum of Contemporary Art，1988）、和歌山现代艺术博物馆（Museum of Modern Art in Wakayama，1994）以及阿姆斯特丹的凡·高美术馆（Van Gogh Museum）扩建（1998）。他也设计并建造了许多复杂的大型项目，如摩天楼、体育馆、机场等，例如大阪市政厅（Osaka Prefectural Government Offices,

1989）、巴黎拉德芳斯区的和平大厦（Pacific Tower，1992）、为 2002 年世界杯建造的大分银行圆顶体育场（2001）、吉隆坡国际机场（Kuala Lumpur International Airport，1998）。

黑川在建筑领域的背景为他在职业上获得国际成功铺平了道路。他的父亲黑川巳喜是两次世界大战之间那些年备受尊敬的日本建筑师。黑川纪章于 1957 年毕业于日本京都大学建筑系，其后前往东京大学深造，师从著名的战后现代主义建筑师丹下健三（Kenzo Tange，1913—2005）。他分别在 1959 年和 1964 年取得硕士与博士学位，2002 年被马来西亚博特拉大学授予荣誉博士学位。他于 1962 年开始自己的职业实践，当时还是学生身份，并且在此前两年就已成为日本新陈代谢运动的创始人之一。他所设计的中银舱体大厦是这一建筑运动中极少数保留至 2020 年代的建成作品之一，因此殊为重要。

这座住宅楼设计于 1969—1970 年，于 1971 年 1 月到 1972 年 3 月用约一年时间建造完成。两个核心筒以耐候钢和钢筋混凝土建造，以预制混凝土建造楼梯间和电梯井道，后者设置了钢框架，都是为了迅速建造完成。140 个预制喷涂的钢结构舱体由大丸设计与工程公司（Daimaru Design and Engineering）制作。住宅的目标客户是日本单身男性职员，每个舱体尺寸为 2.3 × 3.8 × 2.1 米，内部空间全部用注塑面层，配有厨房、电视机、录音机和一个小卫生间，尺寸类似于飞机与长途火车所配的。各个舱体从建筑底部到顶部依次吊装，以钢托架和螺栓固定在核心筒上。室内以舷窗采光。每个舱体的造价和一辆紧凑型轿车类似。

黑川在大阪的索尼大厦（Sony Tower，1976 年建成，2006 年拆除）中重复了这种集装箱式的建造模式，这座建筑的设计使用年限为 40 年，与新陈代谢主义者们设想的建筑该有的使用年限相当。中银舱体大厦的设计使用年限仅有 25 年，它的钢托架甚至舱体本身早已需要替换了。2007 年，在黑川提出替换舱体和加固结构的方案时，80% 的居住者认为这座建筑应该被拆除。2010 年，建筑的热水供应被停止了，尽管建筑冒险家们偶尔还能够在爱彼迎上租到一些舱体单元。这座国际著名的地标式建筑最终于 2022 年 4 月拆除。

新陈代谢主义与 1970 年大阪世界博览会

黑川在 1970 年大阪世界博览会上设计了三座展馆，每一座都证明了他在新陈代谢学派中的关键地位。他自己的展馆是一座以模数化的钢管结构建成的五层高实验性房屋（Takara Beautilion），设计为可扩展的体系，并且可以在六天内建造完成；主题馆内展出的舱体式住宅是个未来主义风格的建筑，从天花板上悬挂下来；而两层高的东芝 IHI 馆（Toshiba IHI Pavilion，上图），以可扩展的四边形钢桁架建造，内部设有一个 500 座的穹顶剧场，悬挂在钢结构上。遗憾的是，这些建筑都没有保留下来；原世博会场址如今是世博会纪念公园，位于大阪郊外。

左图　每个单元都有一个很大的可开启的舷窗——一扇圆窗，如巨大的眼睛，使这座建筑的外观显得十分独特。预制的居住舱被设计为独立的居住单元，目标客户是当时日本的上班族或单身男性白领雇员。

剖面图

这两张剖面图中可以看出舱体如何叠放于建筑核心筒周围。建筑从下向上建造，由吊车将每个居住模块吊装到位。建筑高 54 米，最高处为 13 层，从另一侧看起来稍矮一些。两层高的、表面贴砖的混凝土底座中设置了零售等服务空间。

舱体

140 个居住舱体都以钢结构和板材墙面建成，表面喷漆，仿佛是一部汽车。在内部装修完成后，每个舱体重约 4 吨。它们被卡车运往现场，由吊车吊装到位。安装在钢框架上的圆窗给舱体内部提供自然采光。

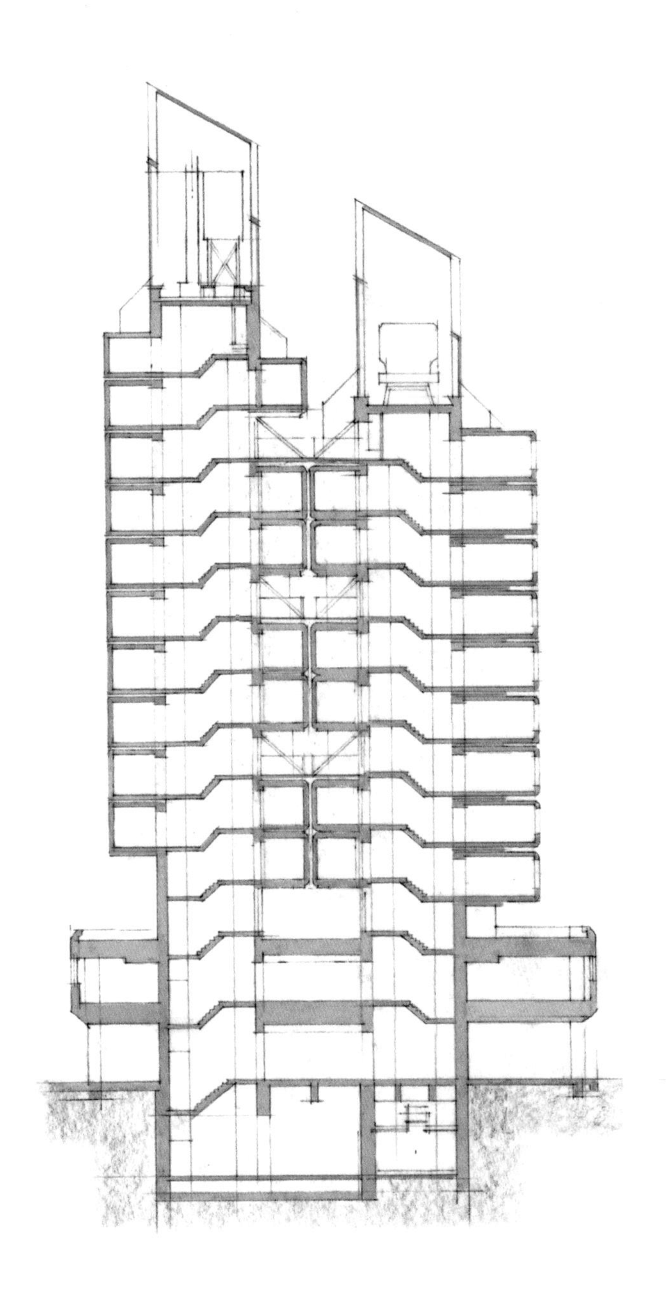

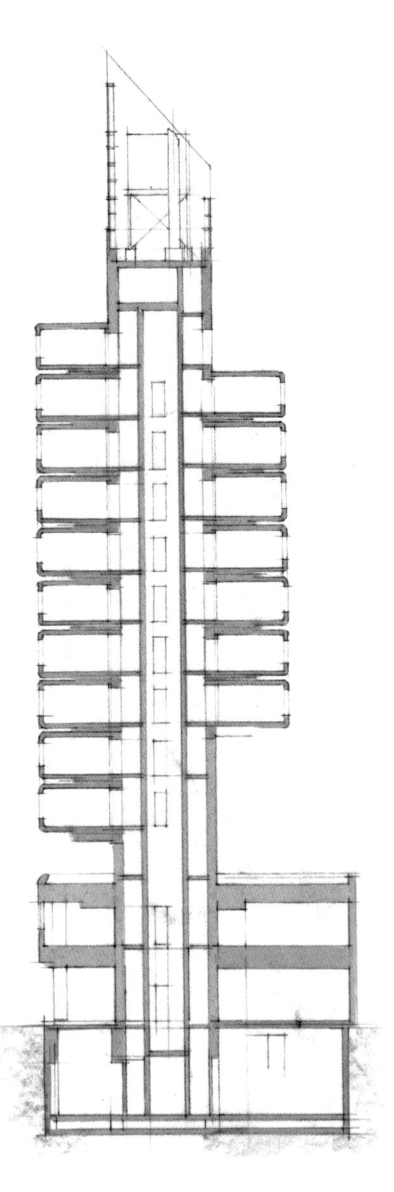

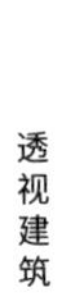

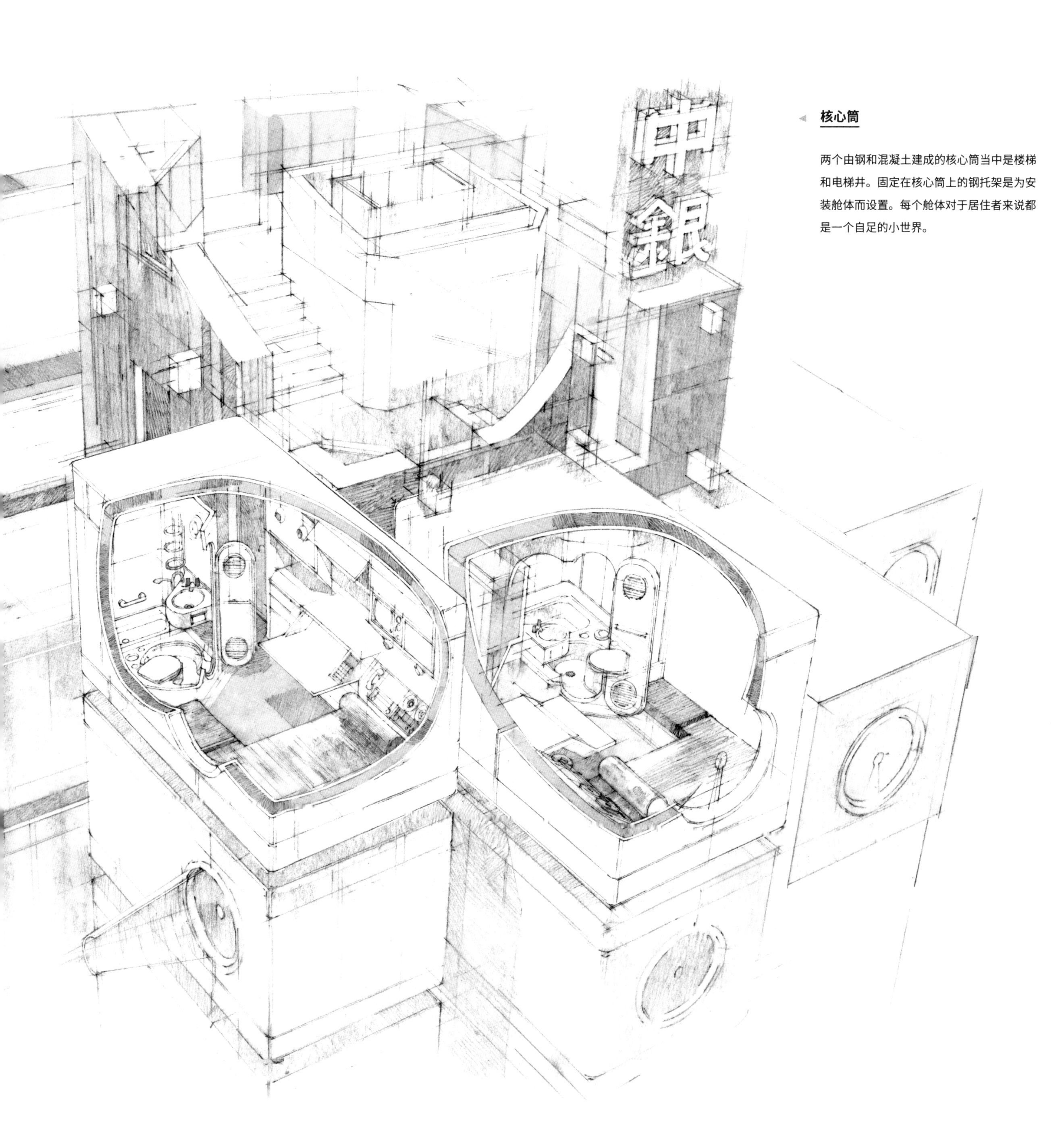

◀ **核心筒**

两个由钢和混凝土建成的核心筒当中是楼梯和电梯井。固定在核心筒上的钢托架是为安装舱体而设置。每个舱体对于居住者来说都是一个自足的小世界。

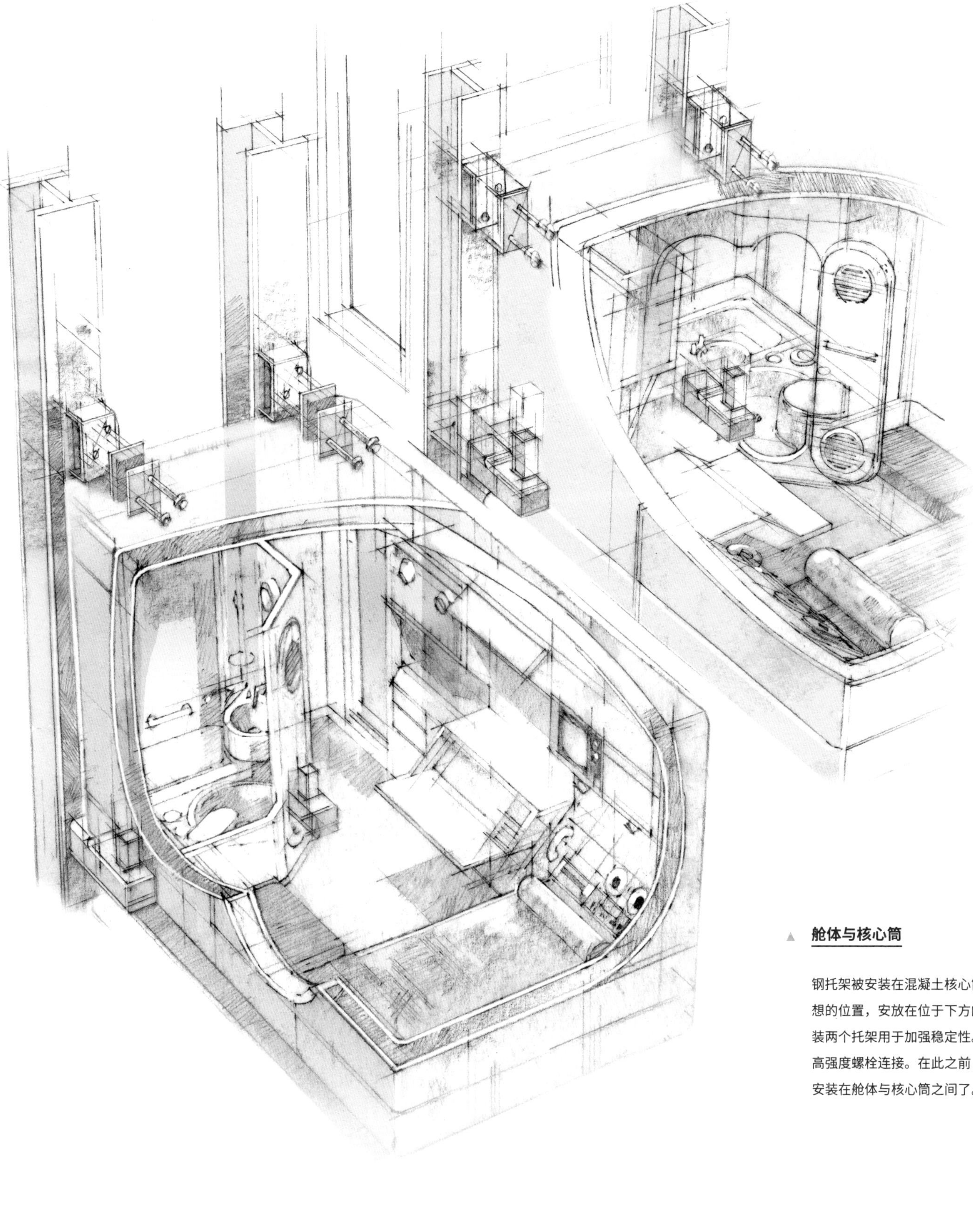

▲ 舱体与核心筒

钢托架被安装在混凝土核心筒上。舱体被吊装到预想的位置，安放在位于下方的两个托架上，上部再装两个托架用于加强稳定性。舱体与托架之间通过高强度螺栓连接。在此之前，预制的设备管道已经安装在舱体与核心筒之间了。

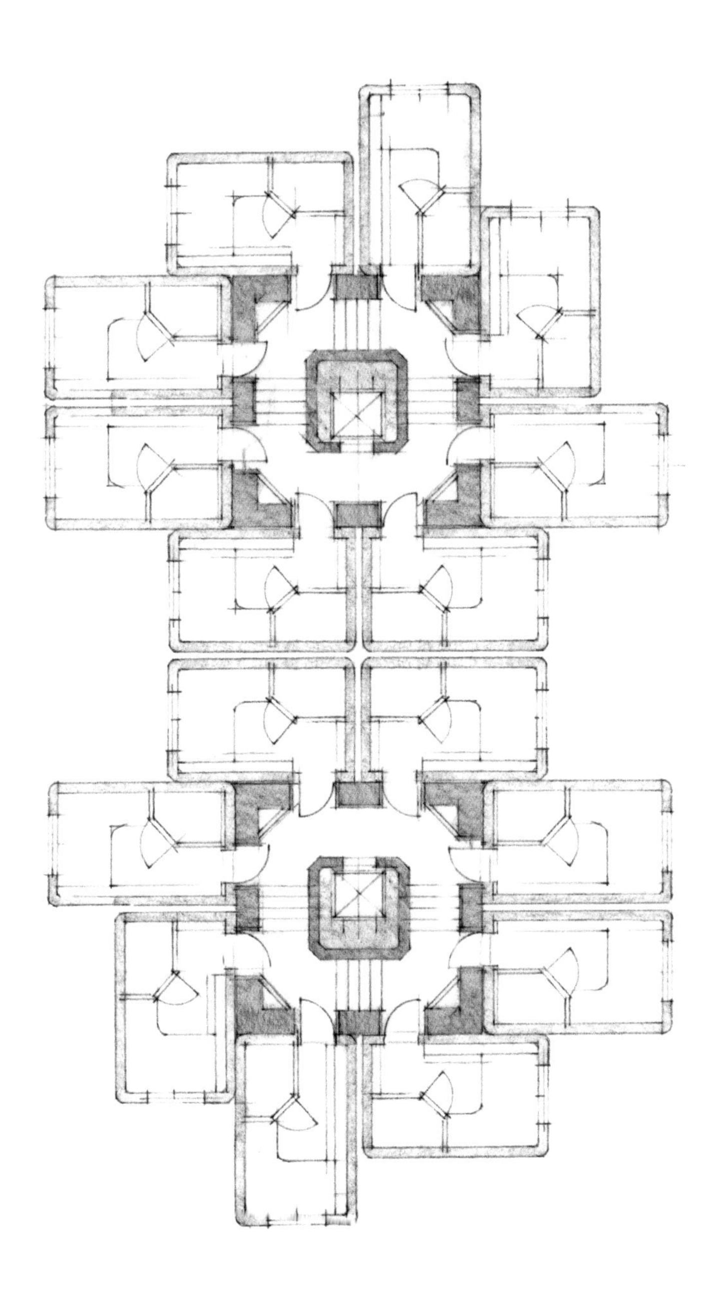

楼层布置图

建筑总面积为 3091 平方米。标准层平面图中可以看出与两个核心筒相连的各个舱体。每个核心筒中有一部位于中央的电梯和环绕电梯设置的楼梯。电梯与楼梯通往位于两层高的基座中的大厅。

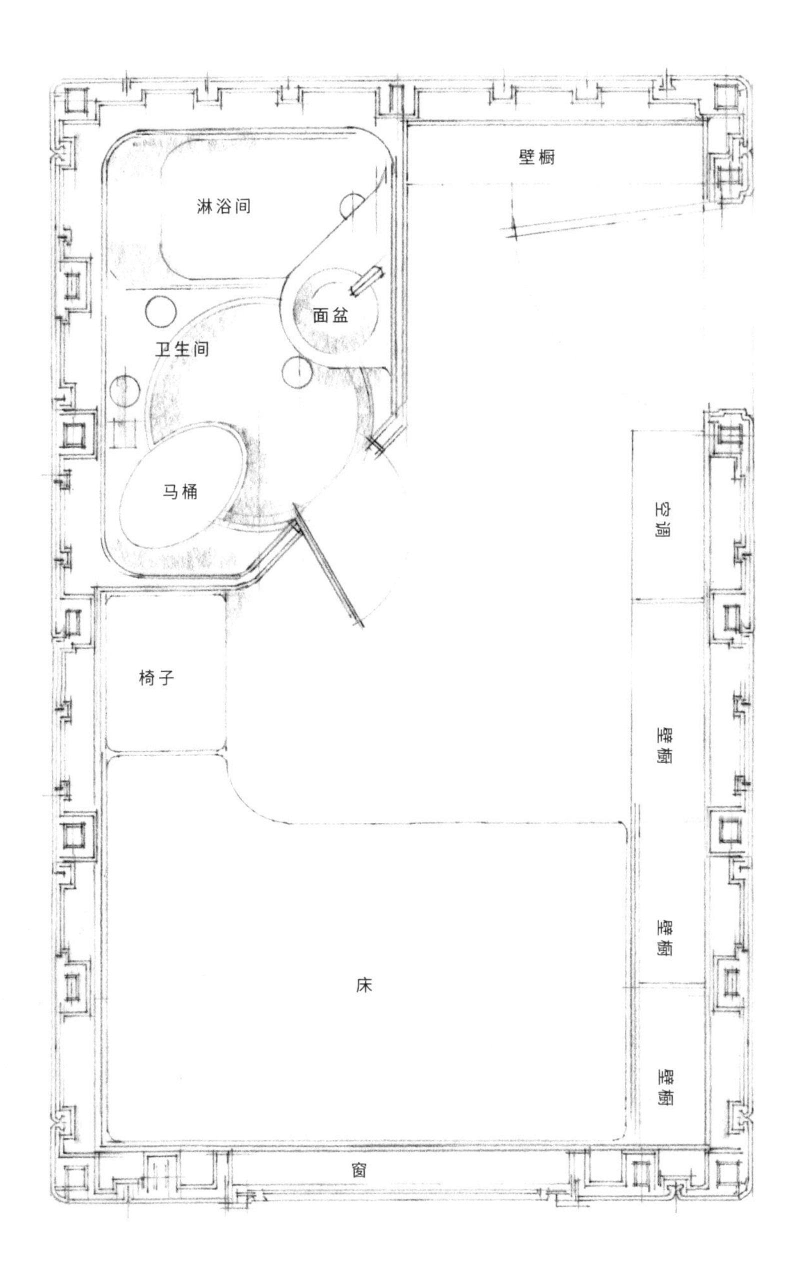

舱体布置图

舱体中包含了所有的现代设施——冰箱、炉子、电视机，甚至一个录音机。每个舱体的面积仅有 10 平方米，带有一个嵌入式的书桌和布局紧凑的卫生间，后者对空间的充分利用会令人联想到火车与飞机的卫生间。

绝对大厦（梦露大厦）

所在地	加拿大密西沙加
建筑师	MAD 建筑事务所（MAD Architects）
建筑风格	当代有机主义（Contemporary Organic）
建造时间	2007—2012 年

每当人们想到中国的当代建筑，通常会立刻想到那些摩天楼林立的城区如上海浦东，那里有大量美国、加拿大与欧洲建筑师设计的作品。然而这些年人们看到了一位中国明星建筑师的崛起，他在欧洲与北美均有设计项目建成，他的名字叫马岩松（1975— ）。

马岩松生于北京，毕业于北京建筑工程学院（现北京建筑大学），并在耶鲁大学获得建筑学硕士学位。他是成立于 2004 年的 MAD 建筑事务所的创始人，办公地点位于北京、洛杉矶、罗马与嘉兴。这个公司有超过 150 名建筑师，领导者为马岩松和他的主要合伙人党群、早野洋介。马岩松曾经说："MAD 的意思是马的设计（MA Design），不过我更喜欢它被理解为疯狂的（MAD）建筑师。听起来像是怀着某种态度面对设计与实践的建筑师群体。"此外，他认为："建筑师不仅体现了社会与文化价值，事实上他们是这些价值的先锋。"

MAD 建筑事务所与如今的大多数设计师一样，在计算机软件的协助下创造具有动感的建筑形式，努力达到建筑表皮可以做到的极致。他们获得国际媒体积极评价的重要建筑还有中国的哈尔滨歌剧院（2015），媒体巨头 CNN 将它称为可与悉尼歌剧院（1957—1973，见第 150 页）媲美的当代建筑。他们为卢卡斯叙事艺术博物馆（Lucas Museum of Narrative Art）所做方案的选址过程让世界各地都感到紧张又期待。这两个设计所采用的流线型形式是对环境的一种回应，常常被与扎哈·哈迪德的类似作品相比较。

在绝对大厦项目中，MAD 建筑事务所与伯卡建筑事务所（Burka Architects）及 SSA 结构工程公司（Sigmund, Soudack and Associates）合作，完成了这两座高层单元住宅。在众多传统塔楼构成的天际线中，这组带有独特曲线、看似在旋转的建筑极具标志性。这是个非常大胆的举动。房地产专家们最初害怕这种激进的外观会吓住公寓购买者，不过另外一些人支持这个方案，其中包括密西沙加市的市长黑兹尔·麦卡利恩（Hazel McCallion）。尽管独特的造型会增加造价，开发商费恩布鲁克家园与城市发展集团（Fernbrook Homes and Cityzen Development Group）提高了新公寓楼的售价，以确保这些随着高度不同而产生变化的住宅单元能够盈利。事实上，销售非但成功而且非常迅速——开盘后不久两座塔楼就被售卖一空。

设计方案是 2006 年竞赛的入选方案，2007 年由公众进行投票。同年双子楼中的 A 楼首先获得委托，B 楼随后不久也得以委托建设。两座建筑总面积分别为 4.5 万平方米与 4 万平方米。A 楼高 56 层 170 米，共有 428 套公寓；B 楼高 50 层 150 米，共有 433 套公寓。各楼层平面基本相同，立面呈旋转形态。钢与玻璃构成的“玲珑有致”的立面外环绕着连续的阳台。本地居民将它们称为玛丽莲·梦露大厦。从多种角度来说，这两座摩天楼显示出，自弗兰克·盖里在布拉格设计弗雷德与金杰舞蹈房子（1996）和圣地亚哥·卡拉特拉瓦在瑞典马尔默设计旋转大厦（2005）到今天，计算机辅助设计与工程的结合已经发展到了怎样的程度。绝对大厦连贯的流畅感使得它在 2012 年建成后，被“高层建筑与城市人居环境协会”（Council on Tall Buildings and Urban Habitat）评为美洲最优秀的高层建筑。

左图　房地产经纪人都很明白，阳台是非常重要的销售点，绝对大厦也不是例外。这个项目在平面图公布后几天就打破了销售记录，这些阳台功不可没。

卢卡斯博物馆

MAD 建筑事务所为受热捧的“星球大战系列”的创造者乔治·卢卡斯（George Lucas）设计了洛杉矶的卢卡斯叙事艺术博物馆。私人投资的大型美国博物馆的历史可追溯至 20 世纪早期的强盗贵族时代。那些由顶尖建筑师设计的博物馆包括弗兰克·盖里为微软创始人之一保罗·艾伦（Paul Allen）设计的西雅图 EMP 博物馆（2002），迪勒·斯科菲迪奥与伦弗洛建筑事务所为埃利·布罗德和艾迪斯·布罗德夫妇（Eli and Edythe Broad）设计的布罗德艺术博物馆（2015）。卢卡斯叙事艺术博物馆考虑过的选址还包括芝加哥与旧金山等其他城市，其中一些城市由于有抗议团体质疑它的设计和规模而被排除。

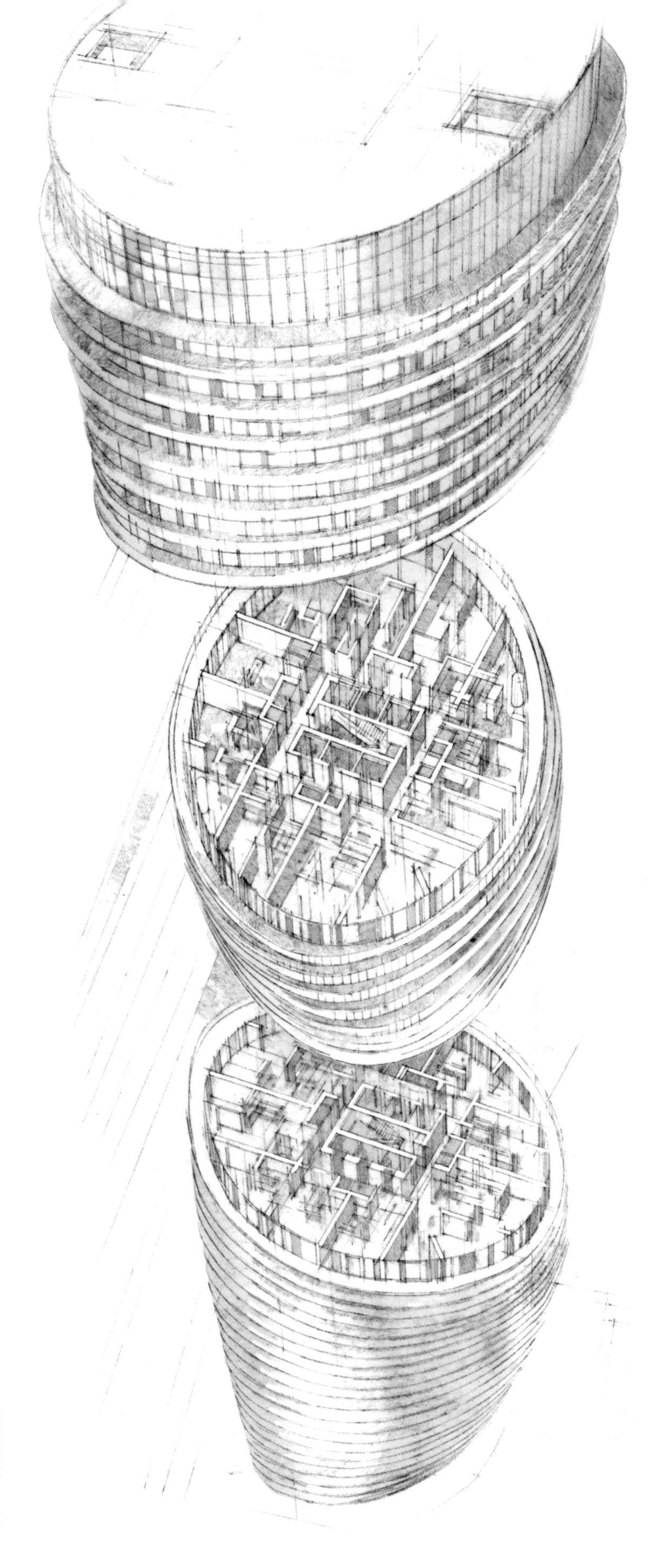

建筑外观与室内空间

图中为第一座塔楼，玲珑有致的旋转式外观反映了内部的曲线形空间。居住单元的尺寸与布局随着层数不同和总体平面的变化而有细微的不同。不过建筑中容纳了电梯与消防梯的核心筒及其四周的走廊还是矩形的，走廊尤其强化了人们刚刚进入公寓的曲线空间时的震惊感觉。

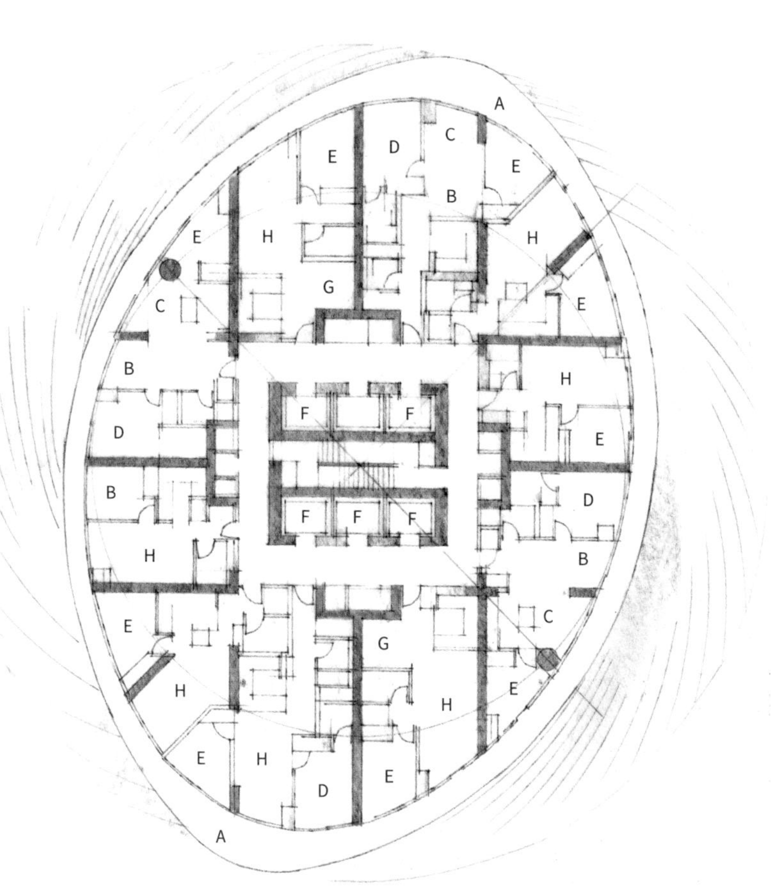

图例

A 阳台
B 起居室
C 餐厅
D 主卧室
E 卧室
F 电梯
G 凹室
H 餐厅/起居室

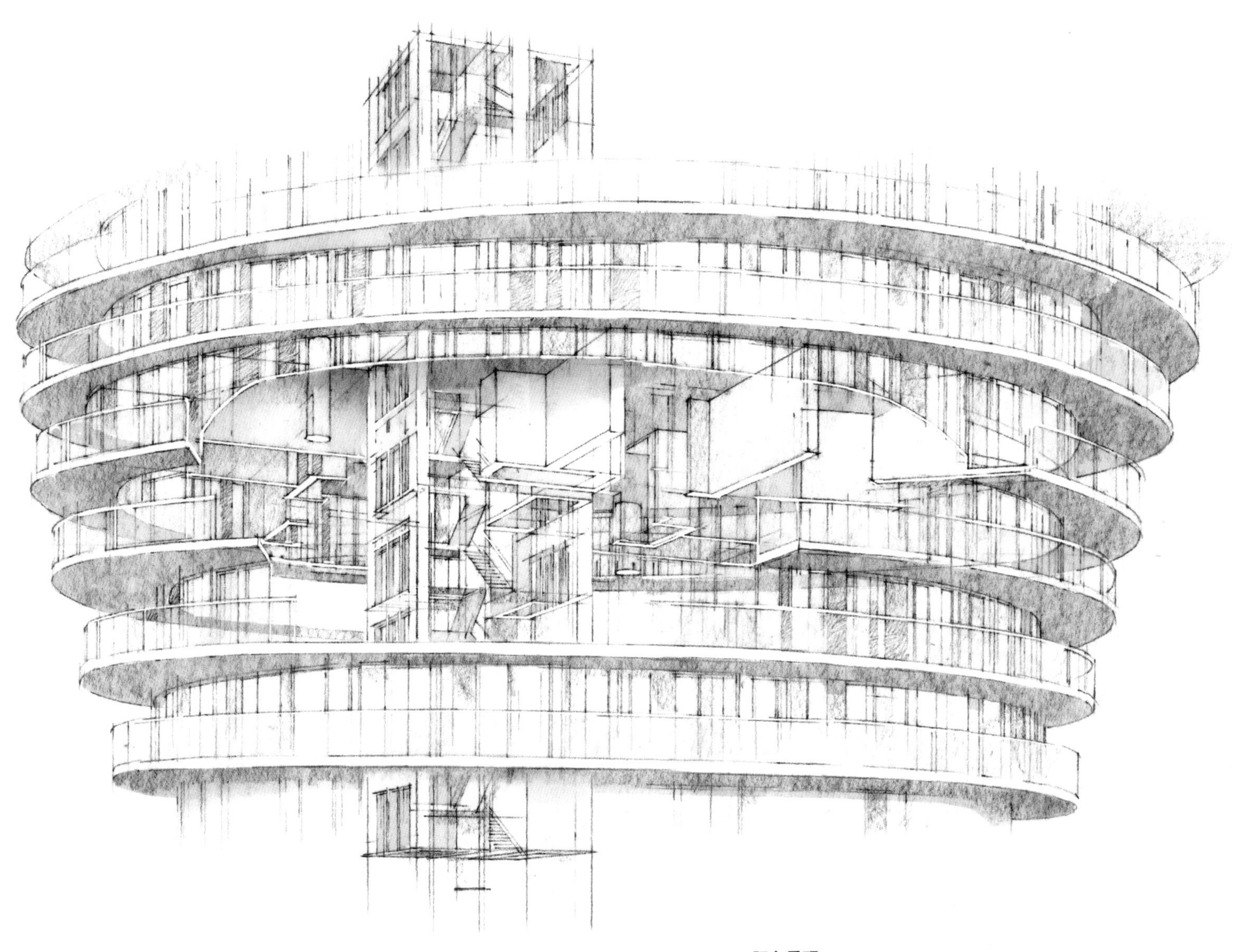

阳台景观

从利于销售的角度来讲，环绕所有楼层的阳台是房地产经纪人的梦想，它们确乎帮助这座塔楼在数天内以破纪录的速度销售一空。它们对其后的玻璃幕墙空间也起到了遮阳的作用，在夏季降低了空调的使用费。各层卵圆形的平面基本上是一样的，不过旋转了不同角度，使得每个居住单元有轻微的不同。工程师在主体结构与阳台之间设计了断热层，以便在冬季减少热损耗。

软件辅助设计

电脑设计程序对于建造一座这样的建筑来说不可或缺。它们在设计构思与深化过程，和建筑、结构及设备配合过程中均至关重要，尤其是在单元平面随着三维曲线形体而改变的时候，仍要确保垂直设备管线能够服务到每一层。然而，曲线形的房间和轻微变化的平面有时还是会形成隔断得颇为尴尬的空间，会导致家具布置有些困难。

IN HONOREM PRINCIPIS APOST PAVLVS V BVRGHESIVS ROMANVS PONT MAX AN MDCXII PONT VII

宗教建筑

圣彼得大教堂（见第 270 页）

与居住建筑一样，宗教建筑这一类型承载了人类生活的一项重要内容，从史前时代一直延续至今。现存最著名的远古时代案例是英格兰威尔特郡的巨石阵（Stonehenge，前3000—前 2000）。尽管没有证据证明它是为任何已知的宗教神祇而建，一些人认为它的用途和冬夏至日与世间众生的自然生命历程相关，是服务于精神需求而非实用需求。

还有一些新石器时代的室外神庙在苏格兰的奥克尼群岛被发现，例如布罗德盖之角（Ness of Brodgar, 约前 3500），和近年在土耳其发掘的哥贝克力神庙（Göbekli Tepe, 约前10,000）。供奉特定神祇特别是主神阿蒙的埃及神庙，似乎是最早的有明确用途的神庙，例如图特摩斯三世建于阿玛达（前 15 世纪）、塞提一世建于阿拜多斯（前 1279）的神庙，以及著名的底比斯的卢克索神庙（Luxor Temple, 前 1400）。最早的宗教建筑案例还包括纪念性建筑一章中提及的雅典卫城中的帕特农神庙（约前 447—前 432），它最初是献给雅典娜的神庙，在接下来的若干个世纪中还被用作教堂与清真寺。这种随着时代变化被赋予不同功能的早期建筑案例在本章中也有两个。其中一个是位于伊斯坦布尔的带有巨大穹顶的索菲亚大教堂（Hagia Sophia），它在 532—562 年作为基督教教堂建成，在 1453 年被改为清真寺。与之类似的是有着惊人拱廊的科尔多瓦清真寺—大教堂（Mosque Cathedral of Córdoba），在 785 年建成时是一座清真寺，1523 年被改建为天主教的大教堂。在这些案例中，没有理由因为不同文化所信仰宗教的不同而摧毁一座壮观的建筑，那会是相当大的浪费。

每当提及西方的宗教建筑，首先出现在脑海中的就是大教堂（cathedral）。本章中收录了几个案例。如哥特式经典建筑、位于法国的沙特尔大教堂（Chartres Cathedral, 1194—1260），文艺复兴早期的佛罗伦萨大教堂（Florence Cathedral，1296—1461），庞大的横跨文艺复兴盛期到巴洛克时期的罗马圣彼得大教堂（St. Peter's Basilica，1506—1626，尽管从技术上讲它的建筑形式不是大教堂），以及巴洛克与新古典主义的伦敦圣保罗大教堂（St. Paul's Cathedral, 1675—1720）。此外还有疯狂的表现主义建筑——位于巴塞罗那的圣家族大教堂（Sagrada Familia，1883— ）和位于葡萄牙巴塔利亚的迷人的晚期哥特式修道院（1386—1533）。这些建筑中有许多曾经在很长一段时间内保持了穹顶高度的纪录，尤其是圣彼得大教堂和圣保罗大教堂，它们的剪影常常出现在 19 世纪晚期的世界最高建筑对比图中。

以上提及的全部例子，包括本章将描述的建筑中的 8 座，都属于某种结构类型，其风格与形式在很大程度上有例可循。毕竟宗教建筑通常依赖于某一文化背景及礼拜仪式而存在，较少别出心裁。一般而言这是设计趋向于保守的建筑类型。而京都的金阁寺（最早建于 1397 年后，1955 年重建）作为一座佛塔式的小型木构建筑也是如此。这一佛教寺庙是在一场大火之后重新建造的。这座建筑有两个有趣之处：一是在它被设计的年代佛罗伦萨大教堂正在建造；二是它的重建过程提醒了我们，即便是大教堂和清真寺也会不断经历维修、复原与改建。以沙特尔大教堂为例，它原初的中世纪木结构屋顶早已不存，现存的是铜板包裹的钢结构屋顶，建于工业革命时期。由于伊斯坦布尔频发的地震，圣索菲亚大教堂在它建成之初和作为宗教建筑的大部分时间内，其各个穹顶都需经常维修，早期的基督教建筑师与后来的伊斯兰教同行一直在做这些工作。这些对于任何一座老房子的主人来说都屡见不鲜。历史建筑需要不断的维修和维护，而宗教建筑往往需要更高等级的修缮和修复。

虽然宗教建筑的设计通常会给人以保守的印象，然而有一些宗教建筑从设计语言来讲，是领先于时代的。新哥特式建筑起源于12—13世纪，它那由纤细的结构构件所分隔的充满光线的空间，对于一个世纪之前罗马风建筑沉重的墙体来说是一个巨大的飞跃。与此类似的是现代与当代风格的宗教建筑，似乎最早出现于两次世界大战之间，与之前的历史主义建筑形成鲜明对比。新兴的魏玛共和国（1919—1933）时期也是这样，在它步入一战后崭新的民主时代的同时，试图将德意志帝国时期的装饰抛在身后。有几位建筑师专门建造此类现代教堂，例如多米尼库斯·伯姆（Dominikus Böhm，1880—1955）在科隆建造的伊马库拉塔小教堂（Immakulata-Kapelle，1928，已无存）和科隆里尔区的圣恩格尔贝特教堂（St. Engelbert，1930），马丁·韦伯（Martin Weber，1890—1941）的法兰克福圣卜尼法斯教堂（St. Boniface Frankfurt，1926—1932），奥托·巴特宁（Otto Bartning，1880—1955）设计的科隆施塔尔教堂（Stahlkirche，1928，已无存）和柏林的古斯塔夫-阿道夫教堂（Gustav-Adolf-Kirche，1934年建成，1951年重建）等，只是其中的少许例子。类似的，二战后的德国也通过建造一些现代教堂来表示和第三帝国的决裂，如埃贡·艾尔曼（Egon Eiermann，1904—1970）设计的柏林威廉皇帝纪念教堂（Kaiser Wilhelm Memorial Church，1963）。法国的经历与德国有部分类似，以奥古斯特·佩雷（Auguste Perret，1874—1954）和古斯塔夫·佩雷（Gustave Perret，1876—1952）兄弟为代表，他们的作品包括共同设计的勒兰西圣母教堂（Notre-Dame du Raincy Church，1923）和奥古斯特设计的勒阿弗尔圣约瑟教堂（St. Joseph’s Church，1951—1957）。这些历史背景为真正革命性的教堂设计之一——勒·柯布西耶的朗香高地圣母教堂（1950—1954，见第282页）——提供了基础。许多教会的设计师会设计出简洁的墙面，表面看起来是现代主义的，然而建筑体量依然重复着传统教堂的巴西利卡式及塔楼形式。1920—1930年代早期的法国与德国现代主义先行者们创造了良好的环境，使这一风格在战后发扬光大。尽管不是那么大胆，那些建筑为勒·柯布西耶的这座现代主义杰作铺平了道路，后者即便在设计师本人的作品当中，依然是独树一帜的。当代的教堂、犹太会堂、清真寺，甚至如今的佛教与巴哈伊教的庙宇设计都受惠于勒·柯布西耶60多年前在朗香的这一大胆“宣言”。

科尔多瓦清真寺—大教堂（见第244页）

圣索菲亚大教堂

所在地	土耳其伊斯坦布尔
建筑师	特拉勒斯的安提莫斯（Anthemius of Tralles）、米利都的伊西多尔（Isidore of Miletus）等
建筑风格	拜占庭及伊斯兰风格
建造时间	532—562 年，1453 年改建为清真寺

1453 年 5 月 29 日，是罗马帝国即后来的拜占庭帝国历史的转折点。那一天，苏丹征服者穆罕默德（Mehmed the Conqueror，穆罕默德二世）率领的奥斯曼军队在超过 7 个星期的围城之后，以胜利者的身份进入了君士坦丁堡。这座以君士坦丁大帝命名的城市变成了伊斯兰堡，意为“充溢着伊斯兰”。直到 1930 年方正式改为如今的名称：伊斯坦布尔。

在军队大肆洗劫了 3 天之后，苏丹宣布停止劫掠，要求市民返回自己的家。市民被允许在苏丹的领导下继续保持他们的东正教信仰，不过一些重要的宗教产业很快被改造成清真寺。圣索菲亚大教堂亦名圣智大教堂（Church of the Holy Wisdom），就在这些被改造的教堂之列。1453—1931 年间，教堂被加建了宣礼塔，东侧半圆厅被改为米哈拉布（mihrab），基督教壁画被覆盖掉了，多位苏丹葬于附近。反讽的是，这座巨大的教堂后来成为许多大清真寺的平面设计原型。

这座宏伟的、带有砖石穹顶的教堂原址上曾经有过两座教堂。第一座已经荡然无存，第二座建于 415 年，考古学家们还能找到少量遗存。第三座即是圣索菲亚大教堂，也就是现在这座建筑，它长 82 米，宽 73 米，穹顶直径 33 米，约 55 米高。建筑以石材建造，而它的石材来自于帝国各地，包括埃及、叙利亚、博斯普鲁斯海峡和塞萨利。恢弘的室内空间可以容纳 1 万名信徒。皇帝查士丁尼一世（Justinian I）在公元 532 年下令建造这座教堂，任命几何学家特拉勒斯的安提莫斯和物理学家米利都的伊西多尔作为建筑师。查士丁尼一世和君士坦丁堡牧首梅纳斯（Menas of Constantinople）在 537 年 12 月 27 日为这座建筑举行了敬献典礼。建筑结构的真正完成、包括壮观的马赛克壁画的制作完成是在查士丁尼二世（Justinian II）

在位期间。557年和558年发生的地震导致主穹顶坍塌，并造成了建筑其他部分的结构损坏。小伊西多鲁斯（Isidorus the Younger）——米利都的伊西多尔的侄子在大约560年重建了穹顶并加固了支撑墙体，还从黎巴嫩巴勒贝克的古罗马朱庇特神庙中搬来了巨大的花岗岩柱子，安放在这座建筑里面。989年，又一场地震震塌了西侧穹顶，皇帝巴希尔二世（Basil II）任命建筑师崔戴特（Trdat，约950—1020）在994年重建。这一次，马赛克装饰全部得到维修和翻新。1204年，这座建筑因第四次十字军东征（1202—1204）再次遭到破坏，14世纪时又经历了几次规模较大的修缮。

当奥斯曼军队洗劫君士坦丁堡的时候，这座教堂也被洗劫了。1453年6月1日它被正式改为圣索菲亚清真寺。宣礼塔在1481年后开始建造，不过主要是在16世纪完成的。建筑师米马尔·希南（Mimar Sinan，约1489—1588）进一步修复了这座建筑。差不多同一时期，清真寺周围的建筑被清除，以便为苏丹及奥斯曼王室成员建造墓地。17—18世纪的统治者们重新粉刷了室内空间，这种做法使许多早期基督教马赛克壁画得以保存下来。1847—1849年，苏丹阿卜杜勒-迈吉德一世（Abdülmecid I）任命建筑师加斯帕雷·福萨蒂（Gaspare Fossati，1809—1883）与朱塞佩·福萨蒂（Giuseppe Fossati，1822—1891）兄弟对这座建筑进行全面整修，这次几座宣礼塔的高度得到统一。由于这座建筑所具有的拜占庭与奥斯曼伊斯兰历史文化价值，土耳其总统、共和国缔造者穆斯塔法·凯末尔·阿塔图克（Mustafa Kemal Atatürk）力主将它改造为博物馆。2006年，保护与维修工作再次展开，而每年接待的游客超过300万名。

右图　这幅马赛克壁画绘制于1122年之后，画面左侧是科穆宁皇帝约翰二世（Emperor John II Comnenus），当中是圣母怀抱圣子，右侧是约翰的妻子，皇后匈牙利的伊雷妮（Empress Irene of Hungary）。

下图　大教堂室内布满了拜占庭时期的马赛克和装饰，伊斯兰时期也增加了一些，例如8个建于19世纪中叶的带有文字的圆盘，每个圆盘的直径约7.5米。

奥斯曼帝国

奥斯曼帝国的存在时间为13世纪晚期到第一次世界大战之后，终结于土耳其1922年的独立。它的版图包括北非、中东直到土耳其和巴尔干地区，自1453年之后统治中心为伊斯坦布尔。这幅19世纪希腊画家帕纳约蒂斯·佐格拉福（Panagiotis Zografo）的画作描绘了1453年君士坦丁堡的陷落，图中人物为苏丹穆罕默德二世。苏莱曼一世（Suleiman I）统治时期，帝国的繁荣兴盛——尤其在艺术领域到达了巅峰，他也因此被称为苏莱曼大帝，其在位时期从1520年直到1566年去世。圣索菲亚大教堂的拜占庭建筑风格启发了很多后来的奥斯曼清真寺。

拜占庭建筑

拜占庭宗教建筑通常以带有大量马赛克装饰的多穹顶空间为特色。最典型的多穹顶以围绕中央的、等边希腊十字式平面布置。除了巨量应用马赛克之外，建筑结构构件也带有华丽的装饰，一般是有纹理的大理石和大量镶嵌。圣索菲亚大教堂奢华的材料和壮观的尺度给人带来一种超越世俗的体验，与其皇家教堂的地位相称。

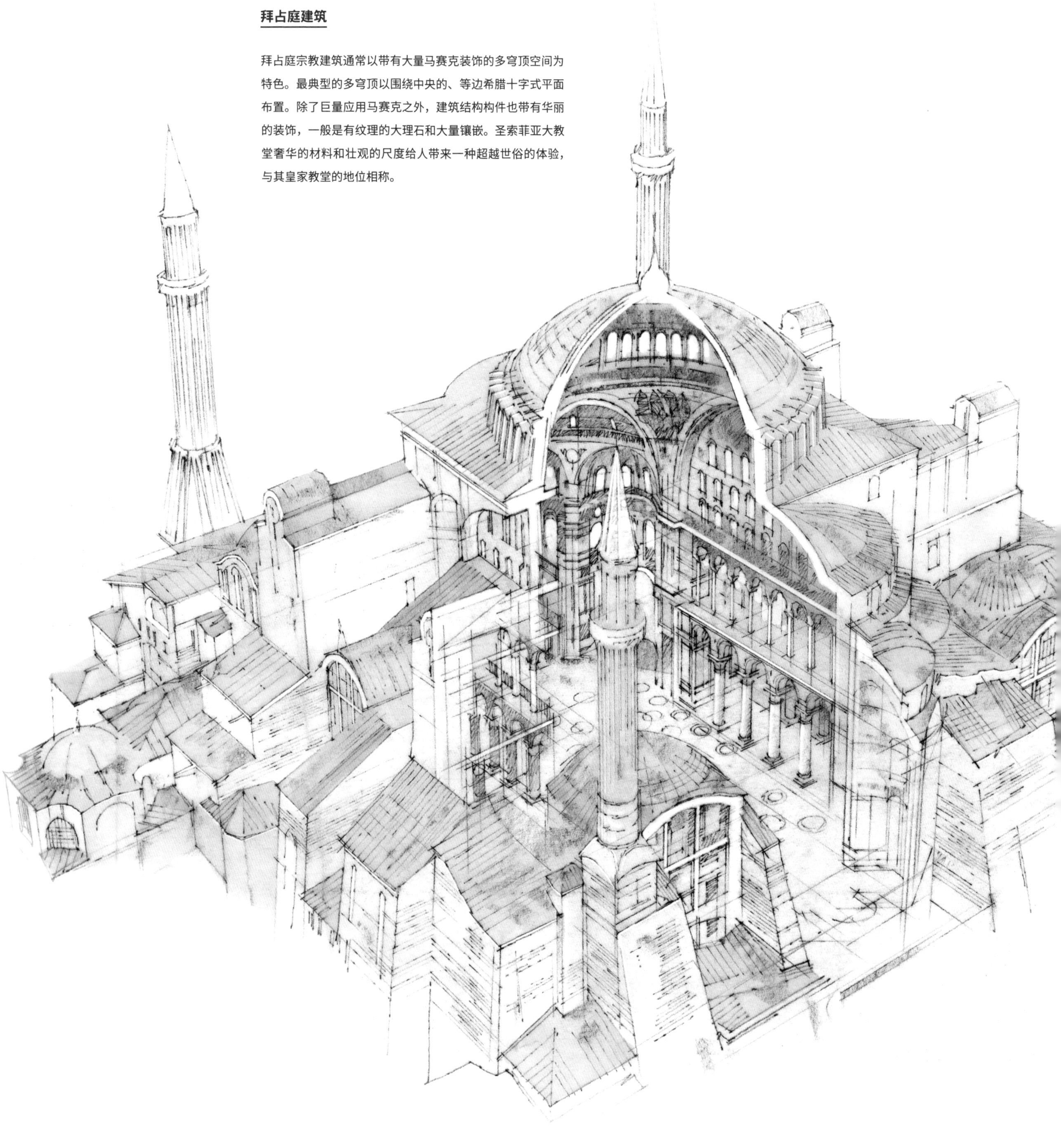

宣礼塔

宣礼塔是清真寺中的高塔，用以召唤信徒做礼拜。圣索菲亚大教堂的宣礼塔是在 1453 年君士坦丁堡陷落、教堂被改为清真寺之后加建的。在苏丹穆罕默德二世统治期间，基督教的马赛克壁画被用灰泥覆盖掉了，不过这些灰泥反而使壁画得到了保护，当这座建筑在 1935 年被改为博物馆之后，壁画得以重见天日并加以修复。

平面图

这幅结构构件被涂成深色的平面图中，入口位于下方，改为米哈拉布的半圆形后殿位于顶端。宣礼塔（A）位于建筑角部，此外还有其他建筑，如改为苏丹穆斯塔法（Mustafa）与易卜拉辛（Ibrahim）墓地的原洗礼堂（B）、皇家礼拜堂（C）和藏宝室（D）。环绕着洗礼堂周边的空间也变成了墓葬空间，其中包括了苏丹塞利姆二世（Selim II）、穆罕默德三世、穆拉德三世（Murad III）的墓。

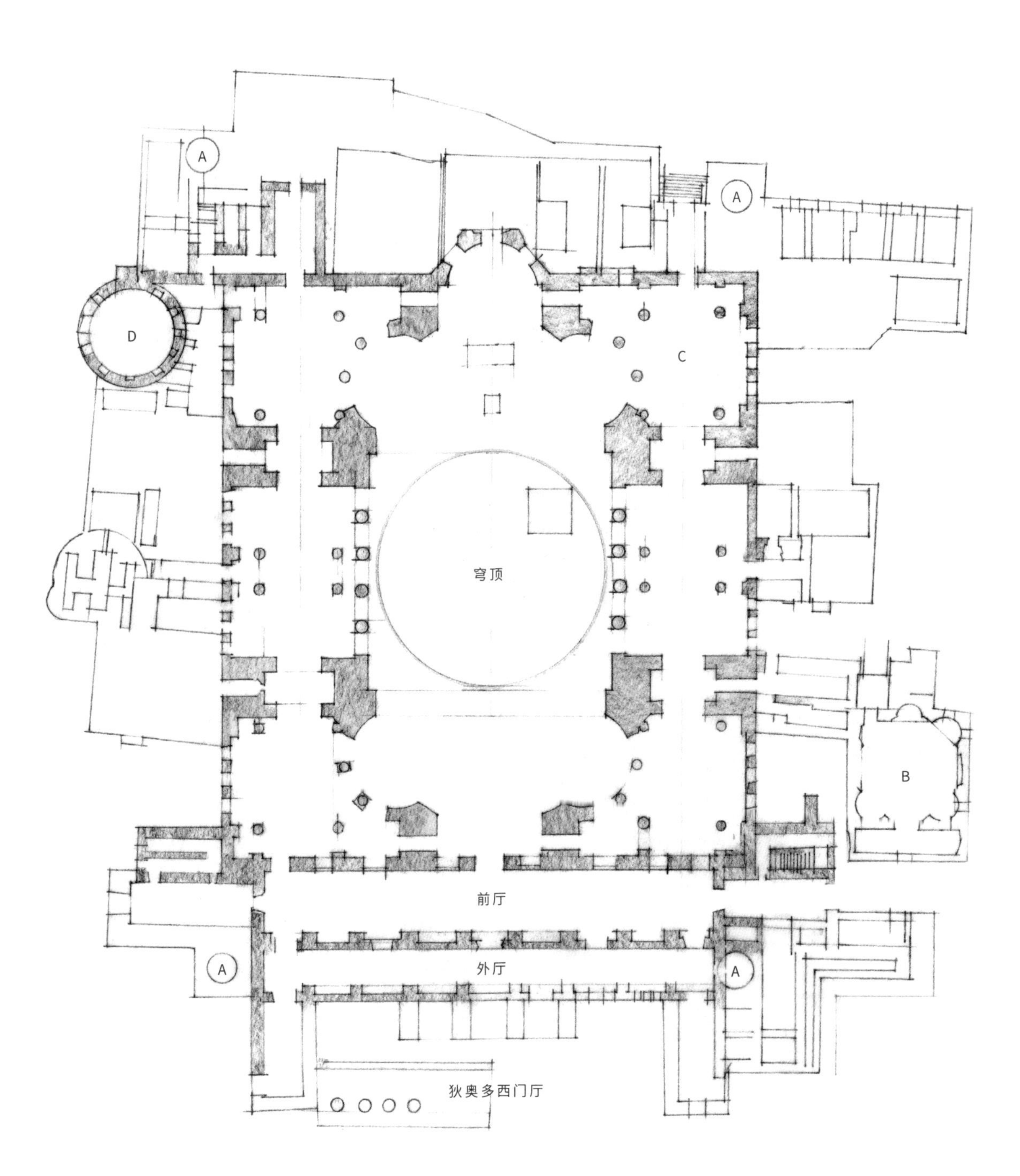

穹顶空间

在很多典型的拜占庭建筑中，穹顶是建造在帆拱上方的。帆拱是呈三角形的球体局部，它将穹顶抬高，而且能比通常的鼓座更好地传递结构重力。穹顶直径 33 米，高约 55 米。正厅的柱头是由大理石雕刻的，这种大理石采自伊斯坦布尔西南方 161 千米处的马尔马拉岛。巨大的柱子上的铭文显示出它们是从古罗马废墟中运来的，高度为 17 米，由采自希腊塞萨利附近、纹理丰富的大理石制成。

剖面图

这张剖面图看向后殿 / 米哈拉布方向，左侧是藏宝室，带有一个地下室，右侧可以看到通高的巨大的石材扶壁，对于这座处于地震带的建筑来说起到结构支撑作用。图中可以清晰地看到正厅两侧两层高的拱顶回廊，以及支撑砖穹顶的肋骨拱，这些拱共有 40 个。

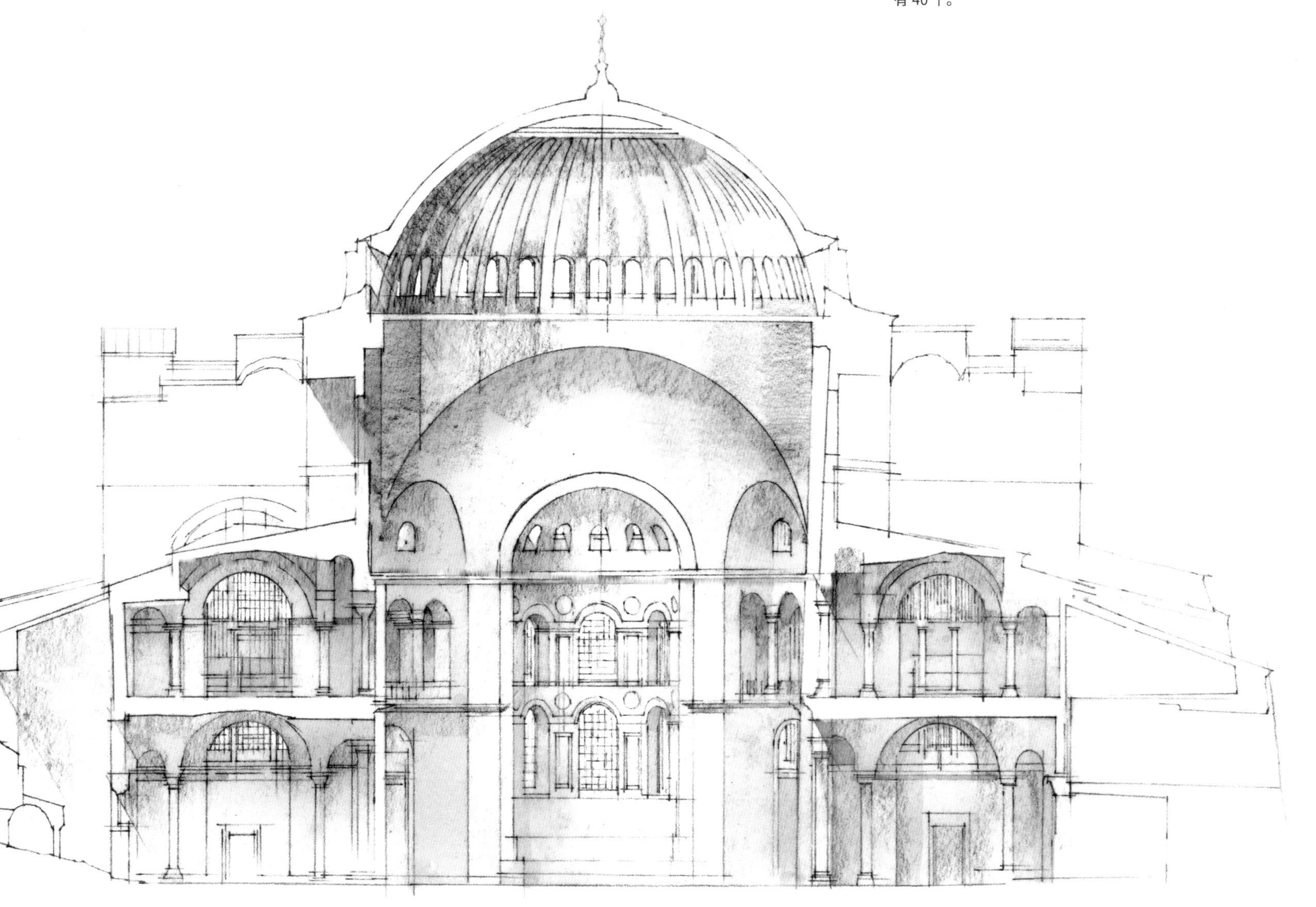

科尔多瓦清真寺—大教堂

所在地	西班牙科尔多瓦
建筑师	原建筑师未知；埃尔南·鲁伊斯（Hernán Ruiz）父子（大教堂改建）
建筑风格	莫扎拉布风格（Mozarabic）及文艺复兴式改造
建造时间	785 年（清真寺柱厅始建）；1523 年（大教堂改建）

在大马士革倭马亚王朝的哈里发瓦利德一世（Al-Walid I）的授命之下，711 年，塔里克·伊本-齐亚德（Tariq ibn-Ziyad）在占领了直布罗陀海峡后，率领摩尔人从北非入侵西班牙。塔里克的名字来自阿拉伯的塔里克山脉。他取得了接下来瓜达莱特战役的胜利（Battle of Guadalete，约 711），这导致了西班牙西哥特军队的溃败以及科尔多瓦和其他西班牙城市的陷落。科尔多瓦被瓦利德哈里发建成为在西班牙的占领区安达卢斯的首府。756 年，它成为阿卜杜勒·拉赫曼一世（Abd Al-Rahman I）领导的独立酋长国；他的孙子阿卜杜勒·拉赫曼三世在 929 年建立了科尔多瓦哈里发国。他们两位，尤其是拉赫曼三世，将这座城市建造成为穆斯林统治西班牙时期的艺术、文化与知识中心，版图从地中海直到北方的萨拉曼卡、塞哥维亚、瓜达拉哈拉、萨拉戈萨和塔拉戈纳等城市。

据说科尔多瓦曾经拥有超过 3000 座清真寺，不过其中最重要的始终是科尔多瓦大清真寺，如今它是一座大教堂。711 年科尔多瓦被攻陷之后，基督教徒与穆斯林同在此地原有的一座西哥特教堂里做礼拜。之后拉赫曼一世买下这块土地，将建筑拆除，并于 784 年开始建造大清真寺。拉赫曼的继任者是摄政王穆罕默德·伊本·阿卜杜勒·阿米尔·曼苏尔（Muhammad ibn Abu Amir Al-Mansur），在他的领导下，大清真寺继续建造。大清真寺由 5 个相互连接的礼拜厅组成，礼拜厅内有壮观的彩色砖砌拱券。随着统治者的更迭，建筑也在不断扩建，此外拉赫曼三世时期还扩建了庭院和宣礼塔，后来宣礼塔外部又包裹了一座文艺复兴风格的塔楼。拉赫曼一世时期建造的第一个礼拜厅由11条从西北到东南方向延伸的走廊或长厅组成，有110根柱子，柱子和柱头以从古罗马和西哥特建筑废墟中采集的花岗石、玉石与大理石建造。内部的马蹄形拱券是西哥特风格的，为了使室内空间更高，采用了独特的双重拱。在曼苏尔统治时期，建筑面积扩大成为之前的三倍，加建了更多的礼拜厅，柱子的数量达到了856根，在这个建筑群的东南侧还加建了富有动感的拱顶藏宝室和米哈拉布。

哈里发王国的实力在曼苏尔之后开始衰落了，从8世纪中叶开始不断地发生名为光复运动的一系列战争，直到1491年的《格拉纳达合约》(Treaty of Granada)，摩尔人退出格拉纳达，完全离开了西班牙。在这一系列战役中，科尔多瓦在1236年被卡斯提尔的国王费迪南三世（King Ferdinand III）收复，清真寺被改为教堂。建筑的改造经历了多位国王的统治时期，其中最大的改动是在礼拜厅当中插入了一座文艺复兴风格的大教堂，并且围绕着宣礼塔的废墟建造了一座钟楼。建筑师小埃尔南·鲁伊斯（约1514—1569）从1547年开始接替父亲负责大教堂的建造与宣礼塔的改建。17世纪时钟楼继续改造，胡安·塞克罗·德·马蒂利亚（Juan Sequero de Matilla）设计了有关钟的部分，加斯帕尔·德·拉·培尼亚（Gaspar de la Peña）在1664年把包括钟室在内的部分再次维修。顶部的圣拉斐尔雕塑是贝尔纳韦·戈麦斯·德尔·里奥（Bernabé Gómez del Río）与佩德罗·德·拉·帕斯（Pedro de la Paz）的作品。

神圣罗马帝国皇帝查理五世（Charles V）访问这座大教堂的时候说："他们夺取了世界上最独特的东西，将之摧毁，再建造了一座在任何城市都能看到的建筑。"诚如他所言，即便在今日，这个建筑群之所以能成为一个独特的地标式建筑，是因为它的清真寺部分而不是大教堂。至今，关于这座建筑是否应该允许穆斯林做礼拜仍然在争议当中，不过有件事是确定的，每年150万名的访客量证明了伊斯兰教与基督教文化对塑造西班牙以及这座独特的宗教建筑所具有的重要性。

上左图　穹顶内的肋骨拱呈现出旋转的几何关系，祈祷壁龛侧面带有穹顶的空间也是如此，建筑中还遍布精致的抽象装饰，这些都是倭马亚王朝的伊斯兰建筑的典型做法，尤其在米哈拉布空间当中。

上右图　成排的马蹄形拱券是建于中世纪早期的科尔多瓦清真寺的最大特色，也是5—6世纪法国南部与西班牙的西哥特建筑中的典型做法。

西班牙的伊斯兰文化

威廉·莎士比亚的戏剧《奥赛罗》(*Othello*，1603) 中的同名人物是威尼斯军队中的一名北非指挥官。摩尔人于711年入侵之后，阿拉伯的艺术形式与风俗在西班牙大部分地区普遍存在了超过了800年。在摩尔人的统治下，科尔多瓦比其他欧洲城市要先进得多，街道建有铺装，提供夜间照明，还建造了超过900处浴场。橘子是他们引入西班牙的作物之一。左图中的橘园被认为基本接近原清真寺的规模。

1 大教堂剖切图

建筑师老埃尔南·鲁伊斯（？—1547）和他的儿子小埃尔南·鲁伊斯于 1523 年开始在原清真寺的中央建造这座大教堂。它带有哥特与文艺复兴式的细节和一个古典主义的穹顶。阿隆索·马蒂亚斯（Álonso Matias）设计的祭坛约建于 17 世纪，18 世纪的讲坛由雕塑家米格尔·贝迪吉尔（Miguel Verdiguier）建造。

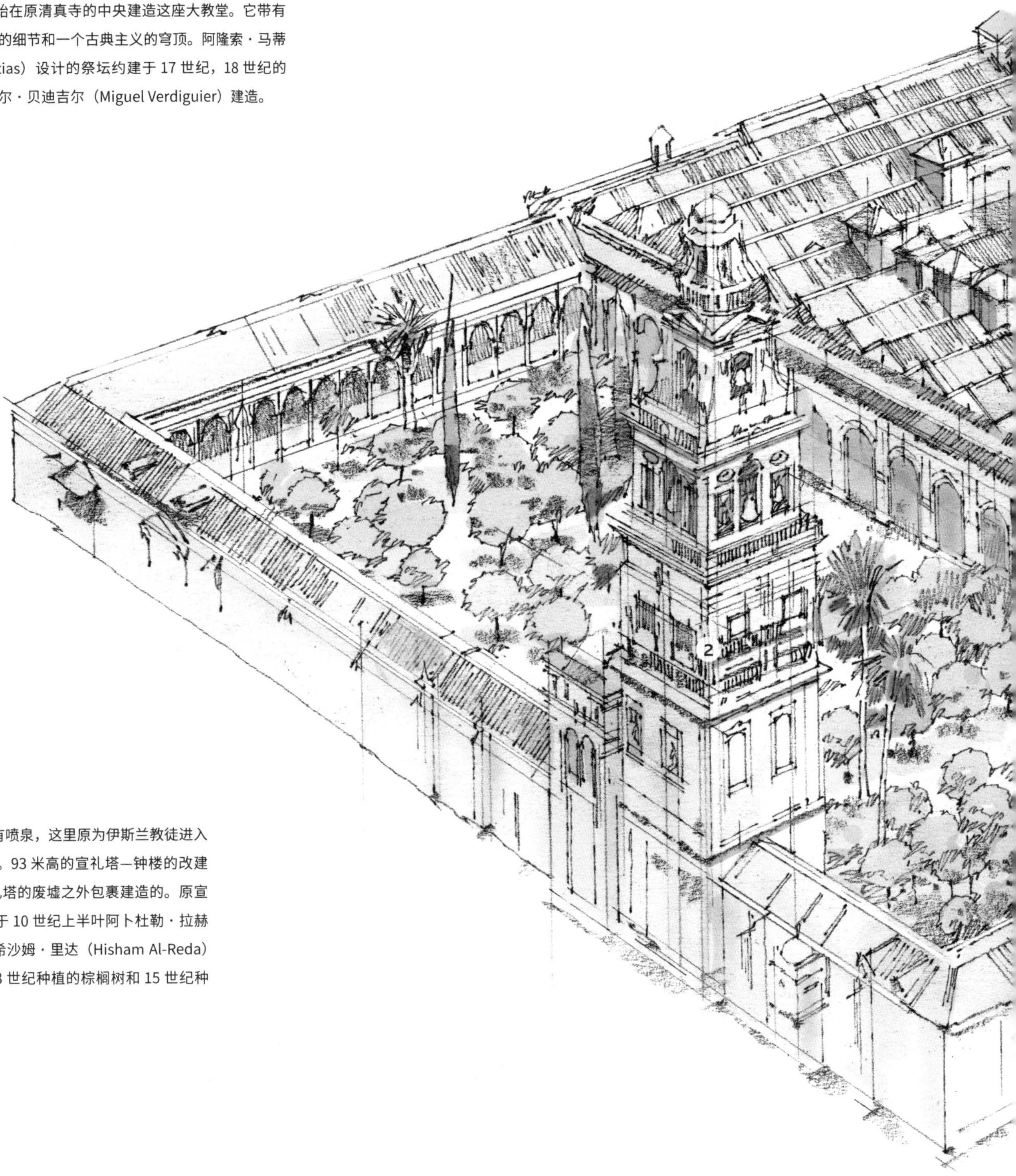

2

2 花园中的钟楼

橘园位于建筑群西北侧，当中有喷泉，这里原为伊斯兰教徒进入清真寺做礼拜之前沐浴的地方。93 米高的宣礼塔—钟楼的改建始于 16 世纪中叶，是在原宣礼塔的废墟之外包裹建造的。原宣礼塔及带有拱廊的庭院最初建于 10 世纪上半叶阿卜杜勒·拉赫曼三世统治时期。他的继任者希沙姆·里达（Hisham Al-Reda）将它们建造完成。庭院中有 13 世纪种植的棕榈树和 15 世纪种植的橘子树，后来又加种柏树。

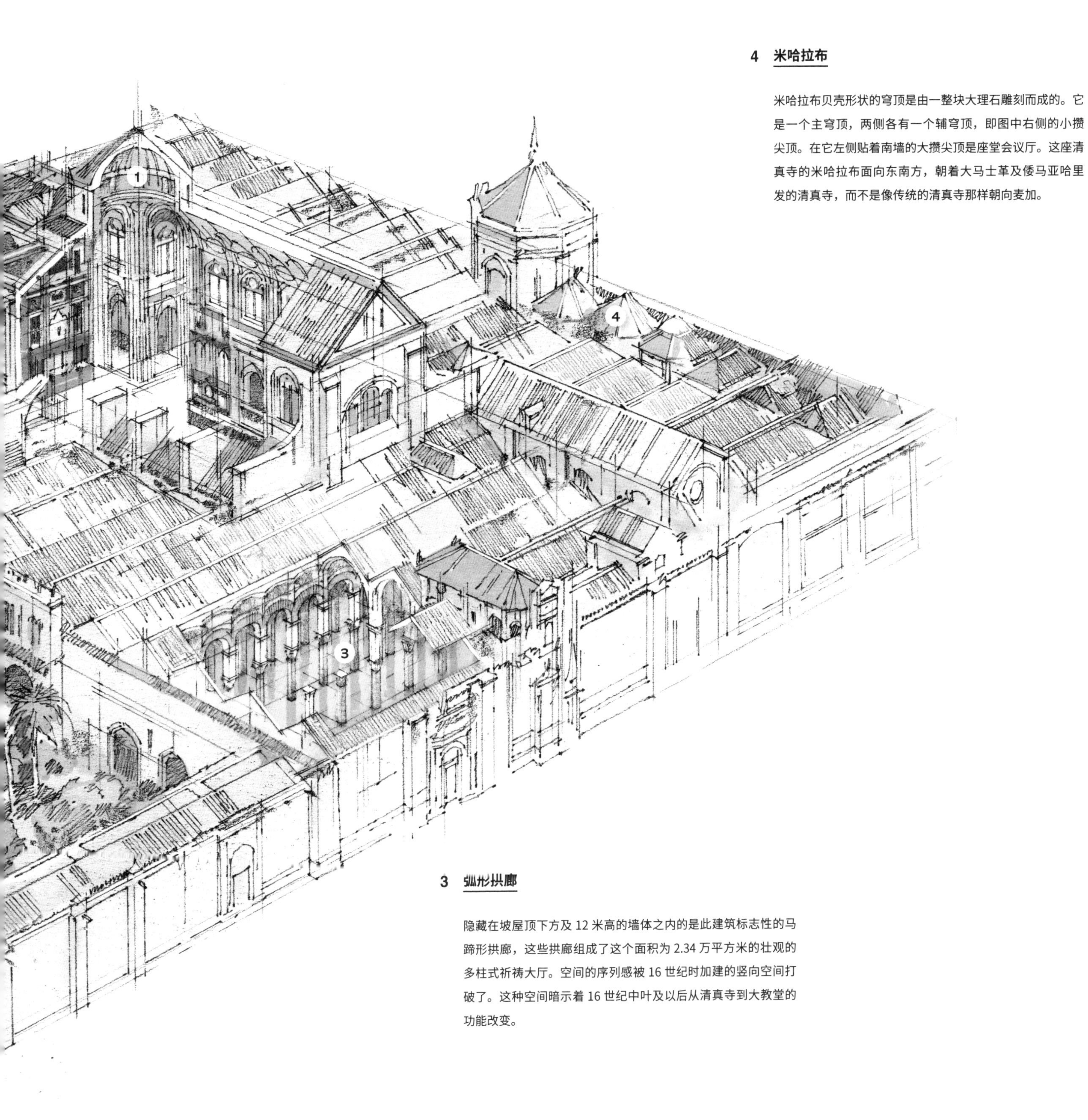

4 米哈拉布

米哈拉布贝壳形状的穹顶是由一整块大理石雕刻而成的。它是一个主穹顶，两侧各有一个辅穹顶，即图中右侧的小攒尖顶。在它左侧贴着南墙的大攒尖顶是座堂会议厅。这座清真寺的米哈拉布面向东南方，朝着大马士革及倭马亚哈里发的清真寺，而不是像传统的清真寺那样朝向麦加。

3 弧形拱廊

隐藏在坡屋顶下方及 12 米高的墙体之内的是此建筑标志性的马蹄形拱廊，这些拱廊组成了这个面积为 2.34 万平方米的壮观的多柱式祈祷大厅。空间的序列感被 16 世纪时加建的竖向空间打破了。这种空间暗示着 16 世纪中叶及以后从清真寺到大教堂的功能改变。

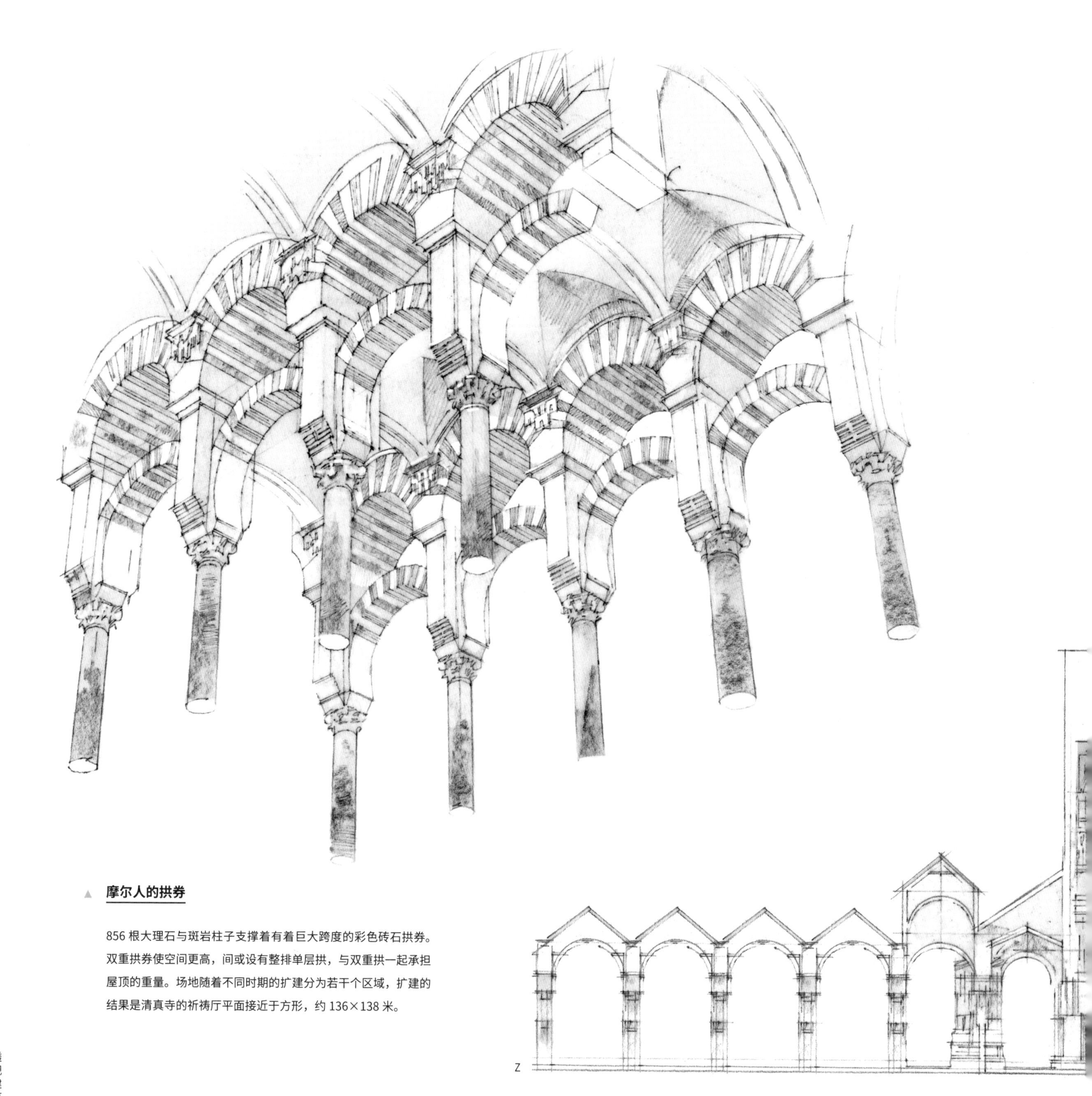

▲ **摩尔人的拱券**

856 根大理石与斑岩柱子支撑着有着巨大跨度的彩色砖石拱券。双重拱券使空间更高，间或设有整排单层拱，与双重拱一起承担屋顶的重量。场地随着不同时期的扩建分为若干个区域，扩建的结果是清真寺的祈祷厅平面接近于方形，约 136×138 米。

平面图

平面图的涂色部分为建筑的室内空间，既有基督教的也有伊斯兰教的。随着建筑宗教功能的变更，各种礼拜堂散落在有大教堂嵌入的室内空间中。如今它仍是西班牙的历史与两种宗教信仰的重要纪念性建筑。

图例

A 橘园
B 大教堂
C 座堂会议厅
D 米哈拉布
E 清真寺拱廊

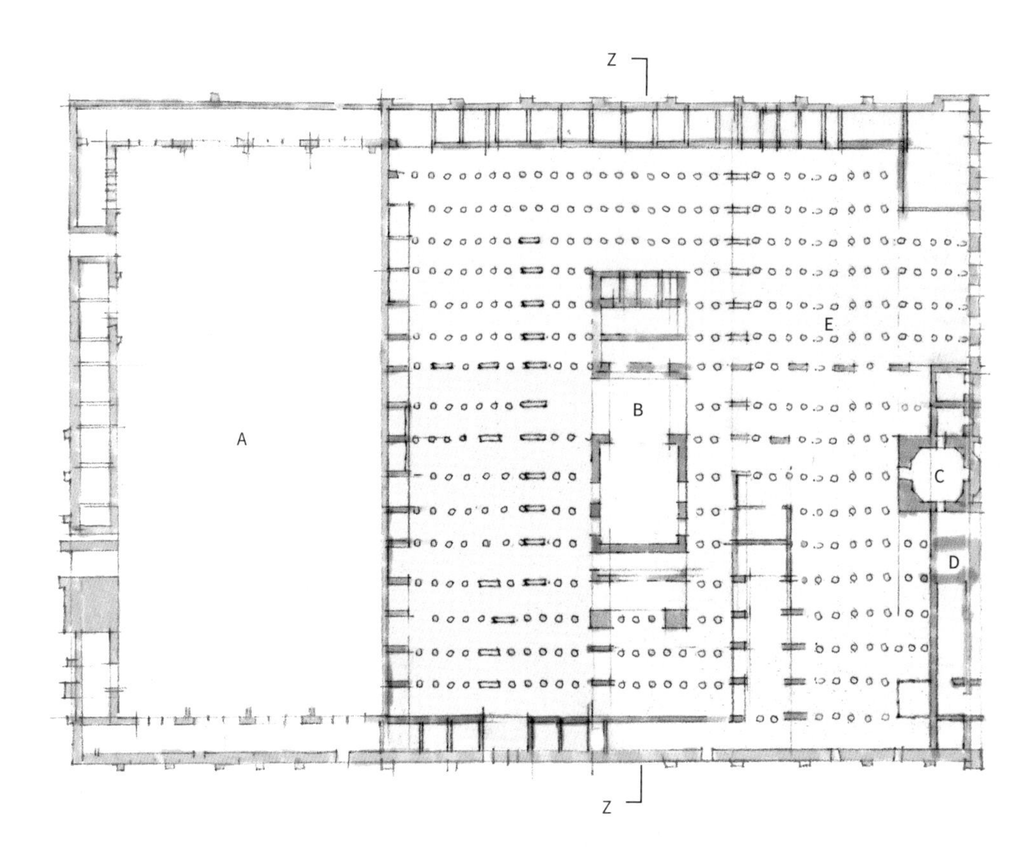

大教堂剖面图

这张纵剖面图朝向北方（剖切号为 Z）。从鸟瞰的剖切图中可以看出这个建筑物是嵌在比较矮的清真寺当中的。细部描绘也显示出，这座建筑逐渐从简朴的中厅拱廊的晚期哥特式风格渐变成精致的十字形穹顶的文艺复兴与巴洛克式风格。

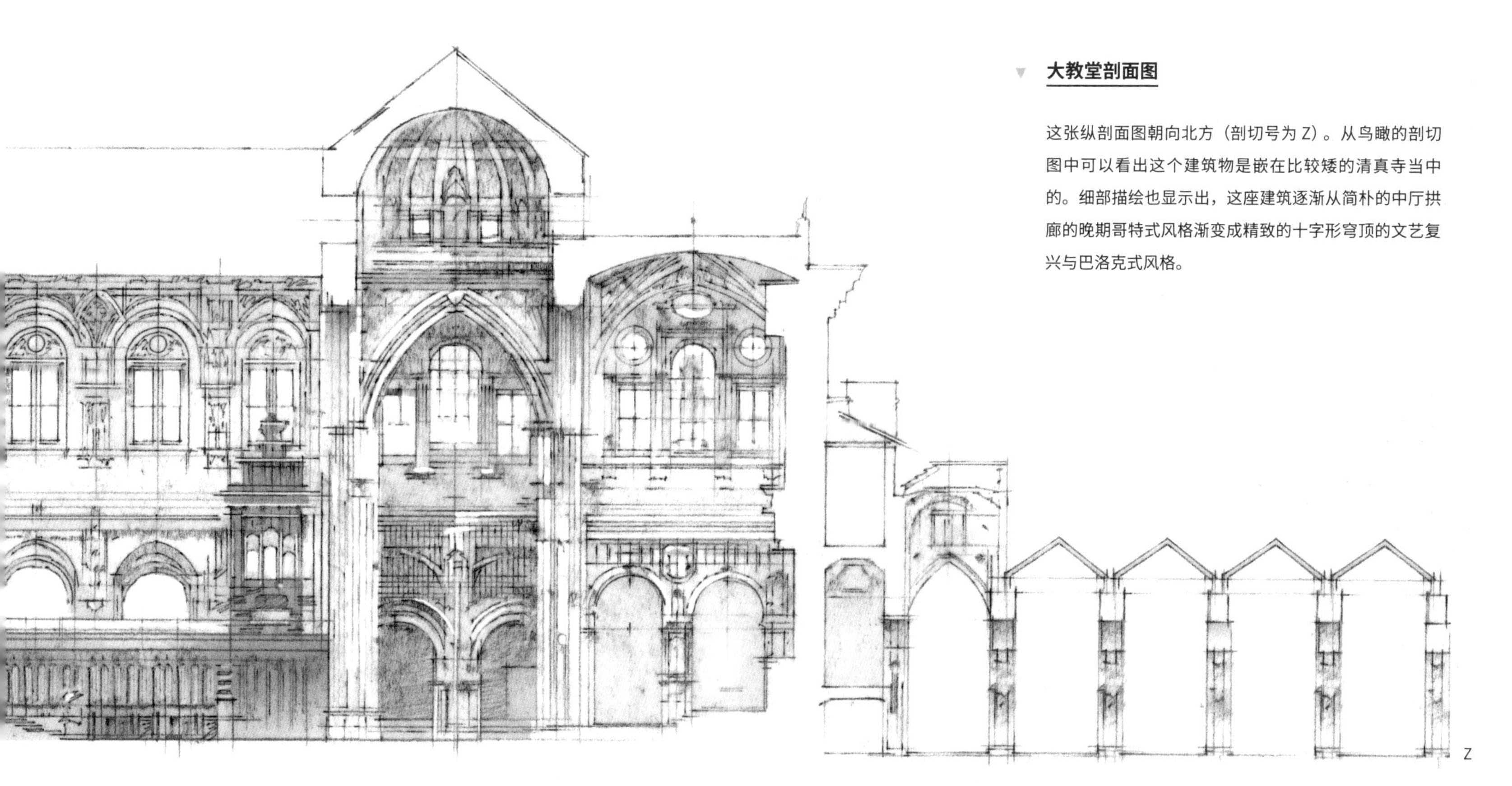

沙特尔大教堂

所在地　法国沙特尔
建筑师　佚名
建筑风格　哥特式
建造时间　1194—1260 年

1401 年，法国建筑师让・米尼奥（Jean Mignot）"炒掉"了他的雇主、负责米兰大教堂建造的教士们，并警告说："离开了科学的艺术无处立足"（Ars sine scientia nihil est）。他是这座教堂开始建造以来，第三位辞职的建筑师，另外两位是德国的石匠大师海因里希・帕勒尔（Heinrich Parler，约 1310—约 1370）和乌尔里希・冯・恩辛根（Ulrich von Ensingen，约 1350—1419）。米尼奥的话是在批评建筑的外观与结构稳定性不符合大教堂设计与建造的合理规则。这里的"科学"，指的是建筑形体与诸如飞扶壁等结构构件的几何比例，这是高大的教堂得以建成的基础。这也是为什么米兰大教堂结婚蛋糕般的外观与同时代欧洲大陆尤其是法国的哥特式大教堂看起来区别这么大，而哥特式风格在法国的兴起比意大利早了两个世纪。

最早的哥特式建筑是巴黎市郊的圣丹尼斯修道院（Abbey of St. Denis，约 1135—1144）。圣丹尼斯修道院的部分拱券不再是圆的，略有些尖。肋骨拱的肋是落在柱子上而不是厚重的墙壁上，因此可以开设更大的染色玻璃窗以照亮室内空间。圣丹尼斯修道院的院长叙热（Suger，1081—1151）与一位如今姓名不传的石匠大师一起建造了教堂西立面，更重要的是扩大了唱诗厅，由此创造出开放、明亮的空间。以他自己的话来说："奇妙的、毫无阻隔的光线穿过最明亮的窗子，将空间照亮。"哥特式越来越高的尖券似乎是源自早期的伊斯兰建筑。纤细的构件，如由飞扶壁支撑的肋骨拱，在法国哥特盛期典范的亚眠大教堂（Amiens Cathedral，约 1220—1270）中得到了充分的表现。沙特尔大教堂与接下来的很多 13 世纪法国大教堂一样，是叙热的圣丹尼斯修道院与亚眠大教堂之间过渡的桥梁。它们倾向于更轻盈而开放，结构构件越来越纤细，看起来越来越复杂，并且呈交叉形式。而更早时候的罗马风建筑的墙更厚重，窗子更小，更加平面化，通常为直线型形式。

沙特尔圣母大教堂（Notre-Dame de Chartes Cathedral，全名）位于巴黎西南方 80 千米处，是供奉圣母马利亚的一处重要朝圣圣地，收藏了圣母的斗篷。建筑长 131 米，中厅高 37 米。它取代了基地上原有的一座建于 11 世纪的大教堂，原教堂的唱诗厅和中厅在 1194 年 6 月 10 日的大火中被严重烧毁，而其西立面和皇家大门（royal portal，1136—1141）以及建于更早时候的地下室留存下来。尽管参与建造的工匠姓名不可考，研究表明有约 300 人组成不同的队伍为这座石灰岩建筑工作，从 1194 年始建到 1260 年 10 月 24 日落成，历时超过 60 年。唱诗厅部分是在此之前的 1221 年建造完成的。与亚眠和兰斯的大教堂一样，教堂的中厅建造了一座迷宫，象征着朝圣者们在追寻上帝的人生旅途中所遭遇的诱惑与歧路。

由于沙特尔大教堂几乎没有经历过加建，它的室内空间与 13 世纪晚期建成时基本一致——中厅与唱诗厅的三段式立面上的每个开间内部都有一个高高的拱，中间的二层拱廊（triforium）使用盲券，巨大的高侧窗上镶嵌有色彩丰富的染色玻璃。这些高侧窗与各式玫瑰窗共有 176 面，主要建于 1205—1240 年。第二次世界大战期间它们被运走了，战争结束后又安装回原位。它们给沙特尔大教堂带来了一种奇妙的空间体验，就像叙热在圣丹尼斯修道院中期待达成的那样——仿佛新耶路撒冷在此间降临。

维拉尔·德·奥内库尔

中世纪的建筑师除了在羊皮纸上绘图之外，还会在涂以灰泥的地面与墙面上绘图，一旦要绘制新的图案，只需重新抹灰泥就可以了。然而一名生活于 13 世纪中叶的名叫维拉尔·德·奥内库尔（Villard de Honnecourt）的法国人却留下了一本素描本，其中有 250 幅画作。他也许是一名建筑师–石匠，或者是艺匠，其素描本如今收藏在法国国家图书馆中。素描本中的建筑图绘显示出他曾经去过拉昂、洛桑、莫克斯、兰斯，当然还有沙特尔。在沙特尔大教堂中，他画下了西立面上的玫瑰窗（上图）。

左图　中厅当中，纤细的肋骨拱看似是从下方的柱子直接升起来的，它将重力向下及向周边由飞扶壁支撑的墙体传递。

下图　约建于 1225 年的南侧耳堂的玫瑰窗直径约 10.8 米。

屋顶

这张剖视图是从西南方看过去的。大部分中世纪大教堂都经历过改建与维修。尽管沙特尔大教堂的主体结构基本上都是 13 世纪保留至今的，但它建于中世纪的木结构屋顶在 1836 年的火灾中被烧毁了。1837 年，工程师埃米尔·马丁（Emile Martin）为它设计建造了一座锻–铸铁框架结构的屋顶，表面覆以铜皮。其结构形式与英格兰的铁桥类似，如梅溪谷铁桥（Iron Bridge at Coalbrookdale，1781）。这一结构分别在 1997 年和 2009 年维修过。

飞扶壁

这张横剖面图中显示出中厅与拱顶结构及 19 世纪的屋顶。中厅两侧上方各有两层飞扶壁，将重力传递至侧厅外墙面巨大的柱墩之上。哥特建筑师们采用这种结构体系凭借经验建造越来越高、越来越纤细的建筑，直到 1284 年博韦大教堂（Beauvais Cathedral）的唱诗厅坍塌事件，才使得他们稍微谨慎了一些。

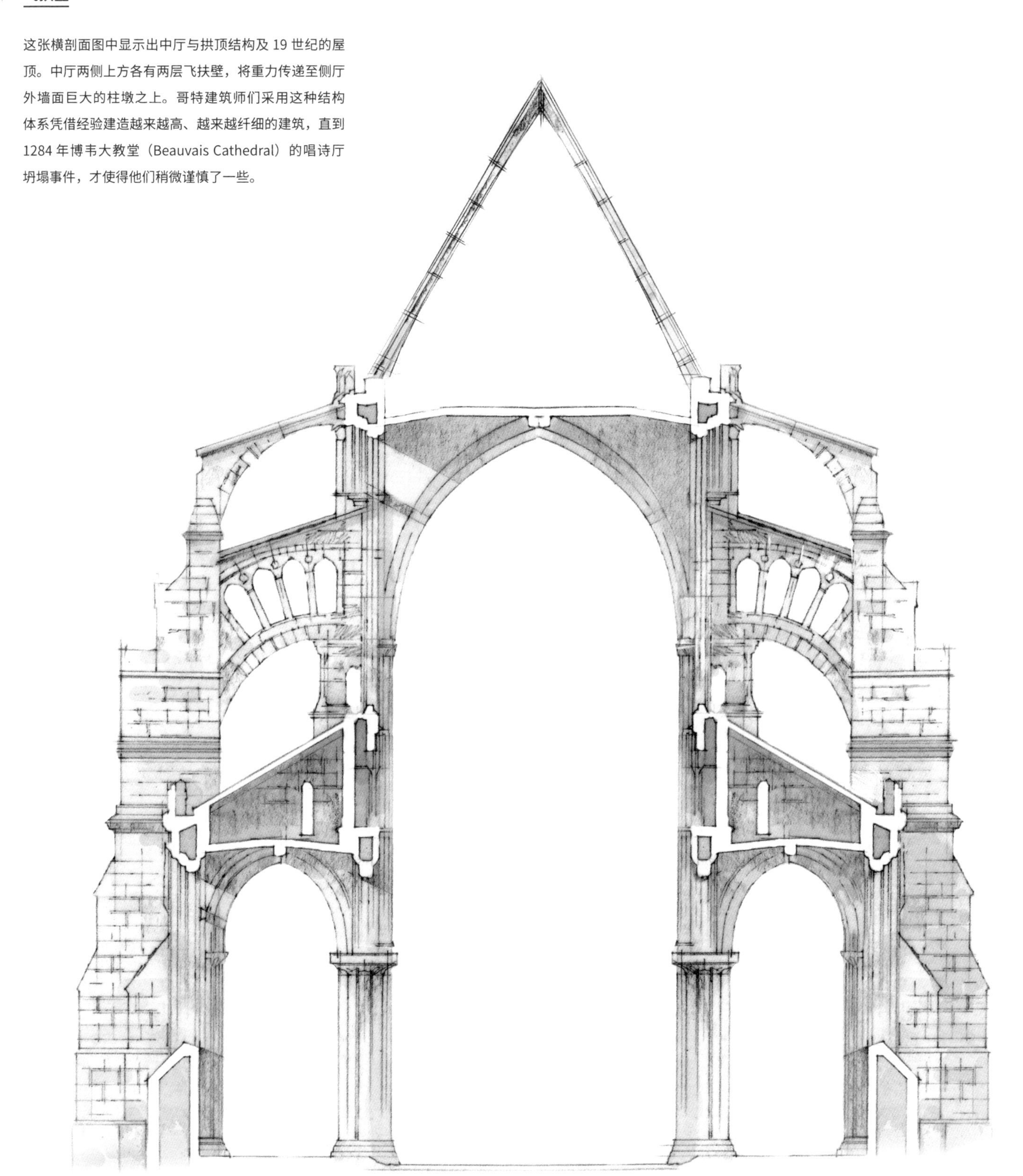

中厅立面

这一中厅立面的三段式构图后来在大教堂设计中成为了一种相当标准的模式。它带有哥特式尖券、束柱和精致的柱头，竖线条的柱子从柱头上升起，再延伸成为肋骨拱的肋。交叉式的肋支撑并强调出四分拱顶的形态。比较短的中间层为盲券拱廊的形式，在巨大的高侧窗之下。最上层的拱形窗与玫瑰窗上装有染色铅玻璃，大部分为原作，它们与侧厅的窗一起，使室内空间仿佛沐浴在来自天堂的光线之中。

迷宫以及平面图

此处展示的平面也成为后来的大教堂、至少是法国大教堂的标准模式。除了唱诗厅一侧加建的直线型的圣皮亚特礼拜堂（St. Piat Chapel，1323）之外，半圆形唱诗厅东端的后殿和各种礼拜堂是所有大教堂中最隆重的仪式空间。教堂平面是巴西利卡式的，带有较大的中厅和两侧并行的侧厅。沙特尔大教堂与许多大教堂一样，设有跨越中厅与唱诗厅的侧翼。这种交叉处常常建有较大的十字拱顶，上方有时会有高塔。中厅西侧的迷宫为 13 世纪原作（约 1205），象征着朝圣者们在追寻上帝的过程中所经历的艰难曲折。其他大教堂诸如亚眠与兰斯大教堂中也有迷宫，这也记录在了维拉尔·德·奥内库尔的素描本中。

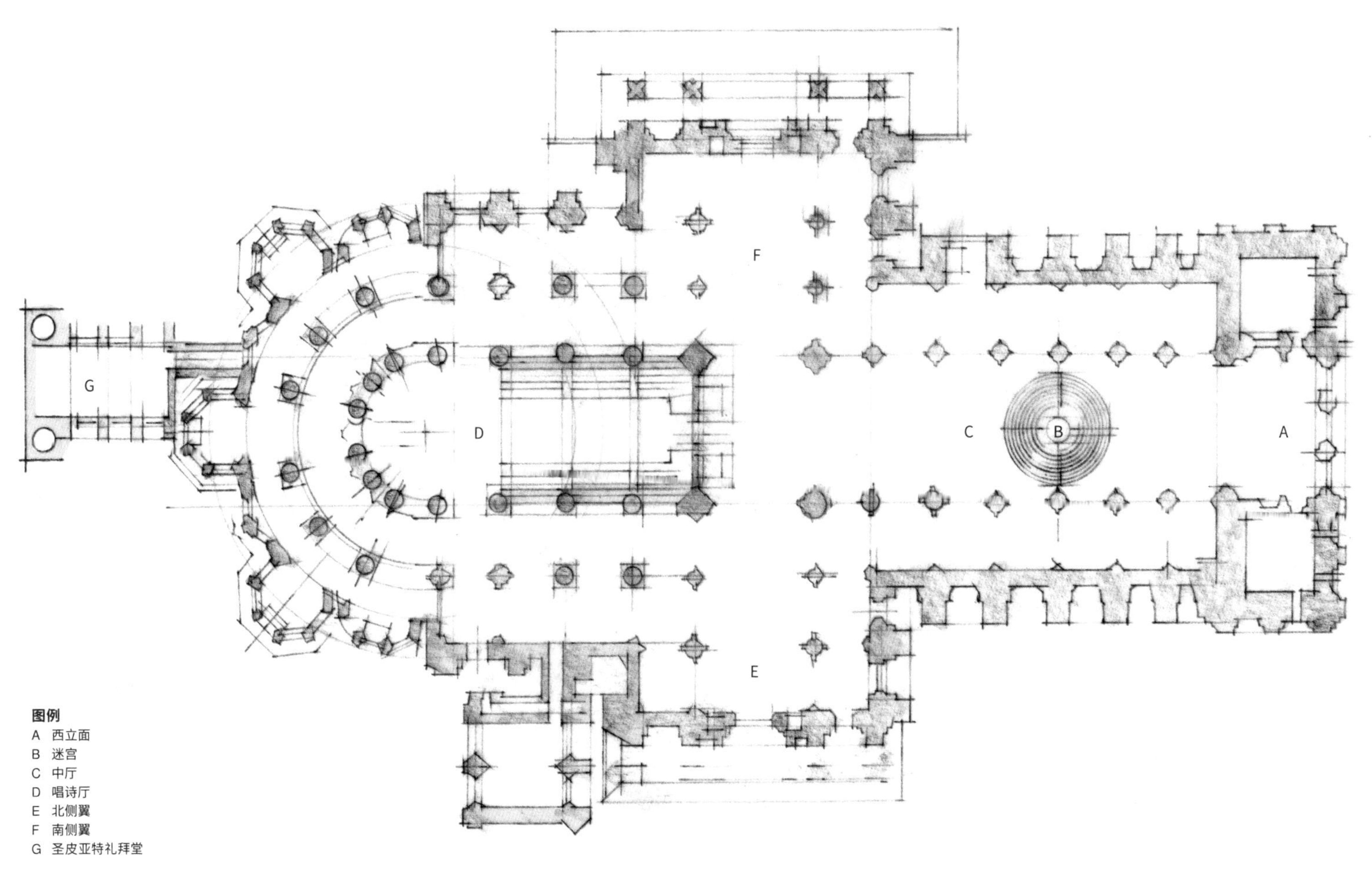

图例

A 西立面
B 迷宫
C 中厅
D 唱诗厅
E 北侧翼
F 南侧翼
G 圣皮亚特礼拜堂

金阁寺

所在地	日本京都
建筑师	佚名
建筑风格	禅宗佛教风格
建造时间	1397 年之后; 1955 年重建

从1944年下半年到1945年8月日本投降，在这一年多的时间里，日本的城市遭受了约145,150吨炸弹的攻击，超过30万人在轰炸中死亡。这一数据还不包括广岛与长崎的原子弹袭击，原子弹摧毁了这两座城市，死难者约20万人。京都也曾被列为原子弹攻击的目标之一，后来被取消了。一些人认为是美国战争部长亨利·L. 史汀生（Henry L. Stimson）的劝说使得这座古都免遭核毁灭，他建议总统哈里·S. 杜鲁门（Harry S. Truman）考虑这座城市的非军事功能及城中存在的大量历史建筑和神社，应将它从攻击名单中排除。确实，如今的京都对于期待看到古代日本建筑与城市的游客来说，是最著名的旅行目的地，远比其他日本城市更具吸引力。这座城市共有17处10—19世纪的历史遗迹被列入联合国教科文组织的《世界遗产名录》。其中之一就是鹿苑寺，也被称为金阁寺，它是无数旅游画片与纪念品的主题，从冰箱贴到微缩模型。

金阁寺的建造可追溯到1397年，幕府将军足利义满得到了这块基地，在此建造了大型府邸以及佛寺，其中包括了这座佛阁。这座主要以柏木建造的佛阁立在池塘边上，位于一座室町时代（1338—1573）的大型园林当中。建筑总高三层，12.5米，它的第二层与（尤其是）第三层依据禅宗佛寺与中国古塔风格建造。一层则带有日本中世纪早期住宅建筑特征，意味着这座佛阁有可能是由住宅改建而来的。建筑木结构表面覆以金箔，呈现出非常独特的外观，与它在水中的倒影一起从周边的自然环境中脱颖而出。它还设有一座据说用于垂钓的小码头。同样位于京都然而规模较小的银阁寺（1490）是依据这座建筑建造的。

金阁寺在日本的应仁之乱（1467—1477）中幸存下来，彼时大部分周边建筑都被摧毁。由于京都被移出了核攻击城市名单，它也躲过了1940年代的战争破坏。然而在1950年7月2日，一名叫林承贤的见习僧人精神失常，纵火将它烧毁。该僧人其后自杀未遂，被判以监禁。1955年，金阁寺依据过去的照片及1906年维修时保留下来的测绘文件重建。如今，金阁寺脆弱空灵的形态令人惊叹，也使人忍不住推测它在中世纪晚期时候的原貌。

战争纪念

京都的灵山观音是1955年为纪念第二次世界大战死难者而建。这座混凝土观音像高24米，由山崎朝云设计，石川博资出资建造。附近一座纪念馆陈列了“世界无名战士之碑”，以纪念死于太平洋战争的各国无名士兵，祈祷世界和平。

上左图 凤凰是重生的象征。由于这座建筑在1950年焚于火灾，又在1955年重建，凤凰的装饰与它的命运十分契合。

上右图 金阁寺底层伸出的有顶棚的码头据说是一个垂钓廊，如今可供小舟停靠。

顶层

金色的曲线形屋顶采用了中国古塔与禅宗佛寺的风格，尤其顶层的佛堂布置，使这一风格特点更加突出。室内的地板比周遭围廊的地面低，表明它对于下层周边屋檐起到了结构支撑的作用。

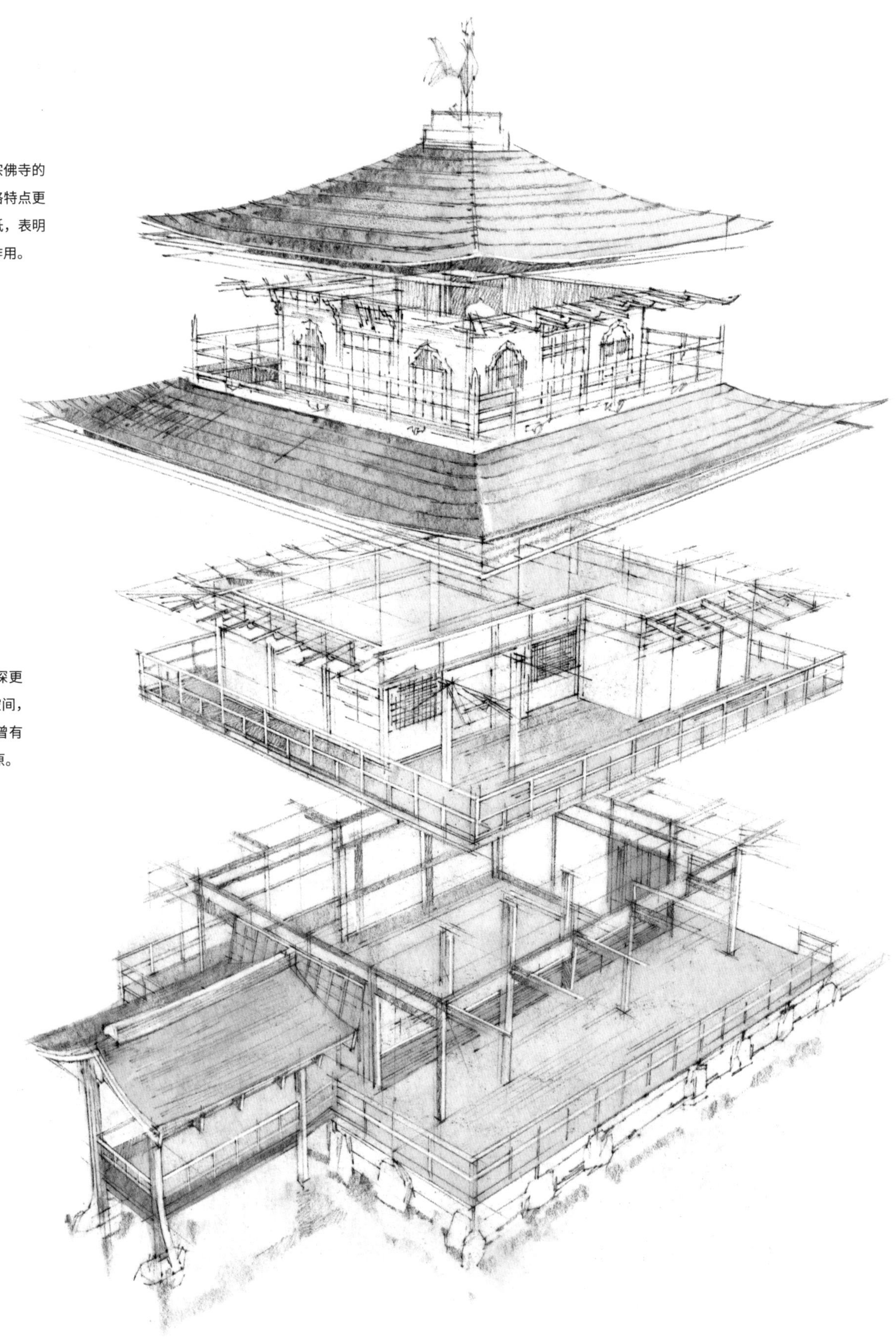

中间层

L 形的布局使得建筑朝向南方的檐廊进深更大，底层也是如此。这一层是一处宗教空间，内部设有佛坛，用于供奉观音。房间内曾有绘着云与鸟的装饰画，但重建时没有复原。

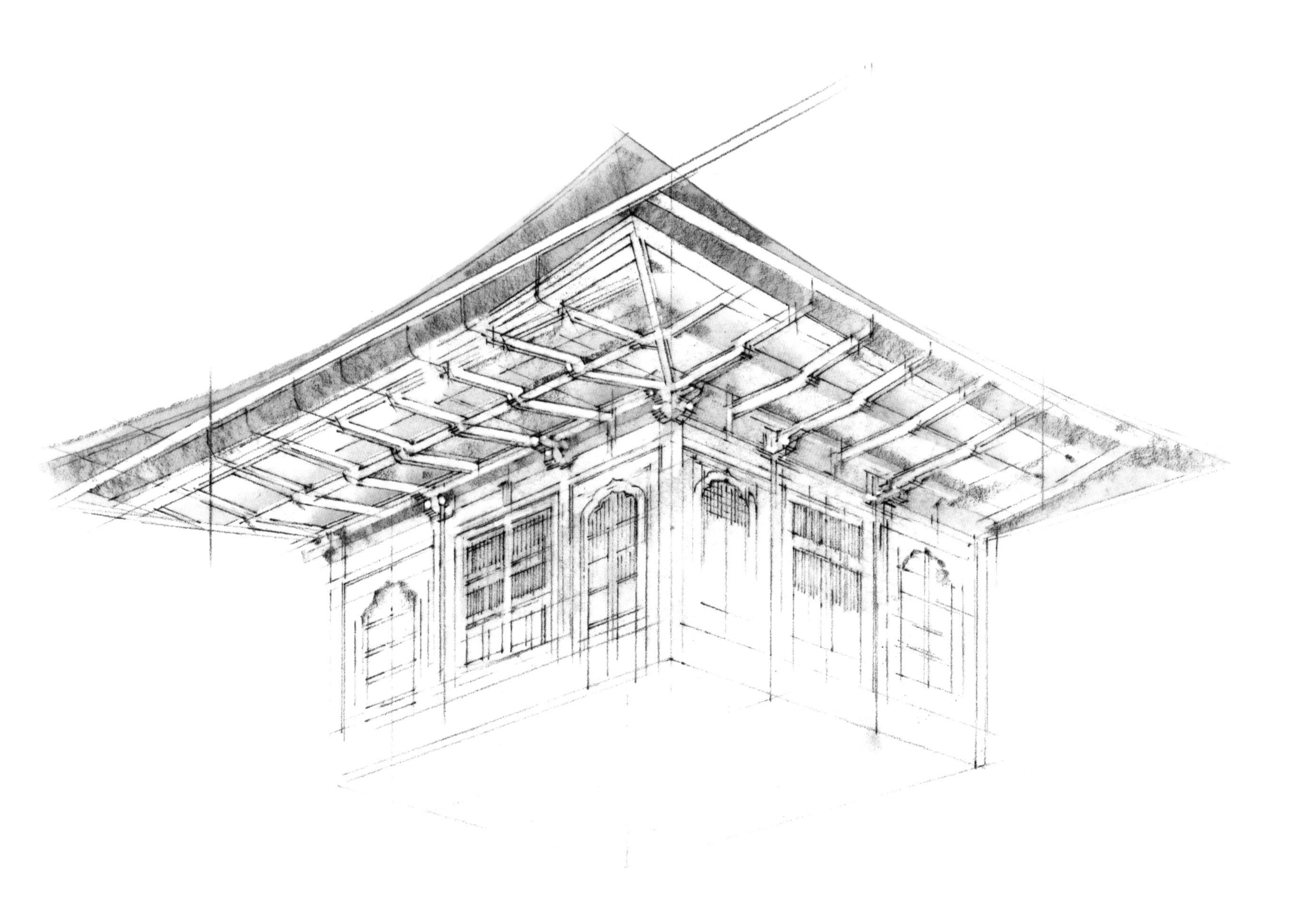

◀ **地面层**

这张从西南方看过来的分解图中可以看到小的垂钓廊。地面是未上漆的柏木，与覆以金箔的上部结构形成对比。南向设有宽阔的回廊。环绕建筑的回廊地面比室内略低。日本住宅建筑中采用南向回廊的历史可追溯到平安时期（794—1185）。

▲ **外屋顶**

佛塔似的屋顶下部为两层高的空间，由大面积的窗子进行采光通风。木屋顶下方的结构错综复杂。繁复的细节与下方各层简洁的风格形成鲜明对比。一些早期的研究文献诸如日本学先驱 A. I. 萨德勒（A. l. Sadler）的著作《日本建筑：一部简史》（*Japanese Architecture: A Short History*，1941）绘有这一层的建筑细节。

佛罗伦萨大教堂

所在地	意大利佛罗伦萨
建筑师	阿诺尔福·迪·坎比奥（Arnolfo di Cambio，中厅），乔托·迪·邦多纳（Giotto di Bondone，钟楼），弗朗切斯科·塔伦蒂（Francesco Talenti，后殿），菲利波·布鲁内莱斯基（Filippo Brunelleschi，穹顶）
建筑风格	哥特及早期文艺复兴
建造时间	1296—1461 年

意大利人似乎从未真正理解哥特式建筑的理念。相关证据包括像婚礼蛋糕一样夸张的米兰大教堂（1386 年及其后）等，或是一些将哥特式结构构件与罗马风砖石体量相结合的杂糅建筑，外部还都带有拜占庭风格的装饰。

强调墙面装饰而不是墙体开洞的做法，也许是为了应对托斯卡纳地区夏季的高温，这与欧洲北方冬季的阴冷截然不同。无论如何，在文艺复兴早期的佛罗伦萨，阿诺尔福·迪·坎比奥（约 1240—约 1310）设计的大教堂中厅和乔托·迪·邦多纳（约 1270—1337）设计的钟楼，就是这样的外观特点。

阿诺尔福是一位雕塑家与建筑师，曾经在比萨的雕塑家尼古拉·皮萨诺（Nicola Pisano）处做学徒。他在学徒期间与皮萨诺共同完成的最著名作品是锡耶纳大教堂（Siena Cathedral, 1348）中的小讲坛(1265—1268)。阿诺尔弗的雕塑以古典式的、粗壮并且平面化的风格为特色，颇具古罗马韵味，它们理所当然也出现在了佛罗伦萨圣母百花大教堂（Cathedral of Santa Maria del Fiore，全名）的中厅当中。这座教堂基地上原为一座建于8—9 世纪的供奉圣雷帕拉塔（St. Reparata）的教堂，局部为 11 世纪时加建。这座较小且老旧的大教堂的确需要重建，尽管建于 1128 年、与主体不相连的八角形洗礼堂被留了下来。新建的大教堂长度约为 153 米，而原来的教堂仅有 58.5 米。

新的巴西利卡式大教堂于 1296 年 9 月 9 日奠基。如人们预期的，教堂中厅更倾向于保留大面积墙面

而不是玻璃窗，建筑以彩色石头建造。由于阿诺尔福去世，大教堂停工了30年，之后由著名画家乔托继续建造。乔托最著名的贡献是在1334年设计了教堂的钟楼，大部分的建造工作则是在他死后由雕塑家与建筑师安德烈亚·皮萨诺（Andrea Pisano，约1295—约1348）完成。钟楼高84.7米，通体装饰以矩形雕刻石板，高处的装饰是由建筑师与雕刻家弗朗切斯科·塔伦蒂（约1300—1369）完成。塔伦蒂还将阿诺尔福的平面向东扩大了。还有一些建筑师加入教堂的建造工作，如乔瓦尼·迪·拉波·吉尼（Giovanni di Lapo Ghini，？—1371）。中厅于1380年建成，大教堂的大部分结构于1418年完成，只剩下穹顶未建。

对很多人来说，正是由菲利波·布鲁内莱斯基(1377—1446)设计并在1420—1436年建造的穹顶成就了这座建筑。当它建成时是全欧洲最大的穹顶，直径44米，顶部光塔顶端距地面114米。不过它的高度并没有超过英格兰的索尔兹伯里大教堂的尖塔（始建于1330年，高123米），也没有超过始建于1439年的法国斯特拉斯堡大教堂142米的尖塔。

布鲁内莱斯基一贯参照古罗马的风格设计建筑，例如带有拱廊的佛罗伦萨育婴院（Hospital of the Innocents，1419—1445）。他为佛罗伦萨大教堂的穹顶做的设计赢得了1418年的设计竞赛，为此他制作了一个大比例砖模型。自1357年以来，人们已经为这个穹顶做过不少设计，它的跨度与高度是在1367年确定下来的。布鲁内莱斯基设计的天才之处在于采用了八角形形体，内部通过八个壳体的曲面承担自重。穹顶分上下两层球形穹隆，当中以砖结构连接。石材用于穹隆底部，上部采用较轻的砖结构。砖块彼此形成互相搭接的拼嵌图案，同时增加强度。多重金属链条和石环沿着穹隆周长布置，并以灰泥固定，用来加固穹隆。他还于1439年设计了若干外部龛堂，希望以此来加固穹顶基座。建成后的穹顶的高度使它成为教皇和米开朗基罗（Michelangelo，1475—1564）在建造圣彼得大教堂（1506—1626）时极力超越的目标。

上图 穹顶内部的壁画《最后的审判》（*The Last Judgment*，1568—1579）由乔治·瓦萨里（Giorgio Vasari）和费德里科·祖卡里（Federico Zuccari）绘制，总面积3600平方米。

天堂之门

八角形的圣约翰洗礼堂位于大教堂西侧。它的八扇青铜门久负盛名，尤其是洛伦佐·吉尔贝蒂（Lorenzo Ghiberti）铸造的《天堂之门》（*Gates of Paradise*，1425—1452）系列。吉尔贝蒂在1401年通过竞赛战胜对手布鲁内莱斯基而获得委托。在更早些时候，身为大教堂建筑师的乔托推荐了安德烈亚·皮萨诺在1330—1336年设计了这些铜门中的第一扇。这些由皮萨诺和吉尔贝蒂设计铸造的铜门是文艺复兴雕塑的伟大杰作之一。

1 中厅剖视图

阿诺尔福·迪·坎比奥设计了大教堂中厅，于 1296 年始建，不过它主要建造于他的三位继任者乔托、皮萨诺和塔伦蒂在职期间。从这张钟楼一侧的剖视图中可以看到，建筑厚重且简洁的墙体上设有圆窗用于采光，而不是像同时期的法国大教堂一样采用巨大的染色玻璃侧窗。中厅的四进进深从西向东依次建于 1366—1380 年。原圣雷帕拉塔大教堂的地下室与布鲁内莱斯基的墓位于西侧前两个开间的下方，于 1973 年被发掘。

2 半圆礼拜堂

穹顶侧边设有 3 个多边形后殿，每个后殿当中有 5 个礼拜堂，约建于 1380—1418 年。当塔伦蒂接任教堂建筑师之后，相对于原来阿诺尔福的设计，它们至少被向东推进了一进。带有穹顶的后殿及相临的半穹顶龛堂辅助支撑鼓座及主穹顶。

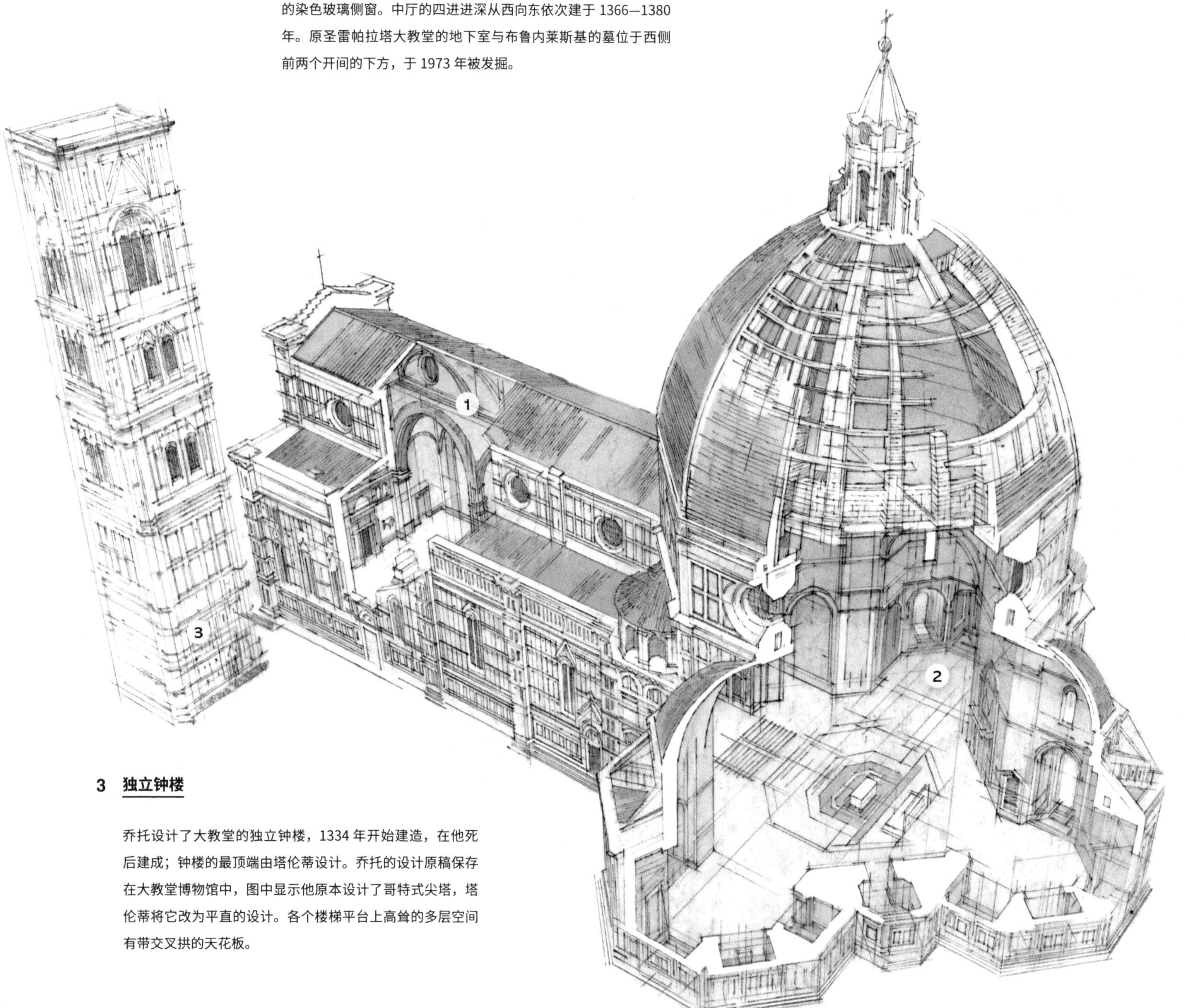

3 独立钟楼

乔托设计了大教堂的独立钟楼，1334 年开始建造，在他死后建成；钟楼的最顶端由塔伦蒂设计。乔托的设计原稿保存在大教堂博物馆中，图中显示他原本设计了哥特式尖塔，塔伦蒂将它改为平直的设计。各个楼梯平台上高耸的多层空间有带交叉拱的天花板。

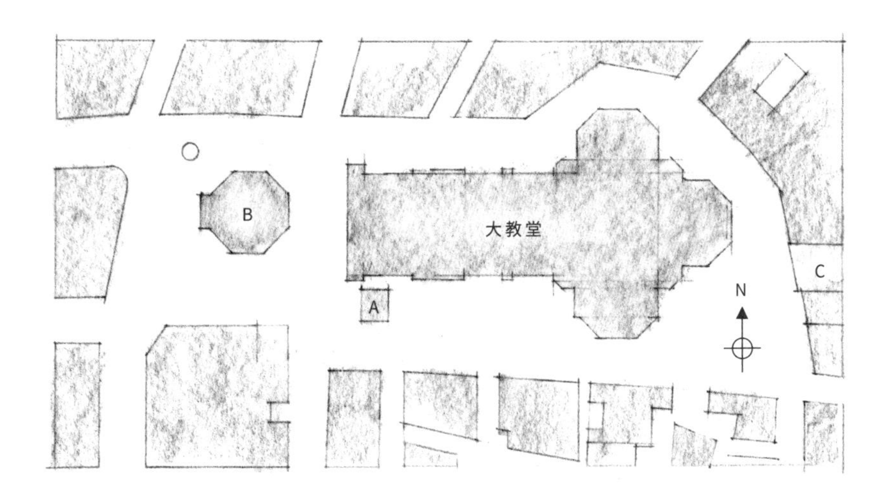

总平面图

这张大教堂广场的总平面图中可以看出，东西朝向的建筑与周边城市环境及建筑群中其他建筑的关系，如独立钟楼（A）和洗礼堂（B）。大教堂中的珍宝除了陈列在教堂内，还储存、展示于大教堂东侧近年改建的歌剧院教堂博物馆（C）中。这座面积为 6770 平方米的博物馆由纳塔利尼建筑事务所（Natalini Architetti）和圭恰迪尼与马尼建筑事务所（Guicciardini and Magni Architetti）在 2015 年改建。

洗礼堂

圣约翰洗礼堂位于大教堂入口立面西侧，始建于 1128 年。它是一座由卡拉拉大理石和绿色大理石建造的八角形建筑，带有锥形的屋顶。屋顶内部是一幅壮观的马赛克穹顶画，建造于 13 世纪。

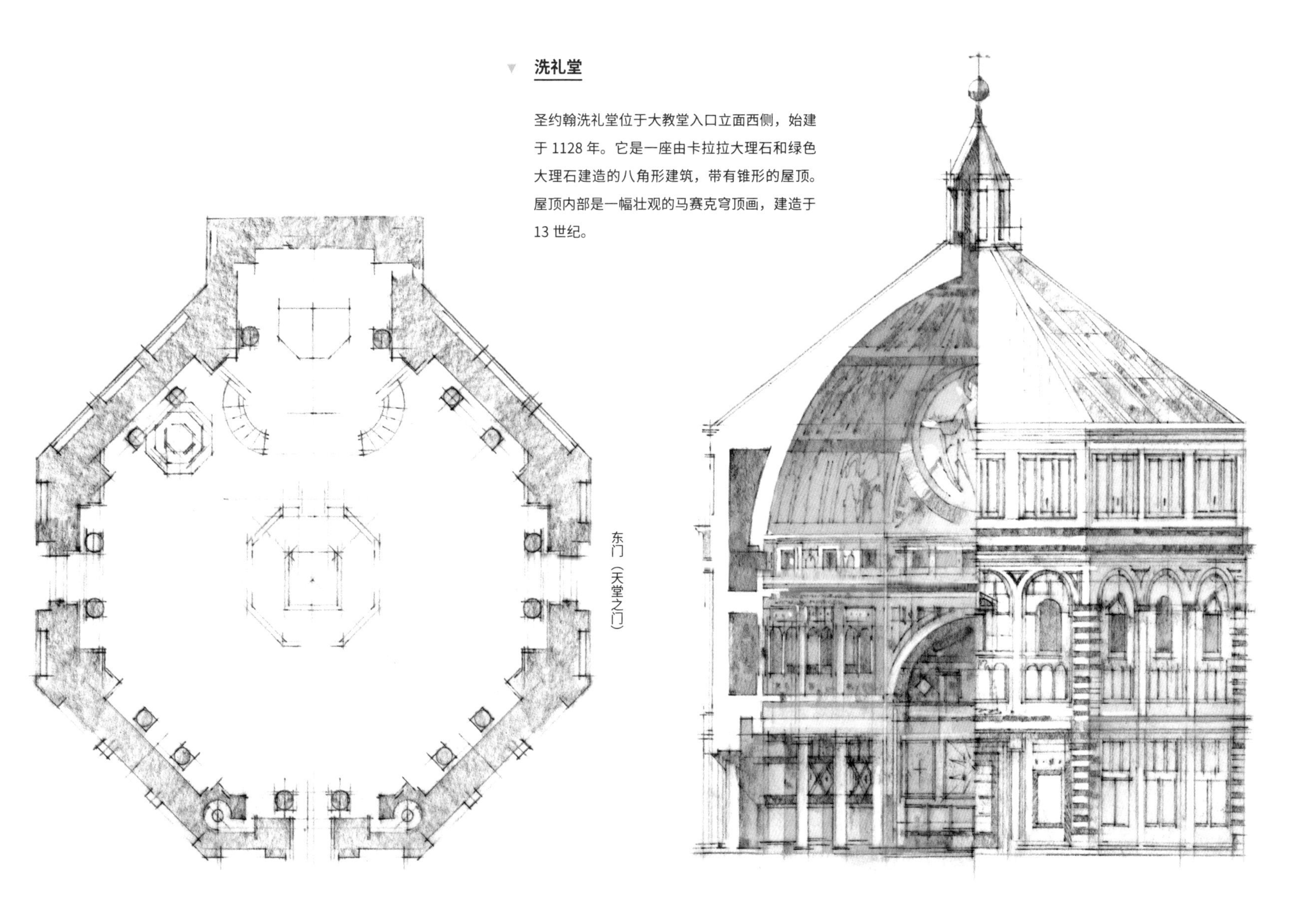

穹顶

在这幅剖切图中可以看到曲线形的穹顶加强肋和砖砌的环，后者为穹顶提供额外的支撑。八角形鼓座下方的半穹顶龛堂也起到了结构支撑的作用。包括光塔在内的穹隆使教堂总高达 114 米，当它建成时，是欧洲最高的穹顶。

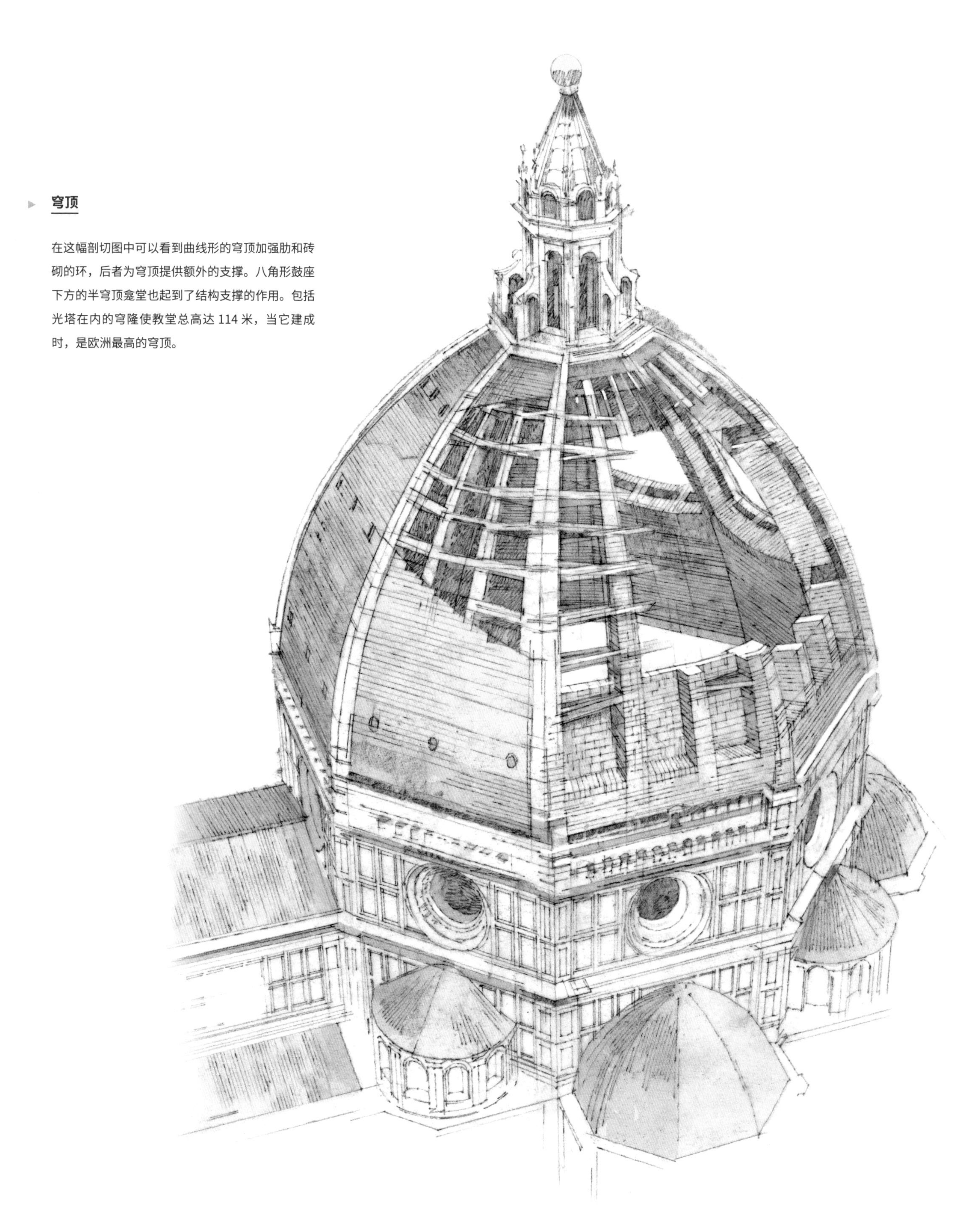

立 / 剖面局部

大教堂如今的立面建成于 4 个世纪之后，取代了原本部分建成的未经装饰的砖砌立面。立面整体以红色、白色和绿色大理石镶嵌而成，与附近的洗礼堂和钟塔外观较为一致。建筑师埃米利奥・德・法布里斯（Emilio de Fabris，1808—1883）设计了这个方面，在 1876—1886 年建造完成。在这幅立 / 剖面图中可以清楚地看到色彩丰富的大理石立面背后的结构。

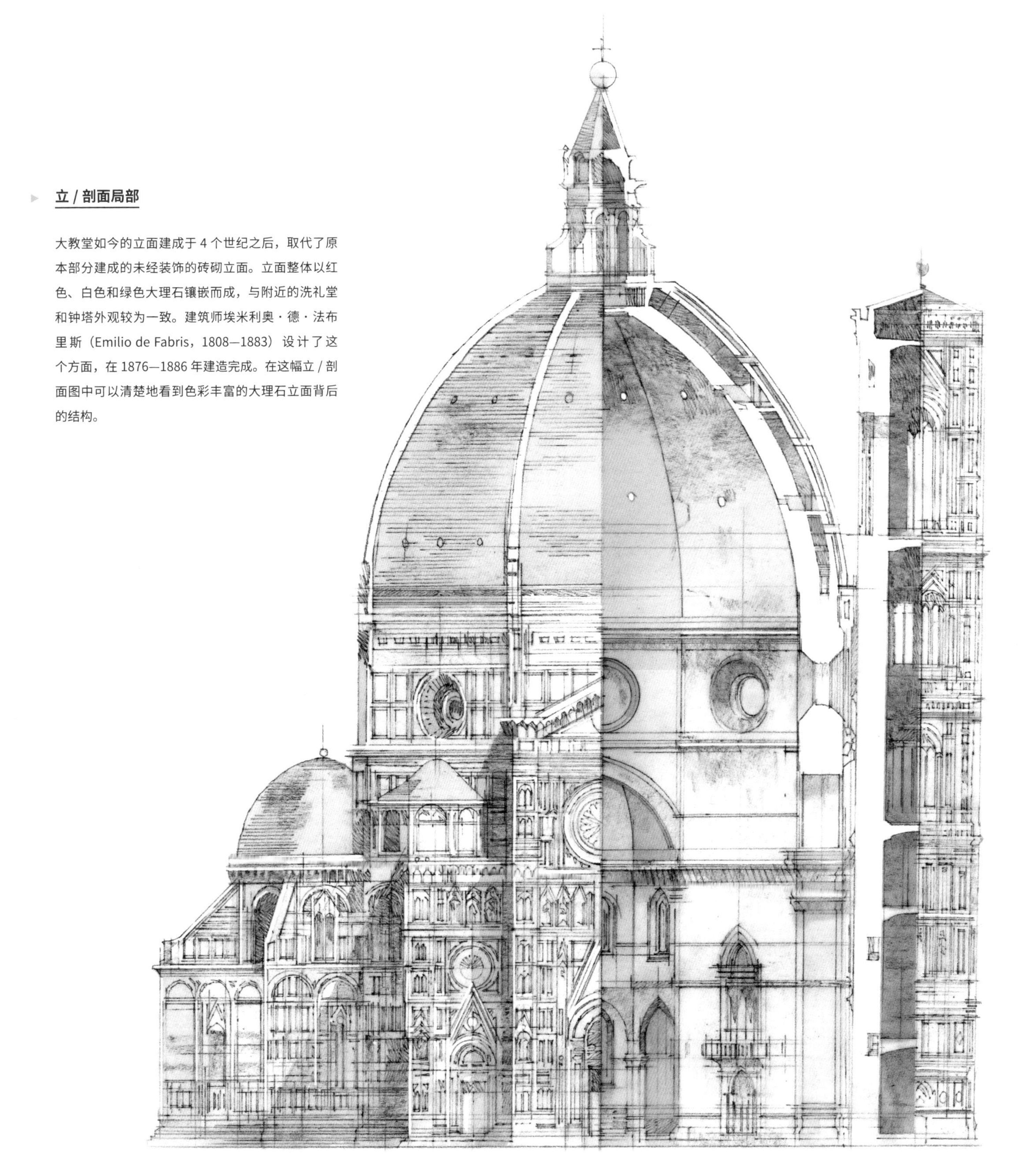

巴塔利亚修道院

所在地　葡萄牙巴塔利亚

建筑师　阿丰索·多明格斯（Afonso Domingues）等

建筑风格　晚期哥特式

建造时间　1386—1533 年

巴塔利亚修道院是为纪念葡萄牙与卡斯提尔在 1385 年 8 月 14 日的阿勒祖巴洛特战役（Battle of Aljubarrota）而建造。葡萄牙国王若昂一世因他的妻子——兰开斯特家族的菲丽帕王后（Philippa of Lancaster）而得到了英国的支持，战胜了卡斯提尔王国的约翰一世，后者率领的军队则有一大部分来自意大利和法国。这场战役从某种角度来说是英法百年战争（1337—1453）的一部分，它证明了英国防御策略的成功以及英国弓箭手对抗法国骑兵的胜利，尽管卡斯提尔的军队人数是葡萄牙军队的 5 倍。这场战役还确保了葡萄牙从西班牙的独立。为了庆祝这次胜利，葡萄牙国王于 1386 年在战场北方 17.7 千米处建立了一座新的城市，名曰巴塔利亚，意为“战役”，并且建造了巴塔利亚圣母马利亚胜利修道院（Monastery of St. Mary of the Victory of Batalha，全名）。

阿丰索·多明格斯（？—1402）设计了这座修道院，并且从 1388 年开始负责建造工作直至去世。多明格斯的平面布局与设计细节受到了英国风格及若干先例的影响，尤其是直线构图的立面以及含庭院的回廊一侧中心式布局的会议厅。建筑师戴维·乌格特（David Huguet，1416—1438）为多明格斯的继任者，也在任上工作至去世。他建造了高度超过 32.3 米的中厅拱顶，设计了东侧的未完成的礼拜堂（Capelas Imperfeitas）以及部分含庭院的回廊，还包括会议厅的

穹顶以及创立者礼拜堂。后者是一处壮观的拱顶空间，于 1426 年始建，内部安置了国王若昂和王后菲丽帕华丽的坟墓。王子们及其配偶的墓位于周边廊道内部。

以上两位建筑师过世后，修道院的建造继续推进。较远处的第二个含庭院的回廊为费尔南·德埃沃拉（Fernão d'Évora）在 1448—1477 年建造。老马特乌斯·费尔南德斯（Mateus Fernandes the Elder，？—1515）约在 1503—1509 年为未完成的礼拜堂设计了精美的入口大门，若昂·德·卡斯蒂略（João de Castilho，1470—1552）继续了大门的建造，米格尔·德·阿鲁达（Miguel de Arruda，？—1563）则在 1533 年之后建造了阳台。不过他们是最后一批建筑师了。教堂始终没有建成，因为葡萄牙的统治者诸如曼努埃尔一世和若昂三世将资金转移到其他建设项目中去了，如位于里斯本贝伦区的热罗尼莫斯修道院（Jerónimos Monastery，1495—1601），如今是国立海事与考古博物馆的一部分。那座建筑华丽的晚期哥特式风格常常被称为曼努埃尔风格，以国王曼努埃尔命名，类似的细节在建于 16 世纪的巴塔利亚修道院中也能够看到。有人认为 16 世纪时哥特建筑这种繁复以至于怪异的细部装饰——例如英国剑桥的国王学院礼拜堂（King's College Chapel，1515）和德国英戈尔施塔特的圣母大教堂（Frauenkirche，1515—1520）的礼拜堂穹顶——预示了哥特时代的终结，很多国家的人们转而欣赏更为简洁的意大利文艺复兴建筑或本地文艺复兴风格的变体。

巴塔利亚修道院于1810年在拿破仑战争（1803—1815）期间遭到了破坏，并在 1834 年之后随着解散修道院运动而被废弃了。国王斐迪南二世不忍这座古迹日渐倾颓，向政府施压要求他们组织修复。政府于 1840 年应允。修复工作延续了整个 19 世纪，重点在于 15—16 世纪间建造的修道院和两组回廊，还移除或拆毁了一些周边建筑，恢复了这座重要纪念性建筑周边的城市环境。修道院于 1980 年被改为博物馆。原会议厅如今安置了葡萄牙的无名战士墓，他们的遗骨于 1921 年从佛兰德斯与葡占非洲地区运回。

上左图　皇家回廊是阿丰索·多明格斯最初设计的一部分，其中包括了这座带有拱顶的精美喷泉室，位于回廊西北角。

上右图　第二位建筑师乌格特于 1402—1438 年间将狭窄的中厅与唱诗厅的拱顶抬高到了如今的超过 32.3 米。

阿勒祖巴洛特战役

葡萄牙与西班牙及各自盟军之间展开的阿勒祖巴洛特战役被记录在手抄本的插图当中。这场战役是传奇性的，它使得葡萄牙彻底从西班牙独立。它也是运用英国战术及靠弓箭手击败优势敌人的几次战役之一。从某种角度来讲，它预示了 1415 年阿金库尔战役（the battle of Agincourt）中英国战胜法国。

未完成的礼拜堂

在 14 世纪的教堂后殿之后，伫立着未完成的礼拜堂。它们可能于 1434 年或其后由乌格特始建，由费尔南德斯在 16 世纪早期继续建造。国王爱德华意图将这里建为他自己的纪念堂，与创立者礼拜堂比肩。这些未完成的礼拜堂是整个建筑群中最令人难忘的部分，它们看似一组超大尺度的、精心设计的废墟。尽管后世的国王们继续了建造工作，然而一直未能完成。复原图中显示，这些礼拜堂曾设想以纤细的尖塔覆盖顶部。

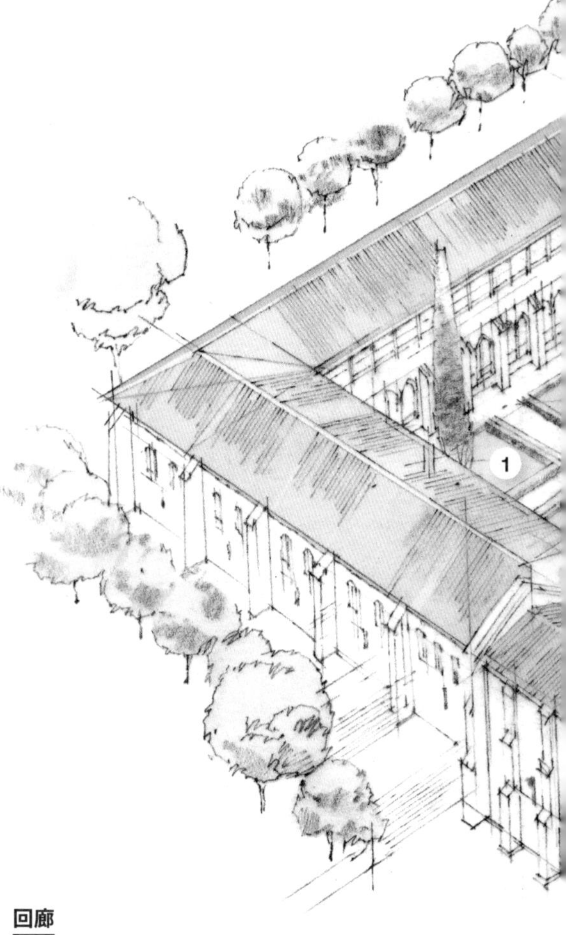

1 回廊

修道院中有三组回廊。第一组位于图中右侧，与教堂相邻，被称为皇家回廊。设计者为多明格斯，由其他建筑师建成，其中包括费尔南德斯和迪奥戈·博伊塔克（Diogo Boitac），后者建造了拱廊中的花格窗。回廊外还建有修道院的会议厅，位于东翼一侧，在图中可以看到。这座中心式布局的会议厅似乎由马蒂姆·瓦斯克斯（Martim Vasques，1235—1335）建成，它的风格受到了此前英国同类建筑的影响。皇家回廊左侧或北侧的回廊是两层高的阿方索五世回廊，由费尔南·德埃沃拉在 1448—1477 年设计建造。第三座回廊位于阿方索五世回廊东侧，在 1810 年遭法国军队毁坏。

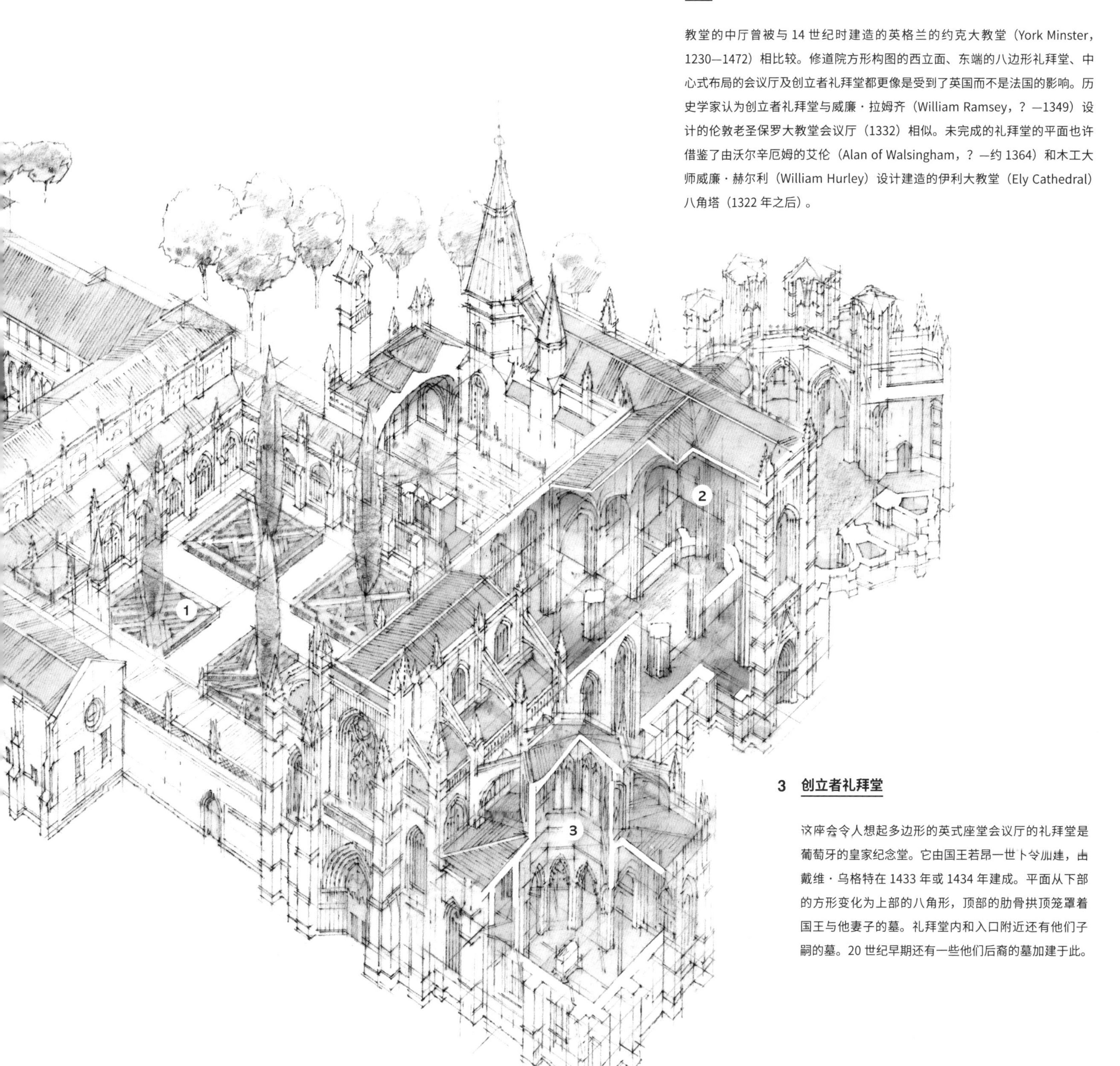

2 中厅

教堂的中厅曾被与 14 世纪时建造的英格兰的约克大教堂（York Minster，1230—1472）相比较。修道院方形构图的西立面、东端的八边形礼拜堂、中心式布局的会议厅及创立者礼拜堂都更像是受到了英国而不是法国的影响。历史学家认为创立者礼拜堂与威廉·拉姆齐（William Ramsey，？—1349）设计的伦敦老圣保罗大教堂会议厅（1332）相似。未完成的礼拜堂的平面也许借鉴了由沃尔辛厄姆的艾伦（Alan of Walsingham，？—约 1364）和木工大师威廉·赫尔利（William Hurley）设计建造的伊利大教堂（Ely Cathedral）八角塔（1322 年之后）。

3 创立者礼拜堂

这座会令人想起多边形的英式座堂会议厅的礼拜堂是葡萄牙的皇家纪念堂。它由国王若昂一世下令加建，由戴维·乌格特在 1433 年或 1434 年建成。平面从下部的方形变化为上部的八角形，顶部的肋骨拱顶笼罩着国王与他妻子的墓。礼拜堂内和入口附近还有他们子嗣的墓。20 世纪早期还有一些他们后裔的墓加建于此。

圣彼得大教堂

所在地	梵蒂冈
建筑师	米开朗基罗（Michelangelo）等
建筑风格	文艺复兴盛期及巴洛克风格
建造时间	1506—1626 年

参观者常常会对圣彼得大教堂建筑群的规模感到震撼，尤其是在教皇出现的时候。教堂前广场可以容纳 25 万名来访者，这使人确信它是全世界最大的宗教场所之一。追溯创造这座壮观的建筑的建筑师们，人们也许会说这是一个团体设计作品，然而这是意大利文艺复兴时期最顶尖的建筑师与艺术家组成的团体。

这座精美的文艺复兴与巴洛克风格的建筑群的原址曾经是一座较小的早期基督教风格的老圣彼得大教堂（Old St. Peter's Basilica，326—333），由君士坦丁大帝下令在圣彼得坟墓所在地建造——圣彼得于 64 年在尼禄皇帝治下殉难。新的建筑取代了原有的，于 1506 年始建，到 1626 年建成。圣彼得与其他教皇的墓和圣龛位于一座地下洞窟内部，其水平高度处在原君士坦丁时期教堂的建筑遗存与如今的文艺复兴—巴洛克式教堂之间。据 19 世纪时关于这座教堂的描述，它是世界上规模最宏大的建筑之一，穹顶高度为 136.6 米。这座宏伟的、主要以大理石建造的建筑物占地总长 220.5 米，宽 152.4 米。其中所举行的礼拜活动时常有上万人参加。它的规模及内部华美的古典主义场景是反宗教改革运动（1545—1648）的一种具象表达，该运动试图重振教皇的权威以及天主教神学的地位。这一运动是对新教扩张的直接回应，并在三十年战争（1618—1648）中达到了顶点。

最初在15世纪时，教皇尼古拉五世只是计划扩建原大教堂，并且任命莱昂·巴蒂斯塔·阿尔伯蒂（Leon Battista Alberti，1404—1472）与贝尔纳多·罗塞利诺（Bernardo Rossellino，1409—1464）进行此项工作。工程推进很慢，直到教皇尤利西斯二世在1505年下令拆除原教堂并举行了关于新建教堂的设计竞赛，最终胜出者为多纳托·伯拉孟特（Donato Bramante，1444—1514）。获胜方案是一座希腊十字式平面的教堂，穹顶形式与罗马万神庙（118—128）相似。尤利西斯于1513年去世后，有其他建筑师受聘继续工作，其中包括画家拉斐尔（Raphael，1483—1520），他将平面改为拉丁十字式。在经历了1527年罗马陷落、各种政治问题纷扰、早期建筑地基中存在结构问题这一系列麻烦之后，教皇保罗三世在1547年聘请米开朗基罗（1475—1564）负责此建筑。米开朗基罗解决了现有的结构问题，将平面恢复为伯拉孟特的希腊十字式，重新设计了可以赶超佛罗伦萨大教堂的穹顶，然后继续建造工作。大部分我们今天所看到的圣彼得大教堂都是由他设计的。在米开朗基罗死后，贾科莫·德拉·波尔塔（Giacomo della Porta，约1533—1602）和多梅尼科·丰塔纳（Domenico Fontana，1543—1607）在1590年完成了穹顶的建造。其后还有一些加建，使它呈现出今天的外观，其中包括由巴洛克建筑师卡洛·马代尔诺（Carlo Maderno，1556—1629）设计的中厅扩建及门廊立面（1608—1612），以及巴洛克巨匠吉安·洛伦佐·贝尼尼（Gian Lorenzo Bernini，1598–1680）设计的穹顶下的华盖(1623—1634)和圣彼得广场(1655—1667)。

自1523年起，圣彼得大教堂由一个建筑方面的委员会进行日常照管，不过关注点并不仅限于建筑，这一制度延续到20世纪早期。教皇约翰·保罗二世在1988年建立了一个新的委员会，专门负责监管、维护与修缮建筑，同时规范了教堂工作人员、参观者与信徒的行为。此后开展的工作还包括1999年耗资500万美元对建筑立面进行修复与清洗。

左图 教堂穹顶装饰采用的并非壁画而是马赛克。主要由朱塞佩·切萨里（Giuseppe Cesari）设计，由多位马赛克艺术家制作完成。

下图 精致繁复的青铜华盖由贝尼尼在1623—1634年制作完成，高度约为29.3米，重约45,359千克。

米开朗基罗

米开朗基罗，全名米开朗基罗·德·洛多维科·博纳罗蒂·西莫尼（Michelangelo di Lodovico Buonarroti Simoni），是意大利最伟大的艺术家之一，与莱昂纳多·达·芬奇（leonardo da Vinci）比肩。这位学徒出身、生长于佛罗伦萨的艺术家创造出了文艺复兴时期最受赞誉的雕塑作品，如《哀悼基督》（*Pietà*，1498—1499）和《大卫》（*David*，1501—1504）。他的绘画代表作是梵蒂冈的西斯廷教堂天顶画（1508—1512），绘制了约300个主要人物形象，面积超过560平方米。在建筑方面，他还设计了佛罗伦萨的圣洛伦佐大教堂的美第奇礼拜堂（1521—1524）。

剖切图

从这张图中可以看到这座巨大的巴西利卡的各个主要建筑组成部分之间的关系——穹顶、中厅、侧厅、立面、广场——甚至还有穹顶下方的青铜华盖。中厅长度约 211.5 米，带有藻井的筒拱屋顶高约 45.7 米。整个大教堂与广场的建造总历时超过 160 年，大约从 1506 年开始，直到 1667 年建成。

穹顶

这座穹顶试图在尺寸上超过佛罗伦萨大教堂穹顶。米开朗基罗于 1547 年进行设计，在 1590 年由德拉·波尔塔和丰塔纳建成。从大教堂地面到光塔顶部总高为 136.6 米，是世界上最高的穹顶。与佛罗伦萨大教堂的巨大穹顶一样，它也是以砖建成的双层拱壳，带有 16 根石肋。

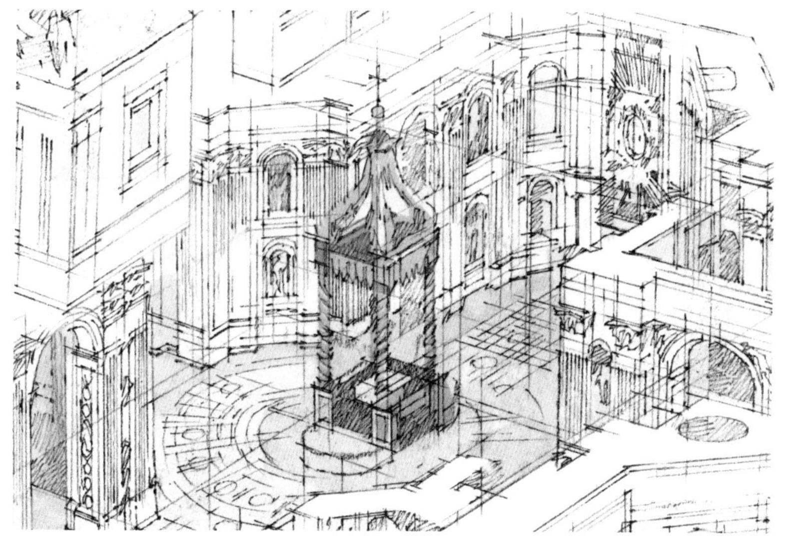

华盖

这座鎏金青铜华盖的形式来自祭坛天盖（ciborium），由贝尼尼设计，是一座小型的、圣龛似的亭子，为举行弥撒和圣体圣事使用。它的形式受到教皇出行时使用的华盖的启发。旋转的柱子令人想起圣经中记载的耶路撒冷圣殿。雕塑中还包含位于金叶子上的蜜蜂形象，这是教皇乌尔班八世的标志。

立面

马代尔诺于 1608—1615 年间设计了这个立面。立面主材为洞石，动用了超过 700 人进行建造，宽 114.6 米，高 45.4 米。立面背后是带有筒拱的前厅，这是大教堂的入口大厅。

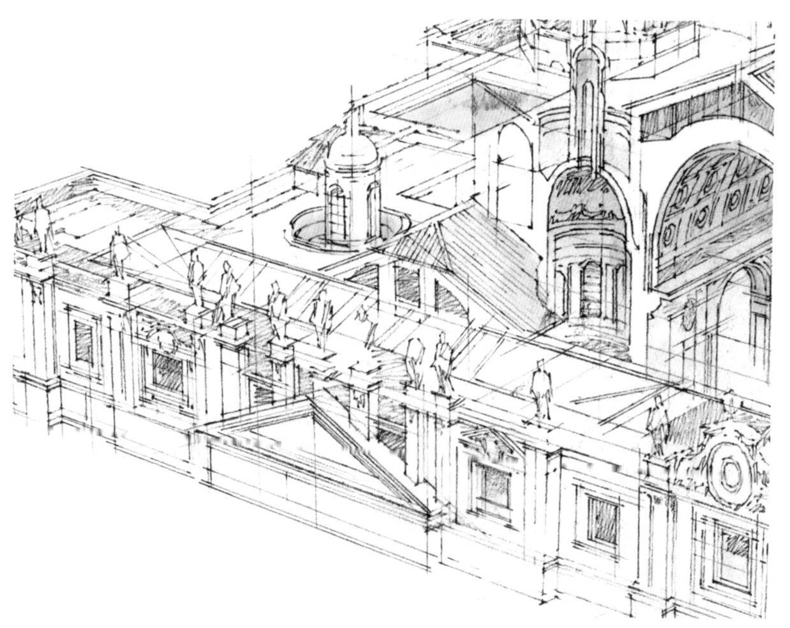

雕塑

圣彼得大教堂中有大量的装饰与雕塑。马代尔诺在入口门廊上方放置了一系列 13 个雕塑，分别是耶稣、施洗者约翰与 11 位使徒。圣彼得的雕像位于下方主入口附近。山形墙上的铭文则是在歌颂教皇保罗五世。

横剖面图

这张染色剖面图是朝向东方的，可以感受到 136.6 米高的穹隆及鼓座的庞大尺度，其正下方是 29.3 米高的祭坛华盖。教堂中厅高为 45.7 米，即便是侧厅也带有半圆形的拱顶。图中简略描绘了教堂内部墙面上丰富的装饰。

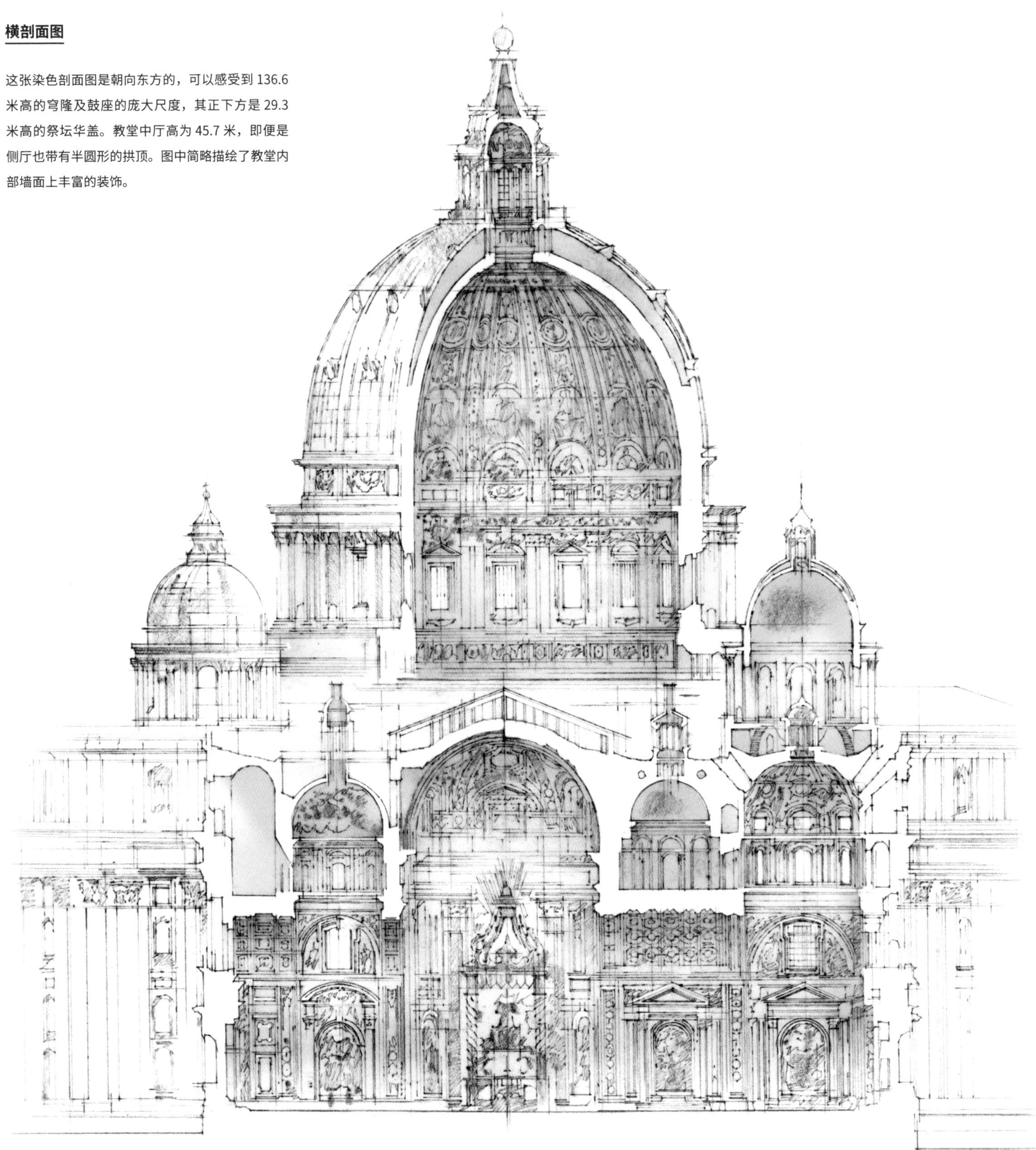

纵剖面图及平面图

图中可以看出圣彼得大教堂与其入口处巨大的广场之间的关系。广场长339.8 米，宽 239.8 米，由贝尼尼在 1656—1667 年设计建造。它的曲线形状曾被比喻为天主教会欢迎的手臂。广场当中有一座古埃及的方尖碑，据说与圣彼得的殉难有关。它是作为战利品被运往罗马的几座方尖碑中的一座，高约 25.5 米，重 326 吨，仅仅是将它运往此地就耗费了一年的时间。

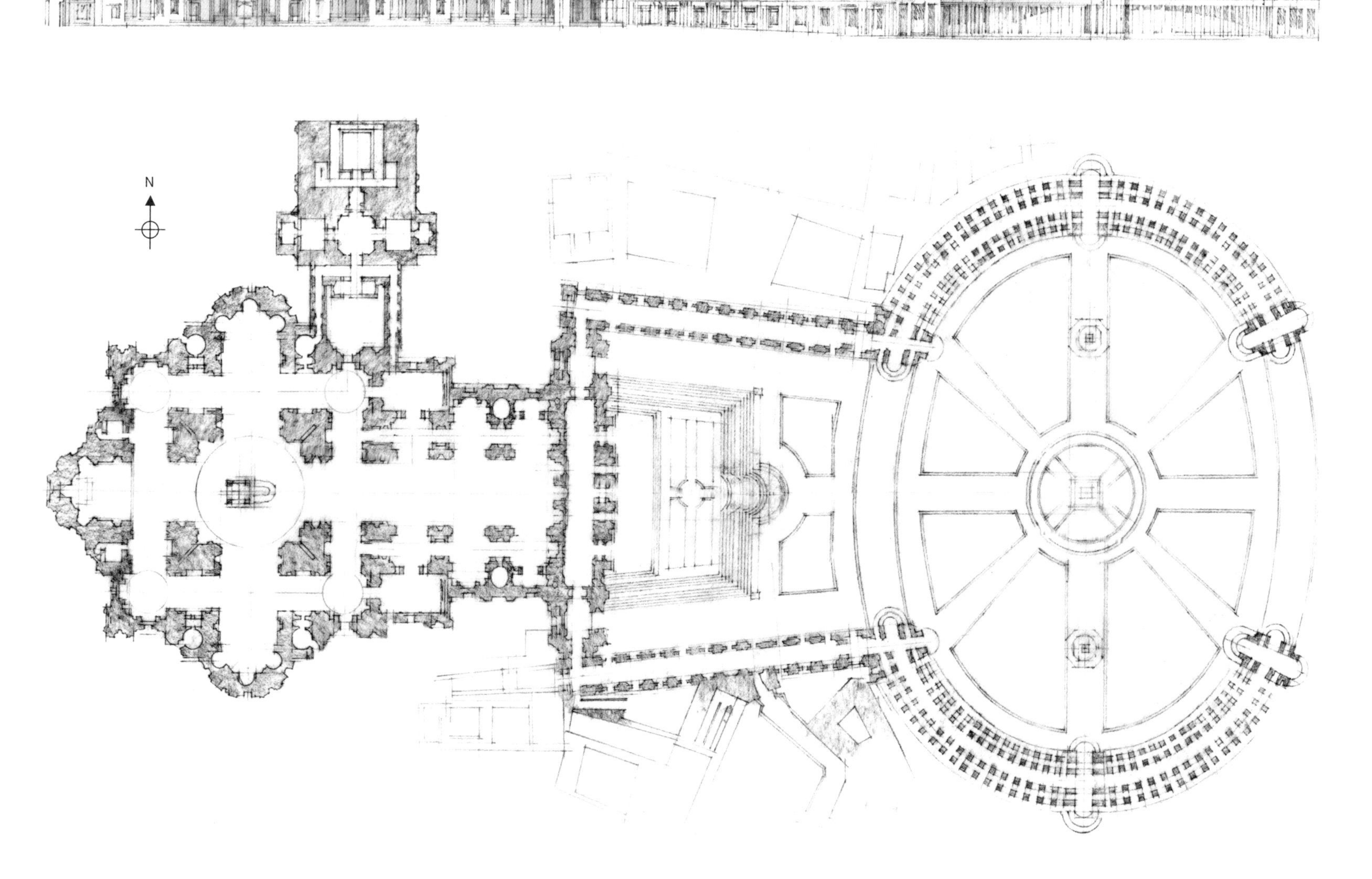

圣保罗大教堂

建成位置	英国伦敦
建筑师	克里斯托弗·雷恩（Christopher Wren）
建筑风格	英国巴洛克式
建造时间	1675—1720 年

圣保罗大教堂位于伦敦城的核心地带，那里是主要的商业与银行区。它的地位是如此重要，以至于任何新的发展项目都必须遵守相关规划要求，保证留出朝向大教堂的视线通道。如今这座建筑建造于 1675—1711 年，此地原有的建筑毁于 1666 年的伦敦大火。建筑师克里斯托弗·雷恩（1632—1723）原本在为之前被焚毁的教堂工作，之后便负责设计新的大教堂。他还曾设计了大量城市教堂，例如阿尔德玛丽圣玛丽教堂（St. Mary Aldermary，1679—1682）与沃尔布鲁克圣史蒂芬教堂（St. Stephen Walbrook，1672—1679）。他对伦敦这一地区的风貌特征贡献良多，并且一直保持至今。圣保罗大教堂在那一时期的英国大教堂中是一个特例，它由一名建筑师独立设计，并在他生前便建造完成。

左图　朝东看向唱诗厅及最远端的祭坛。原祭坛在二战的空袭中被炸毁，同时炸毁的还有主教堂的东端，现存的此部分建筑是在 1958 年重建的。中景处的管风琴制作于 1695 年，是英国第三大管风琴。

雷恩最初的设计是希腊十字式的，带有四个等长的翼。不过这一设计被教会上层否决了。第二轮设计得以通过，即为今天所看到的样子。这一设计也是十字形的，一座穹顶位于十字交叉点上。这是英国第一座并且至今仍是唯一的一座这样的建筑。雷恩的设计受到了建筑师安德烈亚·帕拉第奥作品的启发，不过结合了英国传统教堂建筑的元素。

教堂建造在台基之上，墙面以波特兰石灰石建造。穹顶的设计是最后确定下来的，尽管它被期待成为旷世杰作。雷恩在设计中遇到了两个难题，一个是美学上的，另一个则是技术上的。他希望这座穹顶是伦敦的最高点，不过在外部看来令人惊叹的穹顶，从内部看会显得过于陡直。解决的办法是建造一个双层穹隆，内部不同于外部轮廓。结果，它成为世界上第一座三重穹顶，当中隐藏了一个砖结构穹顶用以支撑外部木结构的穹顶及石材光塔。雷恩以这种方式减轻了穹顶的重量，这是非常必要的，因为同一地块上原有建筑的地基已经开始沉降了。

这座大教堂的其他重要特征还包括西立面上庄严的柱廊及双塔，还有华丽的室内装饰，包括雕塑、精致的铁艺及马赛克作品。霍雷肖·纳尔逊（Horatio Nelson）与第一任惠灵顿公爵阿瑟·韦尔斯利（Arthur Wellesley）皆埋葬于此，此外还有大量纪念碑，其中包括献给雷恩的那一座，上书“如果你寻找他的纪念碑，请抬头四顾”（Si monumentum requiris, circumspice）。

圣保罗大教堂在这个国家的历史中继续扮演着重要的角色。二战期间它成为了希望的象征。在德国纳粹空军持续的轰炸当中，周边建筑绝大部分被摧毁，它却非常意外地幸存了下来。尽管圣保罗大教堂是最不具英国风格的建筑之一，它却在英国建造史上占据了一个中心的位置。

几何形楼梯

西南塔楼的几何形楼梯也被称为座堂主任牧师楼梯（Dean's Stair），这种楼梯是文艺复兴建筑师们极为喜爱的形式。圣保罗大教堂中的这座楼梯是最长的此类楼梯之一，建于1705年，连接教堂地面层与二层拱廊。楼梯没有中央支撑，看似是从墙壁伸出的悬臂楼梯，事实上大部分的重量是由各个台阶依次向下传递的。楼梯分为两段，上段由 88 个台阶组成，当中没有楼梯平台。

剖切轴测图

圣保罗大教堂建于伦敦的黏土层上，这对于沉重的结构来说并不是最好的地基条件。它的地下室是欧洲最大的教堂地下室，内部设有粗大的柱子，用以支撑上部比较细的柱子，并将重力分散。为了进一步分担重力，建筑设有 8 个窗间壁支撑穹顶（每侧 2 个），而通常的穹顶仅有 4 个支撑。较平缓的屋顶是有意设计的，从地面层看起来屋顶会被女儿墙完全遮住。

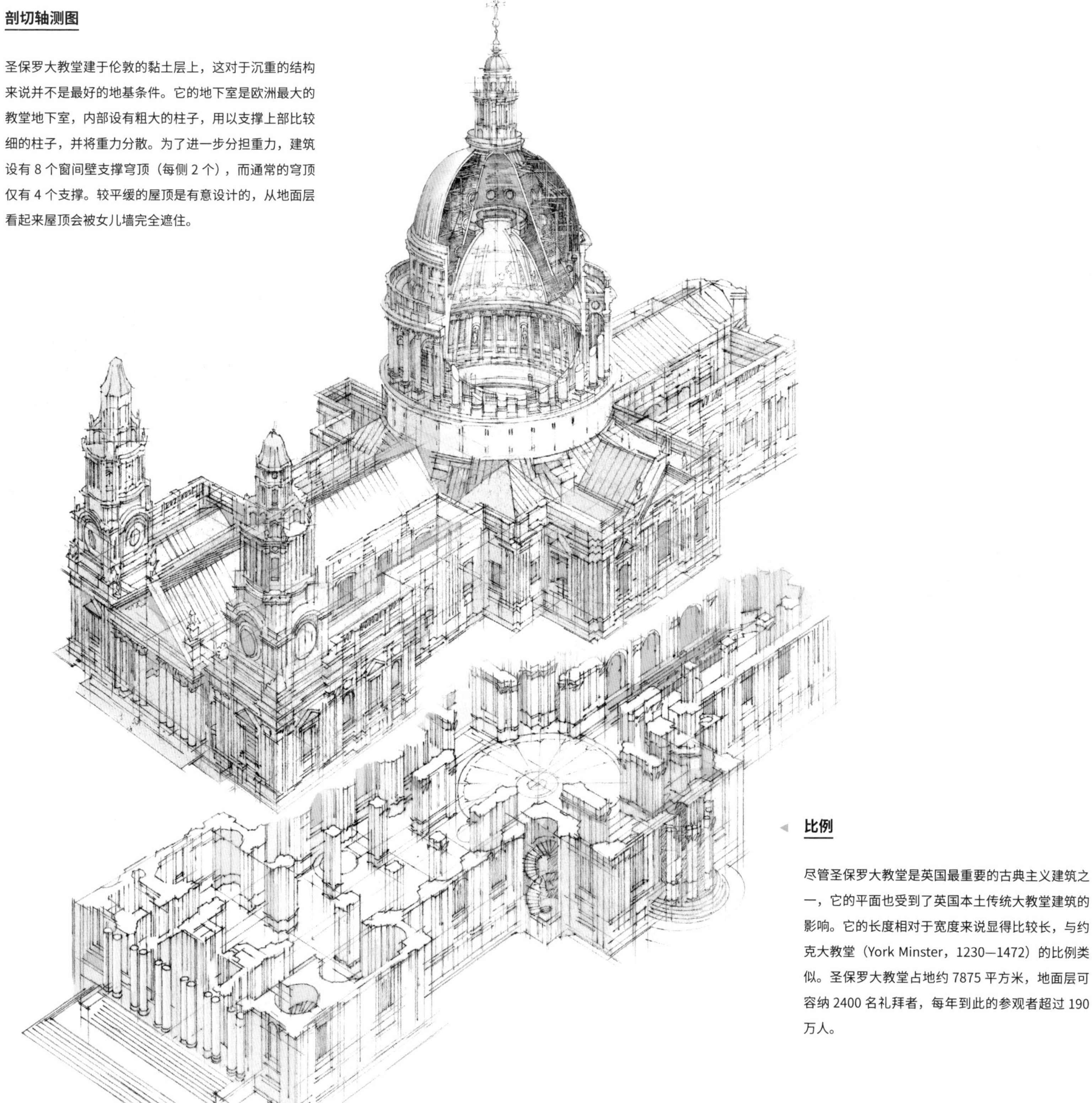

比例

尽管圣保罗大教堂是英国最重要的古典主义建筑之一，它的平面也受到了英国本土传统大教堂建筑的影响。它的长度相对于宽度来说显得比较长，与约克大教堂（York Minster，1230—1472）的比例类似。圣保罗大教堂占地约 7875 平方米，地面层可容纳 2400 名礼拜者，每年到此的参观者超过 190 万人。

横剖面

从剖面中可以看出三重穹顶的形态，这是一种创新的做法，使雷恩可以在减轻重量的同时使穹顶内外轮廓截然不同。内穹顶顶部有一圈回廊，不过已经不允许公众进入。艺术家詹姆斯·桑希尔（James Thornhill）为穹顶内部绘制了假藻井，制造了令人震撼的强化纵深感的视错觉。三重穹顶使得雷恩可以将它建造至 111.3 米高，作为伦敦最高建筑的记录一直保持到 1963 年。罗纳德·沃德及合伙人建筑事务所（Ronald Ward and Partners）建造了 118 米高的米尔班克大厦（Millbank Tower）打破了这个记录。

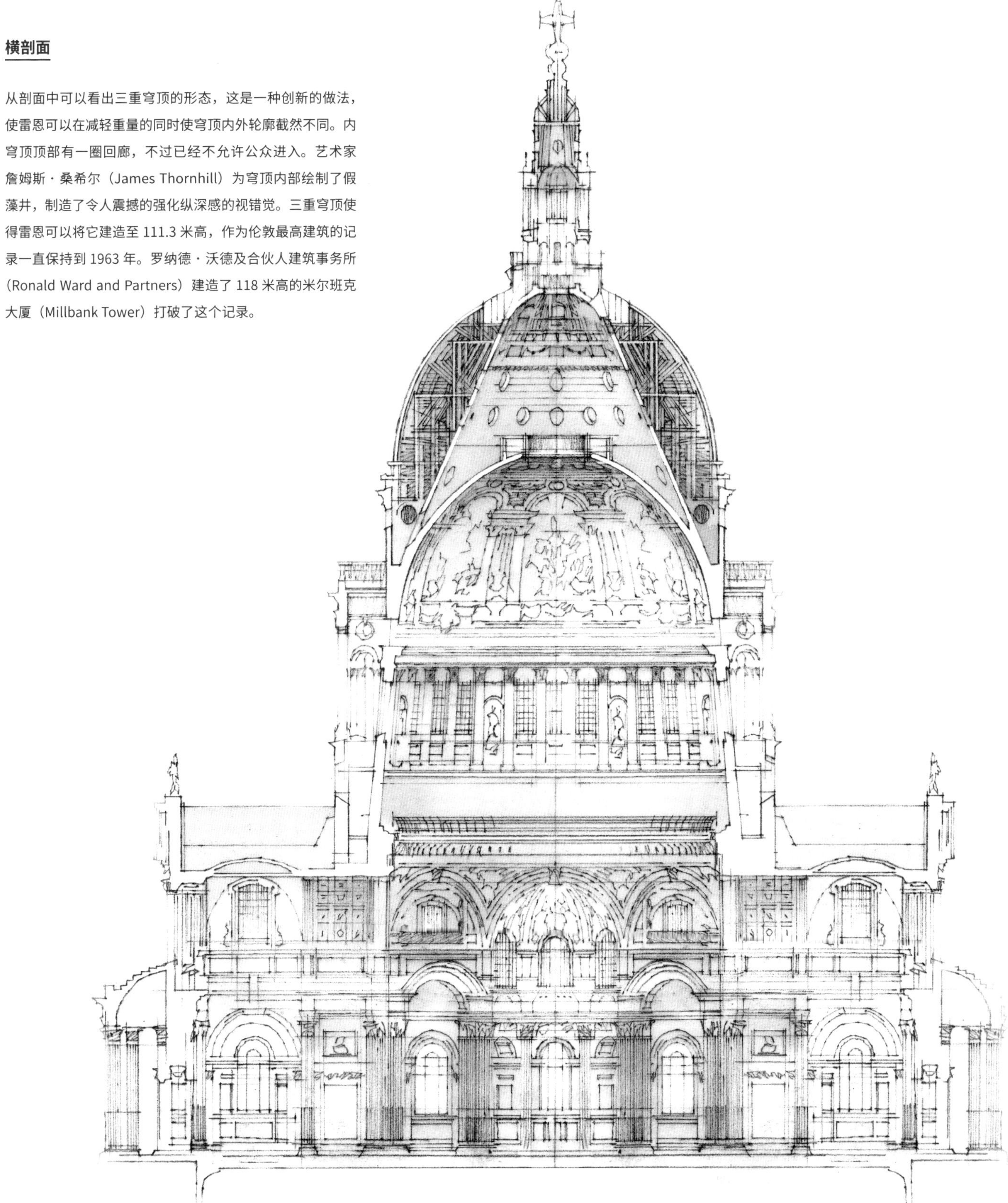

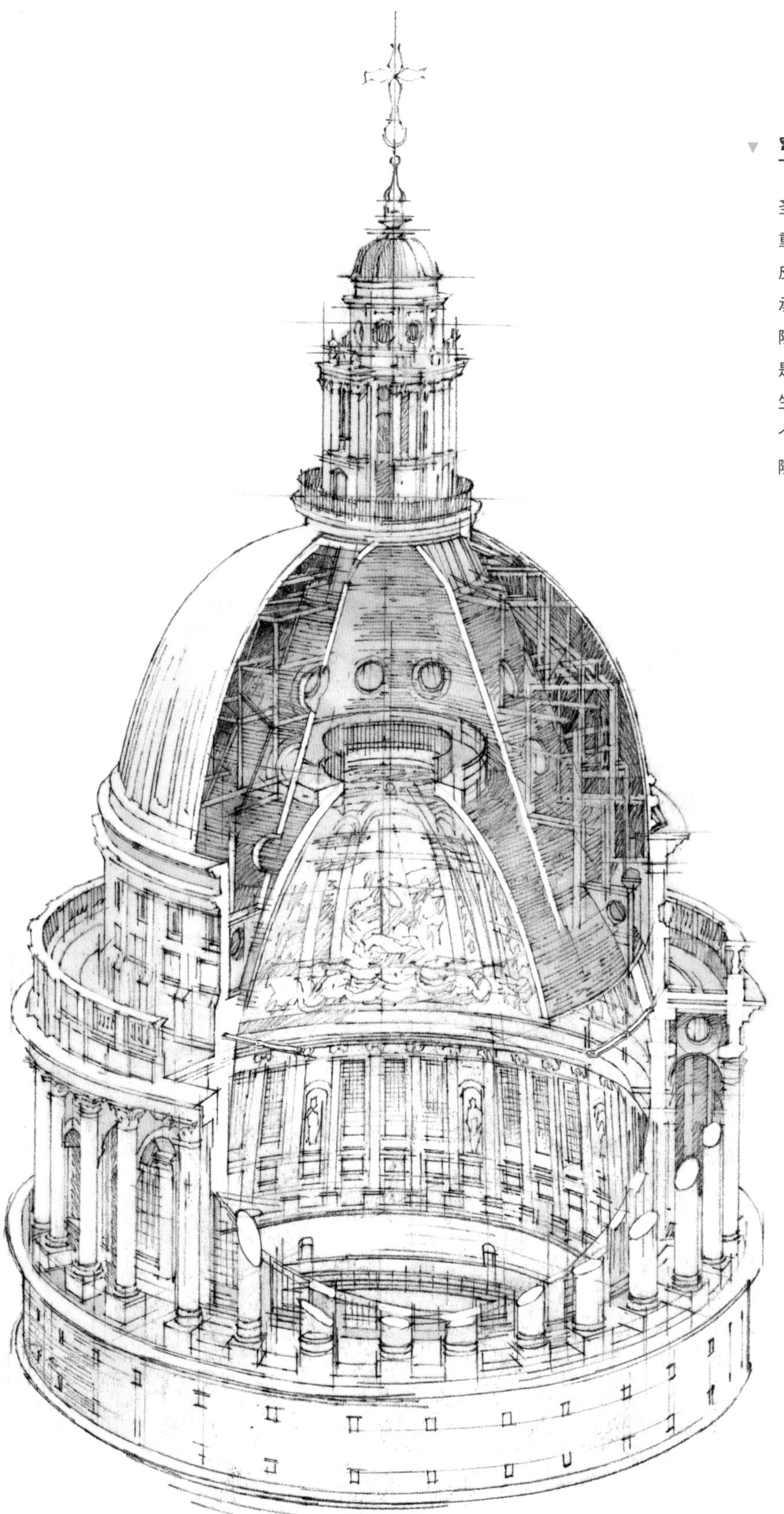

▼ **穹顶剖视图**

圣保罗大教堂穹顶的十字架顶至地面总高 111.3 米。为了减轻结构重量，内穹隆很薄，以砖建造，外穹隆为木结构，表面覆盖了铅皮。然而雷恩决定在穹顶顶端建造一座石头光塔，这是木结构无法承担的。因此他建造了一座位于内外两层穹隆之间的圆锥形砖石穹隆，直接支撑光塔。人们若非爬上中间穹隆与外穹隆之间的楼梯，是察觉不到中间穹隆的存在的。为了抵抗锥形穹隆承受的重量所产生的侧向压力，雷恩设置了一系列铆入铁链的石环，其中最大的一个位于穹隆基座附近，除此之外的锥形穹隆部分是砖结构的。内穹隆顶部有一个圆形天窗，使光线能够照进下方空间。

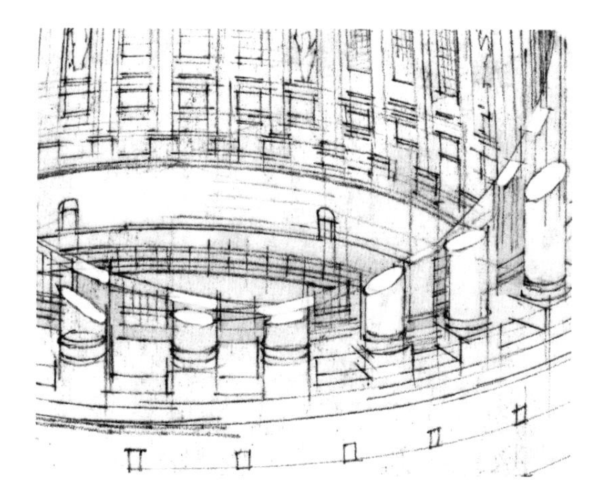

私语回廊

参观者在攀登 259 级台阶之后，会到达内穹隆基座处的私语回廊（Whispering Gallery）。它的名称源于此处空间中的声学现象：当人们在回廊一侧轻声说话，另一侧的人们能够听见。

石回廊

石回廊（Stone Gallery）是两层外部回廊中的第一层，位于外穹隆的基座处。回廊距地面高 53.4 米，通过 378 级台阶到达。从这里可以俯瞰整个伦敦，同时也是近距离欣赏外穹隆的最佳地点。

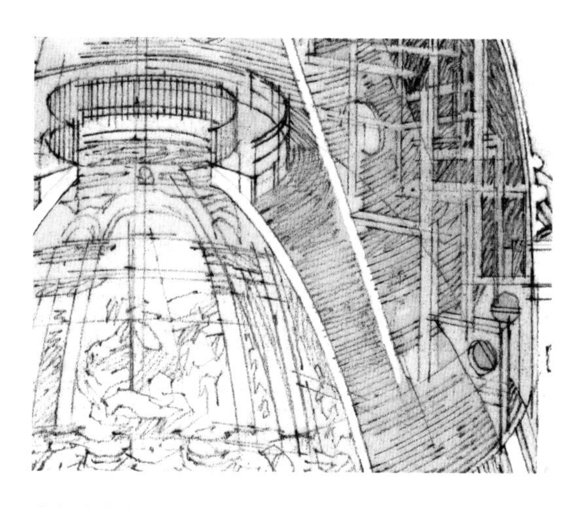

内部砖穹隆

内穹隆接近于半球形，仅有 46 厘米厚——两块标准砖的长度。建造穹隆的砖是特别制造的，与穹隆厚度相等，以保持结构的整体性。雷恩拒绝对穹隆内部加以装饰。

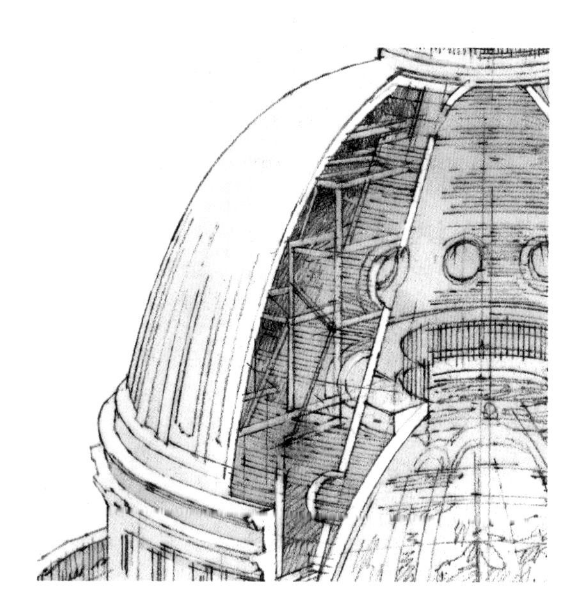

外部木穹隆

雷恩在圣保罗大教堂壮观的外穹隆上反复尝试。他制作了好几个大比例的模型，与数学家罗伯特·胡克（robert Hooke）一起通过试错的方法试验了不同的未经证实的机械理论，终于造就了这个卓尔不群的地标式穹顶。

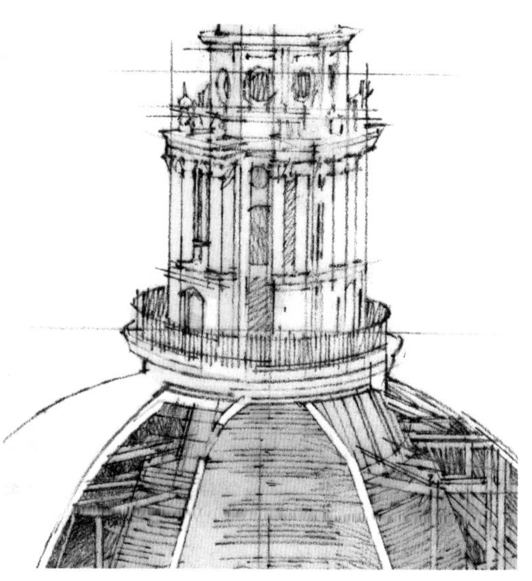

金色回廊

金色回廊（Golden Gallery）是如今的游客可以到达的最高点，需要攀爬 528 级台阶，距地面高度约为 85.4 米。它是位于外穹隆顶部的小型室外观景平台，可以俯瞰壮观的伦敦全景。到达此处的楼梯从外穹隆与中央穹隆之间穿过。在到达回廊之前，游客可以从圆形天窗中看到下方大教堂的地面。

球体与光塔

最初的球体与十字架是由伦敦的兵器制造者安德鲁·尼布利特（Andrew Niblett）在 1708 年安装的。1821 年结构检测师 C. R. 科克雷尔（C. R. Cockerell）设计了新的球体和十字架，由 R. 凯普（R. Kepp）与 E. 凯普（E. Kepp）安装。雷恩最初设计光塔时没有安装玻璃，是发现雨水会滴进建筑之后才安装上的。

朗香高地圣母教堂

所在地	法国朗香
建筑师	勒·柯布西耶
建筑风格	有机现代主义
建造时间	1950—1954 年

1944 年的夏天以 6 月 6 日的“霸王行动”(Operation Overlord) 和 8 月 15 日的“龙骑兵行动”(Operation Dragoon) 被载入史册，前者为盟军登陆诺曼底，又被称为“反攻日”(D-Day)，后者为盟军从马赛附近发动对德军的攻击。在接下来的几个月里，盟军付出不小的牺牲和努力使德军退至德法边界。1944 年 9 月，德军占领了朗香的早期新哥特式朝圣教堂。接下来为了解放朗香东部的尚帕涅，法国自由军第一师在阿尔及利亚与法国殖民地军队的支持下，于 1944 年 10—11 月，进一步使德国人向东退却。当这次战斗结束之后，朗香的这座教堂事实上仅剩下一片废墟。

在接下来的战后时期，与前德国维希政权合作的教会工作人员被清除，朗香开始计划建造一座新的礼拜堂。最初的方案是一座传统风格的建筑，由让-夏尔·莫勒 (Jean-Charles Moreux，1889—1956) 设计。当人们讨论方案的时候，勒·柯布西耶正在倡导以现代主义风格为沦为战争废墟的法国教堂进行重建，例如洛林地区的圣迪耶大教堂 (Saint-Dié Cathedral，1948)，以反映一个新的战后的法国。这与巴兹尔·斯彭斯 (Basil Spence，1907—1976) 为战后英国设计的考文垂大教堂 (Coventry Cathedral，1962)，还有埃贡·艾尔曼为联邦德国设计的柏林威廉皇帝纪念教堂 (1970) 相类似。作为地区宗教改革运动的工作之一，多明我教会马里-阿兰·库蒂里耶神父 (Father Marie-Alain Couturier) ——同时也是一名现代染色玻璃艺术家——极力赞同由勒·柯布西耶为朗香设计新的朝圣教堂，他还帮助柯布西耶得到拉图雷特圣马利亚修道院（Sainte-Marie de La Tourette，1960）的设计委托。

勒·柯布西耶1950年的整体设计方案，尤其是独特的屋顶形式的灵感，来源于一枚蟹壳。1946年他在纽约长岛的沙滩上捡到了这枚蟹壳，并一直放在他的绘图桌上。他希望曲线形的屋顶和墙面可以回应周边林木丛生的自然环境。墙体混凝土中掺进了原来教堂废墟中的碎石，表面喷浆再刷成白色。墙面上开设了各种矩形窗洞口，镶以透光染色玻璃。这些厚重的、倾斜的墙面上的洞口投下一束束光，就像早期哥特式教堂的染色玻璃窗一样，创造出一种超脱尘世的精神体验。狭窄的高侧窗带中透过的光线使得巨大的曲线形屋顶仿佛飘浮在空中，事实上墙壁内部隐藏了混凝土柱子。屋顶看似非常厚，接近2.1米，不过它的混凝土壳是中空的，内部由混凝土肋支撑，整个屋顶由铝板包裹起来。勒·柯布西耶还在礼拜堂的西侧设置了一处室外祭坛，朝向一片空地，用以举行朝圣者礼拜仪式。东北侧的开敞空间中设有一座纪念碑，用以纪念1944年解放朗香的战役中死难的人们。此外教堂外立面上还设有一座壁龛，供奉了原教堂中幸存的圣母马利亚的雕像。

总的来说，勒·柯布西耶在朗香教堂中极具个性的手法与他的其他混凝土建筑中所追求的模数化和机械化大相径庭。这座教堂除却宗教用途之外，也成为一处建筑朝圣地，每年有超过8万人到访参观。

2014年，有破坏者砸碎了教堂的一块玻璃。这一行为受到了世界范围内的建筑师与历史学家的谴责，但它也让人们注意到这座地标式建筑不佳的维护状况及拨款的缺乏，尤其是与周边建筑相比。2011年该地区花费了1000万欧元用以建造伦佐·皮亚诺设计的女修道院、游客中心和旅店。

上左图　看似不规则设置的凹窗为这有机形状的空间中带来了戏剧化的光线。

上右图　勒·柯布西耶常常会为他的建筑入口处绘制油漆或珐琅画作，看起来就像是在混凝土墙面上悬挂了超大的装饰画。照片中是建筑的主入口即南入口的大门，大门沿中轴旋转开启。

勒·柯布西耶

勒·柯布西耶生于瑞士拉绍德封，原名夏尔-爱德华·让纳雷。尽管并未受过正规的建筑学训练，他却被认为是20世纪最具影响力的建筑师。他在一战前所设计的住宅是厚重、简洁且为历史主义风格的。在移居巴黎及战后的那段时间里，他开始对立体主义艺术产生兴趣，并逐渐发展出自己关于现代建筑与城市设计的理论。他的建筑专著如《走向新建筑》（*Vers une architecture*，1923），以及1920年代的建筑作品，如建于巴黎市郊普瓦西的萨伏伊别墅（Villa Savoye，1928—1931），呈现出一种冷静纯粹的现代主义风格；二战后他则变得更倾向于有机的设计手法。

曲线形屋顶

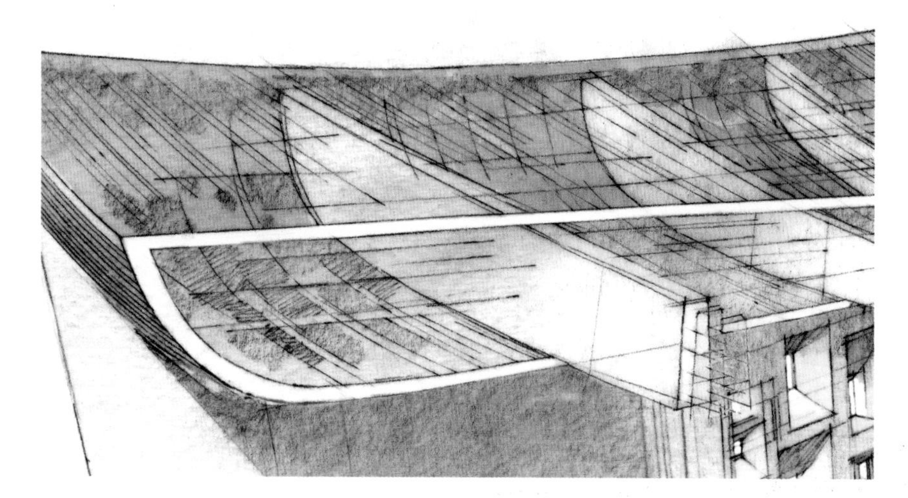

屋顶戏剧化的大曲面看似一块巨大的混凝土实体，最厚处约 2.1 米。由于设置了狭窄的带形侧窗，屋顶看似神秘地飘浮在空中。事实上屋顶并非一整块浇筑的，而是混凝土薄壳内部带有曲线形的肋，外部包裹了铝板。屋面雨水通过位于教堂西端的两根排水管排掉。人们常常将屋顶比作修女的帽子，然而勒 · 柯布西耶声称屋顶的形式来源于他 1946 年在纽约长岛捡到的一个蟹壳。

窗

建筑的南墙面也是中空的，和建筑其他部分一样罩以喷浆。墙体厚度为 1.2—3.6 米。墙面上开设了 27 个矩形窗洞口，为室内空间提供了不规则的光照。窗子大部分是透明的，少数几面为彩色。教堂座椅随着空间的有机形态而呈斜角布置。混凝土地面朝向祭坛倾斜，顺应着基地的地形。教堂空间中有大量曲线，营造出三维的有机形态，曲线形的墙面均为自承重。

室外祭坛及讲坛

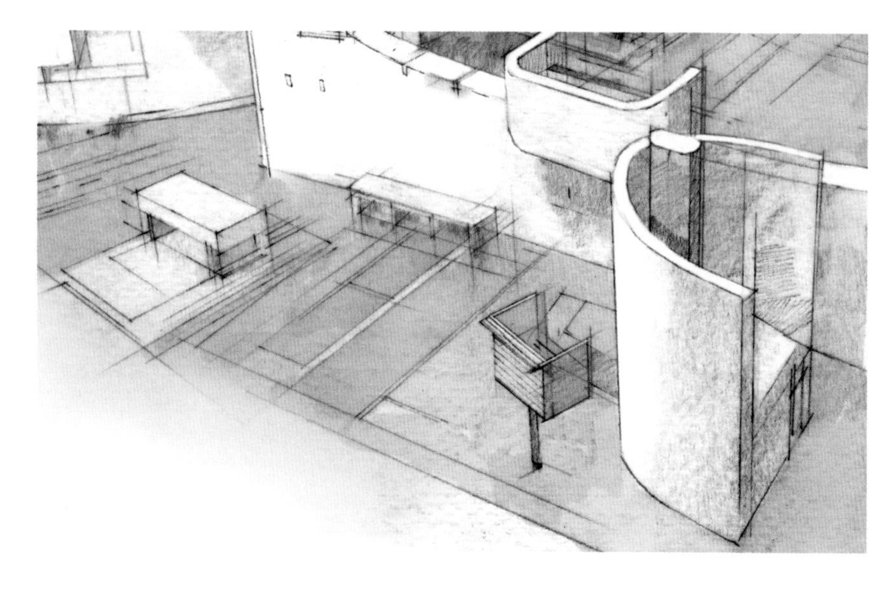

教堂的主祭坛位于室内东端。此外室外还有一座祭坛及一座讲坛，当朝圣者人数较多时可以在户外举行礼拜。勒 · 柯布西耶在东入口附近设置了一处壁龛，内部供奉了从原教堂废墟中找到的圣母马利亚彩色木制雕像。用于讲道的室外平台朝向开敞的绿地，绿地当中有一座金字塔形的和平纪念碑，同样由柯布西耶设计，用来纪念 1944 年 10 月死于解放朗香的战役中的人们。

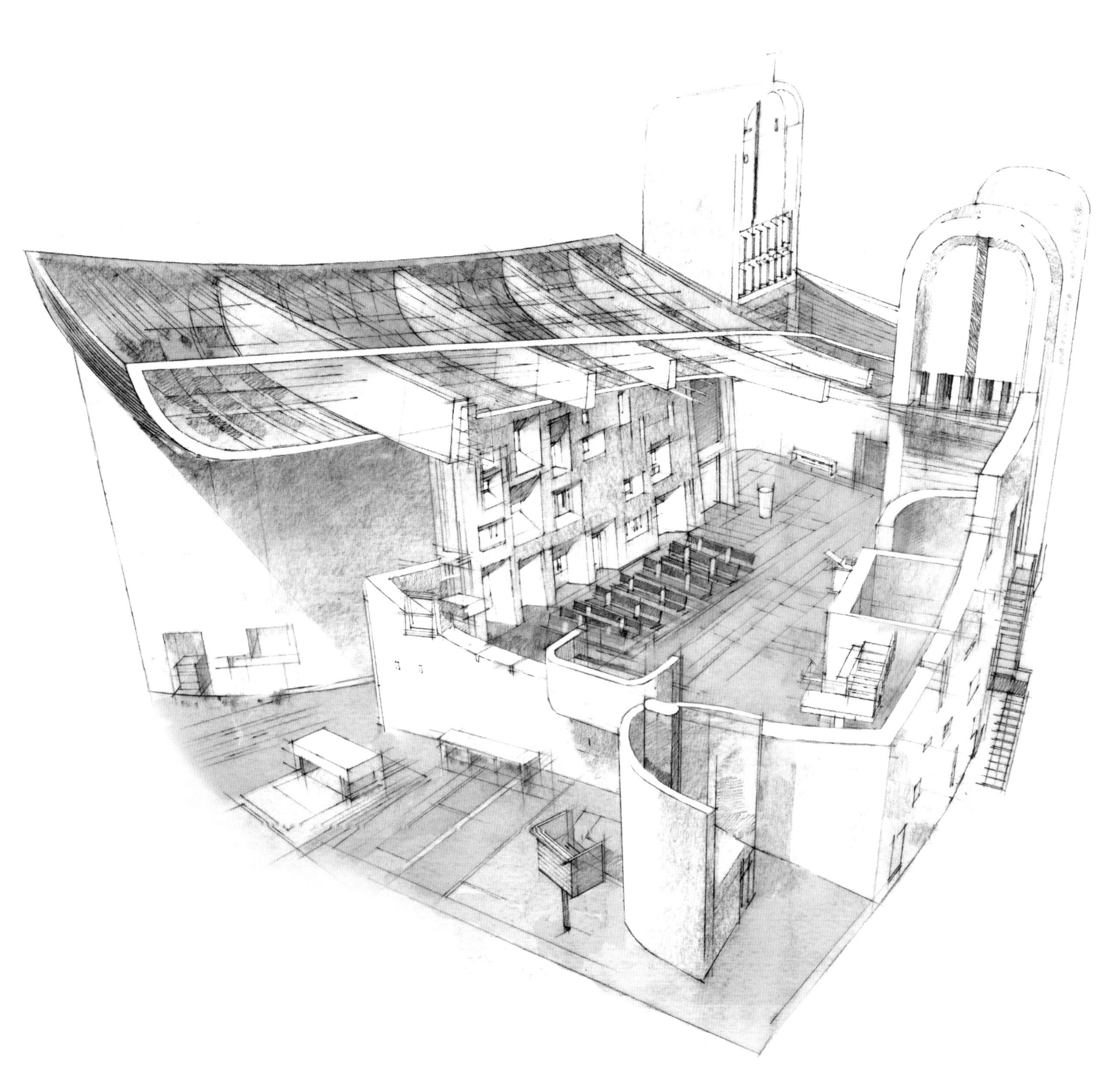

横剖面

朗香教堂最高的塔楼顶部有 23 米。这张剖面图中可以看到中空的屋顶及南墙面，其余的教堂墙体中使用了原教堂的砖石——该教堂在 1944 年的战争中被毁为废墟。与座席相对的北侧空间是开放的唱诗席。右侧碎石墙内的多层空间中设有一个礼拜堂和一间圣器室。位于尽端的门则通往忏悔室。

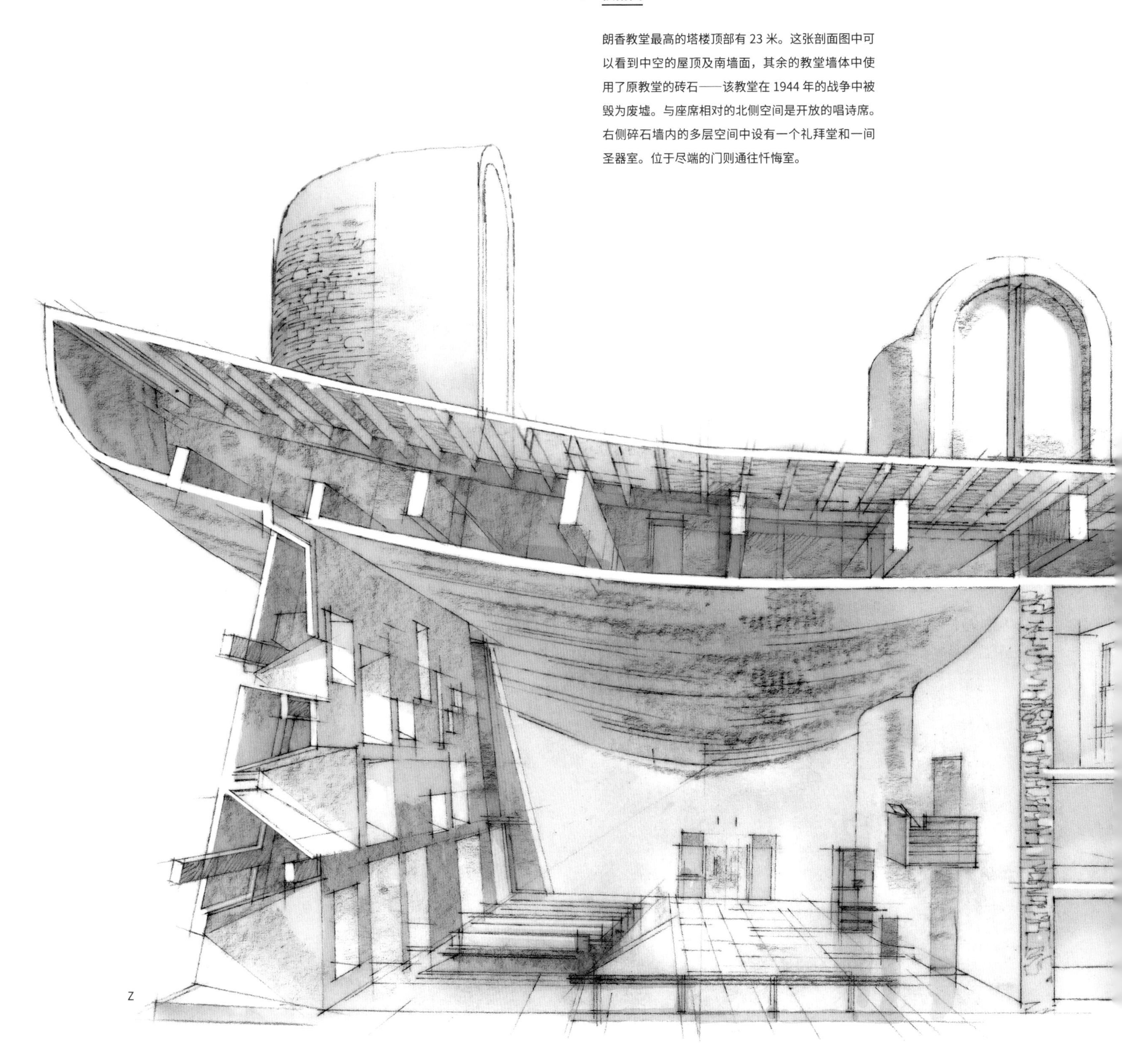

平面图

教堂所在基地的尺寸约为 30×40 米，内部可容纳 200 人。教堂东端则是一处开敞的室外仪式空间，设有一座室外祭坛，可容纳 1000 人。西端的曲线形塔楼空间内设有小礼拜堂及凹进墙内的忏悔室。主入口的旋转门位于西南侧，一间小圣器室则位于对角位置的北侧墙面处。

图例

A 祭坛
B 唱诗席
C 圣器室
D 主入口
E 南侧礼拜堂
F 忏悔室
G 西侧礼拜堂
H 北入口
I 东侧礼拜堂
J 东入口
K 室外祭坛及讲坛

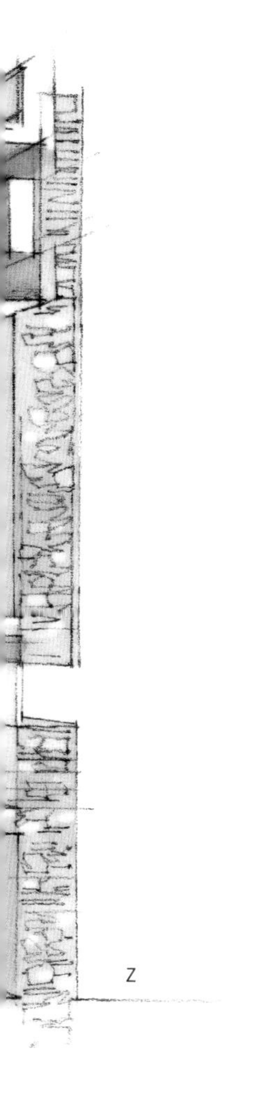

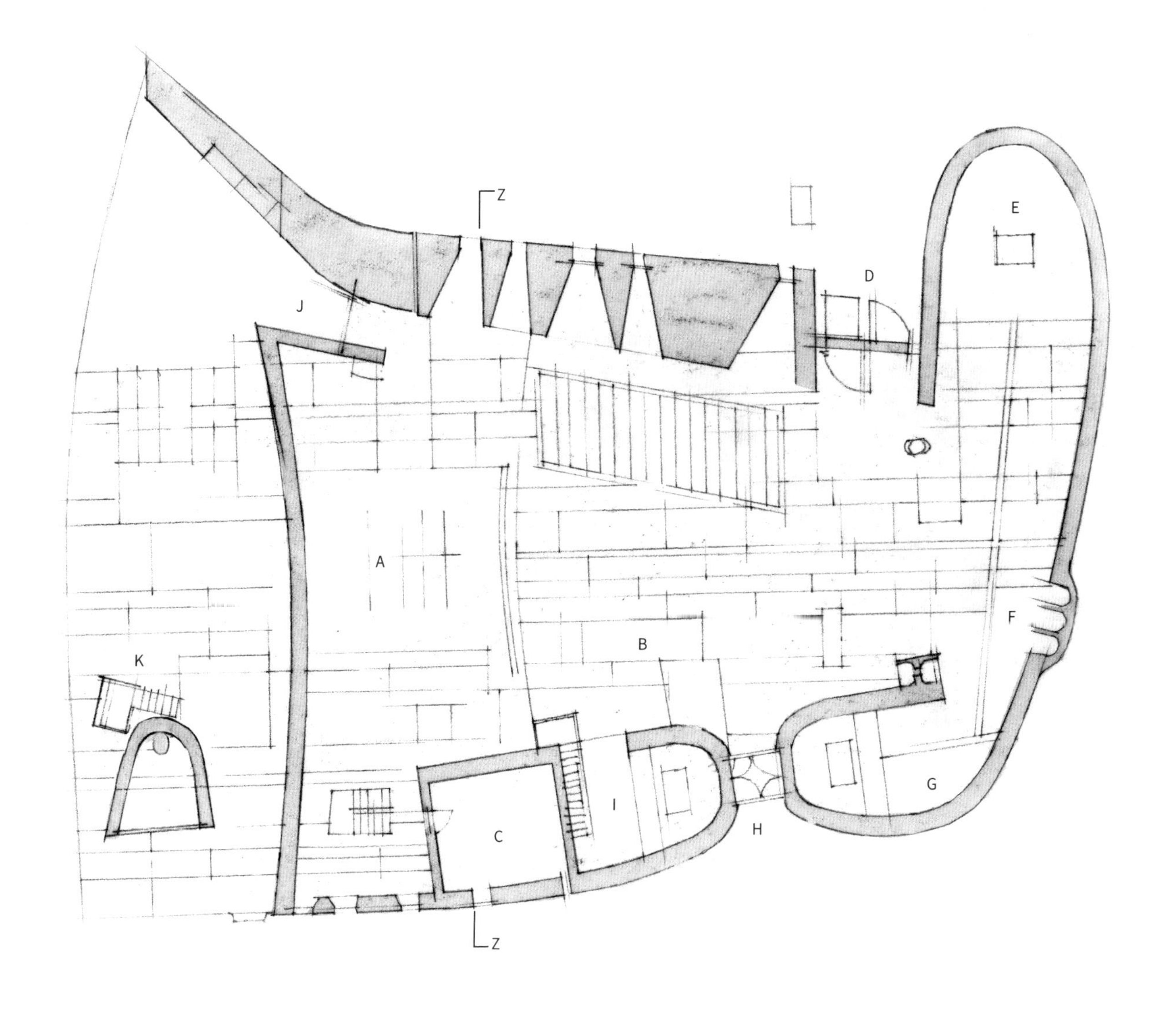

圣家族大教堂

所在地	西班牙巴塞罗那	建筑风格	个人风格
建筑师	安东尼·高迪（Antoni Gaudí）	建造时间	1883 年至今

以 1883 年开始建造的圣家族大教堂作为本章的结尾或许有些奇怪。不过，它预期的建成时间是 2026 年。超过 140 年的建造时间是这座建筑引起争议的话题之一。然而提到建造时间，有必要说明，不少中世纪大教堂的建造也耗费了百十年。例如科隆大教堂（Cologne Cathedral）1248 年开始建造，两个多世纪后在 1473 年停止建造，直到 19 世纪再继续建造，主立面塔楼直到 1880 年才按照原初设计建成。现代大教堂的施工工期也与此类似。华盛顿国家大教堂（Washington National Cathedral）于 1907 年开始建造，1990 年方告建成。还有些至今仍未建成的教堂，如纽约的圣约翰神明大教堂（St. John the Divine），于 1892 年开始建造，在 1909 年修改了设计方案，因此被戏称为“建不完的圣约翰”。圣家族大教堂的情形与圣约翰神明大教堂类似，它的设计也修改过，从颇为理性的哥特风格变成了如今极具个人色彩的表现主义杰作，并且至今还在建造当中。

神圣家族赎罪宗座圣殿（Basílica i Temple Expiatori de la Sagrada Família，全名），是安东尼·高迪（1852—1926）倾其毕生心力建造的代表作品。高迪于 1878 年毕业于巴塞罗那高等建筑技术学院，曾担任绘图员，这一工作进一步扩展了他建筑方面的知识。尽管学生期间表现并不突出，他在个人执业时却非常优秀，尤其擅长细节设计，并且热爱自然形式。他将自然界的形式加以几何化的抽象，以多彩的陶瓷表现出来，颇具有哥特式、亚洲式或伊斯兰韵味。他早期最著名的作品包括古埃尔别墅（Güell Pavilions,

1887；现为古埃尔公园一部分）与比森斯之家（Casa Vicens，1888），均位于巴塞罗那。他的表现主义式的自然主义风格最突出地表现在巴特罗公寓（Casa Batlló，1906）、米拉公寓（Casa Milà，1912）和古埃尔公园（1914）中，这几个项目也建于巴塞罗那。

高迪为这些建筑绘制了部分图纸，不过他对三维形态的迷恋使得他更倾向于制作模型与石膏倒模，部分圣家族大教堂模型至今尚存。尽管高迪 1883 年就开始了教堂设计，他在 1915—1926 年间才倾注了绝大部分时间在这个项目上，并且逐渐成为一名虔诚的天主教徒。教堂的地下室原是传统的哥特风格，由弗朗西斯科・德・保拉・德尔・比利亚尔・伊・洛萨诺（Francisco de Paula del Villar y Lozano，1828—1901）在 1882 年建成。高迪以自己的风格更改了包括地下室在内的全部建筑设计。大教堂中厅为五开间，就像一片树林，上部带有双曲面或椭圆形的穹顶。有机形式的入口立面，尤其是“诞生”（Nativity）立面是由高迪亲自设计的，带有表现主义雕塑，是对哥特式大教堂应有元素的个性化图解。高迪设计的教堂平面中有 18 座高塔。他的设计风格在世纪之交时从风格化转向更为有机的形式，因而也表现在圣家族大教堂设计的改变上。这一转变尤其体现在两个未建成的设计方案中：巴塞罗那附近的科洛尼亚・古埃尔教堂（Church of the Colònia Güell，1890—1918）和纽约的魅力酒店（Hotel Attraction，1908），后者带有几座塔楼，高达 360 米。

1926 年 6 月 7 日，高迪被一辆有轨电车撞倒了，几天之后去世。高迪的助手多梅内克・苏格拉内斯（Domènec Sugrañes，1878—1938）接替了他的工作。尽管保存模型和图纸的高迪工作室在西班牙内战（Spanish Civil War，1936—1939）期间遭到了洗劫，圣家族大教堂的建造工作仍由不同的建筑师不断继续，其中包括路易・博内特・伊・加里（Lluís Bonet i Gari，1893—1993）及他的儿子霍尔迪・博内特・伊・阿门戈尔（Jordi Bonet i Armengol，1925—　）。中厅在 2000 年建成，2006 年建成了部分高塔及交叉支撑结构，一座带穹顶的圣器室于 2016 年建成。如今的总建筑师霍尔迪・福利・伊・奥列尔（Jordi Faulí i Oller，1959—　）预计建筑将在 2026 年全部完成，总造价约 2500 万欧元，大部分由门票收入负担。

上左图　诞生大门细部。此处的雕塑完成于 1905 年，由高迪直接指导。这个立面及地下室被联合国教科文组织列入《世界遗产名录》。

上右图　树枝状的柱子划分出中厅及表现主义的拱顶。柱头的形式抽象模拟了英国梧桐的结节与树皮。

梅霍拉达・德尔・坎波“大教堂”

高迪的毕生之作圣家族大教堂的设计似乎启发了梅霍拉达・德尔・坎波镇（Mejorada del Campo）的“大教堂”，后者的平面尺寸为 50×25 米，由胡斯托・加列戈・马丁内斯（Justo Gallego Martínez，1925—2021）以废旧建筑材料耗费了超过 50 年的时间建造。他曾是一名农夫、斗牛士与特拉普派修士，自学成为建筑师与工匠，并将余生献给了这座距马德里 20 千米的教堂。他将教堂命名为圣母柱像教堂（Nuestra Señora del Pilar），纪念圣雅各（St. James the Greater）于古罗马西班牙行省布道时圣母与耶稣显灵。

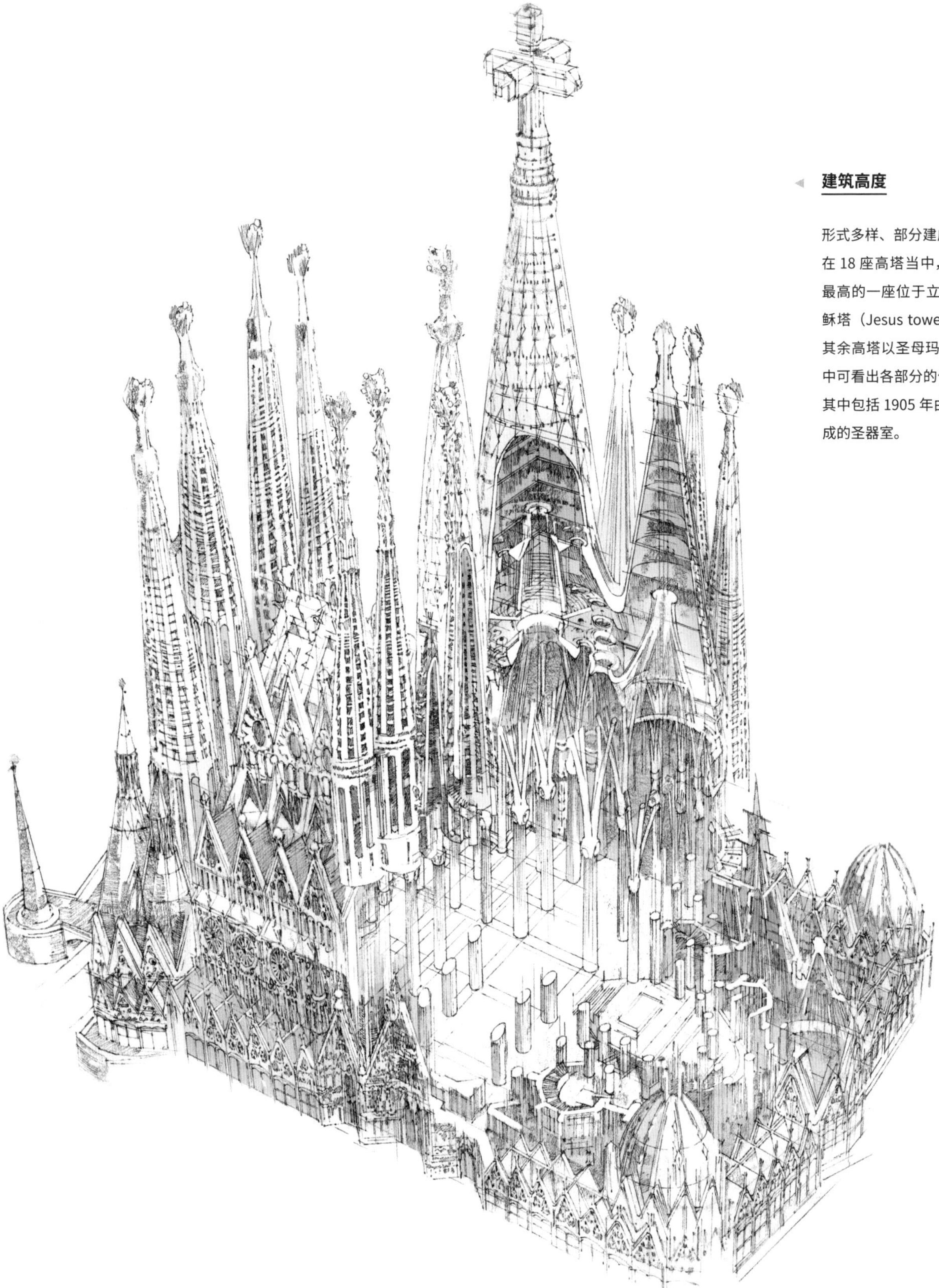

建筑高度

形式多样、部分建成的多座高塔界定出教堂的外轮廓，在 18 座高塔当中，有 8 座已经建造完成。已建成的最高的一座位于立面上，总高为 106.9 米；主塔即耶稣塔（Jesus tower）尚未建成，计划为 170.6 米高；其余高塔以圣母玛利亚和诸位使徒命名。这张剖视图中可看出各部分的位置关系，褐色的部分是已建成的，其中包括 1905 年由高迪建造的诞生立面及 2016 年完成的圣器室。

耶稣塔

主塔是献给耶稣的，周边由较小的塔楼环绕、支撑。这与高迪在 1908 年为曼哈顿下城设计的高层酒店方案颇为类似，该酒店设计有若干抛物线形状的塔楼，曾计划建于原世贸中心（1973；毁于 2001）基地上。耶稣塔仅有底座部分建成，主要是交叉拱顶。2006 年时交叉拱的框架及钢筋都已经安置好，可供混凝土现场浇筑。

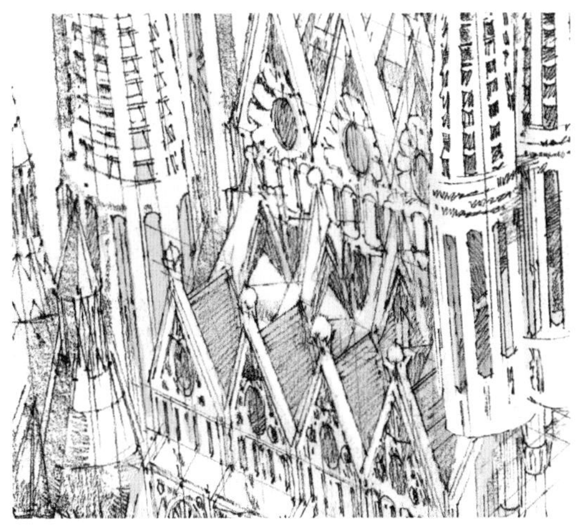

飞扶壁

像许多哥特式大教堂一样，这座教堂也设计了飞扶壁，不过主要出于美学效果而不是结构需要。带有大量山形墙的中厅高侧窗墙面已经建好，并未建造方案中的扶壁。这些扶壁原被设计为交叉的抛物线形，用于结构支撑。

圣器室

圣器室于 2016 年建成，这座多层的小型坦比哀多（tempietto）约 46 米高。这里是展览空间，用以展示此建筑的历史及相关工艺。它的设计原稿在 1951 年出版。

平面图

乍一看，这座建筑的各个部分似乎是毫无逻辑地塞在矩形地块里，事实上它的平面布局却是十分传统的，与法国式大教堂的平面非常类似。中厅两侧各有两开间的侧厅，平面呈拉丁十字形，带有传统的侧翼和交叉结构，还有唱诗厅或圆形后殿，尽端则是半圆形礼拜堂。此平面图可以与对页的剖视图对应来看。

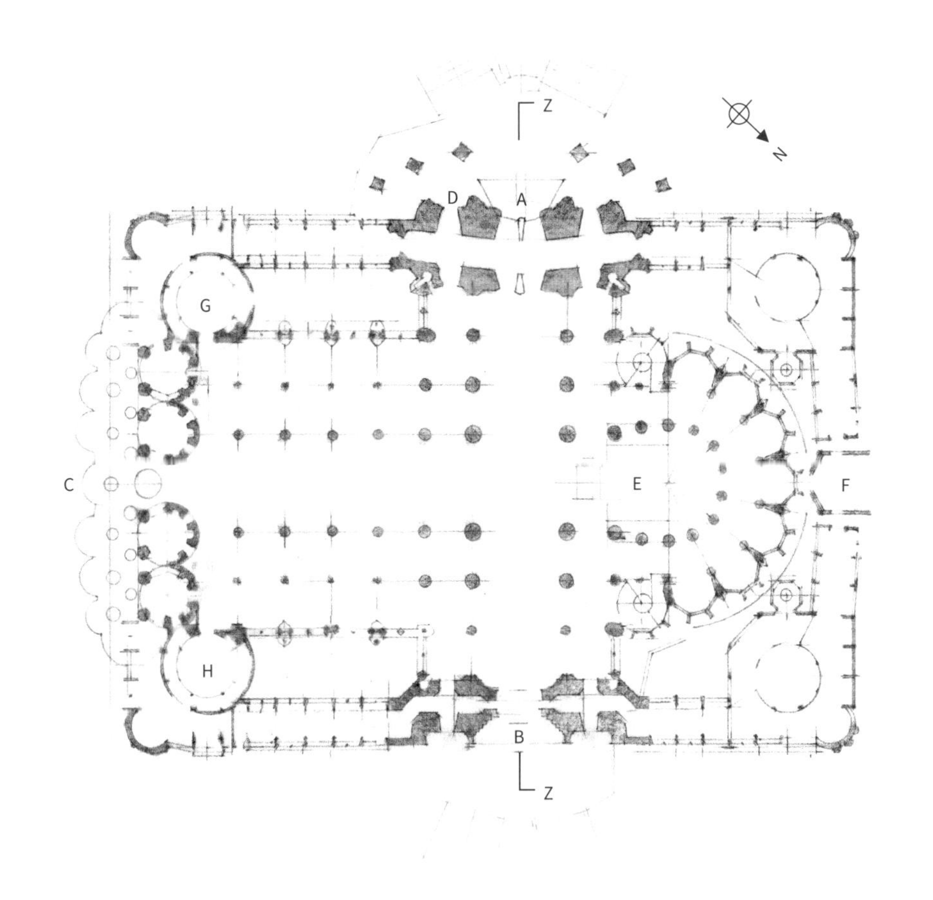

图例

A 受难大门
B 诞生大门
C 荣耀大门
D 入口
E 祭坛（下部为地下室）
F 复活礼拜堂
G 洗礼堂
H 圣事礼拜堂

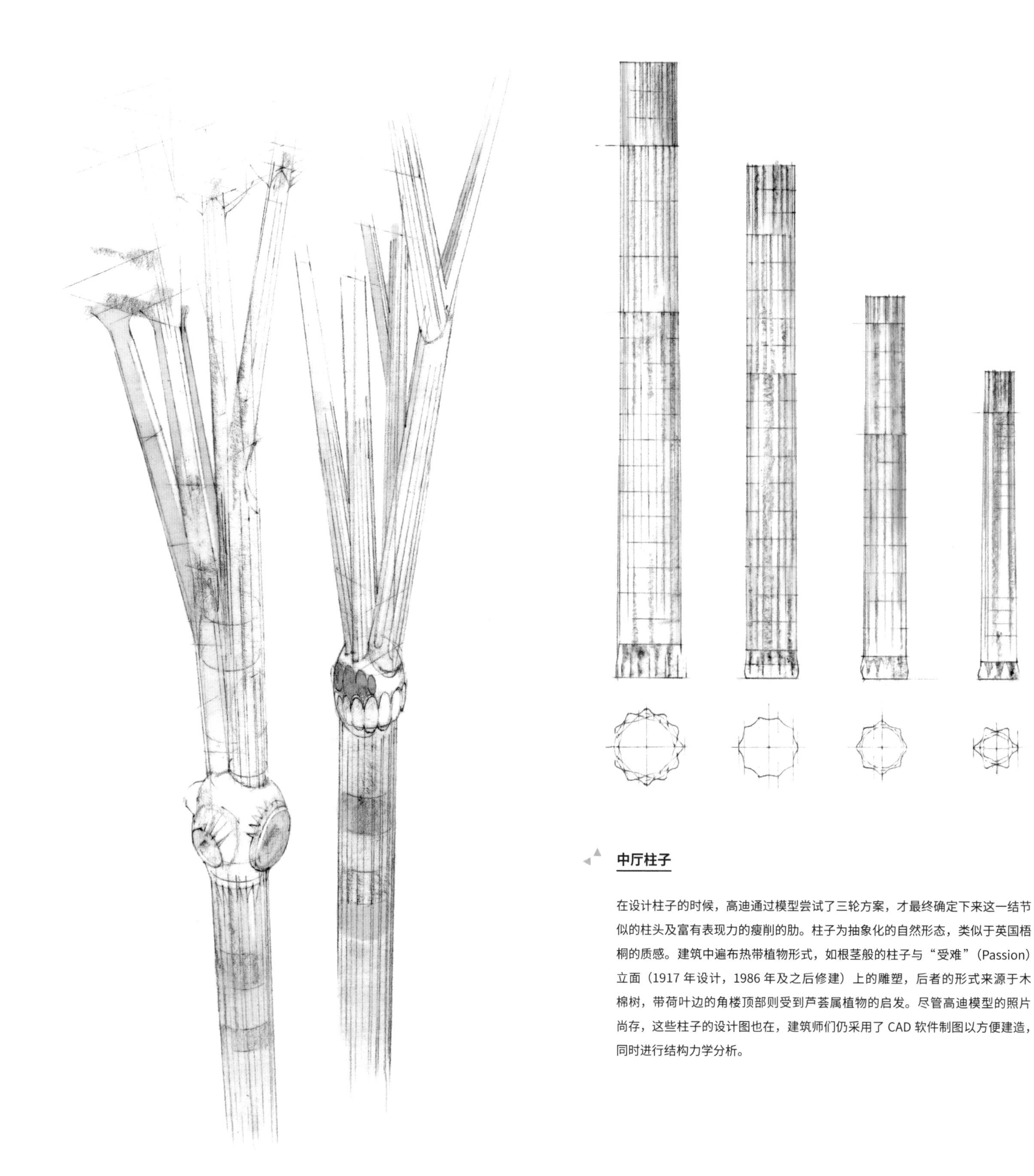

中厅柱子

在设计柱子的时候，高迪通过模型尝试了三轮方案，才最终确定下来这一结节似的柱头及富有表现力的瘦削的肋。柱子为抽象化的自然形态，类似于英国梧桐的质感。建筑中遍布热带植物形式，如根茎般的柱子与“受难”（Passion）立面（1917 年设计，1986 年及之后修建）上的雕塑，后者的形式来源于木棉树，带荷叶边的角楼顶部则受到芦荟属植物的启发。尽管高迪模型的照片尚存，这些柱子的设计图也在，建筑师们仍采用了 CAD 软件制图以方便建造，同时进行结构力学分析。

横剖面

高迪的图纸对于建造来说也许不够精确，不是因为太过草率（尽管偶尔也有这种情况），而是细节和设计太具有表现力。这张剖面图（在第 291 页的平面剖切号为 Z）模拟了他的风格。图上描绘了带尖刺的塔尖。东西两侧的塔的立面上嵌有反光的矿物质，如二硫化铁、方铅矿、萤石等。这是高迪对自然材料与形式迷恋的延伸，而这正是这座建筑设计的基础。建筑下方是满铺的地下室。

参考书目

如今，大部分人可以通过网络来获得所需的建筑知识，尽管当需要深入研究时，传统出版物在提供信息方面依然不可取代。提及网络，鉴于网址可能随时变化，我们建议读者采用关键词搜索的方式来查询本书中的相关内容。至于常访问的网址，在罗比·波利看来，本书中所列的建筑师的个人网站以及一些建筑组织或团体如联合国教科文组织遗产中心的网站是很有用的，此外还有维基百科、大英百科全书等。本书选入的建筑很多是博物馆、文化机构或历史建筑，它们也可能有专门的网页。若需进一步的信息，鉴于与建筑相关的出版物实在不胜枚举，我们仅能够在下文依据章节顺序选择一部分书目以供参考。其跨度从著名的由巴尼斯特·弗莱彻爵士（Sir Banister Fletcher）编撰的《弗莱彻建筑史》（*A History of Architecture on the Comparative Method*，1896 年第一版）到丹纳·琼斯（Denna Jones）编写的《建筑：一部完整的历史》（*Architecture: The Whole Story*，2014）。这些书籍以及其他相关文献在本书成文的那段时间里均可在芝加哥艺术学院的赖尔森与伯纳姆图书馆（Ryerson and Burnham Libraries）中找到。

公共建筑

古罗马斗兽场

Keith Hopkins and Mary Beard. *The Colosseum*. Cambridge, Massachusetts, 2005.

戴克里先宫

Iain Gordon Brown. *Monumental Reputation. Robert Adam & the Emperor's Palace*. Edinburgh, 1992.

Marco Navarra, ed. Robert Adam. *Ruins of the Palace of the Emperor Diocletian, 1764*. Cannitello, Italy, 2001.

威尼斯总督府

Giandomenico Romanelli, ed. *Palazzo Ducale Storia e Restauri*. Verona, 2004.

Wolfgang Wolters. *The Doge's Palace in Venice*. Berlin, 2010.

美国国会大厦

William C. Allen. *The Dome of the United States Capitol: An Architectural History*. Washington, D.C., 1992.

Henry Hope Reed. *The United States Capitol, Its Architecture and Decoration*. New York, 2005.

克莱斯勒大厦

Donald L. Miller. *Supreme City*. New York, 2014.

David Stravitz. *The Chrysler Building: Creating a New York Icon*. New York, 2002.

杜勒斯国际机场

Jayne Merkel. *Eero Saarinen*. London, 2005.

John Zukowsky, ed. *Building for Air Travel*. Munich, 1996.

昌迪加尔议会大厦

H. Allen Brooks, ed. *The Le Corbusier Archive*, vols. XXII–XXV. New York, 1983.

Jaspreet Takhar, ed. *Celebrating Chandigarh. 50 Years of the Idea*. Chandigarh-Ahmedabad, 1999.

孟加拉国国民议会大厦

Kazi Khaleed Ashraf and Saif Ul Haque, *Sherebanlanagar: Louis Kahn and the Making of a Capital Complex*. Dhaka, 2002.

Grischa Rüshchendorf. *Louis Kahn House of the Nation*. San Francisco, 2014.

德国国会大厦

Michael S. Cullen. *The Reichstag: German Parliament between Monarchy and Feudalism*. Berlin, 1999.

David Jenkins, ed. *Rebuilding the Reichstag*. London, 2000.

伦敦水上运动中心

Yoshio Futagawa. *Zaha Hadid*. Tokyo, 2014.

世贸中心交通枢纽

Joann Gonchar. "Talk of the Town," *Architectural Record* (April 2016), 50–53.

Alexander Tzonis. *Santiago Calatrava. The Complete Works*. New York, 2011.

纪念性建筑

帕特农神庙

Jenifer Neils, ed. *The Parthenon: From Antiquity to the Present*. Cambridge, England, 2005.

吴哥窟

Eleanor Mannikka. *Angkor Wat. Time, Space and Kingship*. Honolulu, 1996.

K.M. Srivastava. *Angkor Wat and Cultural Ties with India*. New Delhi, 1987.

泰姬·玛哈尔陵

Ebba Koch. *The Complete Taj Mahal*. London, 2006.

凡尔赛宫

Jean and Louis Faton. *La Galerie des Glaces. Histoire & Restaurantion*. Dijon, 2007.

James Arnot and John Wilson. *The Petit Trianon Versailles*. New York, 1929.

蒙蒂塞洛

Beth L. Cheuk. *Thomas Jefferson's Monticello*. Chapel Hill, North Carolina, 2002.

Susan R. Stein. *The Worlds of Thomas Jefferson at Monticello*. New York, 1993.

爱因斯坦塔

Norbert Huse, ed. *Mendelsohn, der Einsteinturm: die Geschichte einer Instandsetzung*. Stuttgart, 2000.

艺术与教育建筑

约翰·索恩爵士博物馆

Helene Mary Furján. *Glorious Visions: John Soane's Spectacular Theater*. New York, 2011.

Susan Palmer. *The Soanes at Home. Domestic Life at Lincoln's Inn Fields*. London, 1997.

格拉斯哥艺术学院

William Buchanan, ed. *Mackintosh's Masterwork. The Glasgow School of Art*. Glasgow, 1989.

包豪斯

C. Irrgang. *The Bauhaus Building in Dessau*. Leipzig, 2014.

Monika Margraf, ed. *Archäologie der Moderne : Sanierung Bauhaus Dessau*. Berlin, 2006.

巴塞罗那馆

Franz Schulze. *Mies van der Rohe: A Critical Biography*. Chicago, 1985, rev. 2012.

所罗门·R. 古根海姆博物馆

Alan Hess. *Frank Lloyd Wright. Mid-Century Modern*. New York, 2007.

柏林爱乐音乐厅

Peter Blundell Jones. *Hans Scharoun*. London, 1995.

Wilfrid Wang and Daniel E. Sylvester, eds. *Hans Scharoun Philharmonie*. Berlin, 2013.

金贝尔艺术博物馆

Patricia Cummings Loud. *The Art Museums of Louis I. Kahn*. Durham, North Carolina, 1989.

悉尼歌剧院

P. Murray. *The Saga of Sydney Opera House*. New York, 2004.

乔治·蓬皮杜中心

Kester Rattenbury and Samantha Hardingham. *Richard Rogers. The Pompidou Centre*. New York, 2012.

卢浮宫扩建

Philip Jodidio and Janet Adams Strong. *I.M. Pei Complete Works*. New York, 2008.

I.M. Pei and E.J. Biasini. *Les Grands Desseins du Louvre*. Paris, 1989.

毕尔巴鄂古根海姆博物馆

Coosje van Bruggen. *Frank O. Gehry, Guggenheim Museum Bilbao*. New York, 1998.

国立非裔美国人历史与文化博物馆

Mabel Wilson. *Begin with the Past: Building of the National Museum of African American History and Culture*. Washington, D.C., 2016.

Okwui Enwezor and Zoë Ryan, in consultation with Peter Allison, eds. *David Adjaye: Form, Heft, Material*. Chicago, 2015.

居住建筑

博讷主宫医院

Nicole Veronee-Verhaegen. *L'Hôtel-Dieu de Beaune*. Brussels, 1973.

阿尔梅里科-卡普拉别墅（圆厅别墅）

Gian Antonio Golin. *La Rotonda: Andrea Palladio*. Venice, 2013.

Renato Cevese, Paola Marini, Maria Vittoria Pellizzari. *Andrea Palladio la Rotonda*. Milan, 1990.

塔塞尔公馆

François Loyer and Jean Delhaye. *Victor Horta: Hotel Tassel, 1893–1895*. Brussels, 1986.

施罗德住宅

Bertus Mulder. *Rietveld Schröder House*. New York, 1999.

玻璃之家

Yukio Futagawa, ed. *Pierre Chareau Maison de Verre*. Tokyo, 1988.

流水别墅

Lynda Waggoner, ed. *Fallingwater*. New York, 2011.

玛丽亚别墅

Göran Schildt. *The Architectural Drawings of Alvar Aalto 1917–1939, vol. 10*. New York, 1994.

路易斯·巴拉甘住宅

Luis Barragán. *Luis Barragan: His House*. Mexico City, 2011.

伊姆斯住宅

Elizabeth A.T. Smith. *Blueprints for Modern Living: History and Legacy of the Case Study Houses*. Los Angeles, 1989.

James Steele. *Eames House: Charles and Ray Eames*. London, 1994.

中银舱体大厦

Peter Cachola Schmal, Ingeborg Flagge, Jochen Visscher, eds. *Kisho Kurokawa: Metabolism and Symbiosis*. Berlin, 2005.

绝对大厦（梦露大厦）

Ma Yansong. *MAD Works MAD Architects*. London, 2016.

宗教建筑

圣索菲亚大教堂

Heinz Kähler and Cyril Mango. *Hagia Sophia*. New York, 1967.

Roland Mainstone. *Hagia Sophia*. London, 1988.

科尔多瓦清真寺—大教堂

Antonio Fernández-Puertas. *Mezquita de Córdoba: su estudio arqueológico en el siglo XX*. Granada, 2009.

Gabriel Ruiz Cabrero. *Dibujos de la Catedral de Córdoba: Visiones de la Mezquita*. Cordoba and Madrid, 2009.

沙特尔大教堂

Philip Ball. *Universe of Stone: A Biography of Chartres Cathredral*. New York, 2008.

Brigitte Kurmann-Schwarz and Peter Kurmann. *Chartres: la cathédrale*. Saint-Léger-Vauban, 2001.

金阁寺

Jiro Murata. "The Golden Pavilion," *Japan Architect* (March 1963), 90–97.

佛罗伦萨大教堂

Eugenio Battisti. *Brunelleschi: The Complete Work*. London, 1981.

Francesca Corsi Massi. *Il ballatoio interno della Cattedrale di Firenze*. Pisa, 2005.

Marvin Trachtenberg. *Giotto's Tower*. New York, 1971.

巴塔利亚修道院

Vergilio Correia. *Batalha. Estudo Historico-Artistico-Arqueologico do Mosteiro da Batalha*. Porto, 1929.

Ralf Gottschlich. *Das Kloster Santa Maria da Vitoría in Batalha und seine Stellung in der Iberischen Sakralarchitektur des Spätmittelalters*. Hildesheim, 2012.

圣彼得大教堂

Barbara Baldrati. *La Cupola di San Pietro. Il Metodo Costruttivo e il Cantiere*. Rome, 2014.

Paul Letarouilly. *The Vatican and Saint Peter's Basilica of Rome*. New York, 2010, orig. Paris, 1882.

圣保罗大教堂

Derek Keene, Arthur Burns, Andrew Saint, eds. *St. Paul's: The Cathedral Church of London, 604–2004*. New Haven, 2004.

Ann Saunders. *St. Paul's Cathedral: 1400 Years at the Heart of London*. London, 2012.

朗香高地圣母教堂

Le Corbusier. *Ronchamp, Maisons Jaoul, and Other Buildings and Projects 1951–52*. New York and Paris, 1983.

Danièle Pauly. *Le Corbusier: La Chapelle de Ronchamp*. Paris and Boston, 1997.

圣家族大教堂

I. Puig Boada. *El Templo de la Sagrada Familia*. Barcelona, 1952.

Jordi Cussó i Anglès. *Disfrutar de la Naturaleza con Gaudí y la Sagrada Familia*. Lleida, 2010.

Nicolas Randall. *Sagrada Família: Gaudí's Opus Magnum*. Madrid, 2012.

术语表

拱券（arch）
一种弯曲的、开放式的结构，其两侧推力由拱座承担。开放式拱券如桥梁需要向内的推力以确保两端不会产生滑移，这种固定力或来自于自然界（河岸、峡谷岸）或来自于人工（扶壁）。在西方与伊斯兰建筑中均常见尖券。伊斯兰建筑中有更为特殊的类型如马蹄形及叶形券，而西方建筑中则还有柳叶刀形、三叶草式及都铎式拱券。

华盖（baldachin）
一种室内的顶棚式装饰，通常位于王座上方或宗教建筑的祭坛上方。有悬挂式、独立式，或从墙面凸出来。

学院派（Beaux-Arts）
19 世纪晚期到 20 世纪早期的折中风格，借鉴融合了 16—19 世纪法国建筑的纪念性风格及繁复装饰细节。

遮阳板（brise soleil）
用于窗上的永久性遮阳构件（通常是横向或竖向的肋片，也有砖石材料的镂空图案），在炎热地区尤为常见。勒・柯布西耶的作品推广了这类构件，不过它的形式其实来源于伊斯兰乡土建筑。

扶壁（buttress）
用以支撑墙体的石材或砖结构。扶壁的形式包括转角扶壁与飞扶壁，前者为建筑转角处紧贴墙体的支撑结构，后者为拱券或半券形式，用以支撑墙体的侧推力。更为简单的扶壁类型则包括了呈 45 度角的支撑墙体的木材。

内殿（cella）
指古希腊或罗马神庙中的室内空间，供奉神像；近似的词有 naos，可译为正殿。

扎哈里（chhatri）
建筑顶部的穹顶状亭子，印度建筑中较为常见，尤其是拉贾斯坦邦的拉其普特建筑。

祭坛天盖（ciborium）
基督教祭坛上方的室内顶棚，由柱子支撑，与华盖类似。

高侧窗（clerestory）
教堂中厅高于侧厅屋顶的天窗。天光可以从这些侧窗中直接照射入内部空间。在世俗建筑及居住建筑中，类似的窗也以此命名。

龛堂（exedra）
原意为在半圆形或矩形内凹空间中设置的室外座椅，也被用来指代教堂中的后殿及后殿中的龛式空间。

模板（formwork）
也称为 shuttering，指用于浇筑混凝土的临时或永久性模具。材质通常是木制的，木纹会印在浇筑后的混凝土上。有时为了使建筑表面呈现特殊纹理或造型，建筑师会采用特别定制的模板以获得相应的效果。

复折屋顶（gambrel）
一种双坡屋面形式，屋面分上下不同坡度的两段，上段坡度较缓，下段坡度较陡。

喷浆（gunite）
水泥、沙与水混合，通过压力管喷射，形成一层坚硬的混凝土层。

高技派（High-Tech）
受到工业材料与技术启发而形成的一种建筑风格。这一词语来源于一本室内设计图书《高科技：家居的工业形式与资料集》（*High Tech: The Industrial Style and Source Book for the Home*, 1978），编写者为琼・克朗（Joan Kron）和苏珊・斯莱辛（Suzanne Slesin）。这一词语的出现取代了 1970 年代用于描述此类建筑的“工业风格”一词。

国际式风格（International Style）
一种强调形式重于社会环境的建筑风格，最早由亨利・拉塞尔・希契科克（Henry Russell Hitchcock）与菲利普・约翰逊在 1932 年定义。大约 1925—1965 年，这种风格主要出现在欧洲现代主义运动及包豪斯学派建筑中，其后在美国盛行，并且传播到世界各地，影响了诸多建筑类型，如公司大厦等。

孟莎屋顶（mansard roof）
一种两段式屋顶，四面的下部屋顶都比上部屋顶坡度大且长，且两段屋顶之间形成剧烈的夹角。由于上部屋顶较小且坡度太缓，不经意看时甚至会被忽略。这种屋顶设计是法国文艺复兴建筑所特有的，在 19 世纪法国第二帝国建筑中成为普遍应用的元素。

排档间饰（metopes）
多立克式横楣饰带上三陇板之间的矩形空间，通常装饰有雕刻。

前厅（narthex）
中世纪基督教教堂入口处的门廊部分。拜占庭建筑的前厅有两种，一种是内前厅（esonarthex），位于建筑内部中厅（nave）与侧厅（aisles）的前方；另一种是外前厅（exonarthex），位于建筑主立面外侧。前厅与内部空间会通过柱子、栏杆或墙面进行明确的分隔。

圆窗；圆形天窗（oculus，复数 oculi）
圆形窗；穹顶顶端的圆形开口。

后室（opisthodomos）
古希腊神庙后部距离主入口最远端的房间。

主楼层（piano nobile）
豪宅的主要楼层，其中包括了公共接待室等房间，通常位于抬高的地面层，比其他各层层高更高。

底层架空（pilotis）
通过立柱、桩子等将建筑底层抬高，留出下方开放的空间。这种做法源于乡土建筑，因勒·柯布西耶而流行开来。它有不同的变体形式，如巴西建筑师奥斯卡·尼迈耶（Oscar Niemeyer）的 V 形与 W 形的底层架空柱。

皮斯塔克（pishtaq）
清真寺建筑中引人注目的悬挑式大门，通常为拱券形式，嵌在矩形、平坦的装饰框架当中，其用途为强化建筑的外观。

前殿（pronaos）
古希腊神庙中前部的房间，通常形式为内殿前方的柱廊（portico）。

四马双轮战车（quadriga）
由四匹马并排驾驶的双轮战车。

钢筋混凝土（reinforced concrete）
于混凝土内部浇筑钢筋或钢丝以加强混凝土的抗拉强度。

塞利奥式窗（Serlian window）
一种三部分组合窗形式，当中的窗带有拱券，两侧通常是较窄的平顶窗。它的名称来源于塞巴斯蒂亚诺·塞利奥，他在《建筑》（*L'architettura*，1537）一书中描述了这种窗。这种窗也常被称为帕拉第奥式窗（Palladian window），因为与安德烈亚·帕拉第奥的建筑中常见的开口方式类似。

坦比哀多（tempietto）
小型神庙式建筑，通常为圆形。

梁柱体系（trabeated system）
一种基本的建筑结构体系，由两根立柱支撑上部的水平横梁而构成。

二层拱廊（triforium）
教堂中厅拱券上方的拱廊，位于中厅与高侧窗之间，形成了侧厅上部的二层空间。

山花（tympanum）
建筑入口上部半圆或三角形区域，由横楣与拱券围合，通常装饰有浮雕。

古希腊建筑柱式

古希腊建筑的柱子分为三种风格明确的柱式：多立克式、爱奥尼式与科林斯式。

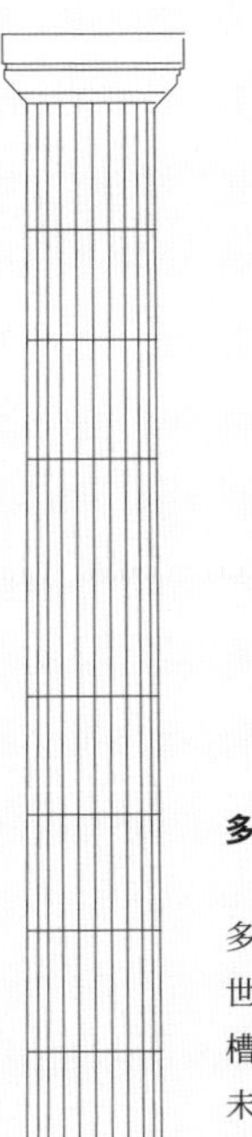

多立克柱式

多立克柱式形成于公元前 6 世纪早期，其特征是带有凹槽的柱子直接落在地面上，未设柱础，顶部是简洁的、毫无装饰的柱头。

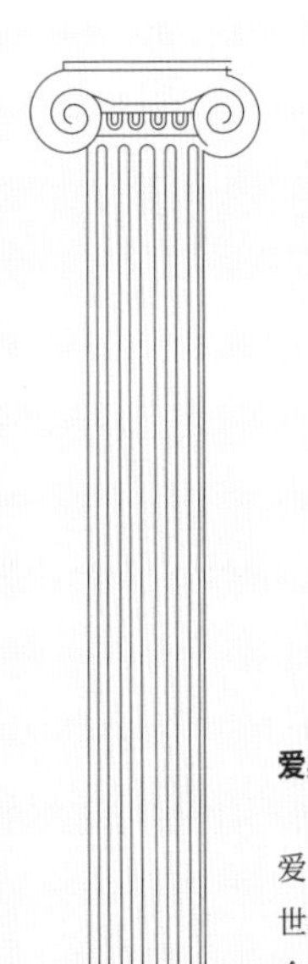

爱奥尼柱式

爱奥尼柱式出现于公元前 6 世纪中期的爱奥尼地区（如今的土耳其），柱身较为纤细，带有更多凹槽。底部为造型柱础，顶部带有涡卷装饰。

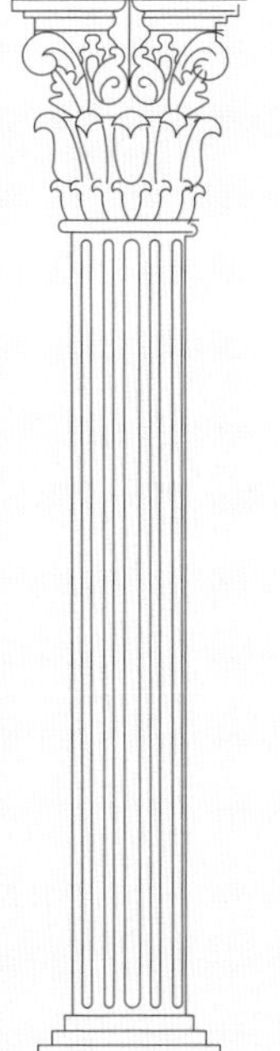

科林斯柱式

科林斯柱式发展于公元前 5 世纪，在古罗马时期是更受喜爱的柱式。它最显著的特征是精致的柱头，雕刻有两行交错的莨菪叶片及四个涡卷。

图片版权说明

手绘插图由罗比·波利绘制。照片来源如下:

(符号说明: top = t; bottom = b; left = l; right = r; centre = c; top left = tl; top right = tr; centre left = cl; centre right = cr; bottom left = bl; bottom right = br)

2 Architectural Images/Alamy Stock Photo 12 Fotofeeling/Getty Images 15 James Ewing/OTTO Archive 16 Denis Polyakov/Alamy Stock Photo 17t phxart.org/Wikimedia Commons 17bl Evan Reinheimer/Getty Images 17br J. Pie/Alamy Stock Photo 22 Mrak.hr/Shutterstock 23tl DEA Picture Library/Getty Images 23bl Tuomas Lehtinen/Alamy Stock Photo 23r Peter Noyce ITA/Alamy Stock Photo 28 @Didier Marti/Getty Images 29tl Roland Liptak/Alamy Stock Photo 29tr dominic dibbs/Alamy Stock Photo 29b Photo by H.N. Tiemann/The New York Historical Society/Getty Images 34 © Corbis/VCG/Getty Images 35tl Thornton, William, Architect. [U.S. Capitol, Washington, D.C. East elevation, low dome]. Washington D.C, None. [Between 1793 and 1800] Photograph. Retrieved from the Library of Congress, https://www.loc.gov/item/92519533/ 35bl Irene Abdou/Alamy Stock Photo 35r Photo by Library of Congress/Corbis/VCG via Getty Images 38 Cameron Davidson/Getty Images 39l Elizabeth Wake/Alamy Stock Photo 39c Nathan Benn/Corbis via Getty Images 39r Iconic New York/Alamy Stock Photo 44 Connie Zhou/OTTO Archive 45tl Balthazar Korab/OTTO Archive 45tr Granger Historical Picture Archive/Alamy Stock Photo 45b Connie Zhou/OTTO Archive 48 James Ewing/OTTO Archive 49t (c) Stephane Couturier/Artedia/VIEW 49b ITAR-TASS Photo Agency/Alamy Stock Photo 54 David Greedy/Lonely Planet Images/Getty Images 55t VIEW Pictures Ltd/Alamy Stock Photo 55bl Phillip Harrington/Alamy Stock Photo 55br Majority World/UIG via Getty Images 58 (c) Werner Huthmacher/Artur/VIEW 59tl VIEW Pictures Ltd/Alamy Stock Photo 59tr dpa picture alliance/Alamy Stock Photo 59b akg-images/Alamy Stock Photo 64 Hufton+Crow/Corbis Documentary/Getty Images 65tl Hufton+Crow/Corbis Documentary/Getty Images 65tr View Pictures/REX/Shutterstock 65b Loop Images Ltd/Alamy Stock Photo 70 James Ewing/OTTO Archive 71tl Peter Aaron/OTTO Archive 71tr Leonardo Mascaro/Alamy Stock Photo 71b Kim Karpeles/Alamy Stock Photo 76 Pakawat Thongcharoen/Moment/Getty Images 79 charistoone-travel/Alamy Stock Photo 80 Ren Mattes/ hemis.fr/Getty Images 81t Nick Dale/Design Pics/Getty Images 81bl akg-images/Peter Connolly 81br Brian Jannsen/Alamy Stock Photo 86 Boy_Anupong/Moment/Getty Images 87t imageBROKER/Alamy Stock Photo 87bl Robert Holmes/Alamy Stock Photo 87br VW Pics/Universal Images Group/Getty Images 92 Wildviews/Charles Tomalin/Alamy Stock Photo 93tl Diana Mayfield/Lonely Planet Images/Getty Images 93tr david pearson/Alamy Stock Photo 93b khairel anuar che ani/Moment/Getty Images 96 Guillaume Baptiste/AFP/Getty Images 97tl Hemis/Alamy Stock Photo 97tr Loop Images/Tiara Anggamulia/Passage/Getty Images 97b Kalpana Kartik/Alamy Stock Photo 102 Albert Knapp/Alamy Stock Photo 103tl Buddy Mays/Alamy Stock Photo 103tr Evan Sklar/Alamy Stock Photo 103b Philip Scalia/Alamy Stock Photo 108 akg-images/Bildarchiv Monheim/Opitz 109t Photo Scala, Florence/bpk, Bildagentur fuer Kunst, Kultur und Geschichte, Berlin 109c ullstein bild/ullstein bild via Getty Images 109b Photo Scala, Florence/bpk, Bildagentur fuer Kunst, Kultur und Geschichte, Berlin 112 Brad Feinknopf/OTTO Archive 114 Jannis Werner/Alamy Stock Photo 116 Mark Lucas/Alamy Stock Photo 117t Arcaid Images/Alamy Stock Photo 117bl Mieneke Andeweg-van Rijn/Alamy Stock Photo 117br Archimage/Alamy Stock Photo 122 John Peter Photography/Alamy Stock Photo 123tl Leemage/Universal Images Group/Getty Images 123tr VIEW Pictures Ltd/Alamy Stock Photo 123b John Peter Photography/Alamy Stock Photo 126 ullstein bild/Getty Images 127tl Ton Kinsbergen/Arcaid Images 127tr Jannis Werner/Alamy Stock Photo 127b LianeM/Alamy Stock Photo 130 imageBROKER/Alamy Stock Photo 131t Campillo Rafael/Alamy Stock Photo 131c imageBROKER/Alamy Stock Photo 131b Arthur Siegel/The LIFE Images Collection/Getty Images 134 imageBROKER/Alamy Stock Photo 135tl Art Kowalsky/Alamy Stock Photo 135tr Peter Aaron/OTTO Archive 135b Historic American Buildings Survey, Creator, Frank Lloyd Wright, and V C Morris. V.C. Morris Store, 140 Maiden Lane, San Francisco, San Francisco County, CA. California San Francisco San Francisco County, 1933. Documentation Compiled After. Photograph. Retrieved from the Library of Congress, https://www.loc.gov/item/ca1392/ 140tl View Pictures/Universal Images Group/Getty Images 140bl akg-images/euroluftbild.de/bsf swissphoto 141 Iain Masterton/Alamy Stock Photo 146 Ian G Dagnall/Alamy Stock Photo 147t Richard Barnes/OTTO Archive 147b Randy Duchaine/Alamy Stock Photo 150 Michael Dunning/Photographer's Choice/Getty Images 151tl Ivo Antonie de Rooij/Shutterstock 151tr Blaine Harrington III/Alamy Stock Photo 151b French+Tye/Bournemouth News/REX/Shutterstock 156 Connie Zhou/OTTO Archive 157tl Atlantide Phototravel/Corbis Documentary/Getty Images 157tr Hemis/Alamy Stock Photo 157 Photononstop/Alamy Stock Photo 162 Sebastien GABORIT/Moment/Getty Images 163tl Richard I'Anson/Lonely Planet Images/Getty Images 163tr Hemis/Alamy Stock Photo 163b nobleIMAGES/Alamy Stock Photo 168 Kevin Schafer/Corbis Documentary/Getty Images 169tl View Pictures/Universal Images Group/Getty Images 169tr Senior Airman Christophe/age fotostock/Superstock 169b Art Streiber/OTTO Archive 174 REUTERS/Alamy Stock Photo 175tl Brad Feinknopf/OTTO Archive 175tr Brad Feinknopf/OTTO Archive 175b Buyenlarge/Archive Photos/Getty Images 181 Danica Kus/OTTO Archive 182 Peter Aaron/OTTO Archive 184 JAUBERT French Collection/Alamy Stock Photo 185tl Pol M.R. Maeyaert/Bildarchiv-Monheim/Arcaid Images 185tr Hemis/Alamy Stock Photo 185b Wikimedia Commons 188 David Madison/Photographer's Choice/Getty Images 189tl Bildarchiv Monheim GmbH/Alamy Stock Photo 189tr Fabio Zoratti/Getty Images 189b Pat Tuson/Alamy Stock Photo 192 Karl Stas/Wikimedia Commons, CC-BY-SA-3.0 193tl © Our Place The World Heritage Collection 193tr © Our Place The World Heritage Collection 193b Charles LUPICA/Alamy Stock Photo 196 Arcaid Images/Alamy Stock Photo 197tr Anton Havelaar/Shutterstock 197cl Digital image, The Museum of Modern Art, New York/Scala, Florence 197b Image & copyright: Centraal Museum Utrecht/Kim Zwarts 2005 200 © Rene Burri/Magnum Photos 201tl © Rene Burri/Magnum Photos 201tr Arcaid Images/Alamy Stock Photo 201b Digital image, The Museum of Modern Art, New York/Scala, Florence 206 Connie Zhou/OTTO Archive 207tl Wim Wiskerke/Alamy Stock Photo 207bl HABS PA,26-OHPY.V,1--93 (CT), Library of Congress Prints and Photographs Division Washington, D.C. 20540 USA http://hdl.loc.gov/loc.pnp/pp.print 207r Alfred Eisenstaedt/The LIFE Picture Collection/Getty Images 210 Lehtikuva Oy/REX/Shutterstock 211l Lehtikuva Oy/REX/Shutterstock 211r Arcaid Images/Alamy Stock Photo 214 Peter Aaron/OTTO Archive 215tl Peter Aaron/OTTO Archive 215cl Peter Aaron/OTTO Archive 215br Arcaid Images/Alamy Stock Photo 220 Walter Bibikow/Photolibrary/Getty Images 221t EWA Stock/Superstock 221b Peter Stackpole/The LIFE Picture Collection/Getty Images 224 Arcaid Images/Alamy Stock Photo 225l urbzoo/Wikimedia Commons, CC-BY-2.0 225r Paul Almasy/Corbis Historical/Getty Images 230 VIEW Pictures Ltd/Alamy Stock Photo 231t VIEW Pictures Ltd/Alamy Stock Photo 231b Lucas Museum of Narrative Art/ZUMA Wire/REX/Shutterstock 234 Thoom/Shutterstock 237 Pascal Saez/VWPics/Alamy Stock Photo 238 Ali Kabas/Corbis Documentary/Getty Images 239tl Ayhan Altun/Alamy Stock Photo 239bl Siegfried Layda/The Image Bank/Getty Images 239r Science History Images/Alamy Stock Photo 244 Benny Marty/Alamy Stock Photo 245tl Gonzalo Azumendi/Photolibrary/Getty Images 245tr John Turp/Moment/Getty Images 245b age fotostock / Alamy Stock Photo 250 Arnaud Chicurel/hemis.fr/Getty Images 251tr Photo (C) BnF, Dist. RMN-Grand Palais/image BnF 251bl Martin Siepmann/imageBROKER/REX/Shutterstock 251br funkyfood London - Paul Williams/Alamy Stock Photo 256 Joshua Davenport/Alamy Stock Photo 257tl Mariusz Prusaczyk/Alamy Stock Photo 257tr Alex Timaios Japan Photography/Alamy Stock Photo 257b David Clapp/Photolibrary/Getty Images 260 Panther Media GmbH/Alamy Stock Photo 261l Cristina Stoian/Alamy Stock Photo 261r Gunter Kirsch/Alamy Stock Photo 266 © Aiisha/Dreamstime 267tl Florian Kopp/imageBROKER/REX/Shutterstock 267tr GM Photo Images/Alamy Stock Photo 267b British Library/Robana/REX/Shutterstock 270 Eric Vandeville/Gamma-Rapho/Getty Images 271tl Mark Williamson/Stockbyte/Getty Images 271bl imageBROKER/Alamy Stock Photo 271r De Agostini Picture Library/Getty Images 276 Peter Macdiarmid/Getty Images News/Getty Images 277l Ludovic Maisant/hemis.fr/Getty Images 277r VIEW Pictures Ltd/Alamy Stock Photo 282 Oleg Mitiukhin/Alamy Stock Photo 283tl Annet van der Voort/Bildarchiv-Monheim/Arcaid Images 283tr Bildarchiv Monheim GmbH/Alamy Stock Photo 283b Michel Sima/Archive Photos/Getty Images 288 GlobalVision Communication/GlobalFlyCam/Moment/Getty Images 289tl Travel Library Limited/Superstock 289tr Panther Media GmbH/Alamy Stock Photo 289b Senior Airman Christophe/age fotostock/SuperstockWW

著作权合同登记号 图字：01-2017-8786
图书在版编目（CIP）数据

透视建筑：全球50个经典作品剖析 /（美）约翰·茹科夫斯基（John Zukowsky），（英）罗比·波利 (Robbie Polley) 著；何如译. -- 北京：北京大学出版社，2023.1
（培文·艺术史）
ISBN 978-7-301-33461-4

Ⅰ. ①透… Ⅱ. ①约… ②罗… ③何… Ⅲ. ①建筑设计 – 研究 – 世界 Ⅳ. ① TU2

中国版本图书馆 CIP 数据核字 (2022) 第 185557 号

Architecture Inside + Out: 50 Iconic Buildings In Detail
By John Zukowsky and Robbie Polley

书　　名 透视建筑：全球50个经典作品剖析
TOUSHI JIANZHU：QUANQIU 50 GE JINGDIAN ZUOPIN POUXI
著作责任者［美］约翰·茹科夫斯基（John Zukowsky）［英］罗比·波利（Robbie Polley） 著　何如　译
责任编辑 黄敏劼
标准书号 ISBN 978-7-301-33461-4
出版发行 北京大学出版社
地　　址 北京市海淀区成府路205号　100871
网　　址 http://www.pup.cn　新浪微博：@北京大学出版社　@培文图书
电子信箱 pkupw@qq.com
电　　话 邮购部 010-62752015　发行部 010-62750672　编辑部 010-62750883
印 刷 者 北京华联印刷有限公司
经 销 者 新华书店
787毫米×1092毫米　12开本　25印张　411千字
2023年1月第1版　2023年1月第1次印刷
定　　价 268.00元